超實用

Word · Excel · PowerPoint

辦公室 OFFICE
必備 50 招省時技 2016 / 2019 / 2021

張雯燕 著

ChatGPT 加強版

碩文化

作　　者：	張雯燕
責任編輯：	Cathy
董 事 長：	曾梓翔
總 編 輯：	陳錦輝

出　　版：博碩文化股份有限公司
地　　址：221 新北市汐止區新台五路一段 112 號 10 樓 A 棟
　　　　　電話 (02) 2696-2869　傳真 (02) 2696-2867

發　　行：博碩文化股份有限公司
郵撥帳號：17484299　戶名：博碩文化股份有限公司
博碩網站：http://www.drmaster.com.tw
讀者服務信箱：dr26962869@gmail.com
訂購服務專線：(02) 2696-2869 分機 238、519
（週一至週五 09:30 ～ 12:00；13:30 ～ 17:00）

版　　次：2025 年 7 月八版

博碩書號：MI22505
建議零售價：新台幣 550 元
ＩＳＢＮ：978-626-414-236-6
律師顧問：鳴權法律事務所 陳曉鳴律師

本書如有破損或裝訂錯誤，請寄回本公司更換

國家圖書館出版品預行編目資料

超實用 !Word.Excel.PowerPoint 辦公室
Office 必備 50 招省時技 (2016/2019/2021)
(ChatGPT 加強版)/ 張雯燕著. -- 八版. --
新北市：博碩文化股份有限公司，2025.06
　面；　公分

ISBN 978-626-414-236-6(平裝)

1.CST: OFFICE(電腦程式)

312.49O4　　　　　　　　　　114007695

Printed in Taiwan

歡迎團體訂購，另有優惠，請洽服務專線
博 碩 粉 絲 團　(02) 2696-2869 分機 238、519

商標聲明

本書中所引用之商標、產品名稱分屬各公司所有，本書引用
純屬介紹之用，並無任何侵害之意。

有限擔保責任聲明

雖然作者與出版社已全力編輯與製作本書，唯不擔保本書及
其所附媒體無任何瑕疵；亦不為使用本書而引起之衍生利益
損失或意外損毀之損失擔保責任。即使本公司先前已被告知
前述損毀之發生。本公司依本書所負之責任，僅限於台端對
本書所付之實際價款。

著作權聲明

本書著作權為作者所有，並受國際著作權法保護，未經授權
任意拷貝、引用、翻印，均屬違法。

序

多年的寫作經驗最討厭的時候就是替自己的書寫序，每本書都像是自己的孩子一樣，剛開始會覺得自己的孩子是獨一無二，洋洋灑灑寫了一堆稱讚的話語；但是孩子一多，就覺得不就是孩子嘛！每個都一樣優秀，有什麼好多說的，似乎對寫作失去熱情，但真的只是針對「寫序」這件事，對於書中的內容和範例的挑選，還是一樣的嚴謹和仔細。

書中的範例都是多年工作經驗的累積，每次規劃新書打開電腦時，都有上百個檔案資料可以轉化成實作範例，因此在內容編排上，除了可以讓初學者從頭學習基礎的 Office 基本操作外，更讓有基礎者可以發現許多以前不太瞭解的進階設定及小技巧應用；也可以讓沒時間學習的人，快速套用書中的範例，完成長官交辦的事項。

當然受限於範例主題及頁數的限制，許多精采的功能不得已被捨棄；也受限於出版時間的壓力，許多誤漏沒有被發現到，只希望讀者能不吝指教，讓再版時可以及時修正。最後祝福各位讀者，不論在學習、工作或是生活上，都能順順利利！平安幸福！

張雯燕

PART 0 準備工作

壹 認識 Office 軟體	002
貳 Office 工作環境	003
參 基本操作	008

PART 1 Word 文書應用

單元 01 公司內部公告	014
單元 02 訪客記錄表	021
單元 03 交寄郵件登記表	028
單元 04 公司專用信箋	035
單元 05 人評會考核表	044
單元 06 員工請假單	051
單元 07 應徵人員資料表	059
單元 08 職前訓練規劃表	066
單元 09 市場調查問卷	075
單元 10 分機座位表	083
單元 11 組織架構圖	092
單元 12 買賣合約書	099
單元 13 公司章程	106
單元 14 員工手冊	113
單元 15 單張廣告設計	124
單元 16 客戶摸彩券樣張	130
單元 17 寄發 VIP 貴賓卡	137
單元 18 顧客關懷卡片	146

PART 2　Excel 財務試算

單元 19	訪客登記表	156
單元 20	郵票使用統計表	162
單元 21	零用金管理系統	169
單元 22	零用金撥補表	177
單元 23	人事資料庫	184
單元 24	員工特別休假表	194
單元 25	員工請假卡	200
單元 26	出勤日報表	206
單元 27	休假統計圖表	213
單元 28	考核成績統計表	219
單元 29	各部門考核成績排行榜	225
單元 30	業績統計月報表	232
單元 31	業績統計年度報表	237
單元 32	年終業績分紅計算圖表	244
單元 33	員工薪資異動記錄表	251
單元 34	員工薪資計算表	258
單元 35	薪資轉帳明細表	266
單元 36	健保補充保費計算表	272
單元 37	應收帳款月報表	279
單元 38	應收帳款對帳單	287
單元 39	應收票據分析表	295
單元 40	進銷存貨管理表	302

PART 3　PowerPoint 商務簡報

- 單元 41　公司簡介 　310
- 單元 42　員工職前訓練手冊 　320
- 單元 43　員工旅遊行程簡報 　329
- 單元 44　公司員工相簿 　339
- 單元 45　研發進度報告 　352
- 單元 46　股東會議簡報 　361
- 單元 47　創新行銷獎勵方案 　371

PART 4　Office 實用整合

- 單元 48　員工薪資明細表 　382
- 單元 49　團購數量統計表 　388
- 單元 50　宣傳廣告播放 　400

APPENDIX A　實戰 ChatGPT 輔助 Excel 函數與實作應用

- A-1　人工智慧的基礎 　411
- A-2　認識聊天機器人 　413
- A-3　ChatGPT 初體驗 　416
- A-4　ChatGPT 正確使用訣竅 　423
- A-5　ChatGPT 能給予 Excel 使用者什麼協助 　426
- A-6　利用 ChatGPT 輕鬆學習函數提示技巧 　433
- A-7　實戰 ChatGPT 函數提示的應用案例 　439

線上資源下載

範例檔下載：
https://www.drmaster.com.tw/Bookinfo.asp?BookID=MI22505
下載後執行解壓縮，密碼為 drmaster-MI22505

0
PART

準備工作

壹 認識 Office 軟體
貳 Office 工作環境
叁 基本操作

壹　認識 Office 軟體

　　Office 軟體系列包含 Word、Excel、PowerPoint、OneNote、Outlook、Access 和 Publisher OneDrive，使用依平台和裝置不同，可用的應用程式和功能也可能不同，彼此之間有許多相容性，更可以整合在一起，發揮更強大的功能。一般最基礎的家用版則是包含最熱門的 Word（文書處理）、Excel（試算表）、PowerPoint（簡報製作）和 OneNote（數位筆記）。而中小企業版本則加上 Outlook 電子郵件與行事曆，可以協助管理及搜尋電子郵件以及聯絡人，是不可或缺的好幫手。近年來為了解決軟體版本更新，消費者必須經常購買更換，推出了訂閱式的 Office 365，使用者只需支付月費或年費，即可享用所有 Office 系列軟體，而且隨時隨地都是最新版的軟體。

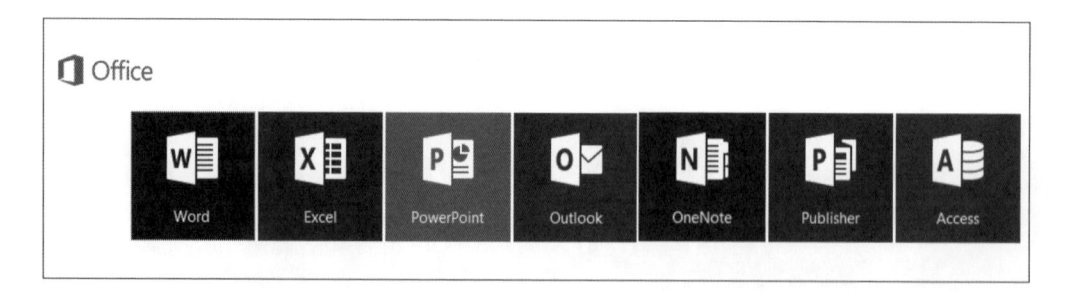

貳 Office 工作環境

　　Office 軟體間都有相同模式的使用介面，讓人一眼就可以看出是同一家族成員，大致上可分成功能區、編輯區和狀態列三大區塊。

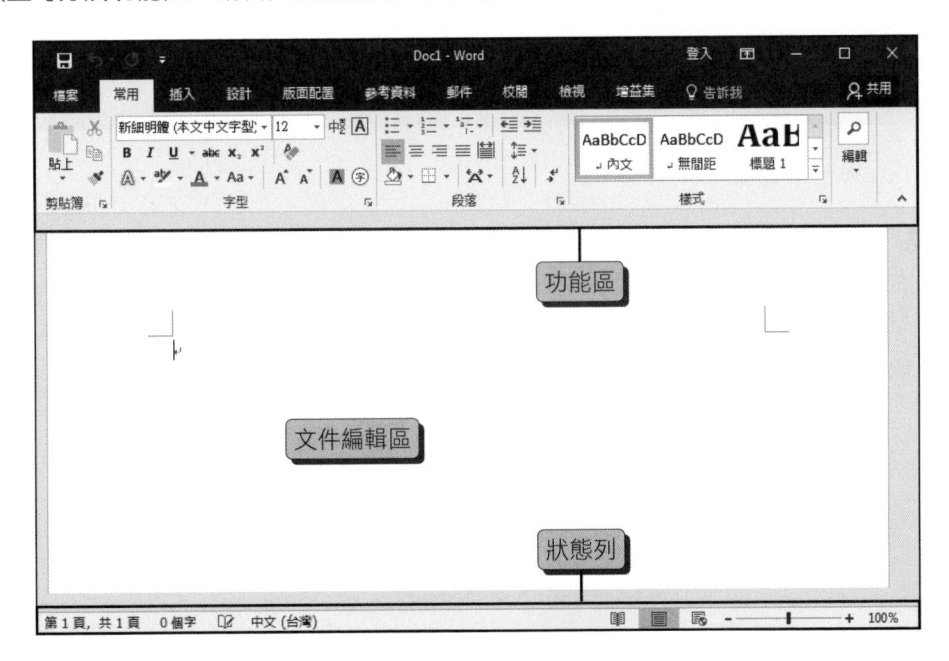

（功能區）
（文件編輯區）
（狀態列）

一、功能區

　　功能區中又可以細分成「標題列」、「索引標籤」和群組式的「功能按鈕」。

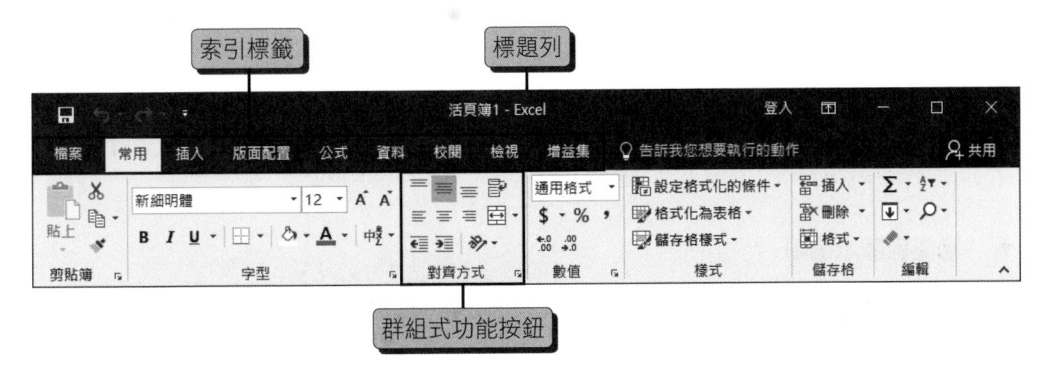

（索引標籤）
（標題列）
（群組式功能按鈕）

003

(一) 標題列

中央的部分主要顯示檔案名稱和軟體名稱；最左邊則是「快速存取工具列」，設有常用的功能鈕。在右邊則有 5 個按鈕，分別為「登入」、「功能區顯示選項」、「最小化」、「往下還原」和「關閉視窗」等功能。

✦ **快速存取工具列**

快速存取工具列示將常用的工具按鈕直接放在視窗左上角，預設的功能鈕由左而右依序為「儲存檔案」、「復原」及「取消復原」，依據硬體設備不同，還有「觸控 / 滑鼠模式」，方便使用者快速選用。按下 ▾ 鈕還可顯示更多被隱藏起來的快速功能鈕，若勾選清單內的功能鈕，則可選定於快速存取工具列。

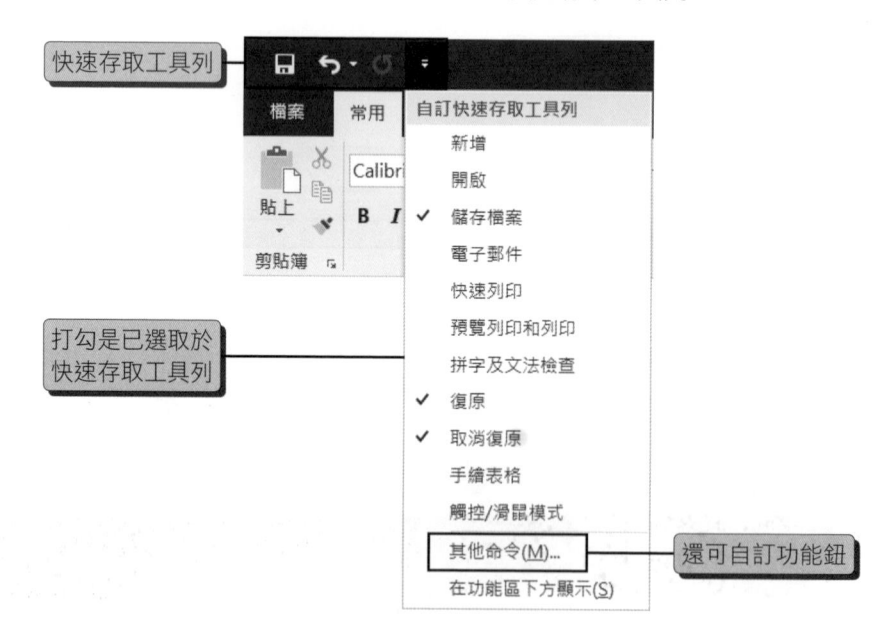

✦ **功能區顯示選項**

按下「功能區顯示選項」鈕，可選擇功能區的範圍大小，預設的樣式為「顯示索引標籤和命令」。

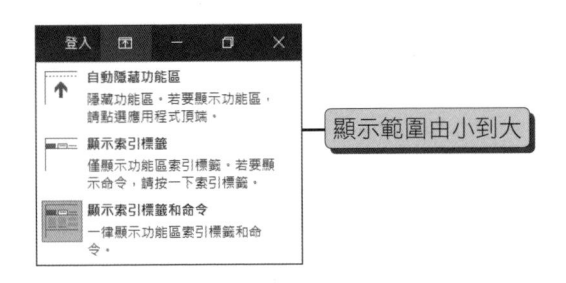

貳 Office 工作環境

【顯示範圍由小到大】

配合文件編輯的習慣，選擇適當的功能區顯示選項，可適度加文件編輯區的範圍。

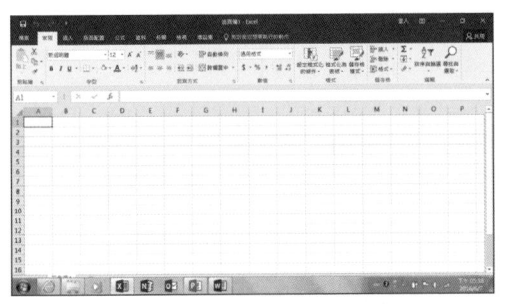

【顯示索引標籤和命令】 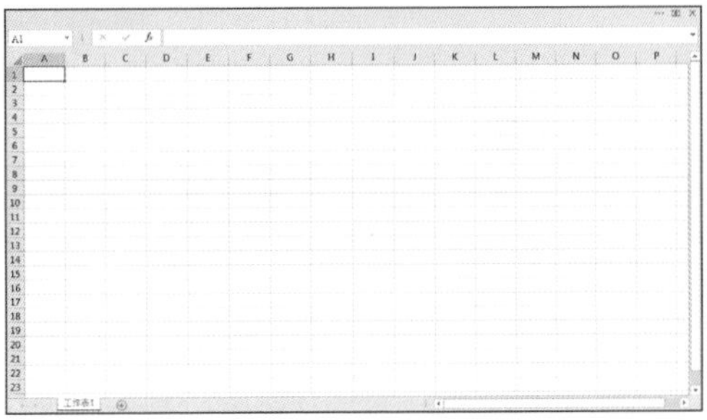　　　　　　　　　【自動隱藏功能區】

(二) 索引標籤和群組式功能鈕

索引標籤主要用來區分不同的核心工作，例如「常用」、「插入」、「檢視」…等，依照不同的軟體會有不同主題的功能索引標籤。

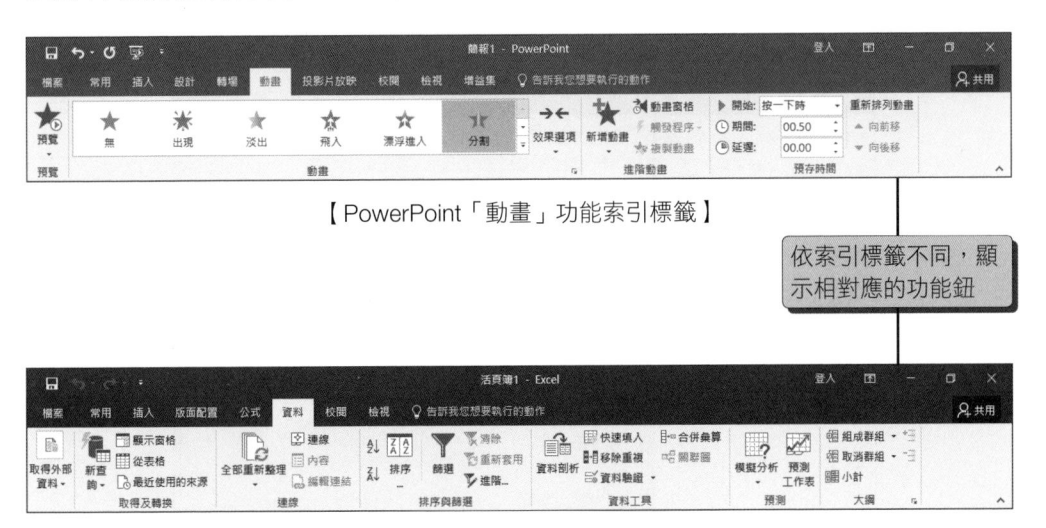

【PowerPoint「動畫」功能索引標籤】

依索引標籤不同，顯示相對應的功能鈕

【Excel「資料」功能索引標籤】

005

除了固定式的索引標籤外，還會因應特定的功能，提供進階的工具索引標籤，如「繪圖工具」、「圖片工具」、「SmartArt 工具」、「表格工具」…等，只有游標點選到該物件才會顯示。

【PowerPoint「繪圖工具\格式」功能索引標籤】

【Word「表格工具\設計」功能索引標籤】

㈢ 群組式功能鈕

而位於索引標籤下方的群組式功能鈕，則會依照不同的功能索引標籤，顯示對應的功能鈕。所謂群組式是將相同性質的功能放置在同一個區塊，若功能區右下角有顯示 ⌐ 符號，則表示可以開啟相對應的對話方塊或工作窗格。

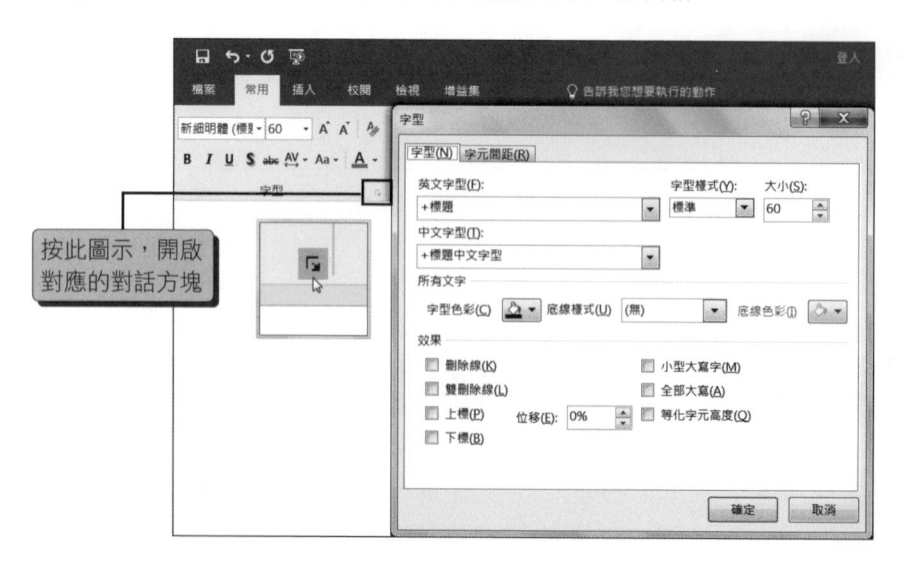

二、文件編輯區

　　文件編輯區依照不同軟體有不同風貌，Word 就是一片空白、Excel 就是密密麻麻的儲存格、PowerPoint 則是一張紙，但是都會有水平卷軸和垂直卷軸，可以捲動卷軸顯示視窗外的內容。

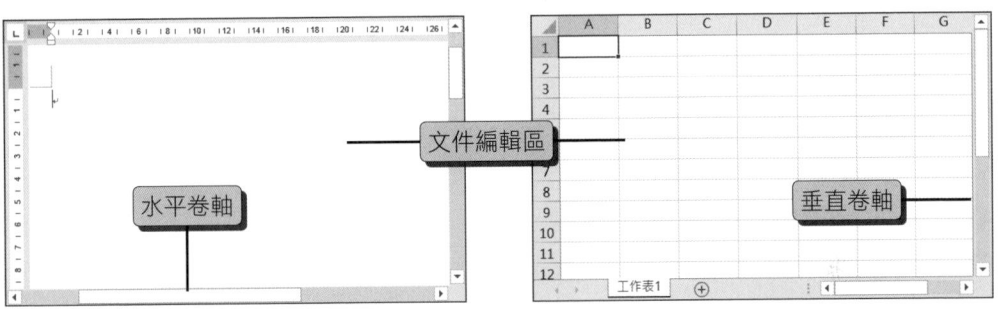

【Word 文件編輯區】　　　　　　　　　　【Excel 文件編輯區】

三、狀態列

　　位於文件最下方除了顯示編輯文件的資訊外，還可以控制文件的檢視模式和顯示比例。

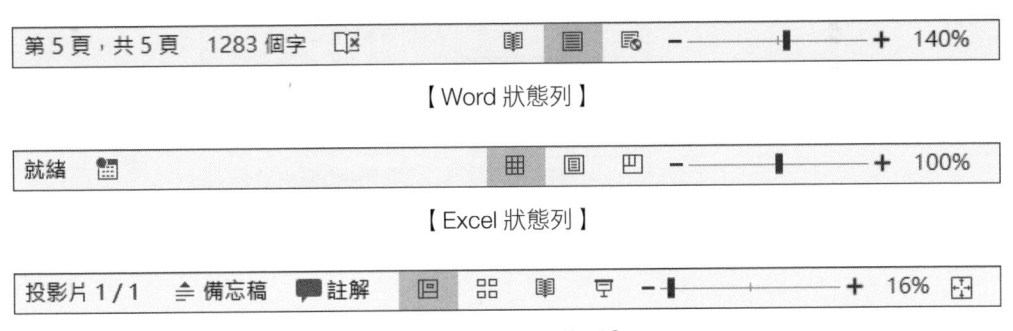

【Word 狀態列】

【Excel 狀態列】

【PowerPoint 狀態列】

叄 基本操作

Office 操作介面有許多人性化的設計，依據自己的操作習慣設定最佳化的工作環境，可以讓使用者在編輯過程中更加得心應手。

一、變更顯示比例

想要變更螢幕的顯示比例很簡單，直接在狀態列上拖曳縮放控制鈕，或按「−」、「+」鈕就可以立即變更顯示比例。也可以按下狀態列上的 100% 顯示比例，或是切換到「檢視」功能索引標籤，按下「顯示比例」圖示鈕，就可以開啟「顯示比例」對話方塊，再依照想要設定的比例選擇即可。

二、設定作者資訊

文件在儲存或是插入頁首與頁尾都會自動插入作者資訊，預設值都是登入 Word 時所設定的名稱，如果要修改預設值，就必須進入選項中修訂。

參 基本操作

操作步驟

1. 按下「檔案」功能索引標籤，進入檔案功能視窗。

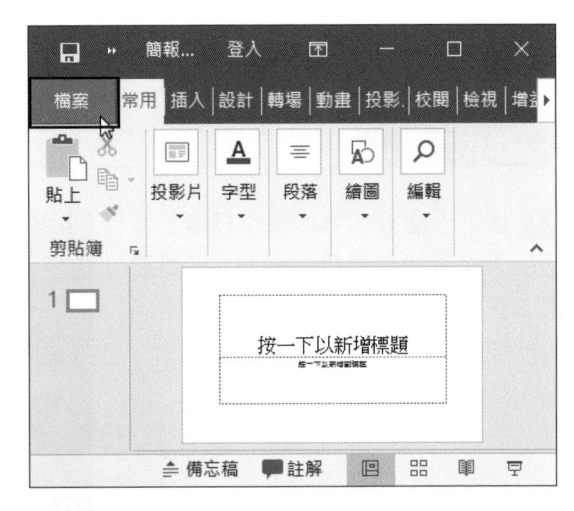

2. 按下「選項」鈕進行「選項」設定。

3. 開啟「選項」對話方塊，在「一般」索引標籤中，輸入「使用者名稱」後，按下按「確定」鈕即可。

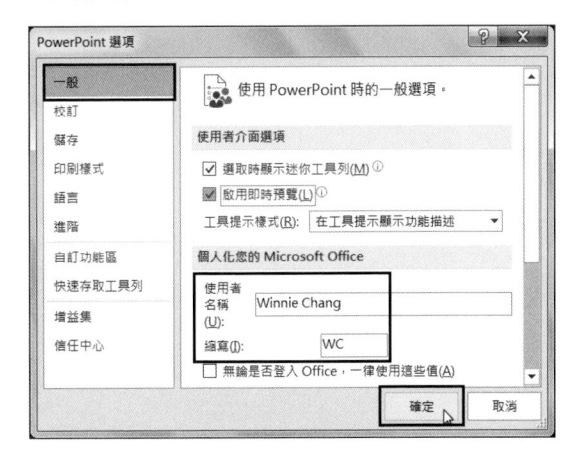

009

三、摘要資訊

如果只是想修改某一份文件的作者資訊，就不需要在「選項」中修改，只要在「檔案」功能視窗中，設定該份文件的摘要資訊即可。

操作步驟

1 按下「檔案」功能索引標籤，進入檔案功能視窗，按下「摘要資訊」清單鈕，選擇執行「進階摘要資訊」指令。

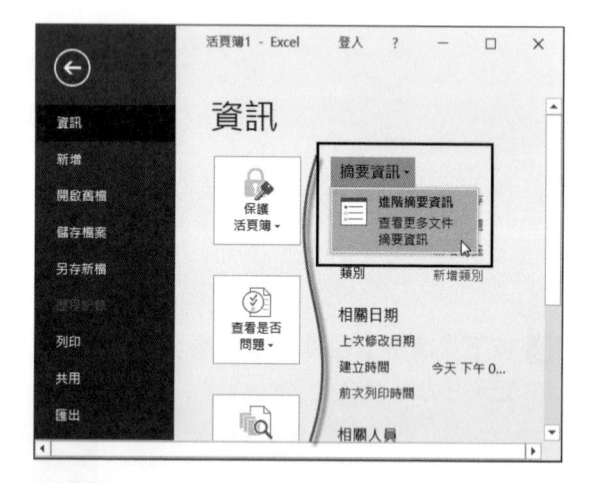

2 開啟「摘要資訊」對話方塊，在「摘要資訊」索引標籤中，輸入標題、主旨、作者…等資訊，按「確定」鈕。

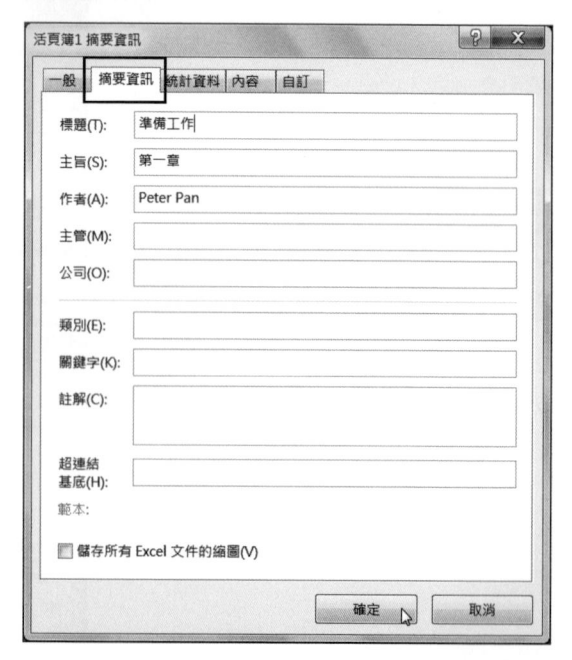

3 當執行「儲存檔案」指令時，摘要資訊就會一併被儲存在此份文件中。

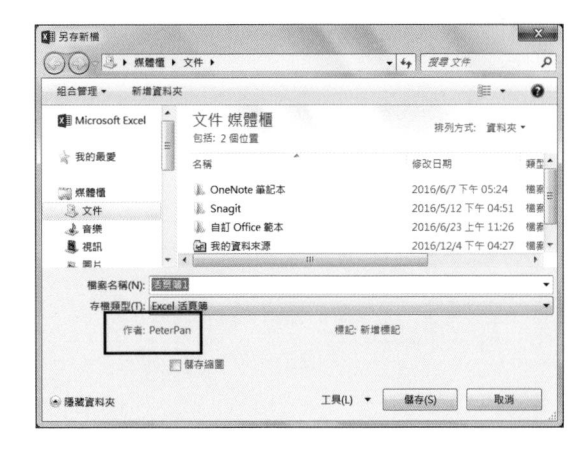

四、設定自動回覆時間

「蟑螂怕拖鞋、烏龜怕鐵鎚」，編輯文件時最怕無預警的"當機"，此時不是慘叫聲可以解決的，雖然 Office 會自動幫使用者儲存，但是每十分鐘一次能夠滿足你的需求嗎？不妨設定能容忍的時間吧！

按下「檔案」功能索引標籤，進入檔案功能視窗，按下「選項」鈕，開啟「選項」對話方塊，在「儲存」索引標籤中，設定「儲存自動回覆資訊時間間隔」的分鐘數，按「確定」鈕即可。

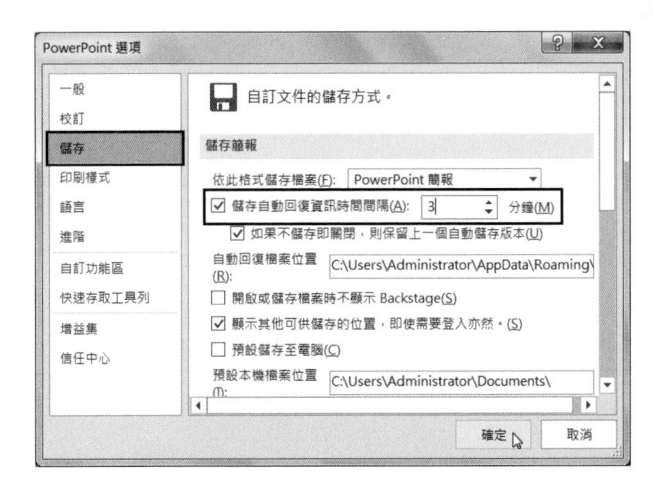

011

1
PART

Word 文書應用

單元 01	公司內部公告	單元 10	分機座位表
單元 02	訪客記錄表	單元 11	組織架構圖
單元 03	交寄郵件登記表	單元 12	買賣合約書
單元 04	公司專用信箋	單元 13	公司章程
單元 05	人評會考核表	單元 14	員工手冊
單元 06	員工請假單	單元 15	單張廣告設計
單元 07	應徵人員資料表	單元 16	客戶摸彩券樣張
單元 08	職前訓練規劃表	單元 17	寄發 VIP 貴賓卡
單元 09	市場調查問卷	單元 18	顧客關懷卡片

PART 1　Word 文書應用

範例檔案：PART 1\ch01. 公司內部公告

單元 01　公司內部公告

公司內部公告事項有很多種類，有比較正式的人事公告，也有部門內部簡易的開會通知。本章就以較簡易的部門開會通知為範例，利用簡單的字型大小變化以及文字對齊方式等基本功能，完成一份公司內部公告。

開會通知

與會部門：行政管理部
開會時間：105 年 12 月 22 日（星期四）下午二時正
開會地點：公司第二會議室
開會內容：
　1.落實訪客登記制度
　2.應徵新進人員標準流程
　3.檢討消耗性物品管理缺失
　4.討論元月份慶生會相關事項。

行政管理部 105.12.12

範例步驟

1 利用一些 Word 的基礎功能，就可以將內部開會通知製作的有模有樣喔！開啟 Word 程式，快按「空白文件」圖示鈕 2 下，建立空白文件。

快按此圖示鈕 2 下

014

單元 01　公司內部公告

2 新增的 Word 文件會自動以「文件 1」作為檔案名稱，文件起點也會出現可輸入文字的編輯插入點，準備開始輸入文字。

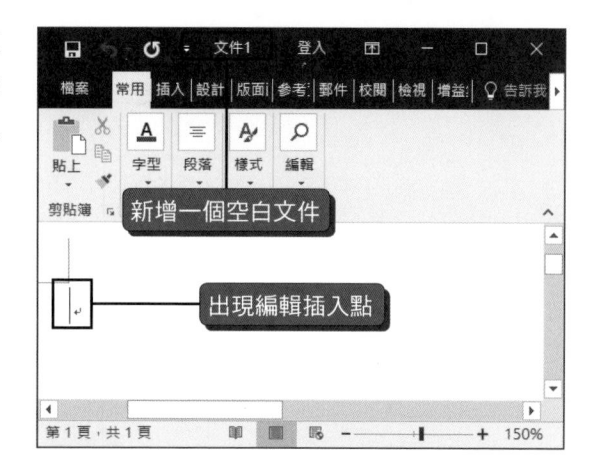

新增一個空白文件

出現編輯插入點

3 首先依照下表輸入文字。 Enter 表示按下鍵盤【Enter】鍵， Shift + Enter 表示同時按下鍵盤【Shift】鍵及【Enter】鍵。

開會通知 Enter

與會部門：行政管理部 Enter

開會時間：105 年 12 月 22 日（星期四）下午二時正 Enter

開會地點：公司第二會議室 Enter

開會內容： Enter

1. 落實訪客登記制度 Shift + Enter

2. 應徵新進人員標準流程 Shift + Enter

3. 檢討消耗性物品管理缺失 Shift + Enter

4. 討論元月份慶生會相關事項。

輸入完成後，將游標移到第 4 點下方約 2 列的列首位置，快按滑鼠左鍵兩下，可直接將編輯插入點移到此處。

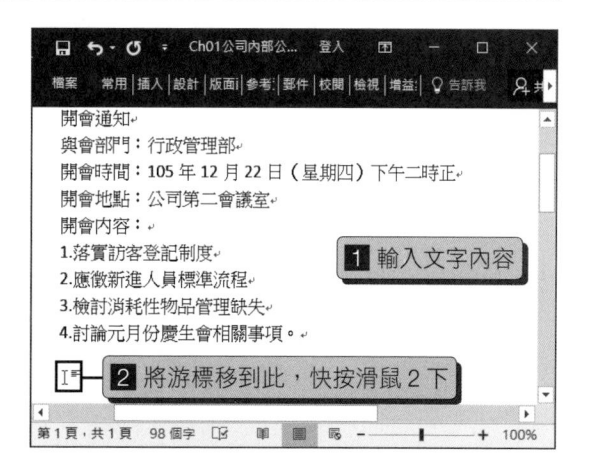

1 輸入文字內容

2 將游標移到此，快按滑鼠 2 下

015

PART 1　Word 文書應用

4 出現編輯插入點後，繼續輸入文字「行政管理部 105.12.12」。

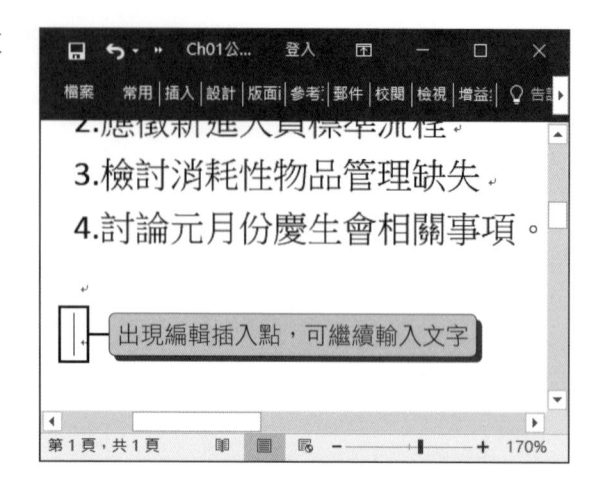

5 預設的中文字型為「新細明體」，本範例要將文字變更成「微軟正黑體」。切換到「常用」功能索引標籤，在「編輯」功能區中，執行「選取\全選」指令，選取所有文字。

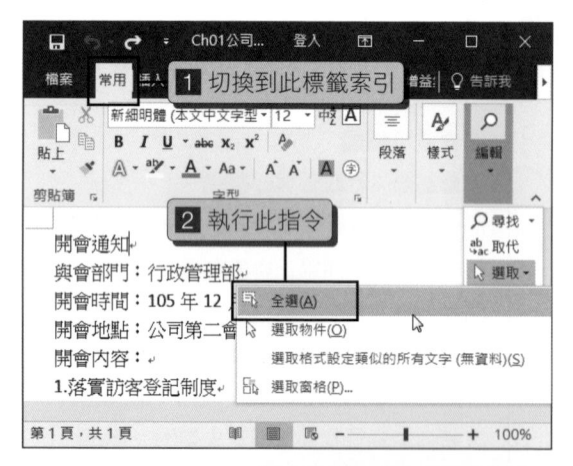

6 內容全部文字已經被反白選取。繼續於「常用」功能索引標籤，在「字型」功能區中，按下字型旁的清單鈕，重新選擇字型為「微軟正黑體」，此時內文也能同步預覽變更。

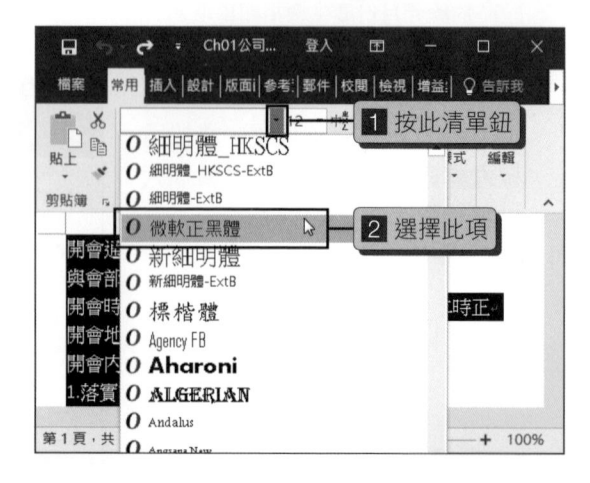

016

單元 01　公司內部公告

7 通常公告的字體要較大一些，繼續在「字型」功能區中，按下字型大小旁的清單鈕，重新選擇字型大小為「16」，以便張貼時閱讀。

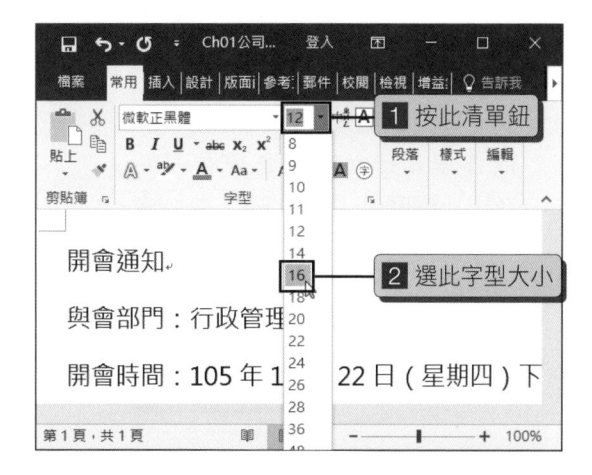

8 將游標移到第一行文字前方，按下滑鼠左鍵，選取整行文字。

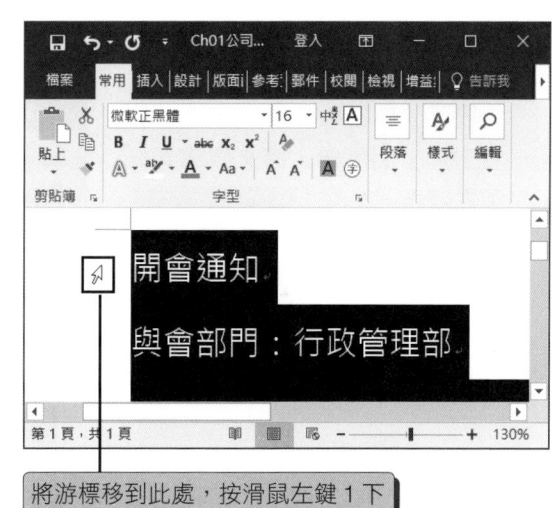

將游標移到此處，按滑鼠左鍵1下

9 因為是標題文字，因此再次修改字型大小為「22」，接著切換到「段落」功能區中，按下「置中」對齊圖示鈕，將標題文字於文件置中對齊。

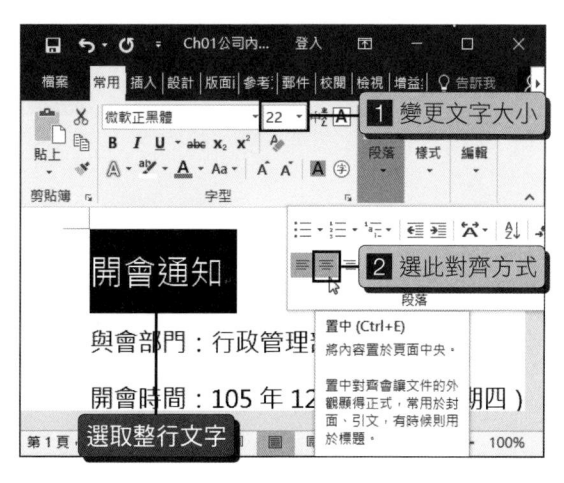

選取整行文字

017

PART 1 Word 文書應用

10 同樣將滑鼠移到標號 1 文字前方，按住滑鼠左鍵用拖曳的方式，直到標號 4 後放開滑鼠，選取連續 4 行文字。繼續在「段落」功能區中，按下 「增加縮排」圖示鈕 2 下，將標號處文字向後縮排。

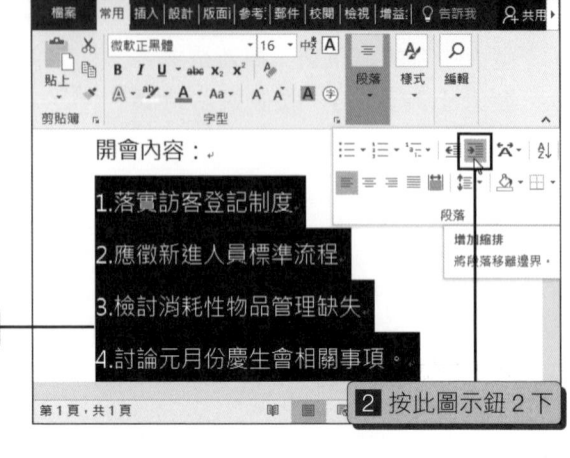

1 選此 4 行文字

2 按此圖示鈕 2 下

11 選取最後一行文字，同樣也在「段落」功能區中，按下 「靠右對齊」圖示鈕，將文字靠齊紙張右邊界。

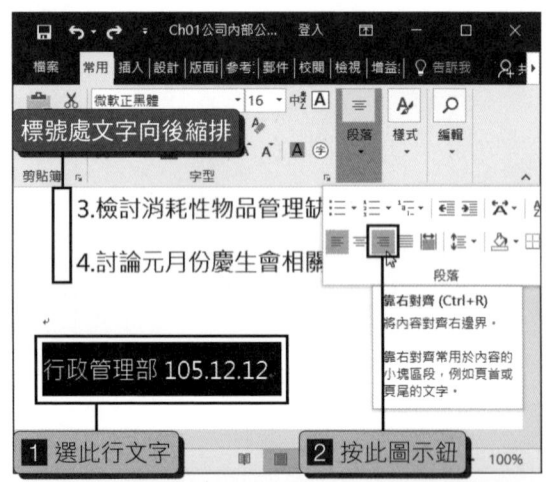

標號處文字向後縮排

1 選此行文字

2 按此圖示鈕

12 文件編排完成後，可以進行列印或存檔的工作，按下「檔案」功能索引標籤。

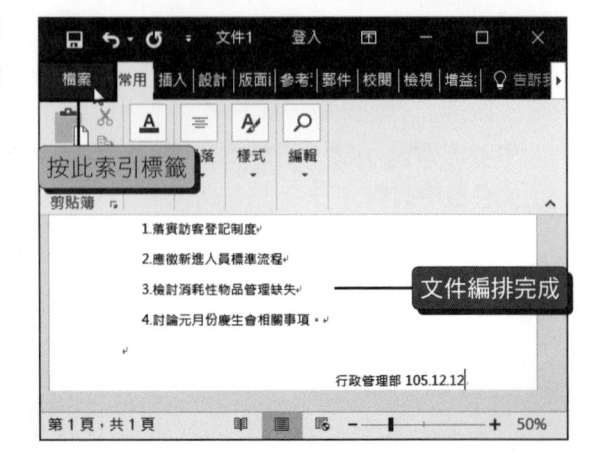

按此索引標籤

文件編排完成

018

單元 01　公司內部公告

13 首先切換到「列印」索引標籤，可在此先預覽列印的效果。如果文件沒有其他問題，則選擇已安裝的印表機選項，最後按下「列印」鈕，進行列印的工作。

14 接著切換到「儲存檔案」索引標籤，如果是以「開啟舊檔」方式開啟的文件，當按下此鈕後，則會自動儲存後回到編輯視窗。

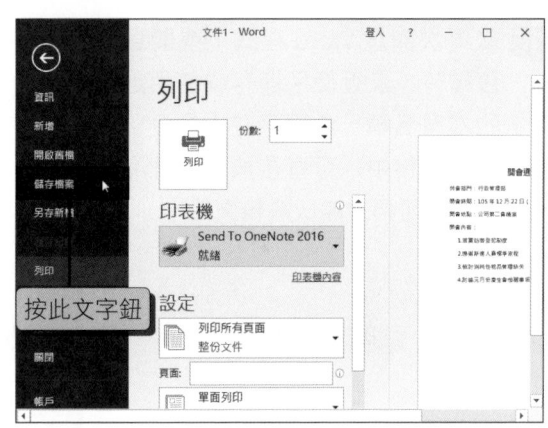

15 本範例是直接以新增空白文件開始編輯，因此會自動跳到「另存新檔」標籤功能區。選擇儲存到「電腦」中，選擇儲存到「桌面」。若要選擇其他資料夾，則按下「瀏覽」鈕即可。

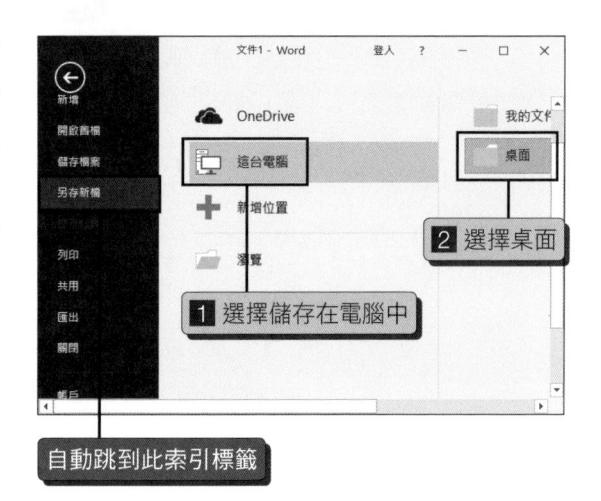

019

PART 1　Word 文書應用

16 另外開啟「另存新檔」對話視窗，此時 Word 會以第一行文字作為預設的檔案名稱，若要修改則直接輸入新名稱即可，按下「儲存」鈕則完成儲存的工作。

自動顯示檔名

按此鈕

17 當再次開啟 Word 程式，或開啟舊檔時，最近使用儲存或使用過的檔案名稱，會顯示在「最近」工作窗格中，可直接按下檔案名稱，則可再次開啟編輯文件。

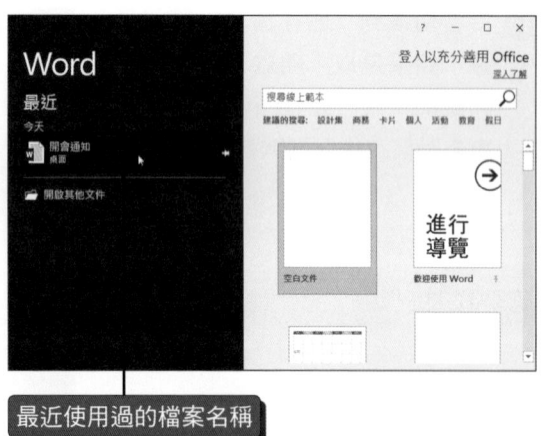

最近使用過的檔案名稱

單元 02　訪客記錄表

> 範例檔案：PART 1\ch02. 訪客記錄表

單元 02　訪客記錄表

公司員工進出辦公室時，通常都有門禁卡或是員工識別證可供辨識，但是外來的廠商或訪客，建議填寫訪客基本資料後，給予訪客識別證，才能進出辦公室，作為門禁控管的方法。

範例步驟

1 本章將介紹定位點和表格的基礎功能，請開啟 Word 程式並新增空白文件。在第一行輸入文字「訪客登記表」，輸入完成後，切換到「常用」功能索引標籤，在「樣式」功能區中，按下清單鈕，選擇「標題1」編輯樣式。文字會被自動設定為字型「新細明體（標題）」、字型大小「26」及「粗體」。

1 輸入文字　　**2** 選擇此樣式

021

PART 1 Word 文書應用

2 接著要在文件中開啟尺規顯示，以方便設定定位點。先切換到「檢視」功能索引標籤，在「顯示」功能區中，勾選「尺規」項目。

1 切換到此索引標籤

2 勾選尺規

3 文件出現垂直及水平的尺規，在兩尺規交界處有 ⌊「靠左定位點」符號，按一下 ⌊ 符號，讓定位點變成 ⊥「置中定位點」符號。

按一下此定位點樣式

出現尺規

4 將游標移到水平尺規上約 16 公分處（文件編輯區水平中央位置），按一下滑鼠左鍵設定「置中定位點」。

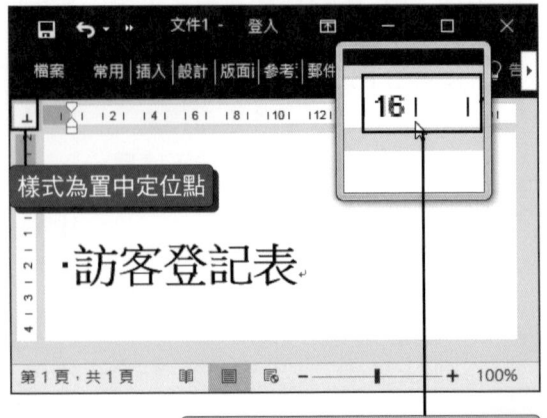

樣式為置中定位點

在約 16 公分處按一下插入定位點

022

單元 02　訪客記錄表

5 此時尺規 16 公分處會出現一個「置中定位點」的符號。移動編輯插入點到第一行文字前方，按下鍵盤上【Tab】鍵，讓文字以定位點為中心置中對齊。

出現置中定位點

將編輯插入點移到此，按下鍵盤【Tab】鍵

6 接著移動編輯插入點到第一行文字最後方，按下鍵盤【Enter】鍵，換行後會自動回到「內文」編輯樣式，也就是字型大小回到「12」。(若是直接調整字型大小時，換行後會延續上一行的字型設定。)

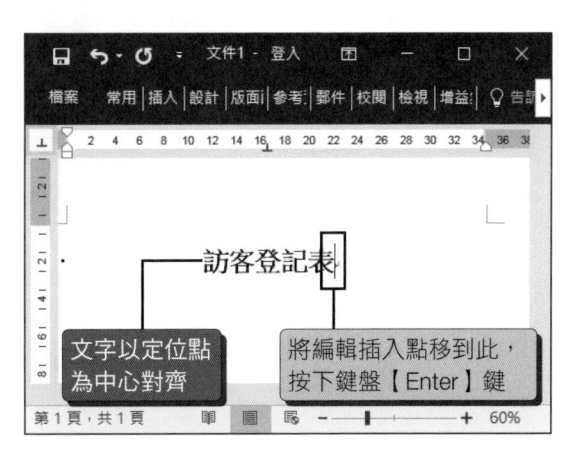

文字以定位點為中心對齊

將編輯插入點移到此，按下鍵盤【Enter】鍵

7 接著要繪製表格，切換到「插入」功能索引標籤，在「表格」功能區中，按下「表格」鈕，按住滑鼠左鍵，使用拖曳的方式，選擇插入「7×8」的表格範圍。

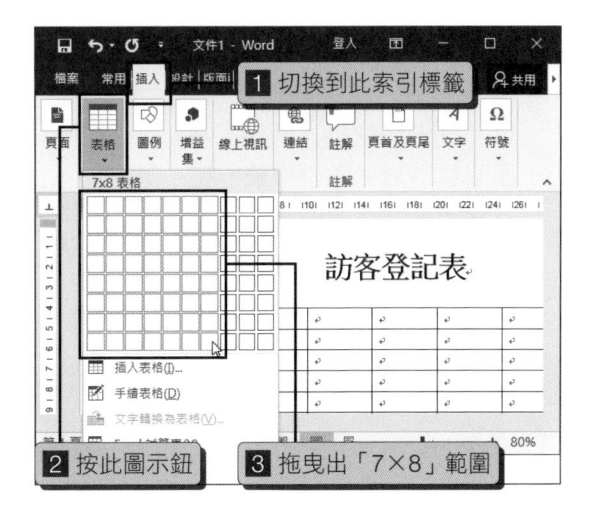

1 切換到此索引標籤

2 按此圖示鈕　　3 拖曳出「7×8」範圍

023

PART 1　Word 文書應用

8 插入表格後，會出現「表格工具」功能索引標籤，包含「設計」及「版面配置」兩個子索引標籤。分別在表格第一行中，輸入標題文字「日期」、「訪客姓名」、「來訪原因」、「部門/人員」、「到訪時間」、「離開時間」及「備註」，共七個表格標題文字。

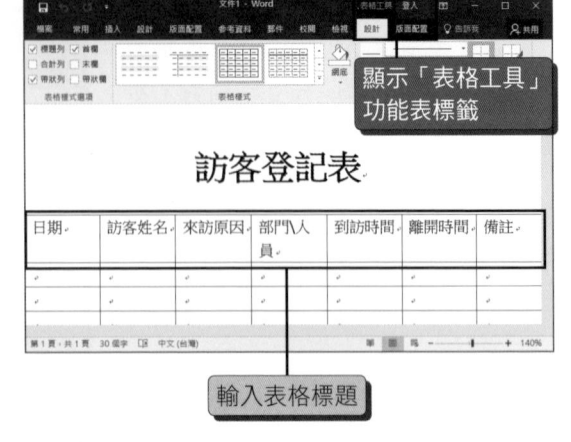

顯示「表格工具」功能表標籤

輸入表格標題

9 由於文件邊界有點寬，導致表格有點擠，不妨修改文件邊界。切換到「版面配置」功能索引標籤，在「版面設定」功能區中，按下「邊界」清單鈕，選擇「窄」邊界樣式。

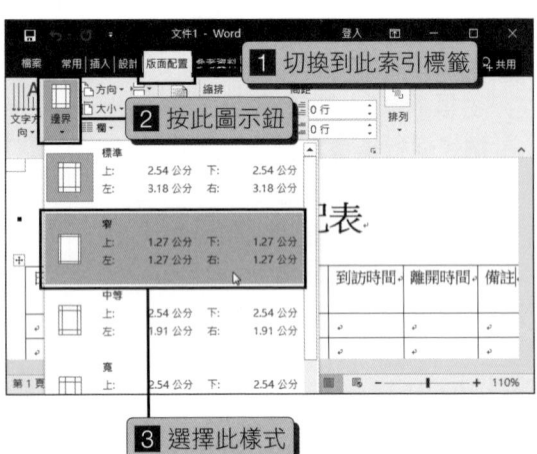

1 切換到此索引標籤
2 按此圖示鈕
3 選擇此樣式

10 文件編輯區變寬了，可以將欄寬加寬一些，讓標題文字在同一行。首先切換到「表格工具\版面配置」功能索引標籤，在「儲存格大小」功能區中，按下「自動調整」清單鈕，執行「自動調整內容」指令。

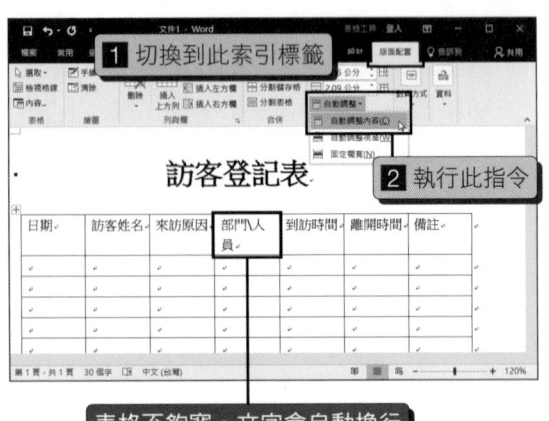

1 切換到此索引標籤
2 執行此指令
表格不夠寬，文字會自動換行

024

11 表格寬度依照文字長度自動調整欄寬。接著同樣在「儲存格大小」功能區中，按下「自動調整」清單鈕，執行「自動調整視窗」指令，將整個表格調整與文件編輯區同寬。

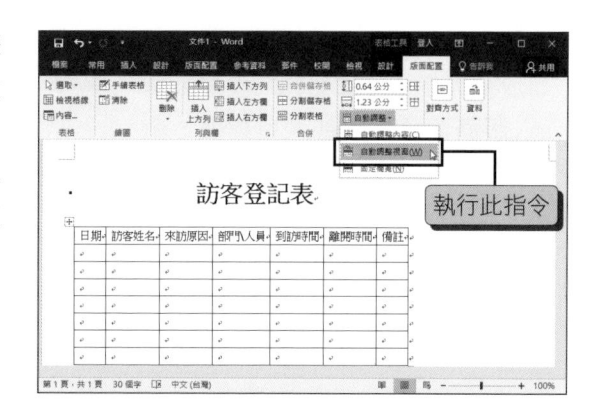

12 表格變寬之後，可將標題文字從靠左方對齊改成置中對齊。選取表格第一列，繼續在「表格工具\版面配置」功能索引標籤，切換到「對齊方式」功能區中，按下「對齊中央」圖示鈕，也就是水平垂直都置中對齊。

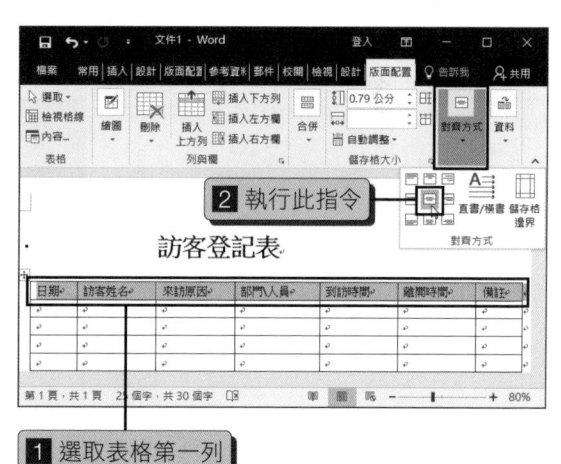

13 表格只有 8 列似乎太浪費紙張，不妨多加幾列。當游標移到表格第一欄前方、列與列交界處，則會出現 ⊕ 符號，按下「加號」，則可以在下方新增一列。

025

14 如果一次要加很多列,可以先選取多列表格,依然在「表格工具\版面配置」功能索引標籤,切換到「欄與列」功能區中,執行「插入下方列」指令,依相同方法將總列數加到 16 列(含標題)。

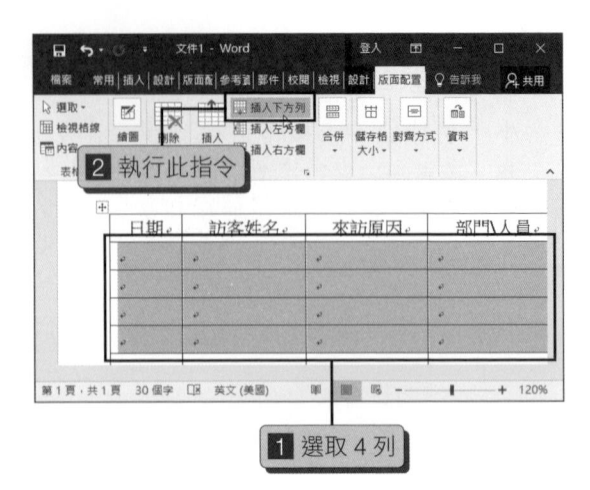

2 執行此指令

1 選取 4 列

15 將游標移到最後一列的下框線位置,當游標符號變成 ⇕,按住滑鼠左鍵,向下方拖曳調整列高到接近文件下邊界。

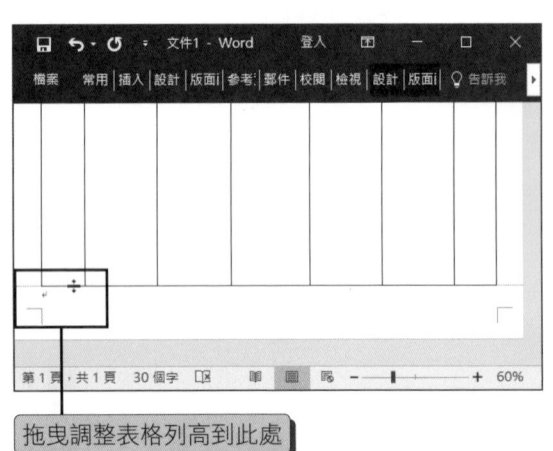

拖曳調整表格列高到此處

16 將游標移到表格的左上方 ⊞ 位置,當游標變成 符號,按一下滑鼠左鍵,則可選取整張表格。

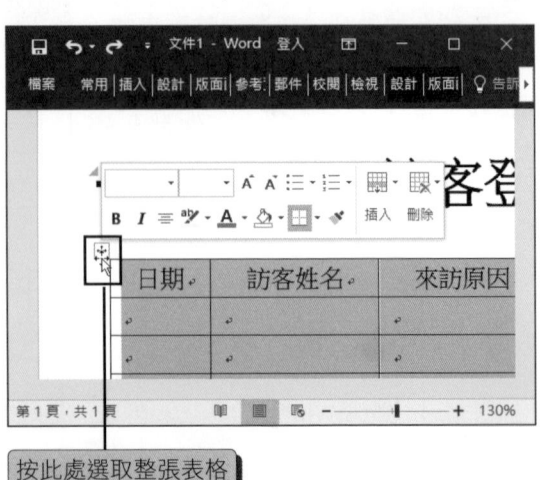

按此處選取整張表格

單元 02　訪客記錄表

17 切換到「表格工具\版面配置」功能索引標籤，在「儲存格大小」功能區中，執行「平均分配列高」指令，調整表格列高成相同高度。

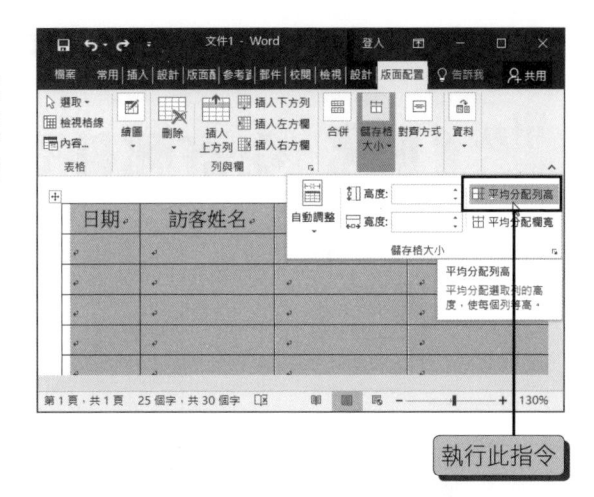

執行此指令

18 因為調整過邊界，因此原本在 16 公分處的置中定位點，已經不在文件中央。先將編輯插入點移到第一行表格標題處，再將游標移到「置中定位點」符號上方，按住滑鼠左鍵，用拖曳的方式將定位點移到約 22 公分處，放開滑鼠即完成調整定位點。

將置中定位點移到此處

027

PART 1　Word 文書應用

> 範例檔案：PART 1\ch03. 交寄郵件登記表

單元 03　交寄郵件登記表

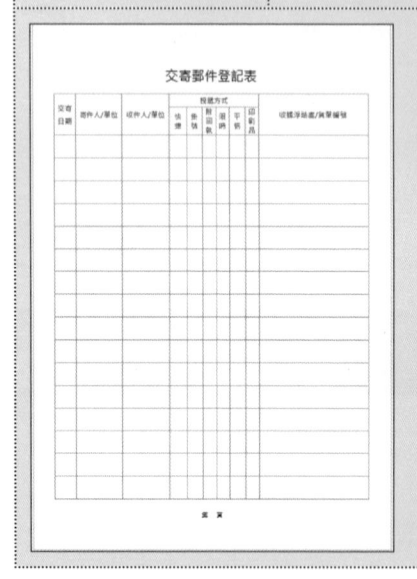

隨著網路發達，許多文件可以靠網路傳輸檔案，但是重要文件或是實體物件，還是要倚靠傳統的郵局寄送服務。寄出的郵件為避免遺失，交寄的紀錄最好保存下來，以方便日後查詢使用。

範例步驟

1 請先開啟「Word 範例檔」資料夾中的「Ch03 交寄郵件登記表(1).docx」，本章要繼續介紹表格工具的功能。先選取包含「投遞方式」旁的 6 個儲存格，切換到「表格工具\版面配置」索引標籤，在「合併」功能區中，執行「合併儲存格」指令。

1 選取此表格範圍
2 切換到此索引標籤
3 執行此指令

028

單元 03　交寄郵件登記表

2 原本 6 個儲存格合併成單一儲存格。接著將游標移到「收據浮貼處 / 貨單編號」表格標題上方，當游標變成 ↓ 符號，按住滑鼠左鍵，向右拖曳選取 2 欄，繼續在「合併」功能區中，執行「分割儲存格」指令。

合併成單一儲存格

1 選取此 2 欄表格範圍
2 執行此指令

3 開啟「分割儲存格」對話方塊，將原本欄數「2」修改成欄數「1」，列數維持不變，確定勾選「分割儲存格前先合併」選項，按下「確定」鈕。

1 設定欄數
2 按此鈕

4 明明是執行分割儲存格，結果卻有合併的效果。繼續選取「收據浮貼處 / 貨單編號」表格標題及下方共 2 個儲存格，按滑鼠右鍵開啟快顯功能表，執行「合併儲存格」指令。

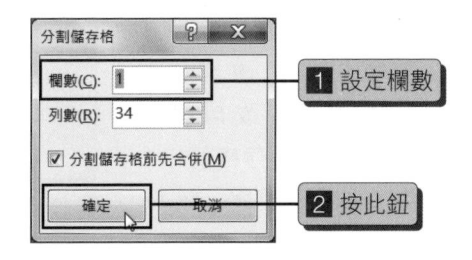

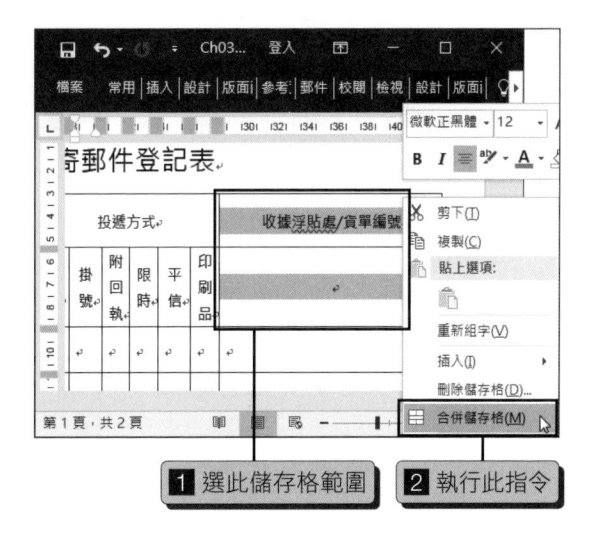

1 選此儲存格範圍
2 執行此指令

029

5 利用分割及合併儲存格指令，從原本的兩欄變成 1 整欄，取代刪除整欄功能。接著選取「交寄日期」、「寄件人/單位」、「收件人/單位」及下方儲存格共 6 個，切換到「表格工具\版面配置」功能索引標籤，在「合併」功能區中，再次執行「分割儲存格」指令。

6 開啟「分割儲存格」對話方塊，將預設欄數「6」修改成欄數「3」，列數「2」修改成列數「1」，勾選「分割儲存格前先合併」選項後，按下「確定」鈕。

7 因為原本欄寬不同，合併後會平均分配欄寬，因此還要再調整。將游標移到「交寄日期」和「寄件人/單位」交界處，當游標變成 ✥ 符號，按住滑鼠左鍵，向左拖曳到與原本欄寬相同，即可放開滑鼠。

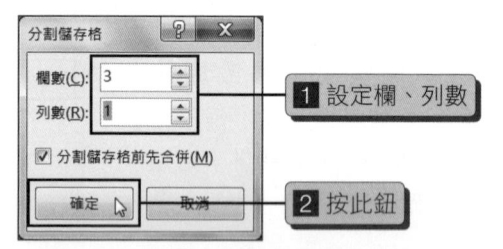

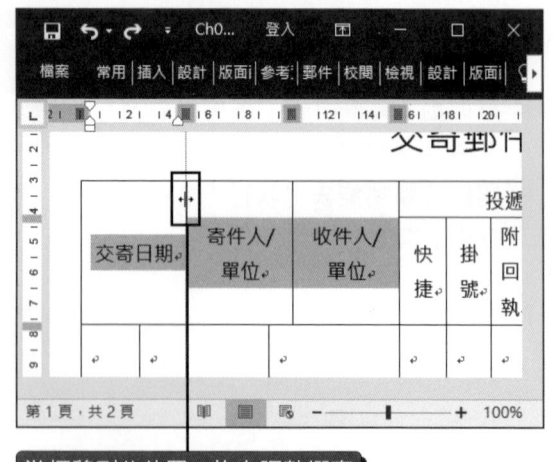

單元 03　交寄郵件登記表

8 依照相同方法，將游標移到「寄件人／單位」和「收件人／單位」交界處，調整欄寬與原表格一致。

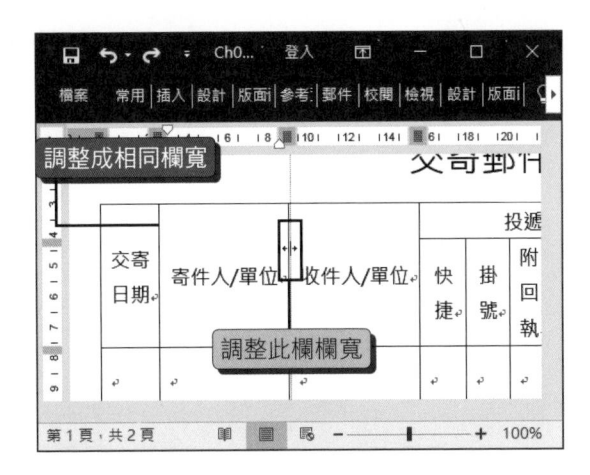

9 選取「快遞」~「印刷品」等 6 個儲存格，切換到「常用」功能索引標籤，在「段落」功能區中，按下 ≡▼「行距與段落間距」的清單鈕，執行「行距選項」指令。

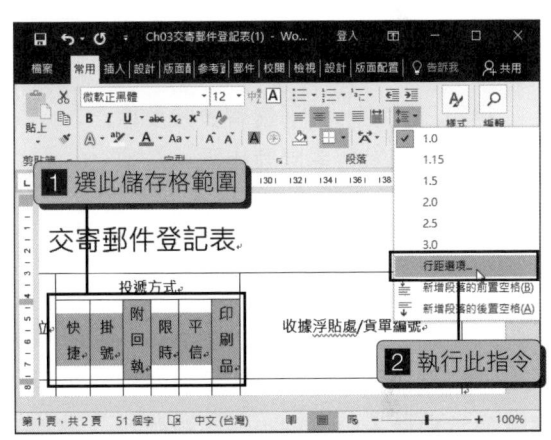

10 開啟「段落」對話方塊，按下「單行間距」旁清單鈕，將行距改成「固定行高」。

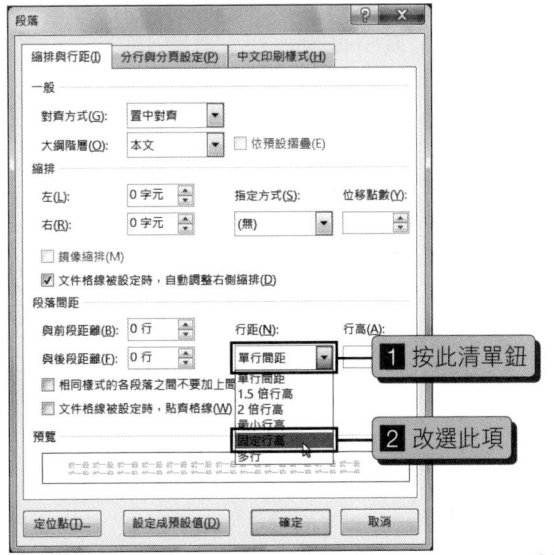

11 繼續設定行高為「15」點,完成後按下「確定」鈕。

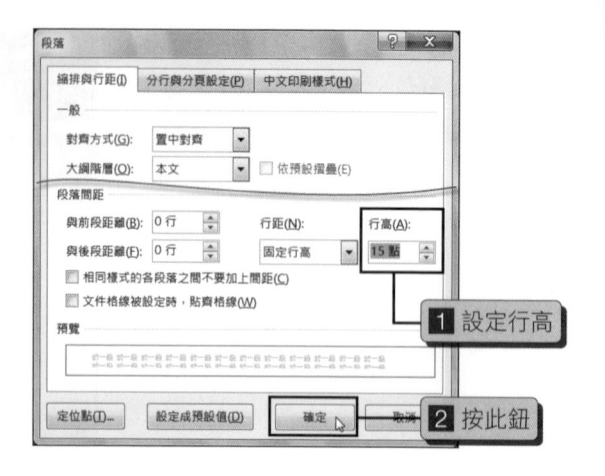

1 設定行高
2 按此鈕

12 調整後的行高比較小,字與字的距離變得比較近。當表格長度超過第二頁時,就不會有表頭及標題列,如果希望同時出現,必須將表頭包含在表格裡面。

標題字距變近　第二頁沒有表頭及標題列

13 將編輯插入點移到表格任何儲存格中,切換到「表格工具＼版面配置」索引標籤,在「繪圖」功能區中,執行「手繪表格」指令。

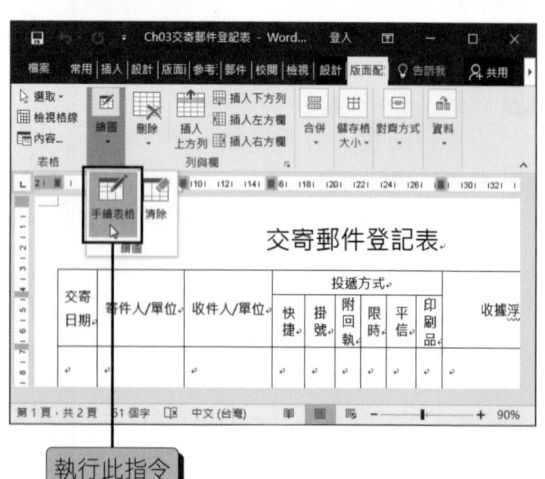

執行此指令

單元 03　交寄郵件登記表

14 此時游標會變成 ✐ 符號，將游標符號移到上邊界和左邊界交界處，按住滑鼠左鍵，此時游標會變成 ✥ 符號，繼續按住滑鼠，拖曳游標到原表格的右上角位置，繪製出新增表格的範圍，放開滑鼠即完成手繪表格。

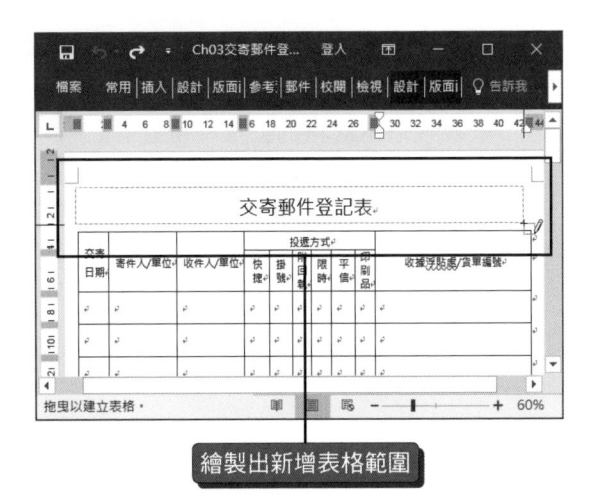

繪製出新增表格範圍

15 表頭標題納入表格範圍，並自動繪製框線，但要看起來和原本相同不是屬於表格，就必須取消部分框線。再執行一次「手繪表格」指令，即可取消繪製表格功能。

表頭標題納入表格範圍

再執行此指令，可取消功能

16 將編輯插入點移到表頭標題儲存格中，切換到「表格工具\設計」索引標籤，在「框線」功能區中，按下「框線」清單鈕，按一下「上框線」，則可取消上框線。

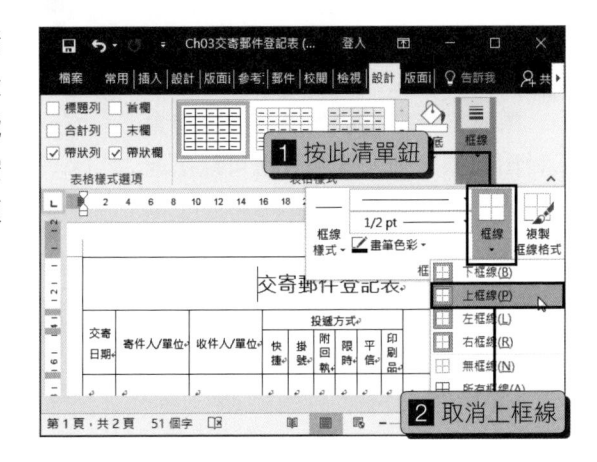

1 按此清單鈕

2 取消上框線

033

PART 1　Word 文書應用

17 重複按下「框線」清單鈕，依序再取消「左框線」和「右框線」。下框線與原本表格的上框線重疊共用，因此不可取消。

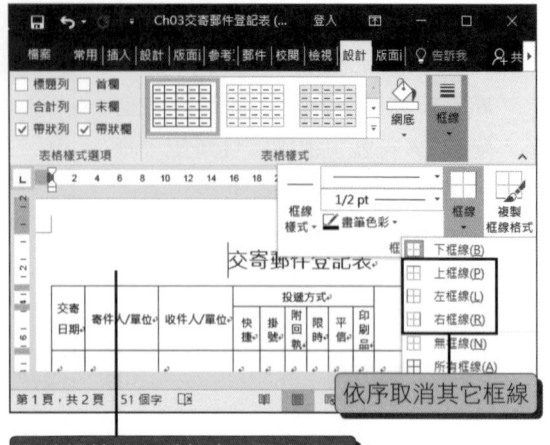

18 選取標頭和標題列共 3 列，切換到「表格工具\版面配置」功能索引標籤，在「資料」功能區中，執行「重複標題列」指令。

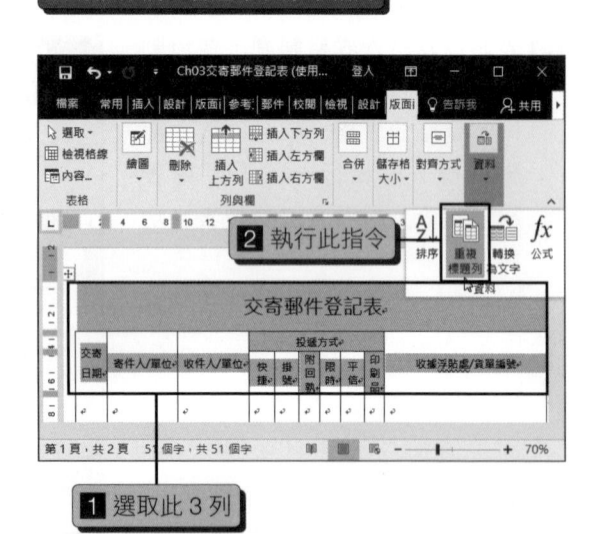

19 第二頁出現表頭和表格標題，如果表格持續增加到第三頁，也會出現標題列，實務上也可以搭配「頁碼」一起應用。

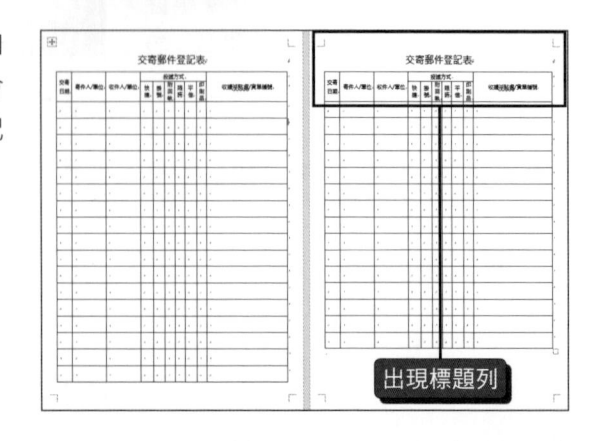

034

單元 04　公司專用信箋

> 範例檔案：PART 1\ch04.公司專用信箋

單元 04　公司專用信箋

就像公司會印刷專屬的信封一樣，行政部門不管對公司內部或是外部，常常會有行政文書方面的往來，不妨利用文書處理軟體，設計公司電子書信的專用信箋。本章主要是利用「頁首及頁尾」功能，搭配一些繪圖工具進行設計。

範例步驟

1 請開啟 Word 程式並新增空白文件，因為頁首必須加入公司 Logo 及名稱，預設邊界所預留的空間可能不夠，因此先要調整邊界設定。切換到「版面配置」功能索引標籤，在「版面設定」功能區中，按下「邊界」下拉式清單鈕，執行「自訂邊界」指令。

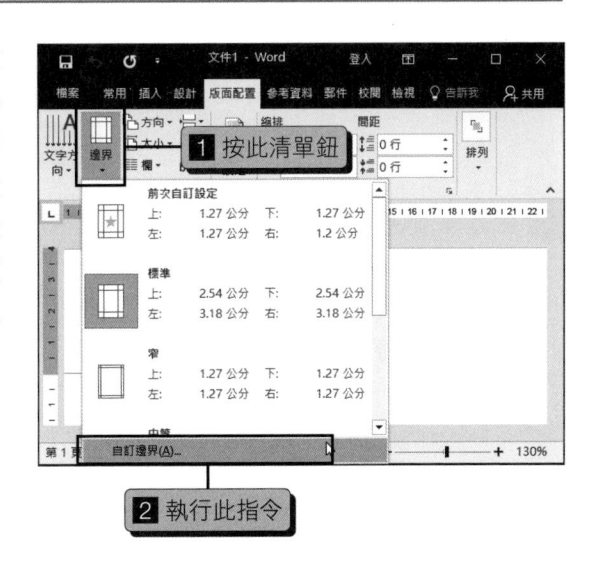

1 按此清單鈕

2 執行此指令

035

PART 1　Word 文書應用

2. 開啟「版面設定」對話方塊，切換到「邊界」索引標籤，設定上邊界「3.5 公分」、下邊界「2.5」公分、左邊界「2 公分」和右界「2 公分」，設定完成按「確定」鈕即可。

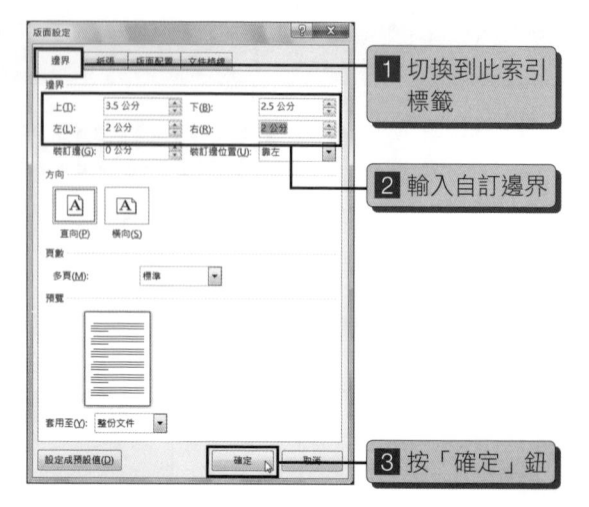

   1 切換到此索引標籤
   2 輸入自訂邊界
   3 按「確定」鈕

3. 接著切換到「插入」功能索引標籤，在「頁首及頁尾」功能區中，按下「頁首」清單鈕，執行「編輯頁首」指令。

   1 按此清單鈕
   2 執行此指令

   上邊界較寬可以設計頁首

4. 此時會出現「頁首及頁尾工具」功能索引標籤，而編輯插入點會移到頁首位置，輸入公司名稱「奕宏國際旅行社有限公司」。

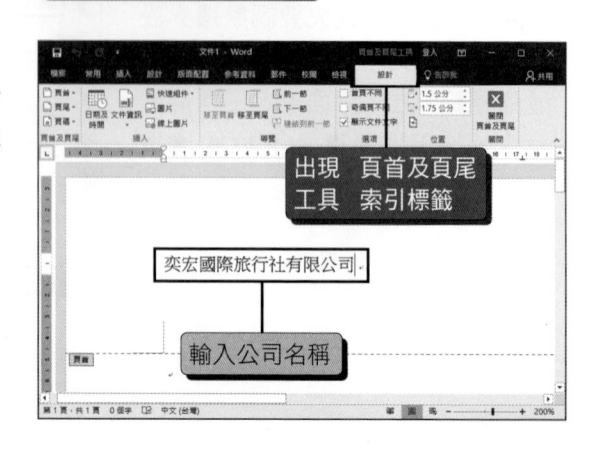

   出現　頁首及頁尾
   工具　索引標籤

   奕宏國際旅行社有限公司

   輸入公司名稱

036

單元 04　公司專用信箋

5 選取公司名稱文字，切換到「常用」功能索引標籤，在「字型」功能區中，重新設定字型為「微軟正黑體」、「粗體」，字型大小「28」。然後在「段落」功能區中，將標題文字「靠左對齊」。

6 接著要插入公司專屬 LOGO。切換到「插入」功能索引標籤，在「圖例」功能區中，按下「圖片」圖示鈕。

7 開啟「插入圖片」對話方塊，選擇「範例圖檔」資料夾，選擇「LOGO1」圖檔，按「插入」鈕。

8 圖片被插入到文件中,也會出現「圖片工具」功能索引標籤。按下圖片旁的「版面配置選項」智慧標籤,選擇「文字在前」的文繞圖樣式。

9 切換到「圖片工具\格式」功能索引標籤,在「大小」功能區中,重新設定圖片大小為高「2.4公分」及寬「5.35」公分,再使用拖曳的方式,將圖片移到左上角的位置。

10 公司名稱由於對齊右邊界的影響,因此太偏向右邊,可以使用縮排方式方式略為調整切換到「常用」功能索引標籤,在「段落」功能區域中,按下右下方的展開鈕,開啟「段落」對話方塊。

單元 04　公司專用信箋

11 開啟「段落」對話方塊,切換到「縮排與行距」索引標籤,設定靠右縮排「1 字元」,按「確定」鈕。

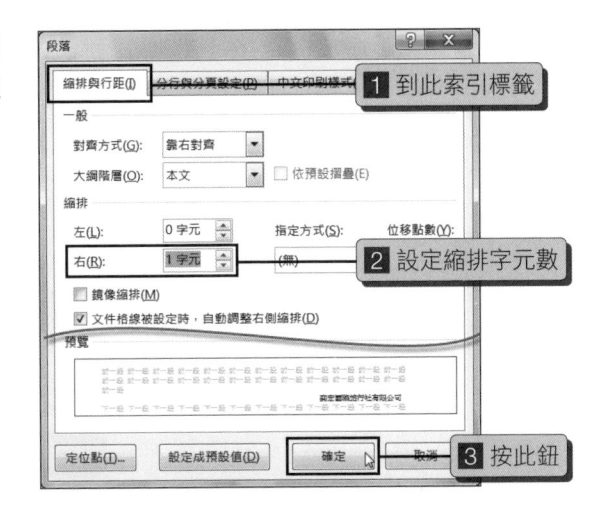

12 切換到「頁首及頁尾工具\設計」功能索引標籤,在「頁首及頁尾」功能區中,按下「頁尾」清單鈕,選擇「回顧」頁尾樣式。

13 套用預設的頁尾樣式。由於頁尾有一條藍色的線條,為了美觀起見,也可以在頁首部分設計對襯的線條。繼續在「頁首及頁尾\設計」功能所引標籤,切換到「導覽」功能區中,按下「移至頁首」圖示鈕。

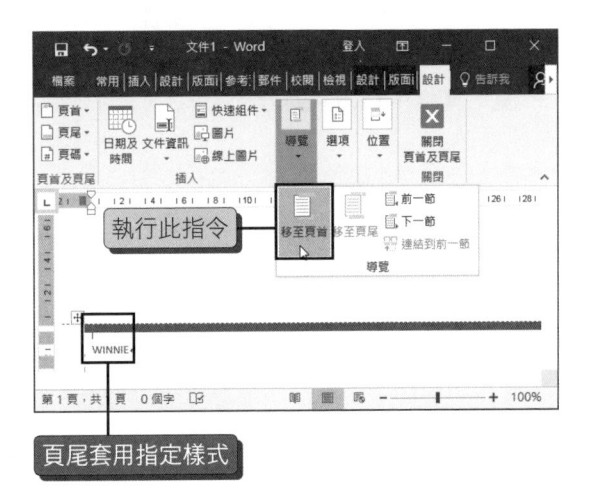

039

PART 1　Word 文書應用

14 游標移到頁首區域。切換到「插入」功能索引標籤，在「圖例」功能區中，按下「圖案」下拉式清單鈕，選擇繪製「矩形」圖案。

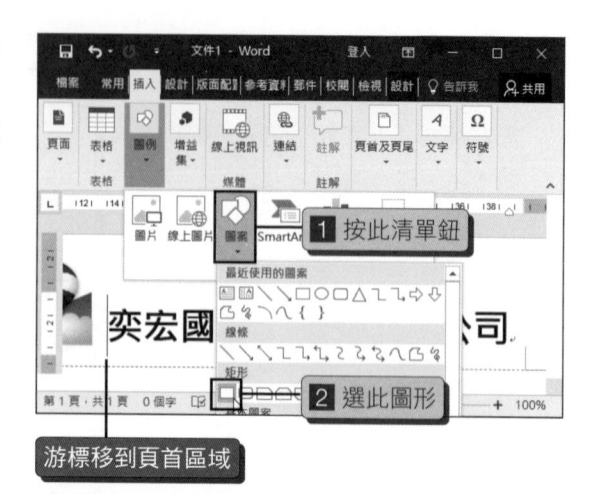

- 1 按此清單鈕
- 2 選此圖形
- 游標移到頁首區域

15 此時游標會變成 ✚ 符號，先將游標移到公司名稱前方下面，按下滑鼠左鍵，使用拖曳的方式，拖曳出一條長矩形線條，到公司名稱後方放開滑鼠，完成圖案繪製。

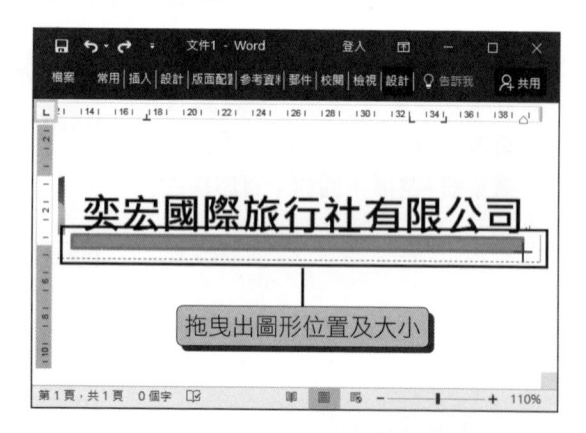

- 拖曳出圖形位置及大小

16 此時會出現「繪圖工具\格式」功能索引標籤，在「大小」功能區中，修改圖形高度「0.1」公分寬、寬度「11.5」公分。

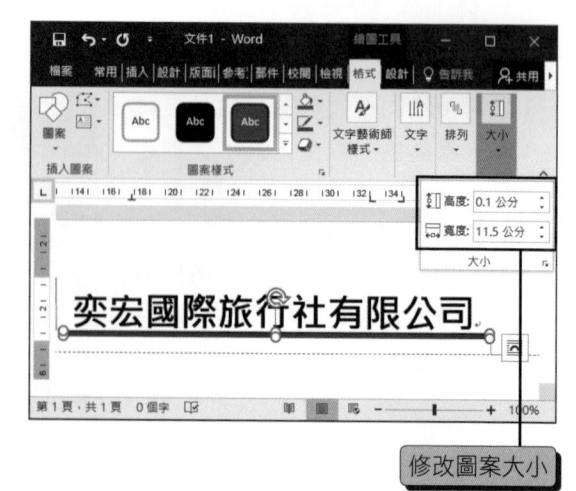

- 修改圖案大小

040

單元 04　公司專用信箋

17 接著繼續在「繪圖工具\格式」功能索引標籤的「圖案樣式」功能區中，按下 ☑▾「圖案外框」清單鈕，選擇執行「無外框」指令，取消長矩形的外框線。

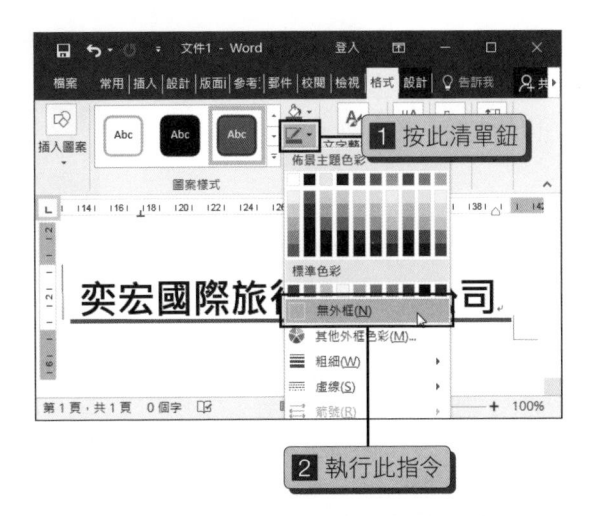

18 頁首及頁尾設計完成後，切換到「頁首及頁尾工具\設計」功能索引標籤，在「關閉」功能區中，按下「關閉頁首及頁尾」圖示鈕，即可回到文件編輯區。

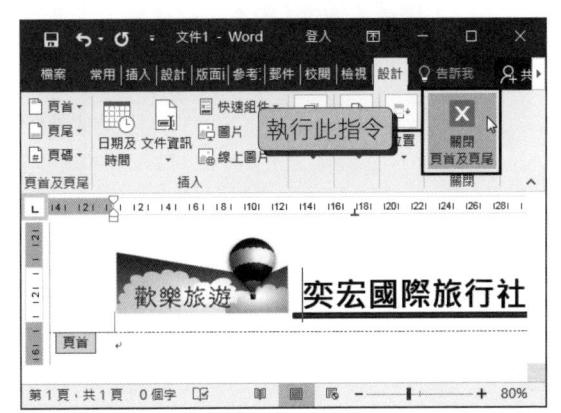

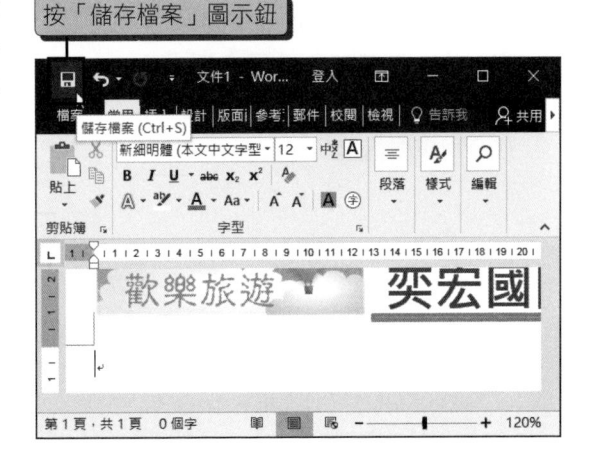

19 按下快速存取工具列的 🖫「儲存檔案」圖示鈕。或是切換到「檔案」工作頁面，執行「另存新檔」指令。

041

PART 1　Word 文書應用

20 開啟「另存新檔」工作視窗，選擇儲存到「這台電腦」中的「我的文件」資料夾。

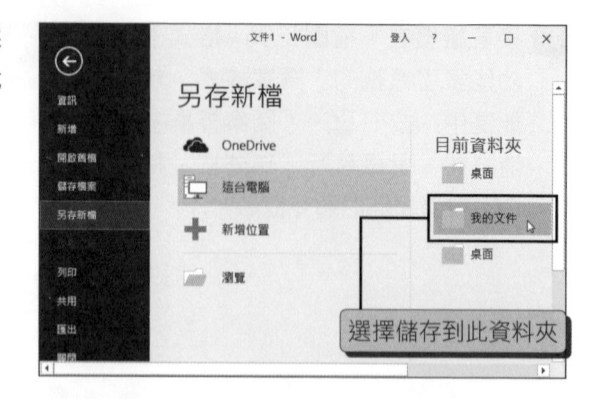

選擇儲存到此資料夾

21 開啟「另存新檔」對話方塊，按下「存檔類型」右邊的下拉式清單鈕，選擇「Word 範本」存檔類型。

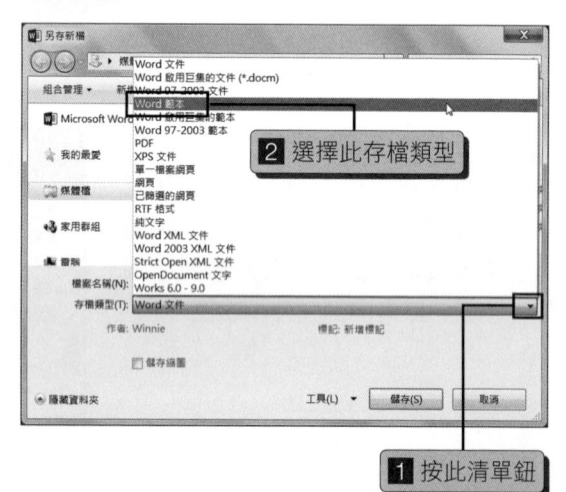

1 按此清單鈕
2 選擇此存檔類型

22 檔案會自動選擇儲存到「我的文件」中的「自訂 Office 範本」子資料夾，接著輸入公司名稱「公司信箋」後，按「儲存」鈕，完成公司專屬信箋的設計工作。

自動選擇儲存的資料夾
1 輸入檔案名稱
2 按下「儲存」鈕

042

單元 04　公司專用信箋

23 下次要使用公司信箋，只要進入到「文件」資料夾下，「自訂 Office 範本」子資料夾，選取「公司信箋」範本檔，按滑鼠右鍵開啟快顯功能表，執行「開啟」指令。

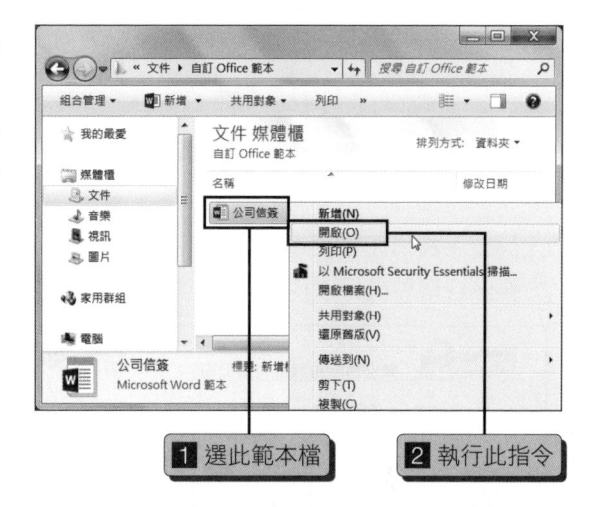

1 選此範本檔　　**2** 執行此指令

24 Word 會以「新增檔案」形式開啟，並自動給「文件 1」的檔案名稱。當輸入完畢按下「儲存檔案」鈕時，也會出現「另存新檔」的工作視窗，就和一般新增空白文件相同。

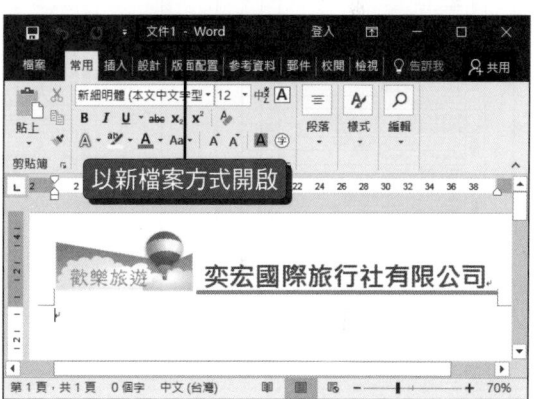

以新檔案方式開啟

PART 1　Word 文書應用

範例檔案：PART 1\ch05. 人評會考核表

單元 05　人評會考核表

人評會考核員工需要有固定的評鑑標準，因此不妨將考核的項目內容製作成表單，方便讓評審委員可以使用勾選的方式進行考核，最後再加總成績評鑑。

範例步驟

1 請先開啟「Word 範例檔」資料夾中的「Ch05 人評會考核表(1).docx」，本章要介紹表格中文字的編排方式及其它表格功能。先選取「項目」文字，選取時不要選到段落符號，切換到「常用」功能索引標籤，在「段落」功能區中，按下 ▤「分散對齊」圖示鈕。

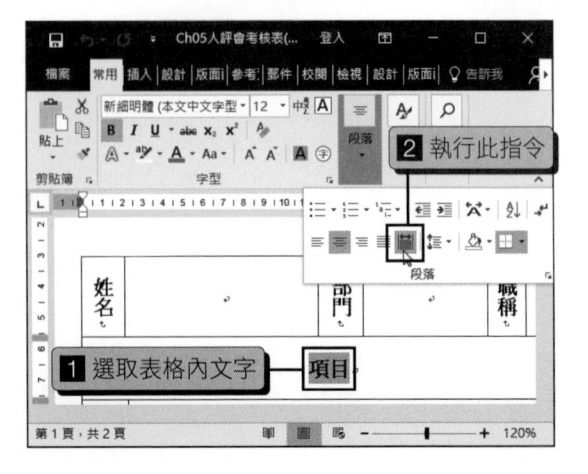

044

單元 05　人評會考核表

2 開啟「最適文字大小」對話方塊，在新文字寬度處調整寬度到「15 字元」，按「確定」鈕回到編輯視窗。

3 原本 2 字元寬度的文字變寬成 15 字元寬。接著選取「初核分數」文字，繼續在「段落」功能區中，按下 ![] 「亞洲配置方式」圖示清單鈕，執行「組排文字」指令。

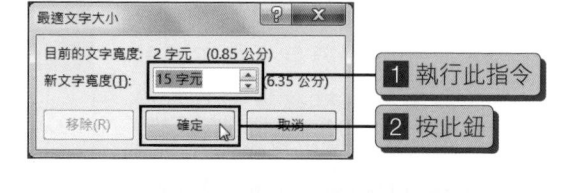

4 開啟「組排文字」對話方塊，將大小由「6」點改成「12」點，維持原有字型大小，設定完成按「確定」鈕。

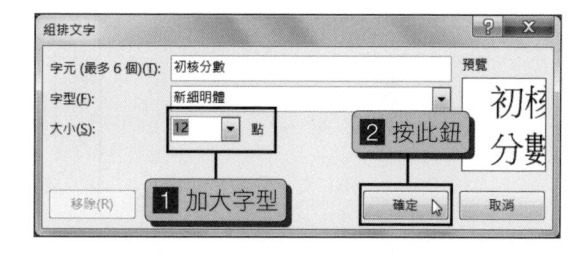

5 繼續選取「品德言行」文字，切換到「表格工具\版面配置」功能索引標籤，在「對齊方式」功能區中，執行「直書/橫書」指令，將文字由橫書轉換成直書。

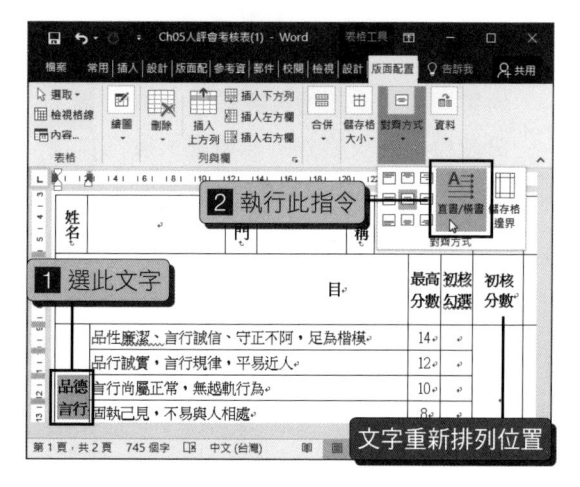

045

PART 1　Word 文書應用

6. 將下方考核項目標題均改為直書。由於考核項目分成不同類別，原有的細框線無法立刻分辨，因此建議使用較粗的框線，將同類別的區域加上粗外框線。切換到「表格工具\設計」功能索引標籤，在「框線」功能區中，按下「框線樣式」清單鈕，選擇「實心單線 1 1/2pt」樣式。

　　1 按此清單鈕
　　2 選此樣式
　　文字變成直書

7. 此時游標符號會變成 ✎「複製框線」符號，在要加粗的框線上，使用點選的方式繪製表格框線，也可以使用拖曳的方式繪製同欄或同列的表格框線。

　　拖曳繪製粗框線

8. 當游標還是 ✎ 符號時，可以持續繪製框線，全部繪製完畢後，將由游標移到表格外的編輯區，按一下滑鼠左鍵即可結束。

　　繼續繪製外框線　　外框線變粗

單元 05　人評會考核表

9 選取前 3 列表格標題，切換到「常用」功能索引標籤，在「剪貼簿」功能區中，按下 「複製」圖示鈕。

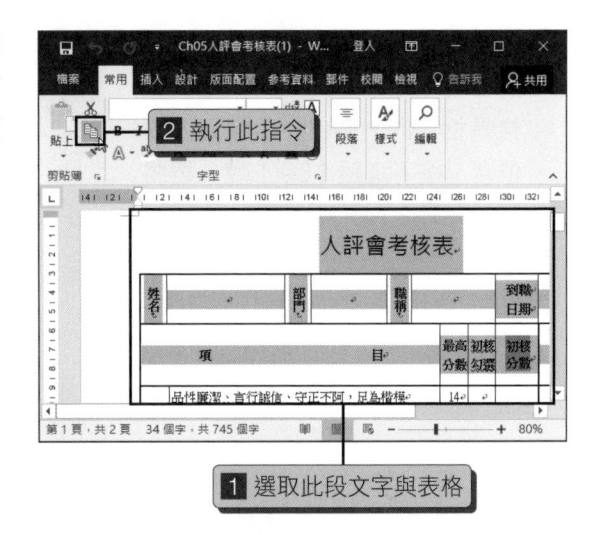

1 選取此段文字與表格
2 執行此指令

10 將游標插入點移到第 2 頁第一列表格位置，切換到「表格工具\版面配置」功能索引標籤，在「合併」功能區中，執行「分割表格」指令。

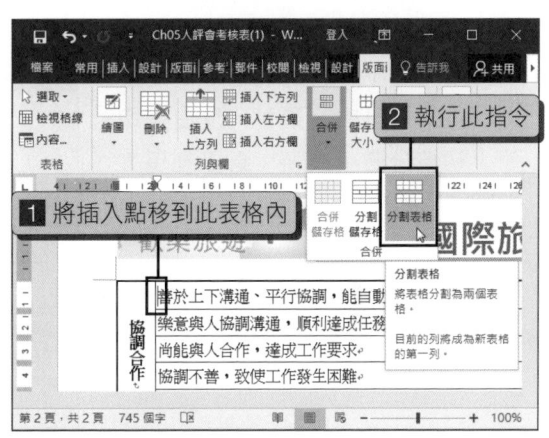

1 將插入點移到此表格內
2 執行此指令

11 此時表格被一分為二，兩個表格中間出現編輯插入點。切換回「常用」功能索引標籤，在「剪貼簿」功能區中，執行「貼上」指令。

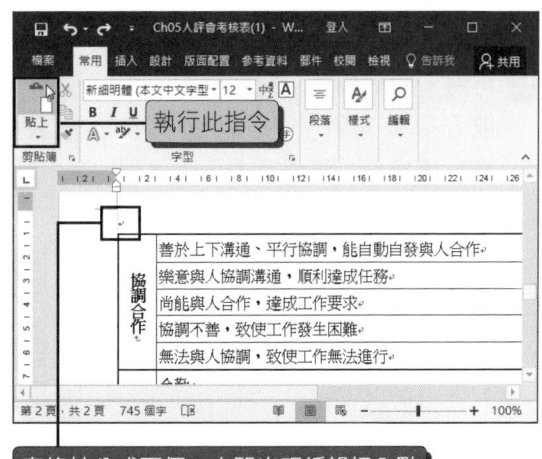

執行此指令

表格被分成兩個，中間出現編輯插入點

047

PART 1　Word 文書應用

12 剛被複製的表格列被貼到第 2 頁的位置，但是屬於與第 1 頁的表格是相同的一個。在編輯插入點位置，按下鍵盤【Del】鍵，再將表頭與第 2 頁表格合而為一。

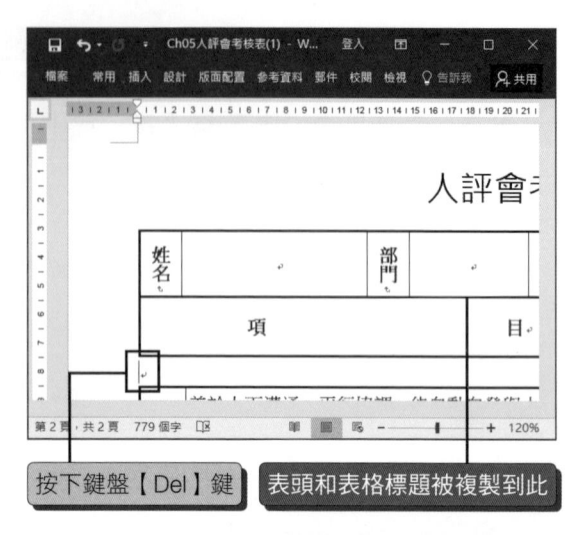

按下鍵盤【Del】鍵

表頭和表格標題被複製到此

13 由於第 1 頁標題「初核評語」在第 2 頁是不存在的欄位，而是要以「初核分數」頂替。反白選取「初核分數」文字，直接拖曳文字到「初核評語」前方。

反白選取此段文字，拖曳搬移到上方儲存格

兩個表格變成一個

14 再將「初核評語」文字刪除。選取「初核分數」下方 2 個儲存格，切換到「表格工具\版面配置」功能索引標籤，在「合併」功能區中，執行「合併儲存格」指令。

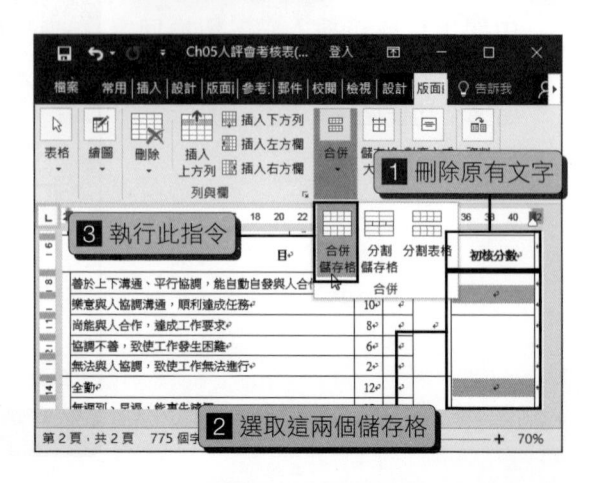

1 刪除原有文字

3 執行此指令

2 選取這兩個儲存格

單元 05　人評會考核表

15 切換到「表格工具\設計」功能索引標籤，在「框線」功能區中，再次按下「框線樣式」清單鈕，選擇「實心單線 1/2pt」樣式。

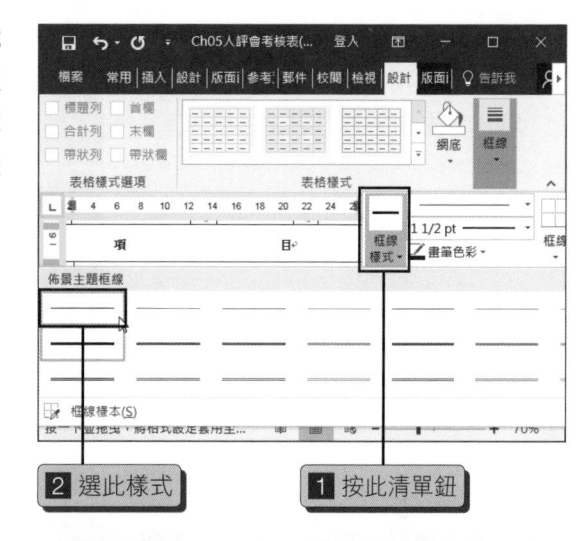

1 按此清單鈕
2 選此樣式

16 點選「初核分數」與剛合併的儲存格中間的框線，將「1 1/2」粗框線改成「1/2」細框線。

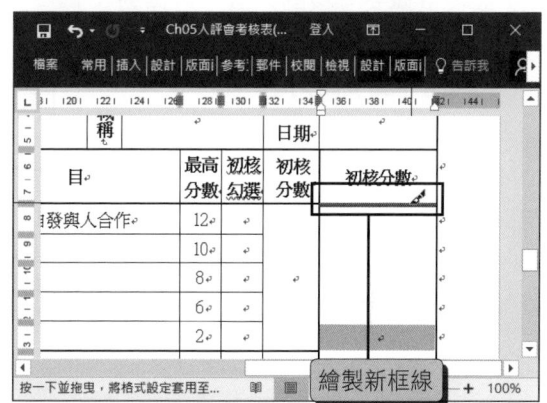

繪製新框線

17 表格繪製完成，按下「檔案」索引標籤，準備進行列印工作。

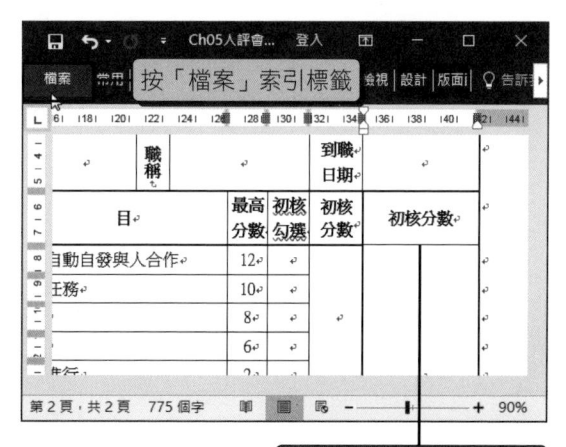

按「檔案」索引標籤

將原本粗框線改成細框線

049

18 切換到「列印」索引標籤，按下「單面列印」旁的清單鈕，重新選擇「手動雙面列印」選項。

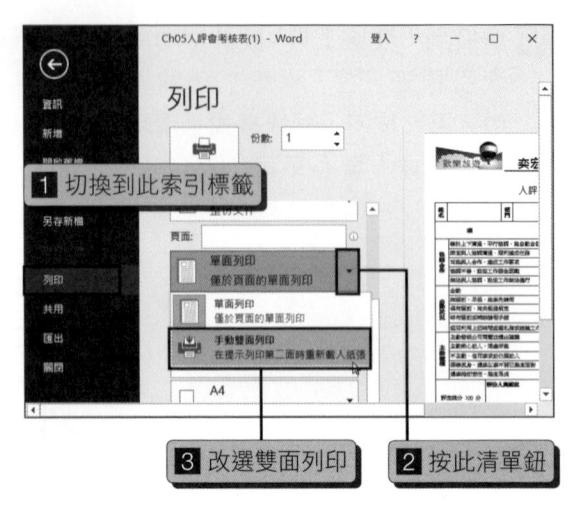

1 切換到此索引標籤
2 按此清單鈕
3 改選雙面列印

19 最後依據要考核的人數，選擇列印的「份數」，按下「列印」鈕即可進行手動雙面列印。

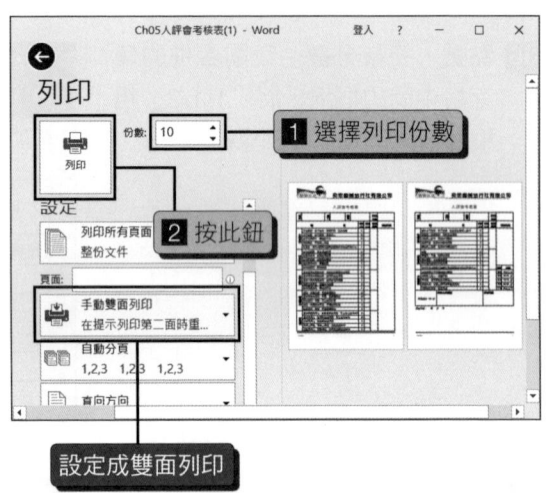

1 選擇列印份數
2 按此鈕
設定成雙面列印

單元 06　員工請假單

> 範例檔案：PART 1\ch06.員工請假單

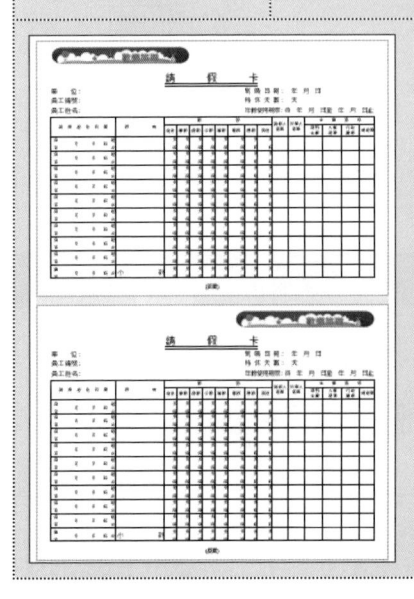

單元 06 員工請假單

有些公司使用一次性的請假單，每次請假都有一張，一整年下來要保存也不是那麼容易。使用個人性的員工請假卡除了響應環保之外，每次的請假記錄都記載的一清二楚，整年的資料也可以提供主管作為年終考核的參考。

範例步驟

1 請先開啟「Word 範例檔」資料夾中的「Ch06 員工請假單 (1).docx」，本章將綜合前幾章介紹的功能，進一步的變化應用。由於 A4 直向的寬度太窄，表格預留可書寫的空間不足，切換到「版面配置」功能索引標籤，在「版面設定」功能區中，按下「方向」清單鈕，選擇「橫向」。

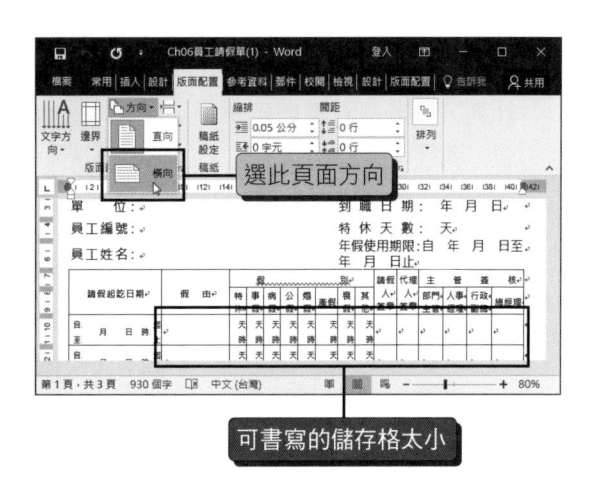

選此頁面方向

可書寫的儲存格太小

051

PART 1　Word 文書應用

2 紙張方向由直向變成橫向，頁數也由原本 3 頁變成 4 頁，為了方便調整表格長度，因此改變視窗檢視比例。切換到「檢視」功能索引標籤，在「顯示比例」功能區中，選擇「多頁」模式。

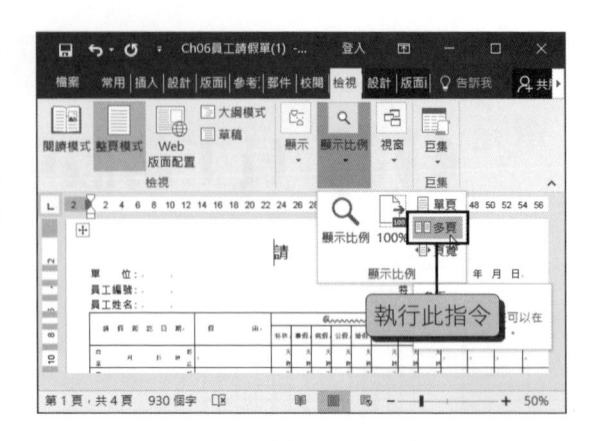

3 編輯視窗中顯示 2 頁寬的頁面。選取第 3、4 頁多餘的表格範圍，留下最後一列小計列不要選取，切換到「表格工具\版面設置」功能索引標籤，在「列與欄」功能區中，按下「刪除」清單鈕，執行「刪除列」指令。

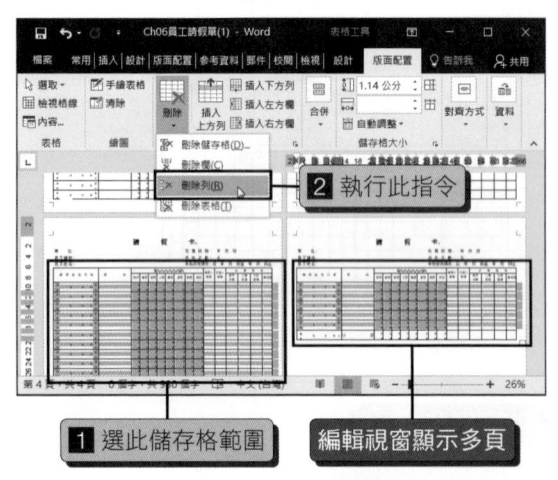

1 選此儲存格範圍　　**2** 執行此指令　　編輯視窗顯示多頁

4 第 3 頁只留下小計列。選取小計列，按滑鼠右鍵開啟快顯功能表，執行「複製」指令。

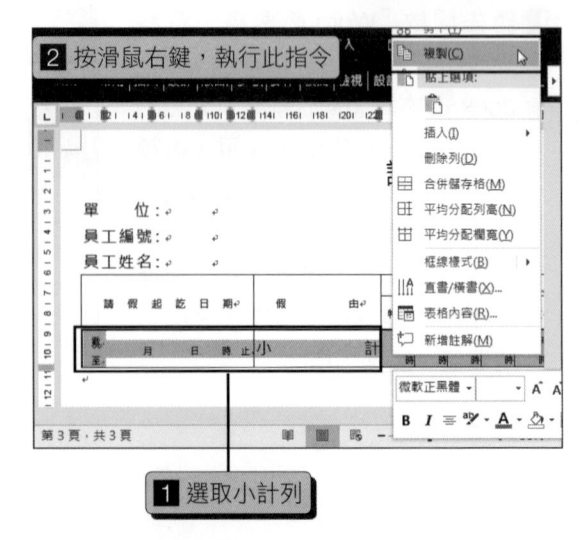

2 按滑鼠右鍵，執行此指令

1 選取小計列

052

單元 06　員工請假單

5 選取第 1 頁最後一行，按滑鼠右鍵開啟快顯功能表，在「貼上選項」中，按下 「以新列插入」圖示鈕。

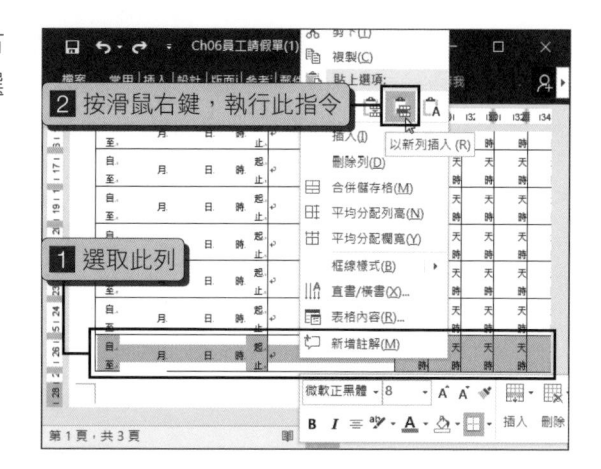

6 第 1 頁最後一行插入小計列，依相同方式在第 2 頁最後一行插入小計列。選取第 3 頁剩下的 3 列表格，按滑鼠右鍵開啟快顯功能表，執行「刪除列」指令。

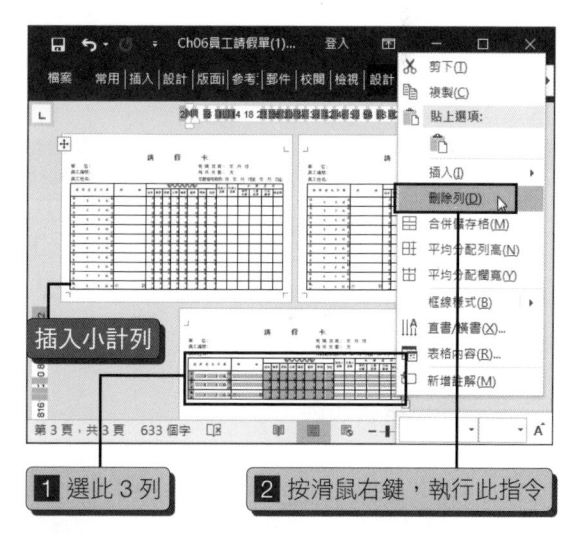

7 此時第三頁仍留有編輯插入點，列印時若沒特別設定，將會印出空白頁，不妨按滑鼠右鍵開啟快顯功能表，執行「段落」指令。

053

PART 1　Word 文書應用

8 開啟「段落」對話方塊，切換到「縮排與行距」索引標籤，「行距」選擇「固定行高」，「行高」選擇「1 點」，設定完成按「確定」鈕。

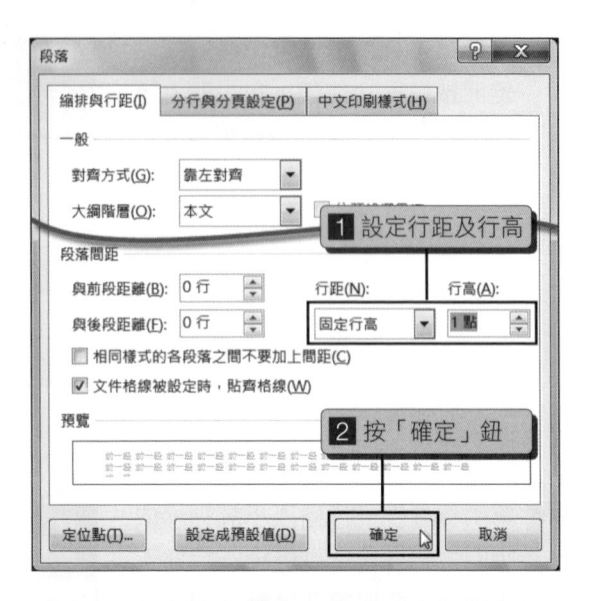

9 此時編輯插入點在表格下方與邊界的空白處，由於行高只有「1 點」，幾乎被隱藏起來。接著要編輯細部，再次切換到「檢視」功能索引標籤，在「顯示比例」功能區中，執行「頁寬」指令，恢復原本的檢視比例。

10 選取表頭文字「請假卡」，切換到「常用」功能索引標籤，在「字型」功能區中，按下 U ▾「底線」清單鈕，選擇「雙底線」樣式。

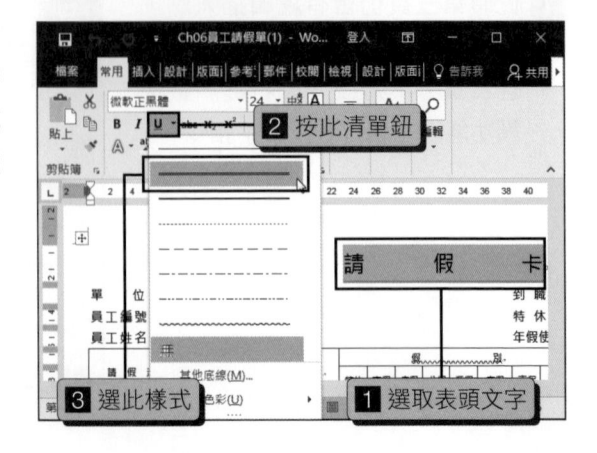

054

11 表頭文字已經加上雙底線。切換到「插入」功能索引標籤，在「頁首及頁尾」功能區中，按下「頁首」清單鈕，選擇「空白」樣式。

12 切換到「頁首及頁尾工具\設計」功能索引標籤，在「選項」功能區中，勾選「奇偶頁不同」選項，此時「頁首」變更顯示為「奇數頁頁首」。

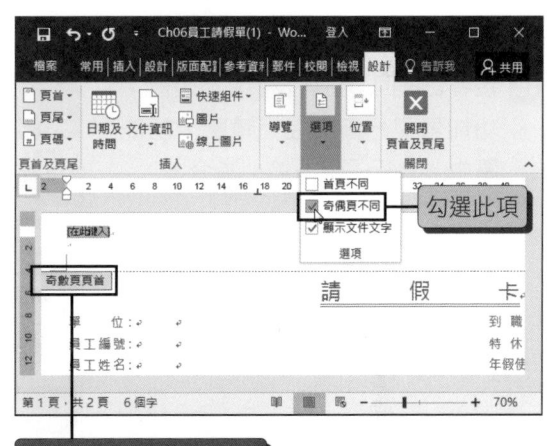

13 開始編輯奇數頁頁首，點選「在此鍵入」，切換到「插入」功能索引標籤，在「圖例」功能區中，執行「圖片」指令。

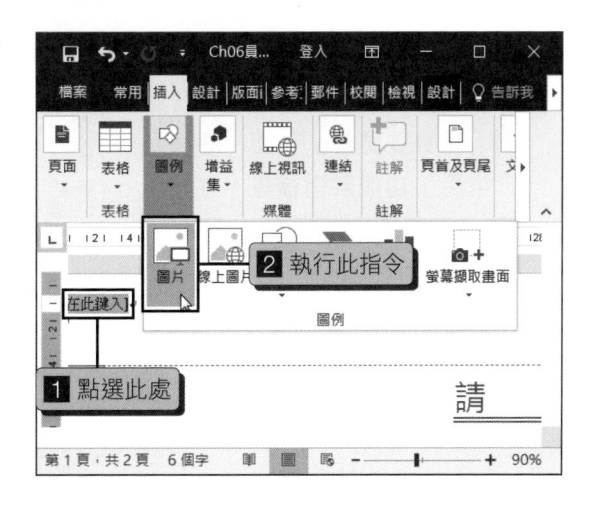

055

14 開啟「插入圖片」對話方塊,選擇「範例圖檔」資料夾,選擇「LOGO」圖片檔,按下「插入」鈕。

15 接著切換回「頁首及頁尾/設計」功能索引標籤,在「導覽」功能區中,執行「下一節」指令。

16 開始編輯偶數頁頁首,依照步驟 13.、14 插入公司 LOGO 圖到「偶數頁頁首」範圍。切換到「常用」功能索引標籤,在「段落」功能區中,執行「靠右對齊」指令。

17 讓圖片靠右對齊表現奇偶頁不同。再切換回「頁首及頁尾\設計」功能索引標籤，在「導覽」功能區中，執行「移至頁尾」指令。

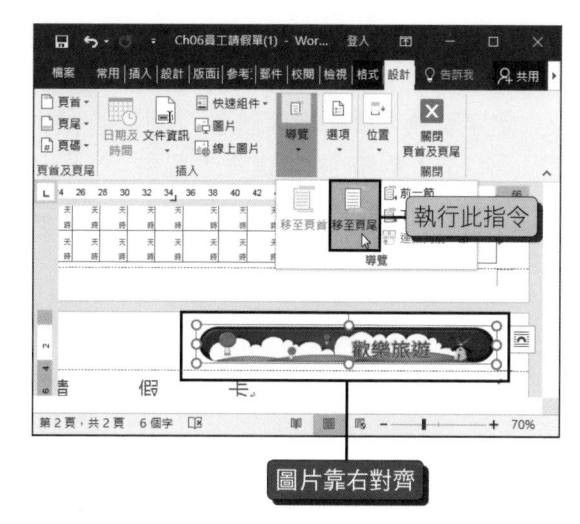

18 開始編輯偶數頁頁尾。在頁尾範圍輸入文字「(反面)」，切換到「常用」功能索引標籤，在「字型」功能區中設定字型為「微軟正黑體」、大小「12」、「粗體」，並在「段落」功能區中，按下 ≡ 「置中對齊」圖示鈕。

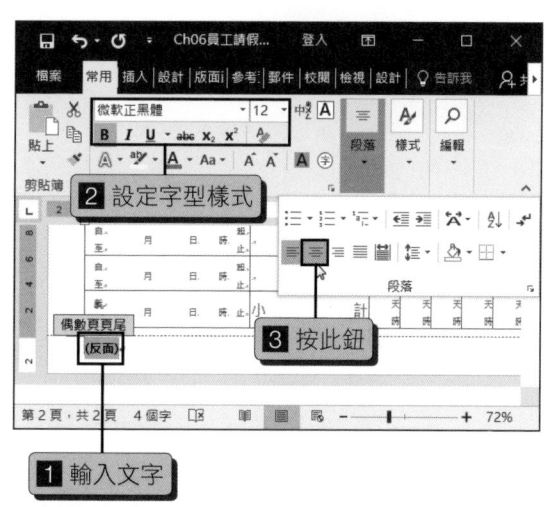

19 偶數頁頁尾編輯完畢，再切換回「頁首及頁尾\設計」功能索引標籤，在「導覽」功能區中，執行「前一節」指令，移到奇數頁頁尾。

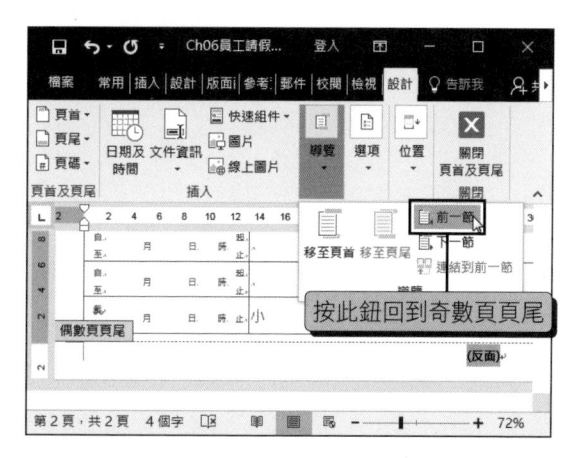

PART 1　Word 文書應用

20 開始編輯奇數頁頁尾。在頁尾範圍輸入文字「(正面)」，並設定字型為「微軟正黑體」、大小「12」、「粗體」，並選擇「置中對齊」。頁首及頁尾設定完畢，將游標移到非「頁首及頁尾」範圍，快按滑鼠左鍵 2 下，即可結束編輯「頁首及頁尾」。

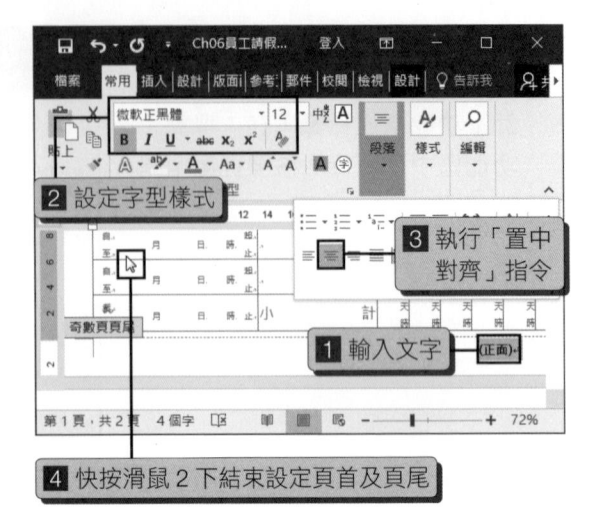

058

單元 07　應徵人員資料表

> 範例檔案：PART 1\ch07. 應徵人員資料表

坊間有許多簡易的履歷表販售，但是內容過於簡單。而應徵人員自備的履歷表，內容雖然很豐富，但是可能沒敘述到面試主管想要的資訊，因此公司不妨設計符合需求的應徵人員資料表。

範例步驟

1. 請先開啟「Word 範例檔」資料夾中的「Ch07 應徵人員資料表(1).docx」。想要刪除表格框線，除了可以利用「框線」來設定樣式外，也可以開啟「框線與網底」對話方塊進行設定，除此之外還有更簡單的方法，就是拿橡皮擦直接擦。將編輯插入點移到表格任何位置，切換到「表格工具\版面配置」功能索引標籤，在「繪圖」功能區中，執行「清除」指令。

PART 1　Word 文書應用

2 此時游標符號會變成 ⌀ 符號。將游標移到想要移除的框線位置，按一下滑鼠左鍵即可擦掉。

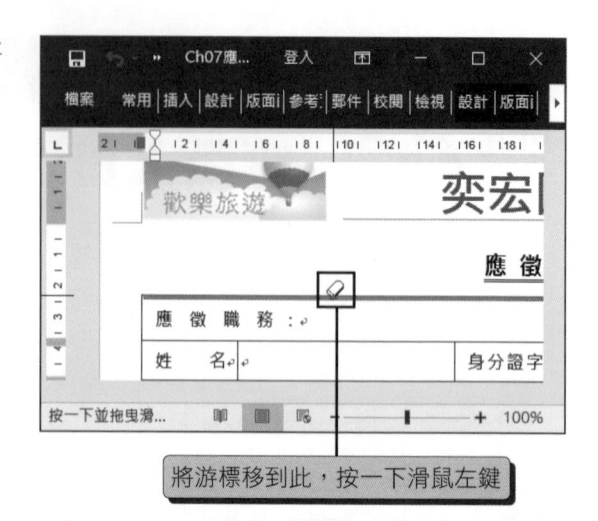

將游標移到此，按一下滑鼠左鍵

3 依相同方法將應徵職務的左框線清除掉，此時框線會暫時以虛線顯示。清除完畢後，再次執行「清除」指令，則可會到文件編輯模式，此時虛線則會消失。

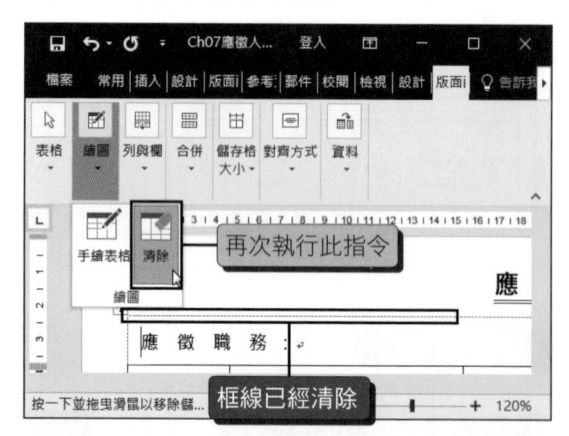

再次執行此指令

框線已經清除

4 選取第一欄標題儲存格，切換到「表格工具 \ 設計」功能索引標籤，在「表格樣式」功能區中，按下「網底」清單鈕，選擇「白色, 背景 1, 較深 15%」網底色彩。

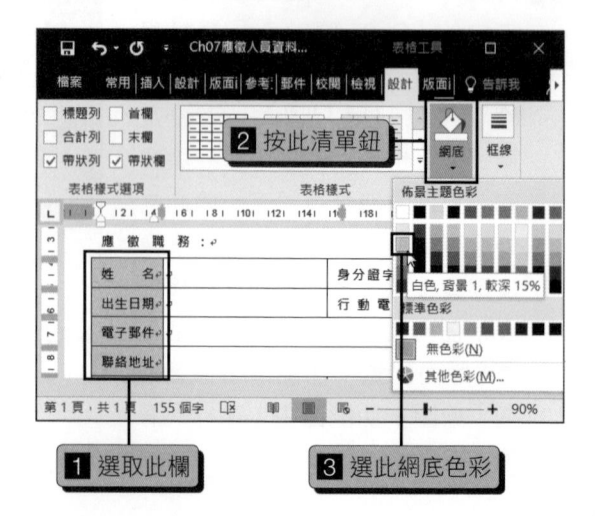

1 選取此欄

2 按此清單鈕

3 選此網底色彩

060

單元 07 應徵人員資料表

5 依相同方法陸續將其它標題欄位加上網底色彩。選擇「照片」儲存格，切換到「常用」功能索引標籤，在「段落」功能區中，按下 ⊞▾「框線」清單鈕，執行「框線及網底」功能。

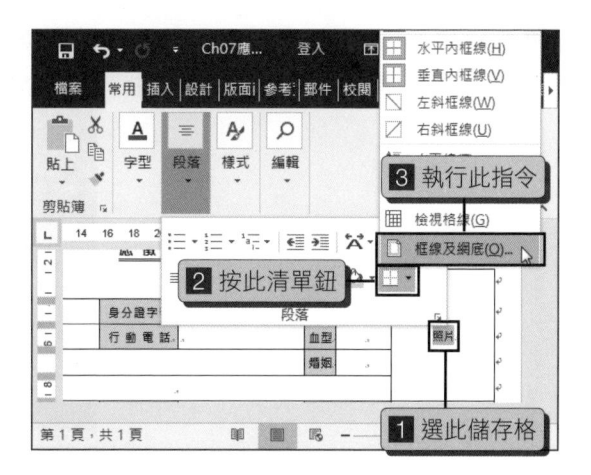

6 開啟「框線與網底」對話方塊，切換到「框線」索引標籤，選擇「雙框線」樣式，按下「方框」鈕，預覽位置可看出圖片欄位的變化，最後按下「確定」鈕。

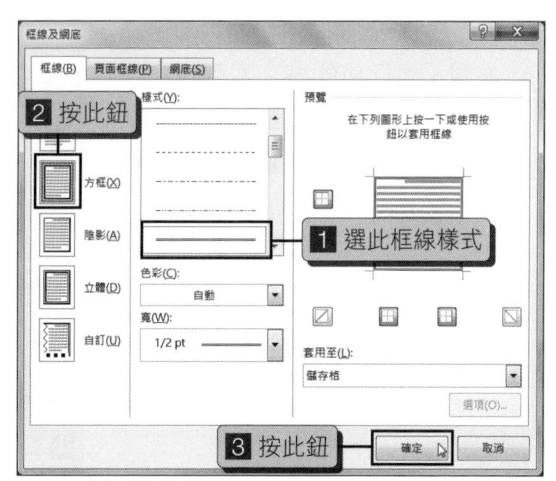

7 圖片欄位加上雙框線外框作為區隔。按下「檔案」索引標籤，準備在表格中加入表單功能。

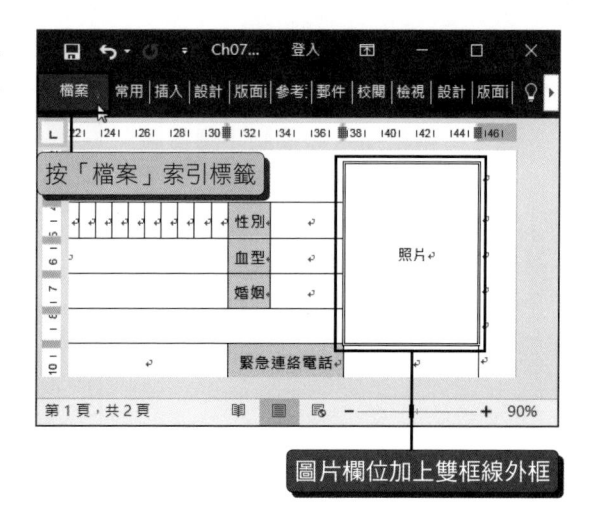

PART 1　Word 文書應用

8 在「檔案」視窗中，按下「選項」項目，開啟「Word 選項」對話方塊。

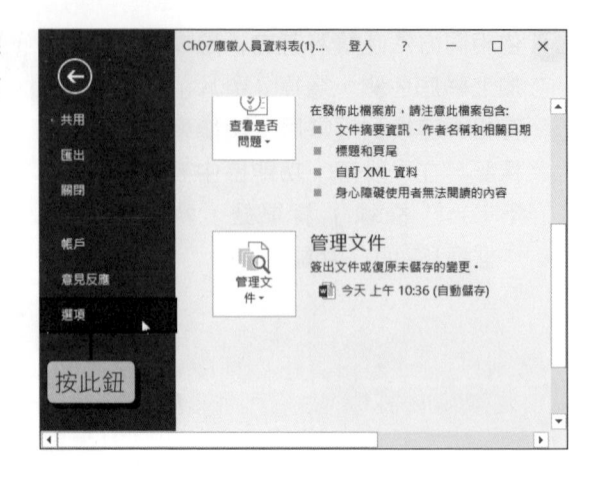

9 開啟「Word 選項」對話方塊，切換到「自訂功能區」索引標籤，在主要索引標籤區域中，勾選「開發人員」功能索引標籤選項後，按下「確定」鈕。

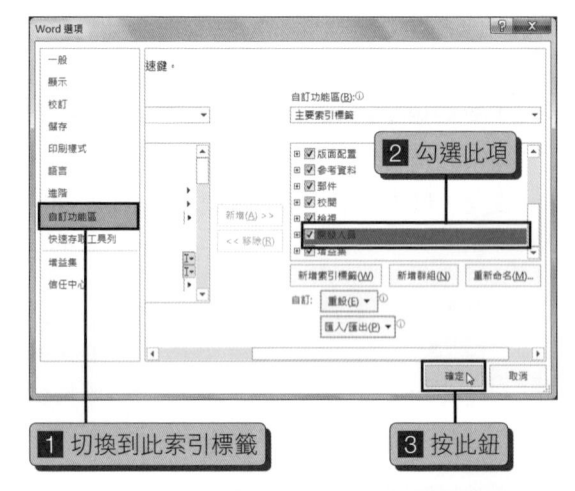

10 出現「開發人員」功能表索引標籤。將編輯插入點移到「應徵職務」後方，切換到「開發人員」功能索引標籤，在「控制項」功能區中，按下「舊表單」清單鈕，選擇插入「下拉式方塊」表單控制項。

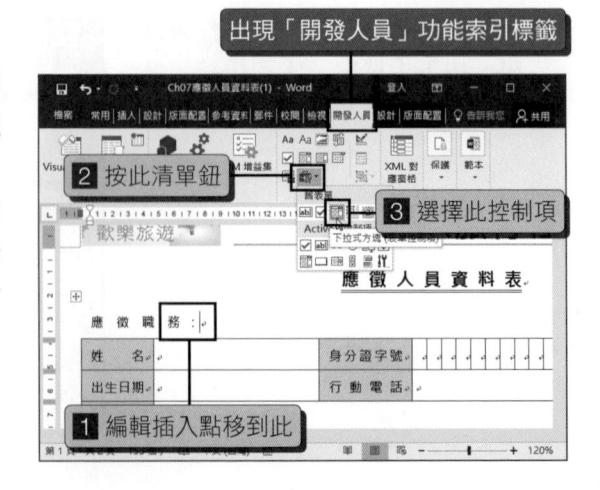

單元 07　應徵人員資料表

11 應徵職務後方出現下拉式方塊，切換到「開發人員」功能索引標籤，繼續在「控制項」功能區中，執行「屬性」指令，設定清單選項。

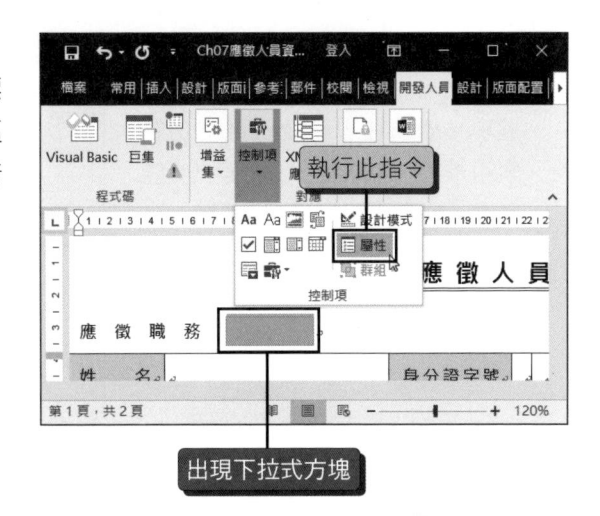

12 開啟「下拉式表單欄位選項」對話方塊，在「下拉式項目」空白處輸入第一項「總機櫃台人員」職缺名稱，輸入完畢按「新增」鈕。

13 下拉式清單內含項目處會顯示新增的職務名稱，依步驟 12 的方式，陸續新增其它職缺名稱，所有職務新增完畢後按「確定」鈕。

063

14 出現清單欄位，但是文件在沒有保護之前，無法顯示下拉式清單選項。繼續在「開發人員」功能索引標籤，切換到「保護」功能區中，執行「限制編輯」指令。

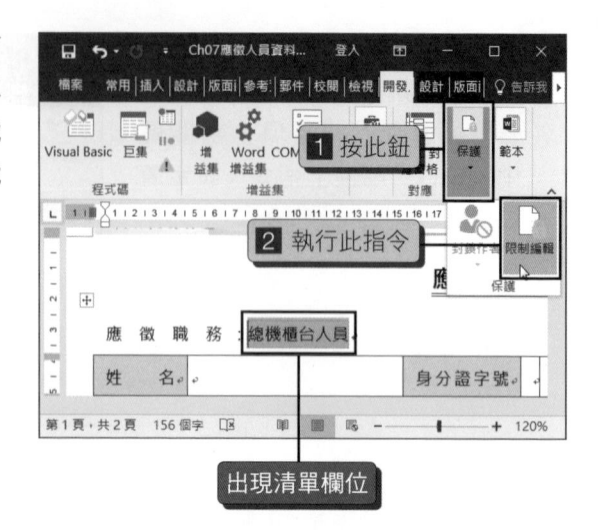

15 開啟「限制編輯」工作窗格，勾選第 2 項「文件中僅允許此類型的編輯方式」，並按下清單鈕選擇「填寫表單」，設定完畢按下「是，開始強制保護」鈕。

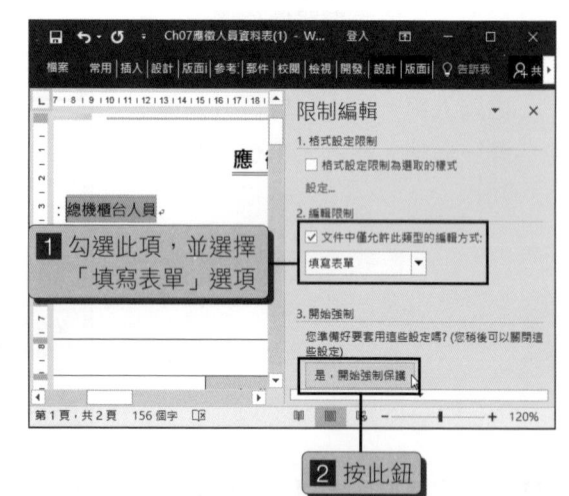

16 開啟「開始強制保護」對話方塊，可以不輸入密碼，直接按下「確定」鈕。

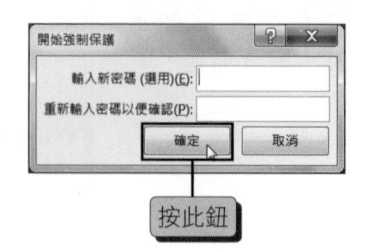

17 當文件受到限制編輯後,「應徵職務」欄位則會出現下拉式清單選項。如果想要再次編輯文件,只要按下「限制編輯」工作窗格中的「停止保護」鈕,若有設定密碼者,會出現「輸入密碼」對話方塊。若是要關閉「限制編輯」工作窗格,只要按下工作窗格右上角的「關閉」鈕,或是再執行一次「限制編輯」指令即可。

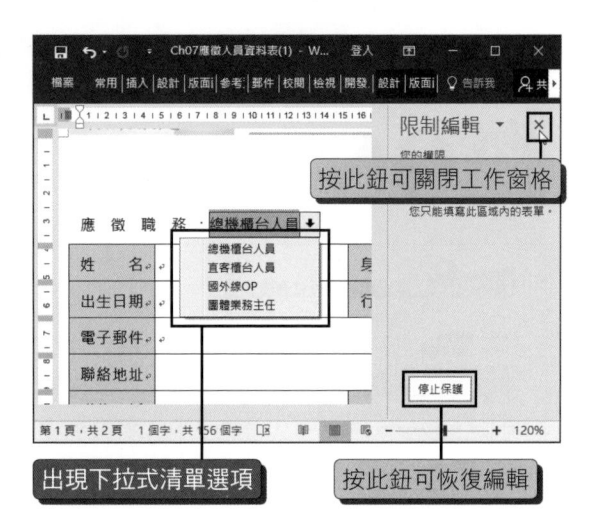

按此鈕可關閉工作窗格

出現下拉式清單選項

按此鈕可恢復編輯

PART 1　Word 文書應用

> 範例檔案：PART 1\ch08. 職前訓練規劃表

單元 08　職前訓練規劃表

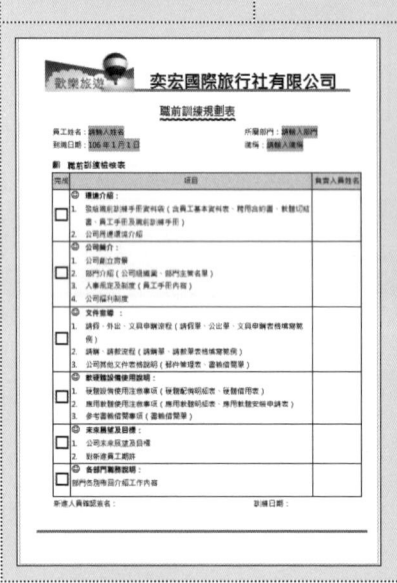

公司來了新進員工，總是有一連串的職前訓練工作，認識公司環境、公司制度介紹、各項規定提醒，免不了還有主管對新進人員的期許，這些工作該由誰負責，不妨製作成職前訓練規畫表，用來檢核職前訓練完成的進度。

範例步驟

1 請先開啟「Word 範例檔」資料夾中的「Ch08 職前訓練規劃表 (1).docx」，本章將介紹項目符號的應用及基本的表單功能。先由編輯插入點移到「環境介紹」前方，切換到「常用」功能索引標籤，在「段落」功能區中，按下「項目符號」清單鈕，執行「定義新的項目符號」指令。

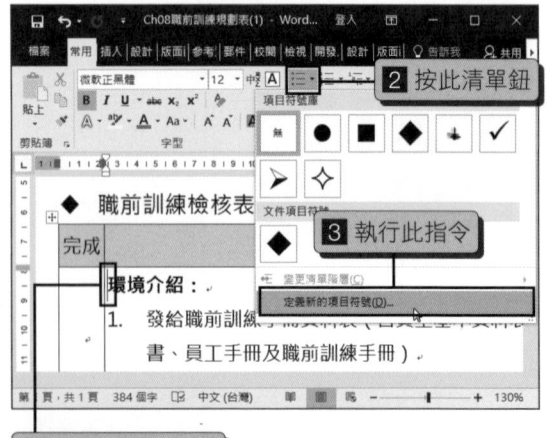

1 將插入點移到此
2 按此清單鈕
3 執行此指令

066

單元 08　職前訓練規劃表

2 開啟「定義新的項目符號」對話方塊，按下「符號」鈕，選擇新的符號。

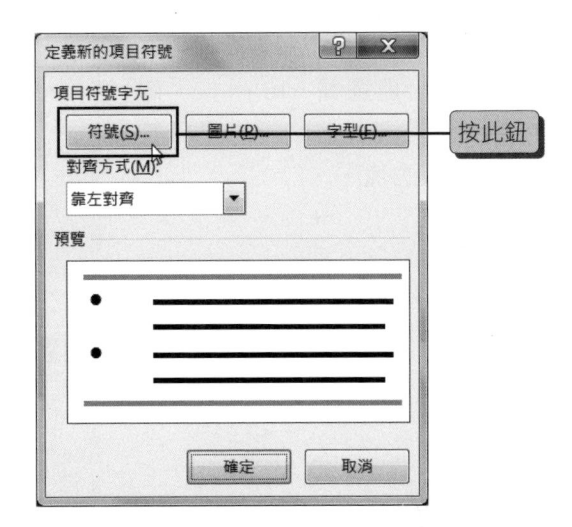

←按此鈕

3 開啟「符號」對話方塊，選擇笑臉符號，按下「確定」鈕，回到「定義新的項目符號」對話方塊。

1 選擇此符號

2 按「確定」鈕

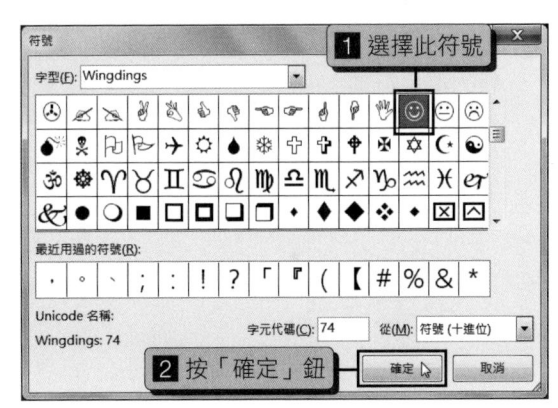

4 預覽窗格中出現笑臉樣式的項目符號。由於預設的符號比字型小，若要讓符號明顯一些，可以按下「字型」鈕來調整。

←按此鈕

出現笑臉樣式的項目符號

067

5 另外開啟「字型」對話方塊,在「大小」處選擇「16」,按「確定」鈕回到「定義新的項目符號」對話方塊。

1 選此大小
2 按「確定」鈕

6 最後按下「確定」鈕,完成定義新的項目符號。

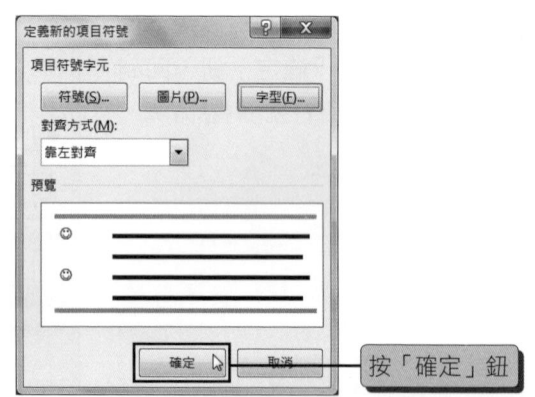

按「確定」鈕

7 「環境介紹」前方出現笑臉的項目符號,下方的標題只要按下「項目符號」圖示鈕則會自動套用新增的項目符號。除了預設符號之外,圖片也可以成為項目符號,將編輯插入點移到「職前訓練檢核表」前方位置,再次按下「項目符號」清單鈕,執行「定義新的項目符號」指令。

1 插入點移到此
2 按此清單鈕
笑臉符號出現在項目符號庫中
出現新的項目符號
3 再次執行此指令

單元 08　職前訓練規劃表

8 再次開啟「定義新的項目符號」對話方塊，按下「圖片」鈕，選擇圖片成為新的項目符號。

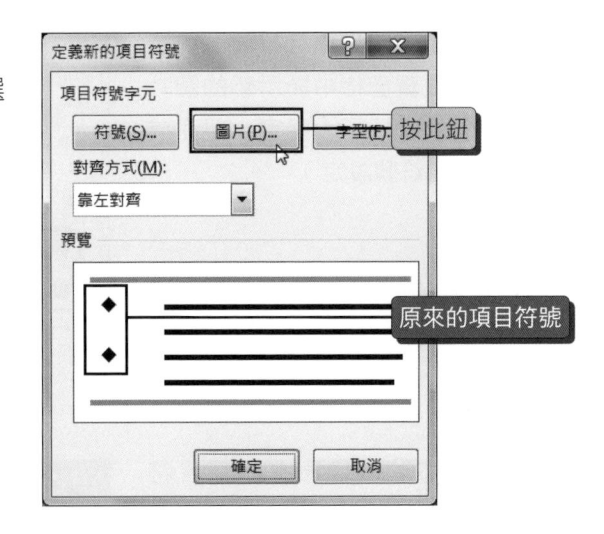

9 開啟「插入圖片」工作視窗，選擇「從檔案」作為圖片的來源。

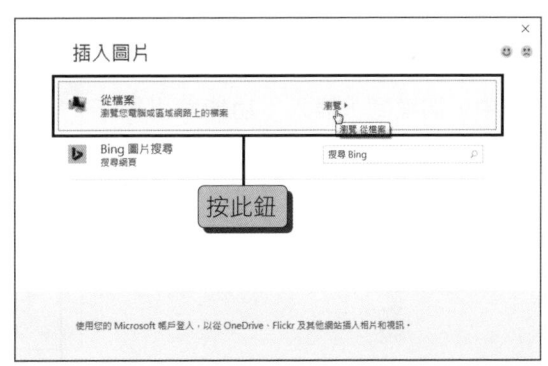

10 開啟「插入圖片」對話方塊，選擇「範例圖檔」資料夾，選擇「項目符號1」圖片，按下「插入」鈕。

069

11 回到「定義新的項目符號」對話方塊，預覽窗格中顯示新的圖片項目符號。按下「確定」鈕完成圖片項目符號設定。

12 新圖片符號取代原有的項目符號，接著將各項目加上象徵完成的勾選的方塊。將編輯插入點移到「完成」下方的空白儲存格中，切換到「插入」功能索引標籤，在「符號」功能區中，按下「符號」清單鈕，執行「其它符號」指令。

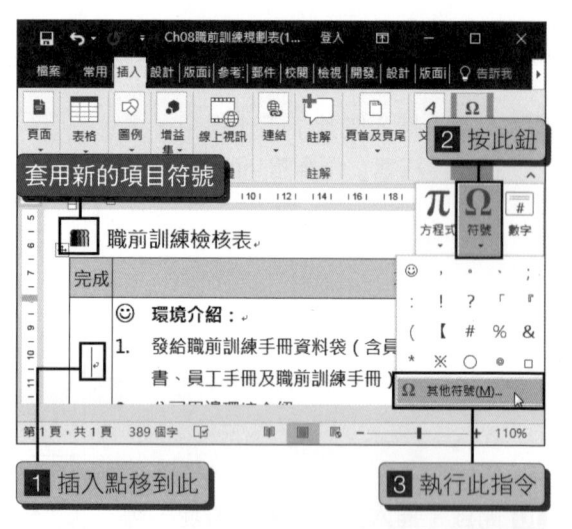

13 開啟「符號」對話方塊，選擇「方塊」符號，按下「插入」鈕，此時「符號」對話方塊不會自動關閉，但是原本「取消」鈕會變成「關閉」鈕，按下「關閉」鈕則可關閉對話方塊。

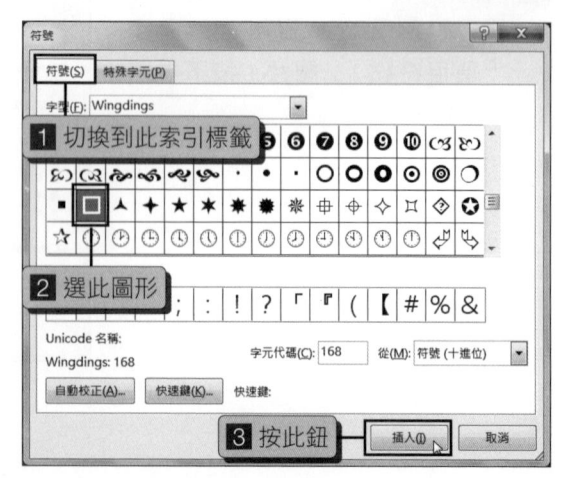

單元 08　職前訓練規劃表

14 選取剛插入的方塊，切換到「常用」功能索引標籤，在「字型」功能區中，按下「字型大小」旁的清單鈕，將方塊符號大小改成「28」。

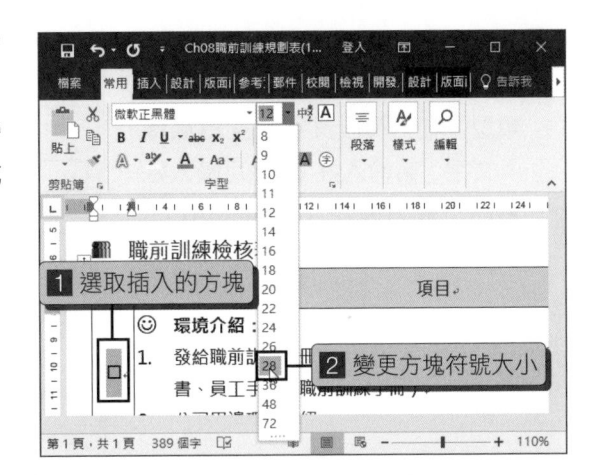

15 接著要利用表單功能設計輸入文字的欄位。將編輯插入點移到「員工姓名：」後方，切換到「開發人員」功能索引標籤，在「控制項」功能區中，按下 ▼「舊版工具」清單鈕，執行 abl「文字欄位」指令。

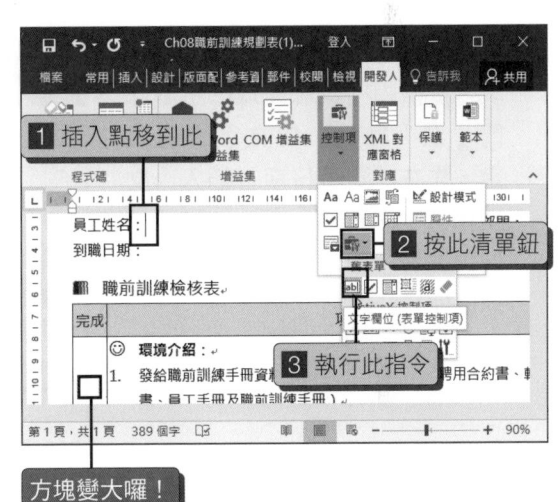

16 出現未設定屬性的文字欄位，立刻在「開發人員」功能索引標籤中，「控制項」功能區內，按下「屬性」鈕，開始設定欄位屬性。

071

PART 1　Word 文書應用

17 開啟「文字表單欄位選項」對話方塊。選擇預設的「一般文字」類型，在「預設文字」空白處輸入文字「請輸入姓名」，可輸入姓名的「最大長度」選擇「10」，設定完畢按下「確定」鈕。

1 設定可輸入文字的長度
2 輸入預設文字
3 按「確定」鈕

18「員工姓名」的文字欄位設定完成，依照相同步驟完成「所屬部門」及「職稱」的文字欄位設定。先在「到職日期」插入「文字欄位」表單控制項，按下「控制項屬性」圖示鈕，另外設定日期屬性。

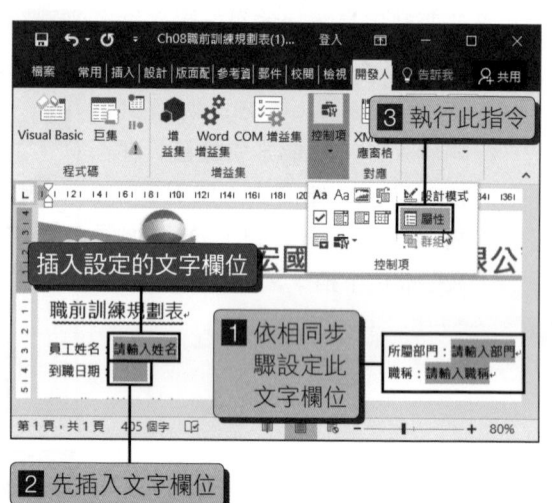

插入設定的文字欄位
1 依相同步驟設定此文字欄位
2 先插入文字欄位
3 執行此指令

19 再次開啟「文字表單欄位選項」對話方塊，按下「一般文字」類型旁的清單鈕，選擇「日期」類型。

選此欄位類型

單元 08　職前訓練規劃表

20 接著按下「日期格式」類型旁的清單鈕，選擇「e年M月d日」的格式。最後輸入預設日期「106年1月1日」，確認所有屬性設定完畢，按下「確定」鈕。

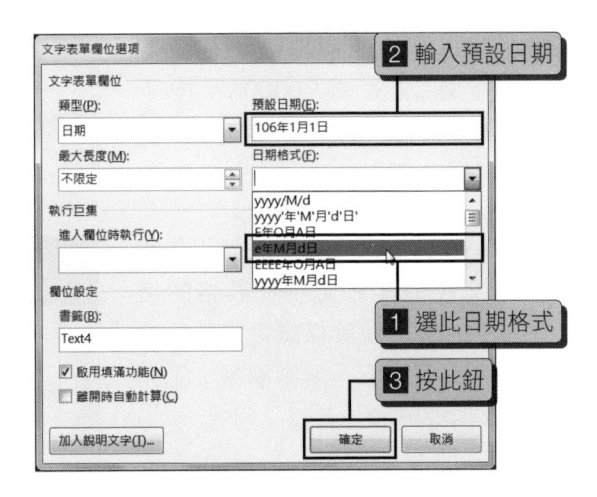

21 設計好的表單還不能馬上使用，還要限制編輯來保護表單，切換到「開發人員」功能索引標籤，在「保護」功能區中，執行「限制編輯」指令。

22 在「限制編輯」工作窗格中，勾選第 2 項並選擇允許「填寫表單」類型的編輯方式，然後按下「是，開始強制保護表單」鈕。

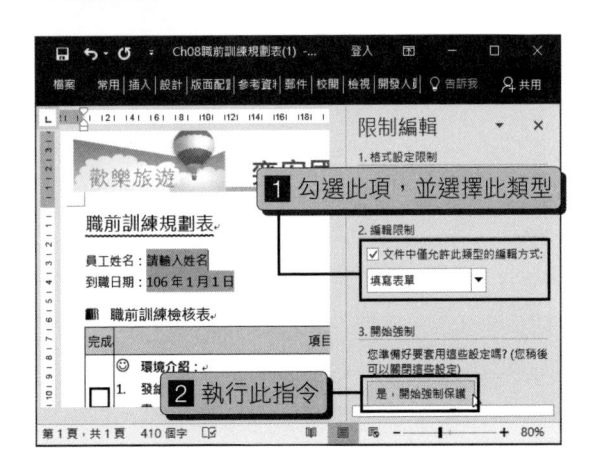

073

23 開啟「開始強制保護」對話方塊，輸入密碼「0000」，按下「確定」鈕，就可以開始使用文件中的表單。

24 如果要再次進行表單設計工作或是文件中其它文字及表格的增修，都要先解除保護之後才能進行。只要按下「限制編輯」工作窗格中的「停止保護」鈕。

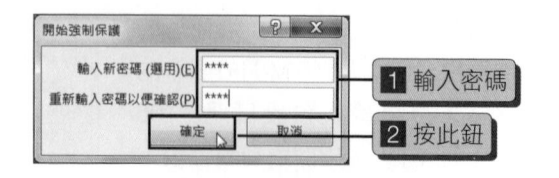

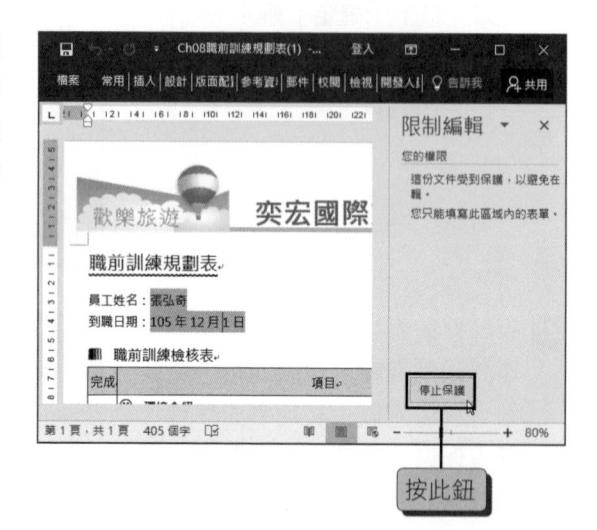

25 此時會開啟「解除文件保護」對話方塊，輸入剛設定的密碼「0000」，按下「確定」鈕，就可以重新編輯文件。

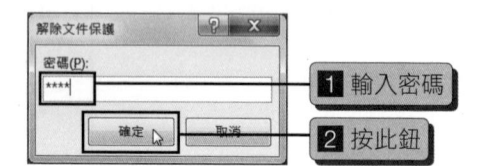

單元 09　市場調查問卷

> 範例檔案：PART 1\ch09. 市場調查問卷

單元 09　市場調查問卷

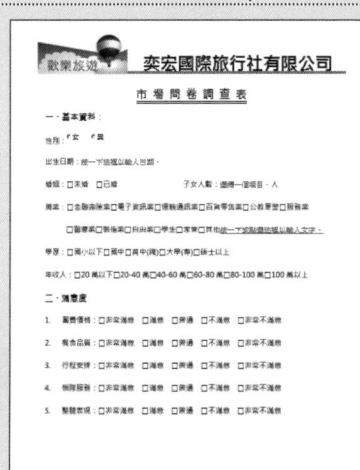

不論是商業行為或是研究報告，為了讓提出來的理論有實際的數據支持，往往都採用問卷調查的方式來收集資料，因此 Word 也針對這個部分提供專業的支援。

範例步驟

1. 本章主要介紹表單功能的使用，請先開啟「Word 範例檔」資料夾中的「Ch09 市場調查問卷 (1).docx」，但是在開始使用表單功能之前，要先新增「開發人員」功能區。將游標移到任何一個功能索引標籤，按滑鼠右鍵開啟快顯功能表，執行「自訂功能區」指令。

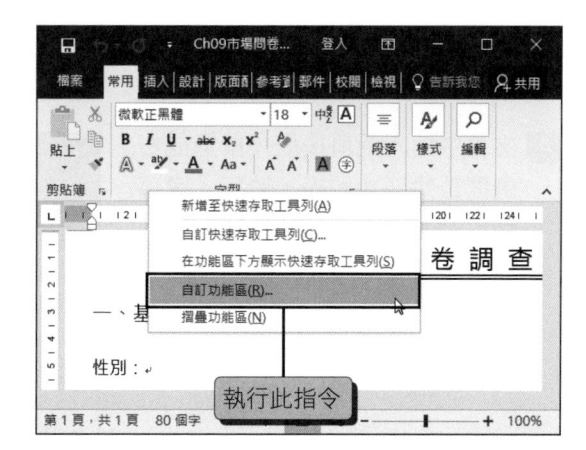

075

2 開啟「Word 選項」對話方塊,在「自訂功能區」的「主要索引標籤」項下,勾選「開發人員」選項,按「確定」鈕。

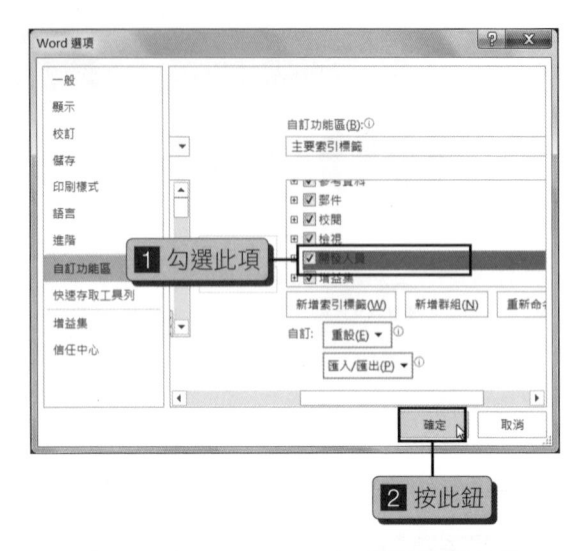

3 將編輯插入點移到「性別」後方,切換到「開發人員」功能索引標籤,在「控制項」功能區中,按「舊版工具」清單鈕,選擇執行 ⊙「選項按鈕」指令。

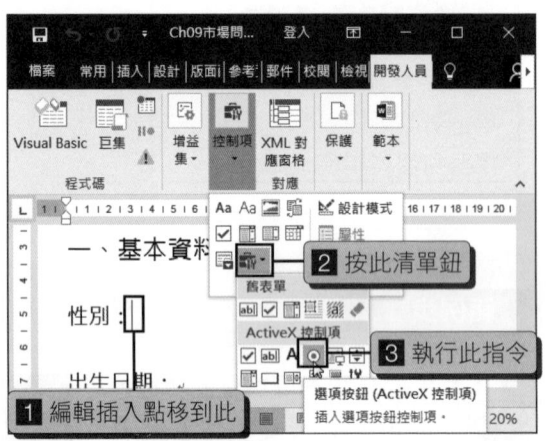

4 文件中插入選項按鈕,按滑鼠右鍵開啟快顯功能表,執行「選項按鈕 物件\編輯」指令。

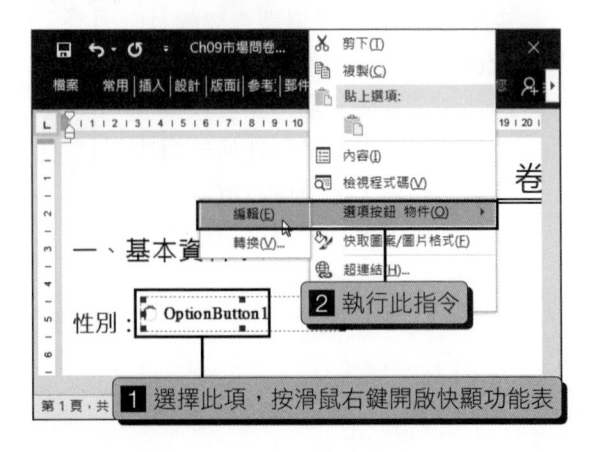

5 在選項按鈕方塊中輸入性別「女」，輸入完按住外框控制點，調整方塊大小。

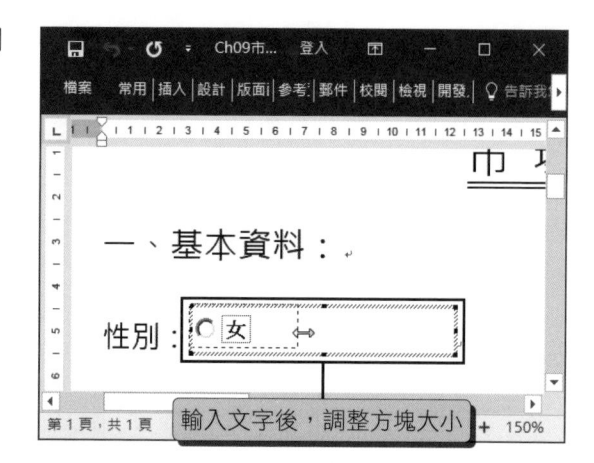

輸入文字後，調整方塊大小

6 用相同方法再插入性別「男」的按鈕選項。將編輯插入點移到「出生日期」後方，同樣在「開發人員」功能索引標籤的「控制項」功能區中，按下「日期選擇器內容控制項」圖示鈕。

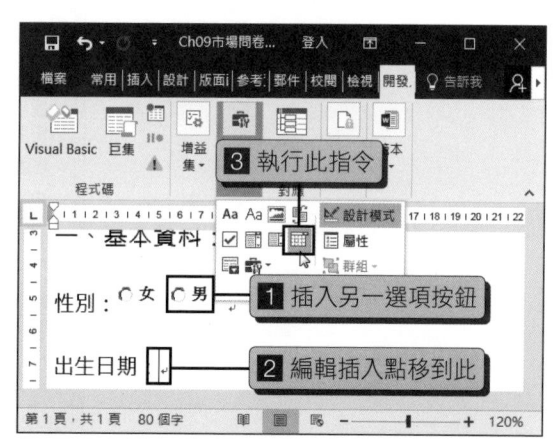

1 插入另一選項按鈕
2 編輯插入點移到此
3 執行此指令

7 文件中插入日期控制方塊，繼續執行「控制項屬性」指令。

執行此指令
插入日期控制方塊

8 開啟「內容控制項屬性」對話方塊，在「月曆類型」中選擇「中華民國曆」，顯示日期格式中選擇「e年M月d日」格式，按下「確定」鈕。

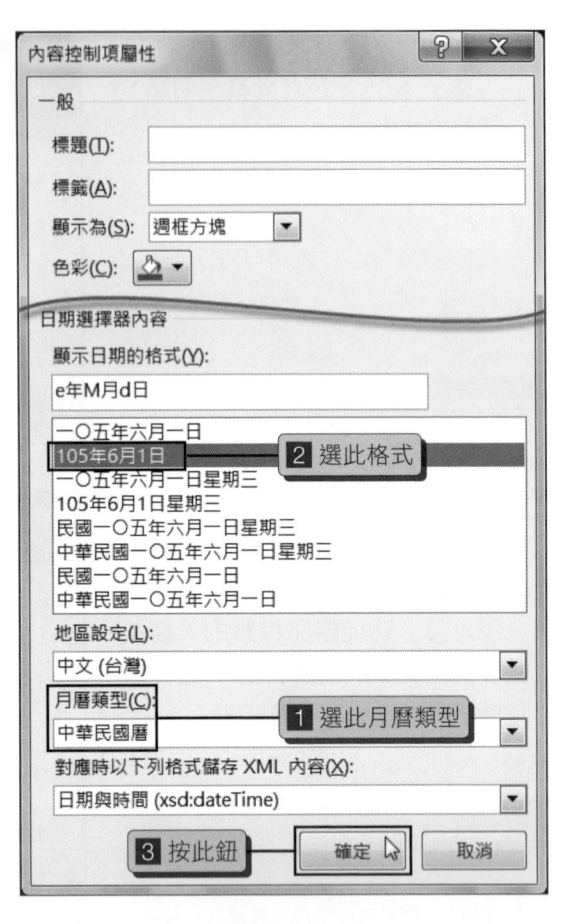

9 回到編輯文件，看不出來日期控制方塊有甚麼變化？別急！按下「設計模式」圖示鈕，取消目前的設計模式。

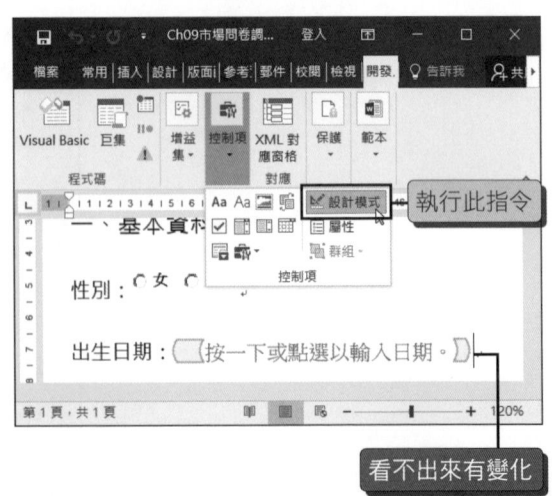

10 此時日期方塊旁邊會出現下拉式清單鈕，按下此清單鈕，則會顯示日期選擇器。

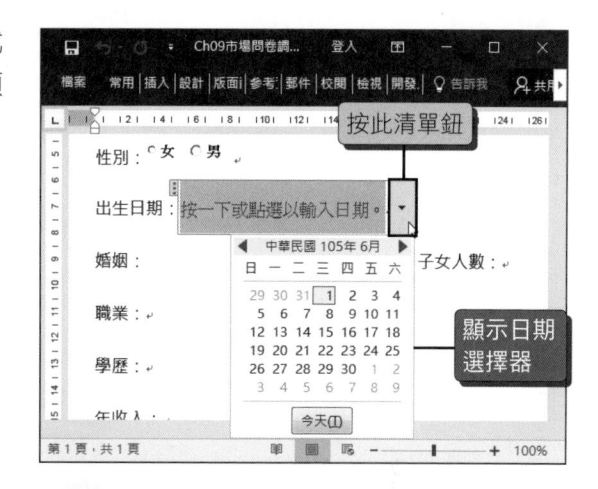

11 要繼續設計其他表單項目前，再次按下「設計模式」圖示鈕，恢復表單的設計模式。將編輯插入點移到「婚姻」後方，在「控制項」功能區中，按下☑「核取方塊內容控制項」圖示妞。

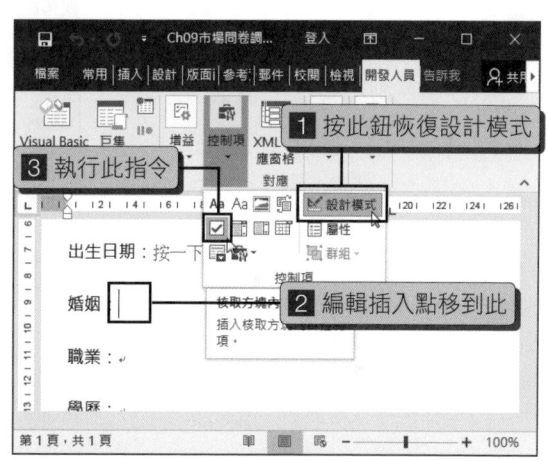

12 出現核取方塊，將編輯插入點移到核取方塊後方，輸入文字「未婚」。

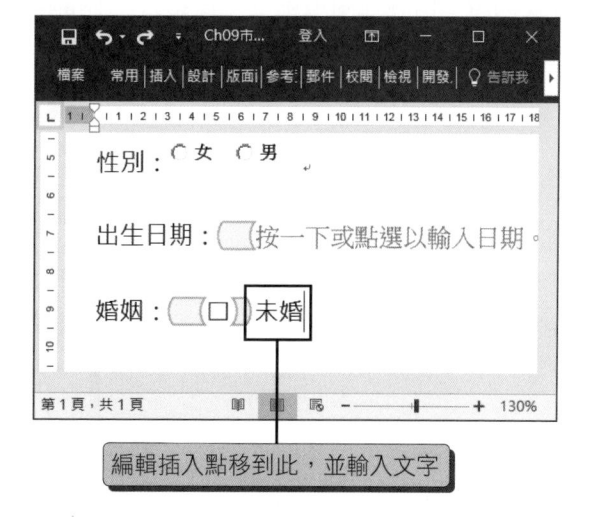

13 依相同方法再插入一個「已婚」的核取方塊。將編輯插入點移到「子女人數」後方,執行「下拉式清單內容控制項」指令。

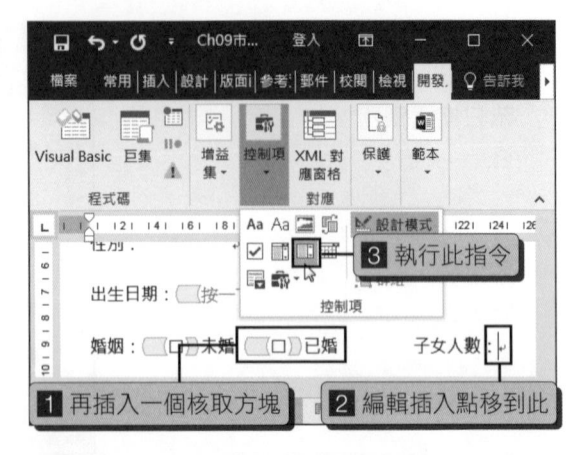

14 出現清單方塊,先在方塊後方輸入文字「人」,再選取清單方塊,執行「控制項屬性」指令。

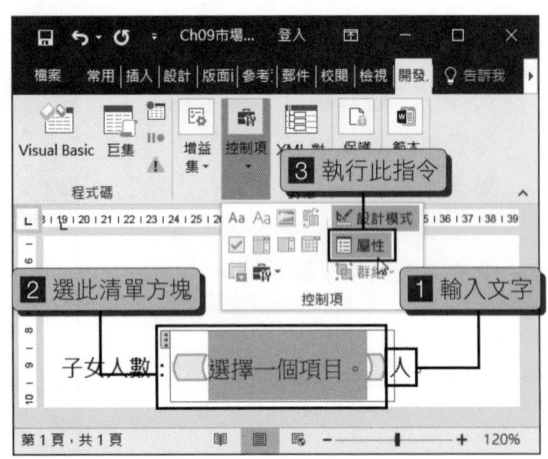

15 開啟「內容控制項屬性」對話方塊,在「下拉式清單內容」區域中,按下「新增」鈕。

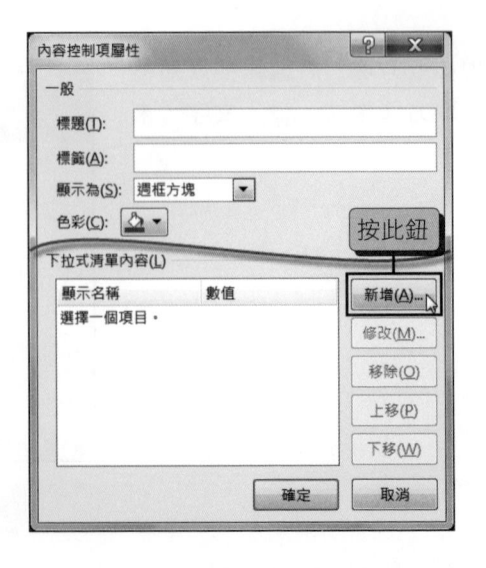

單元 09　市場調查問卷

16 另外開啟「新增選項」對話方塊，在顯示名稱中輸入數字「1」，數值處也會自動顯示「1」，按「確定」鈕。

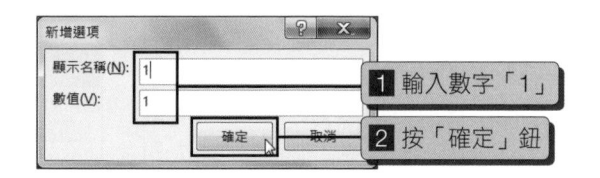

　　1 輸入數字「1」
　　2 按「確定」鈕

17 回到開啟「內容控制項屬性」對話方塊，重複「新增」步驟陸續加入其他清單內容，新增完畢後，按下「確定」鈕。

　　1 陸續輸入其他清單內容
　　2 按「確定」鈕

18 取消「設計模式」後，清單方塊換出現下拉式清單鈕，按下清單鈕則會出現剛輸入的清單內容。陸續在其他項目設計對應的核取方塊，結果請開啟「Word 範例檔」資料夾中的「Ch09 市場調查問卷 (2).docx」。

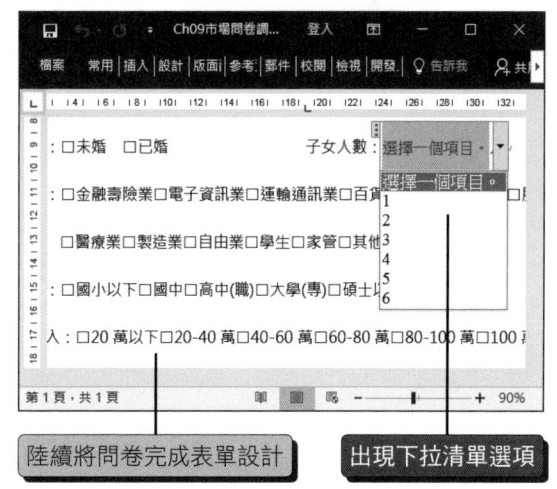

　　陸續將問卷完成表單設計
　　出現下拉清單選項

081

19 繼續最後一個步驟,將編輯插入點移到「職業」項目下的「其他」核取方塊後方,執行 Aa「純文字內容控制向」指令,插入可輸入文字的文字方塊。

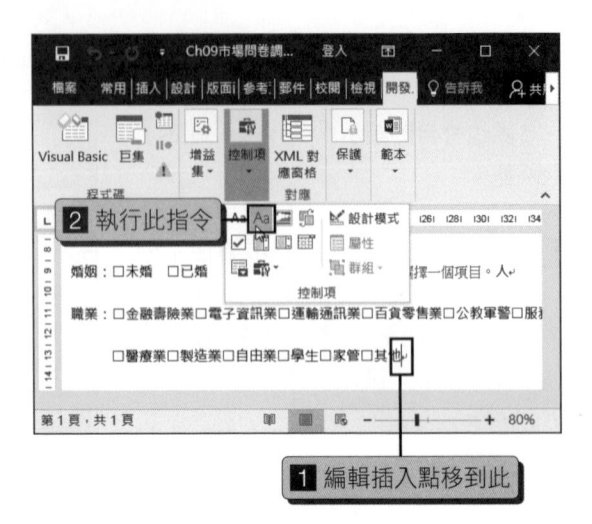

20 插入可輸入文字的控制項方塊,反白選此文字方塊的預設文字,切換到「常用」功能索引標籤,按下「底線」鈕,將文字加上底線看起來更專業。

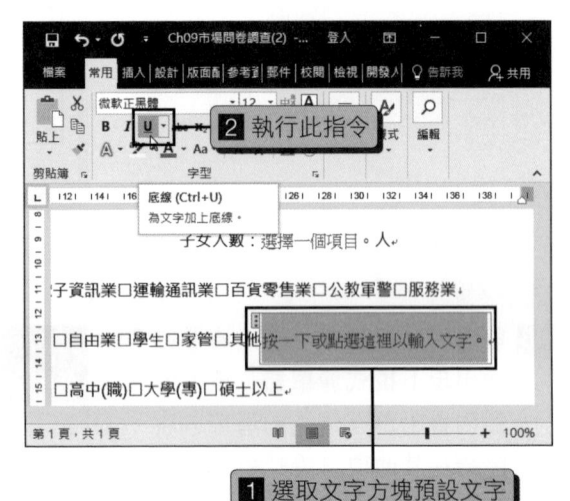

單元 10　分機座位表

範例檔案：PART 1\ch10.分機座位表

單元 10　分機座位表

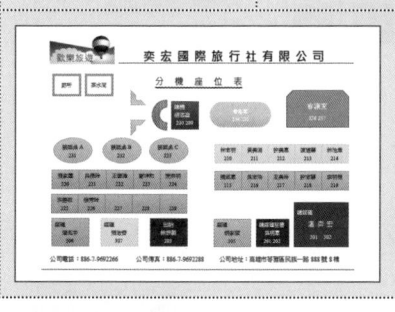

一般公司行號中會看見總機會有一張公司的分機表，大多都是以列表的方式展示。如果能將分機表配合公司座位分佈平面圖，那麼可以成為增加同事之間互相認識的重要媒介。

範例步驟

1. 請先開啟「Word 範例檔」資料夾中的「Ch10 分機座位表(1).docx」，首先利用圖案繪製出公司大門的位置。切換到「插入」功能索引標籤，在「圖例」功能區中，按下「圖案」清單鈕，選擇『「半框架」圖案。

2. 當游標變成 ✚ 符號，按住滑鼠左鍵，使用拖曳方式繪製圖案。放開滑鼠完成圖案繪製，切換到「繪圖工具\格式」功能索引標籤，在「大小」功能區中，輸入圖案大小高度「1.2 公分」、寬度「1.2 公分」。

083

PART 1　Word 文書應用

3 接著在「圖案樣式」功能區中，按下圖案樣式捲動軸上的「其它」鈕，選擇其它圖案樣式。

4 在其它樣式清單中，選擇「輕微效果,灰,輔色3」樣式。

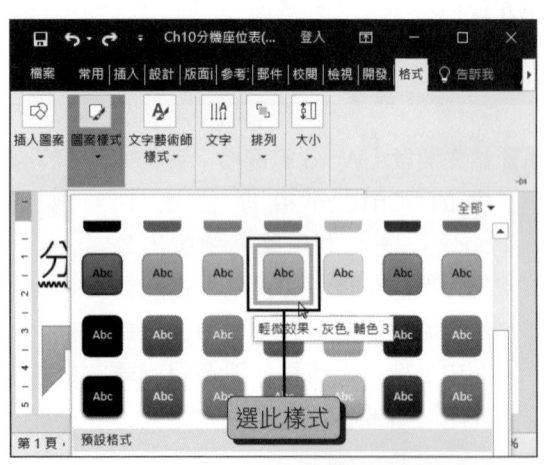

5 圖案套用灰色新樣式，繼續選取此圖案，按下鍵盤【Ctrl】鍵，當游標符號由變成，按住滑鼠左鍵，使用拖曳的方式複製圖案到下方空白處。

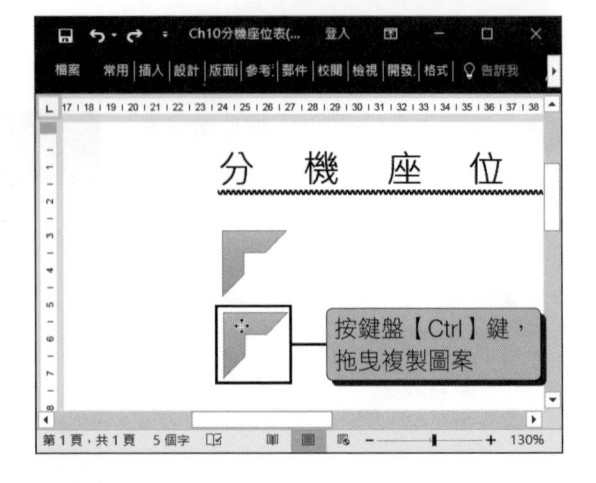

單元 10　分機座位表

6 改選取複製的圖案，切換到「繪圖工具\格式」功能索引標籤，在「排列」功能區中，按下 清單鈕「旋轉物件」清單鈕，執行「旋轉物件\垂直翻轉」指令。

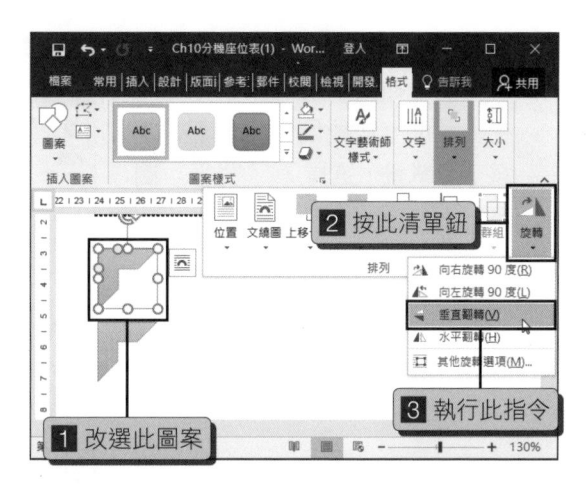

7 選取的圖案上下顛倒。再繼續繪製圖案之前，先開啟輔助線，方便圖案對齊位置參考。繼續在「繪圖工具\格式」功能索引標籤，在「排列」功能區中，按下「對齊」清單鈕，執行「使用對齊輔助線」指令。

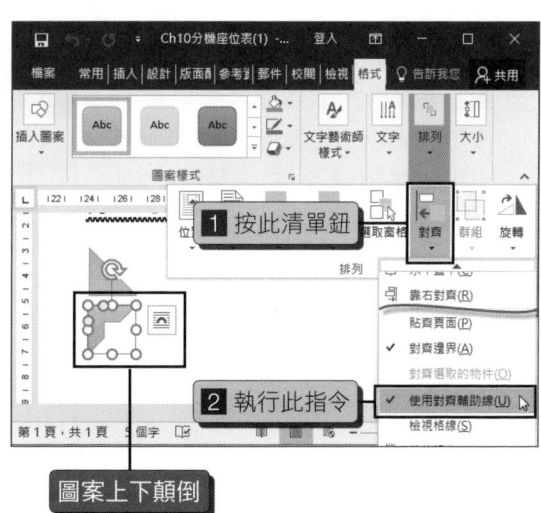

8 當移動圖案到段落位置時，就會顯示對齊輔助線，方便圖案移動到適當位置。

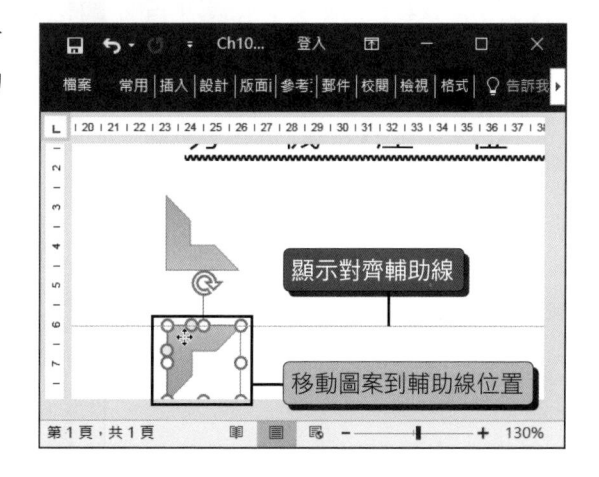

085

PART 1　Word 文書應用

9 接著要繪製總機櫃台位置，再次切換到「插入」功能索引標籤，在「圖例」功能區中，按下「圖案」清單鈕，選擇 ⌒「拱形」圖案。

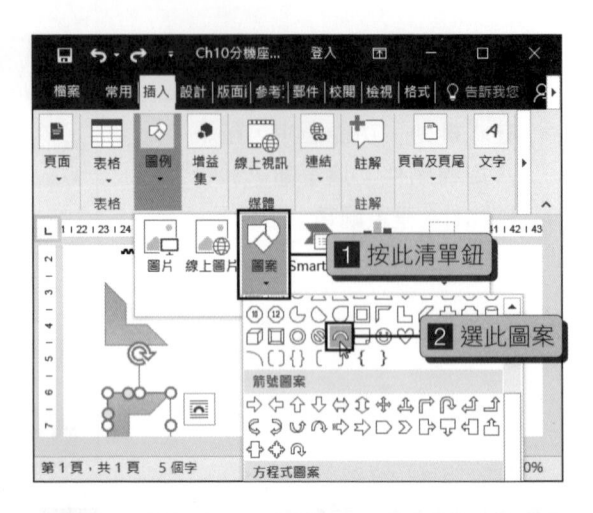

10 拖曳繪製出圖案後，切換到「繪圖工具 \ 格式」功能索引標籤，按下「大小」清單鈕，輸入圖案大小高度「2.4 公分」、寬度「2.4 公分」。

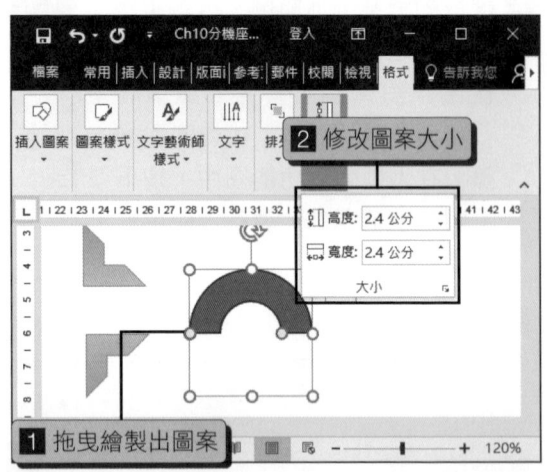

11 將滑鼠移到拱型圖案上方 ⟳「自由旋轉」鈕位置，此時游標會變成 ✣ 符號，按住滑鼠左鍵，當游標則會變成 ↻ 符號，則向左旋轉 90 度後，放開滑鼠完成旋轉圖案。

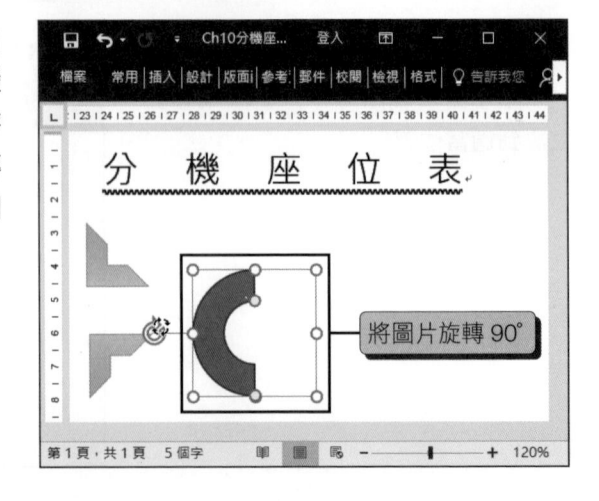

086

單元 10　分機座位表

12 繼續選取拱型圖案，在「圖案樣式」功能區中，按下「圖案填滿」清單鈕，按下「材質」樣式清單鈕，選擇「橡樹」樣式。

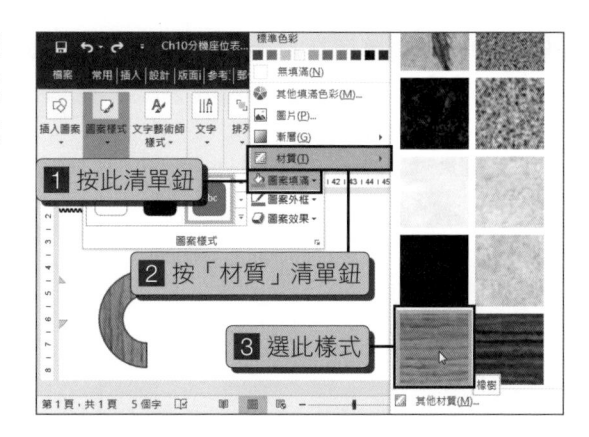

13 圖案填滿色彩變成木頭材質，圖案外框也該搭配相同色系。按下「圖案外框」清單鈕，選擇「金色, 輔色 4, 較深 50%」色彩。

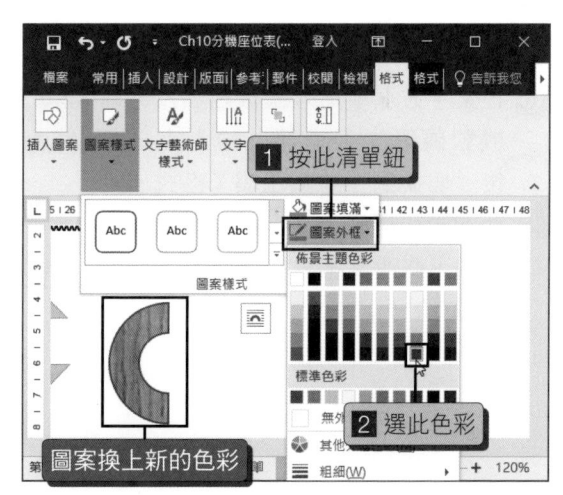

14 接著就要輸入員工姓名及分機號碼。再次切換到「插入」功能索引標籤，在「圖例」功能區中，按下「圖案」清單鈕，選擇插入「文字方塊」圖案。

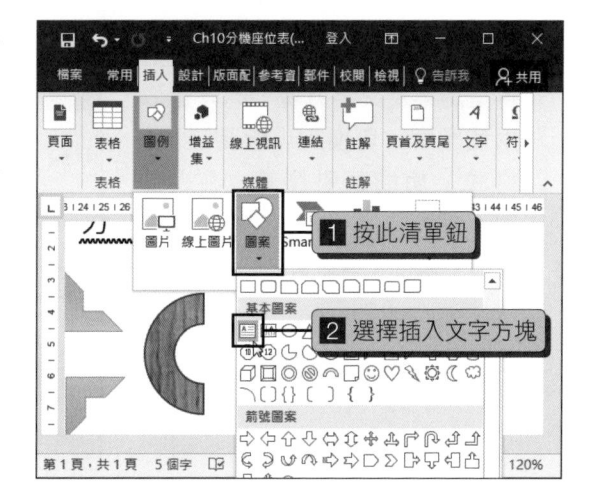

087

15 在櫃台拱型圖案右方，拖曳繪製出文字方塊。

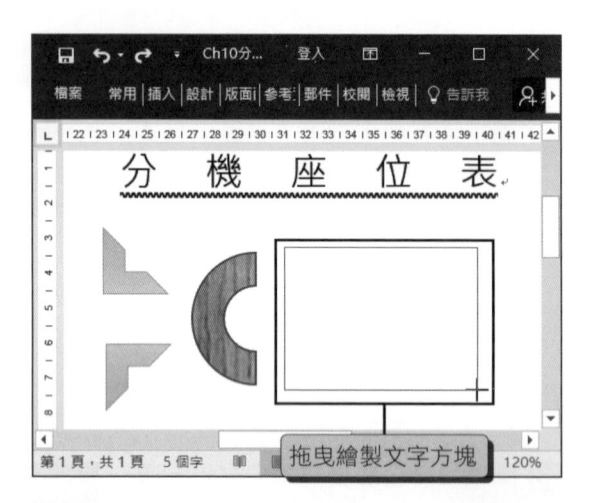

16 在文字方塊中輸入總機姓名及分機號碼等文字資訊，輸入完成後，切換到「繪圖工具 \ 格式」功能索引標籤，在「大小」功能區中，修改文字方塊大小為高度「2.2 公分」、寬度「2.2 公分」。

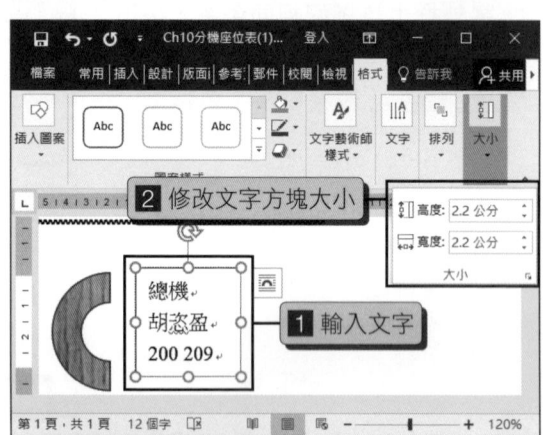

17 按住鍵盤【Shift】鍵，分別點選拱型圖案及文字方塊，同時選取兩個圖案。切換到「繪圖工具 \ 格式」功能索引標籤，在「排列」功能區中，按下「對齊」清單鈕，執行「垂直置中」指令。

單元 10　分機座位表

18 兩個物件相對水平置中對齊，選取文字方塊並套用「溫和效果 - 藍色，輔色 5」樣式。接著在「插入圖案」功能區中，按下「其它」清單鈕，選擇插入「圓角矩形」圖案。

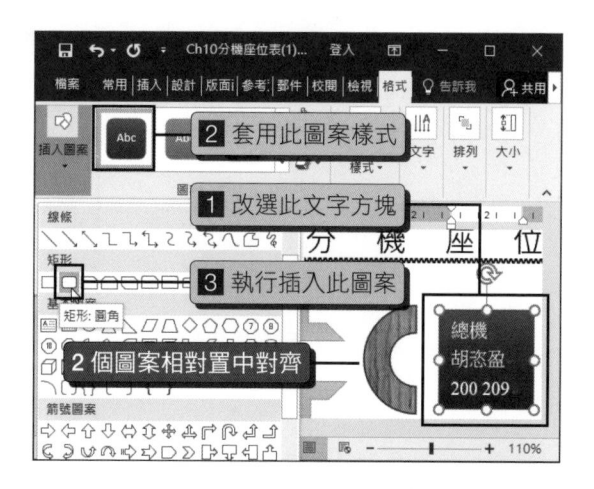

19 在文字方塊右方拖曳繪製出圓角矩形圖案，將圖案套用「溫和效果 - 金色，輔色 4」樣式，並調整大小為高度「2 公分」、寬度「5 公分」。

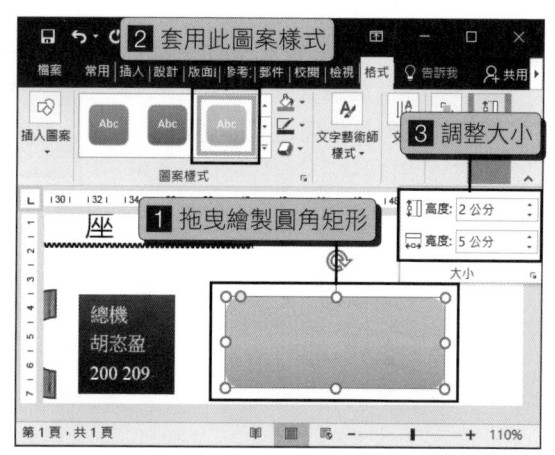

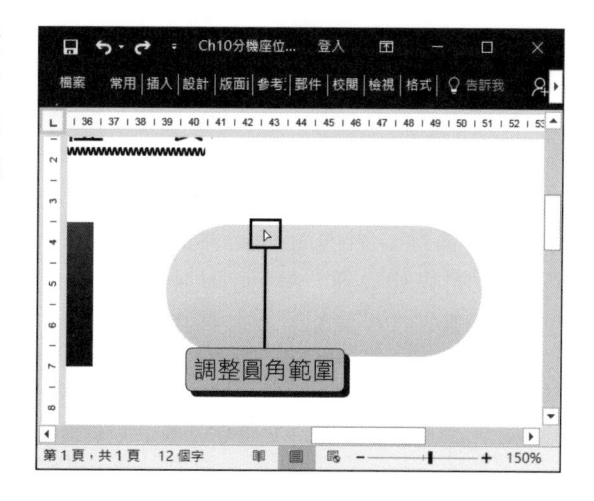

20 將游標移到圓角矩形左上角黃色小圓點「控制點」的位置，當游標變成 ▷ 符號，按住控制點調整圓角範圍到最大，放開滑鼠完成調整。

PART 1　Word 文書應用

21 繼續選取圓角矩形圖案，按滑鼠右鍵開啟快顯功能表，執行「新增文字」指令。

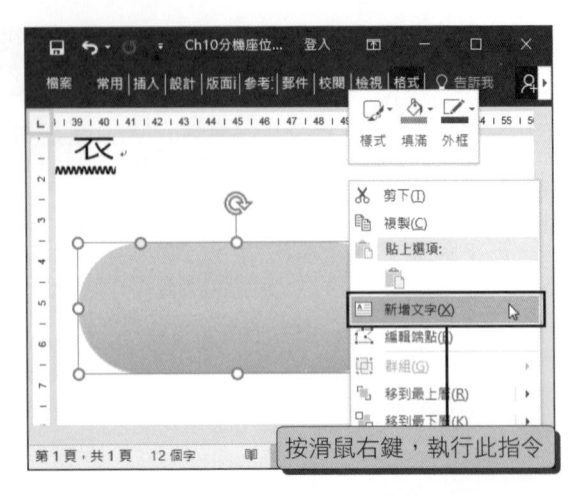

22 圖案中會出現編輯插入點，直接輸入文字「會客室」，輸入完將游標點選圖形外任何位置即可結束。

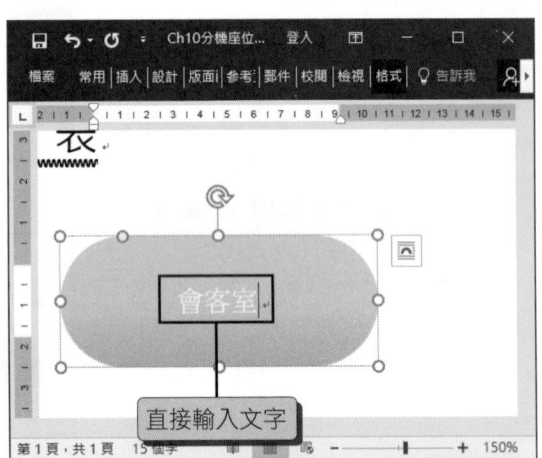

23 由於每個圖案都是獨立的物件，如果要調整整個區域的位置，還要一個一個移動，十分麻煩，不妨將區域物件群組起來，則可以一次移動群組內所有物件的位置。首先切換到「常用」功能索引標籤，在「編輯」功能區中，按下「選取」清單鈕，執行「選取物件」指令，先選取群組範圍的物件。

090

單元 10　分機座位表

24 使用拖曳的方式，選取群組範圍的物件。

25 範圍內的圖案物件都被選取，切換到「繪圖工具\格式」功能索引標籤，在「排列」功能區中，按下「群組物件」清單鈕，執行「組成群組」指令。

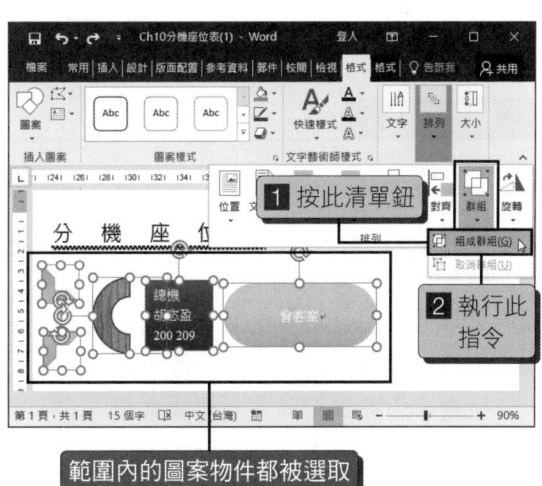

26 選取整個群組對齊段落，接著依照步驟介紹的技巧，完成公司的分機座位表。

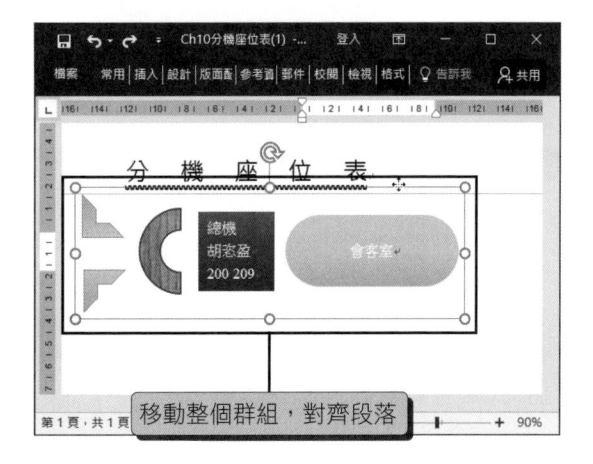

091

PART 1　Word 文書應用

📁 範例檔案：PART 1\ch11. 組織架構圖

單元 11　組織架構圖

公司組織架構圖是每間公司必備的重要文件，所代表的不僅是公司的組織架構，也表示著職位上職權的管轄範圍，因此在層級上要特別注意。

範例步驟

1. 本章主要介紹利用 SmartArt 圖形，快速製作出組織架構圖。請先開啟「Word 範例檔」資料夾中的「Ch11 組織架構圖(1).docx」，將游標移到第二行中央位置，切換到「插入」功能索引標籤，在「圖例」功能區中，執行「插入 SmartArt 圖形」指令。

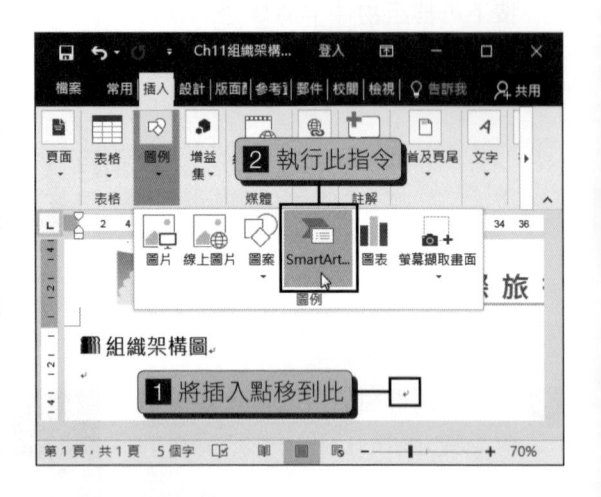

2. 開啟「選擇 SmartArt 圖形」對話方塊，切換到「階層圖」類型，選擇「組織圖」樣式，按「確定」鈕。

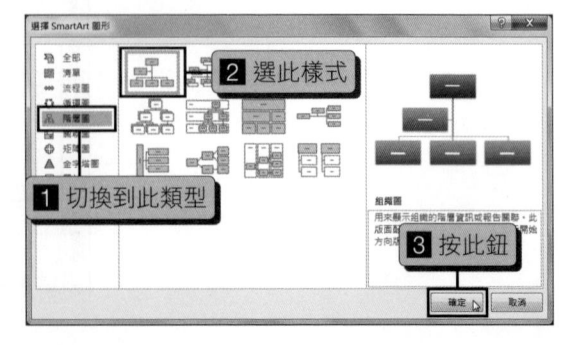

092

單元 11　組織架構圖

3 功能表列新增 SmartArt 工具功能索引標籤，文件中插入預設的組織圖圖形，並出現文字窗格，選取第一層的圖案，直接輸入文字「股東會」，此時文字窗格亦同步顯示輸入文字。

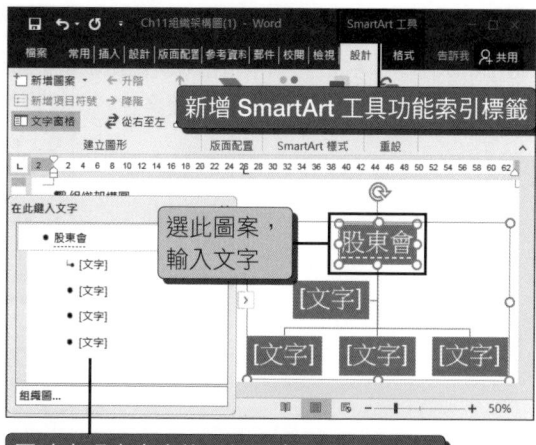

4 接著選擇第二層圖案，輸入文字「董事會」。按住鍵盤【Shift】鍵，同時選取第三層中其中 2 個圖案，按下鍵盤【Del】鍵，將這 2 個圖案刪除。

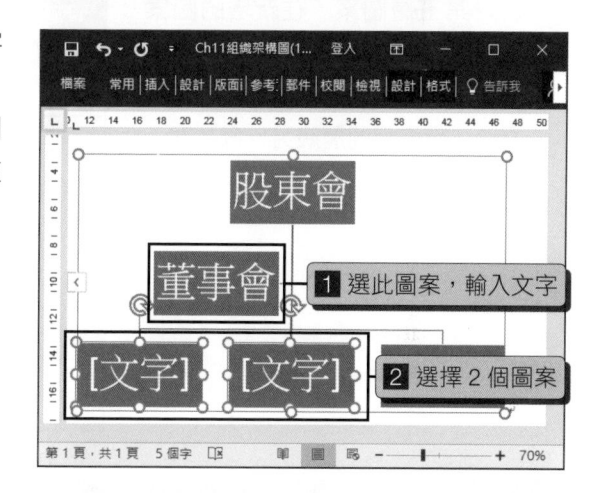

5 選取第三層剩下的圖案，輸入文字「董事長」。接著切換到「SmartArt 工具＼設計」功能索引標籤，在「建立圖形」功能區中，按下「新增圖案」清單鈕，執行「新增下方圖案」指令。

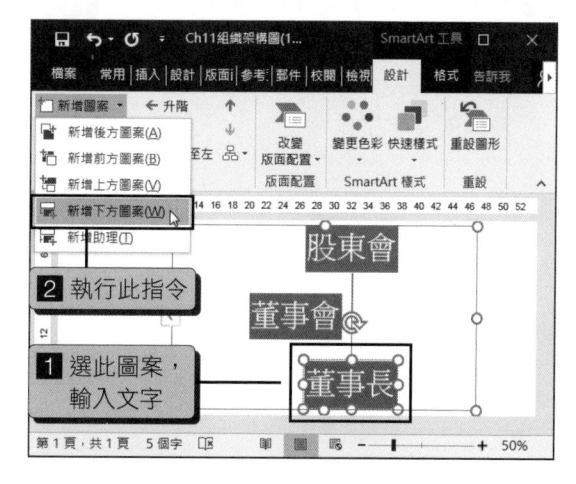

093

PART 1　Word 文書應用

6 新增第四層圖案，在新增的圖案中輸入文字「總經理」。輸入完畢，再次執行「新增下方圖案」指令。

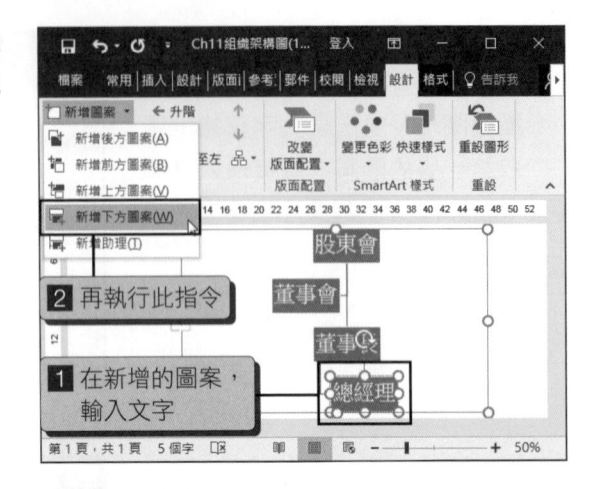

7 新增第五層圖案，在新增的圖案中輸入文字「旅遊銷售處」。輸入完畢後，執行「新增前方圖案」指令，新增相同層級另一個處室。

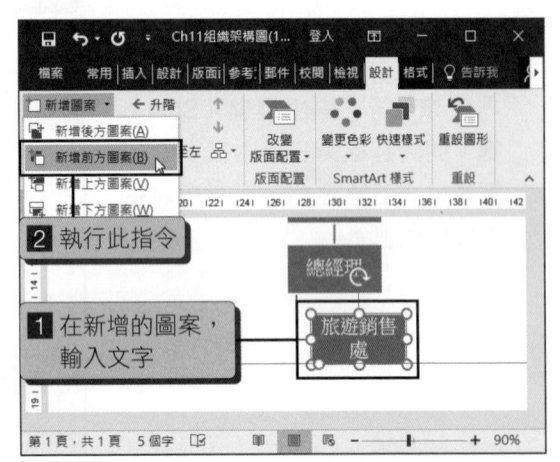

8 新增第五層同級圖案，在新增的圖案中輸入文字「行政管理處」。接著依據組織架構重複新增圖案及輸入文字工作。

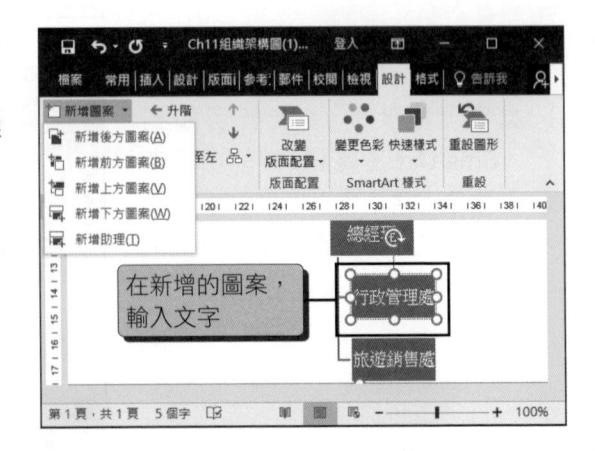

094

9. 公司組織做了部分修正，將「行銷企畫部」提升為「行銷企畫處」，其中包含「廣告美編部」及「公關部」，請開啟「Word 範例檔」資料夾中的「Ch11 組織架構圖 (2).docx」，進行編修組織圖。選取「行銷企畫部」圖案，切換到「SmartArt 工具\設計」功能索引標籤，在「建立圖形」功能區中，執行「升階」指令。

10. 「行銷企畫部」提升階層與「行政管理處」及「旅遊銷售處」同級。接著執行「文字窗格」指令，修改圖案文字。

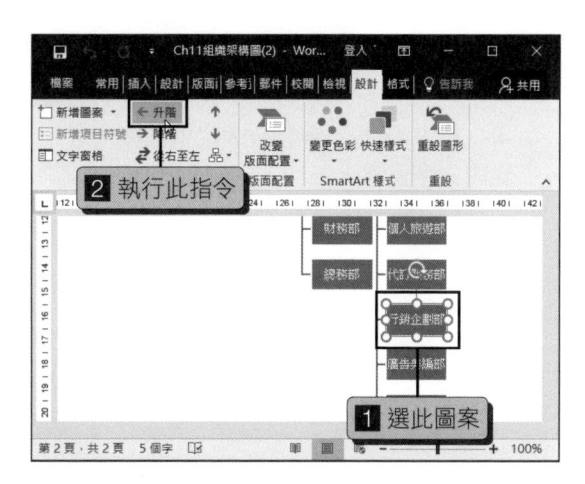

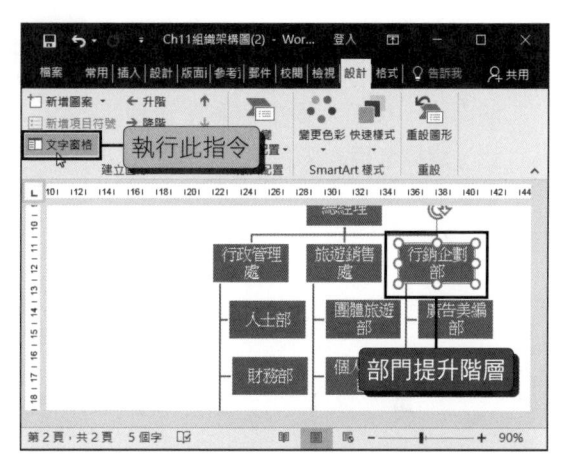

11. 文件中開啟「文字窗格」，窗格中的文字與階層圖同步，也有相同階層。反白選取「文字窗格」中「行銷企畫部」的「部」字。

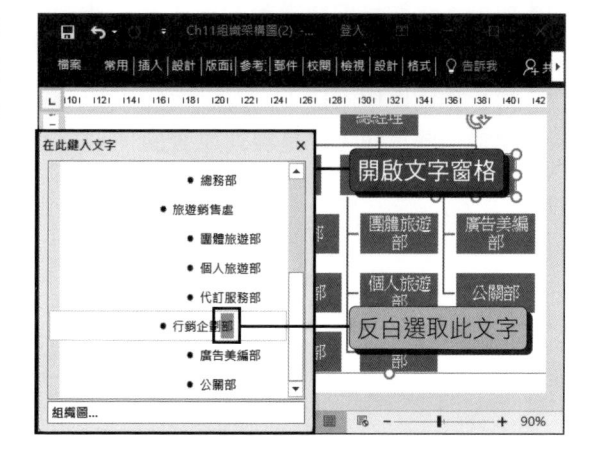

PART 1 Word 文書應用

12 輸入「處」取代「部」字，圖形中也會同步修改。按下「文字窗格」由上方 × 「關閉」鈕，即可關閉文字窗格。

13 看不習慣單一顏色的組織圖圖形，可以在「SmartArt 樣式」功能區中，按下「變更色彩」清單鈕，選擇套用「彩色範圍,輔色 3 至 4」色彩樣式。

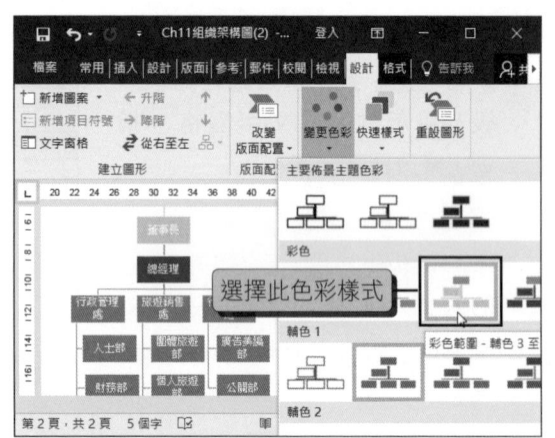

14 如果不喜歡目前組織圖的樣式，也可以重新選擇。在「版面配置」功能區中，按下「改變版面配置」清單鈕（或是樣式庫旁的 ▼ 「其他」鈕），選擇套用「階層圖」版面配置樣式。

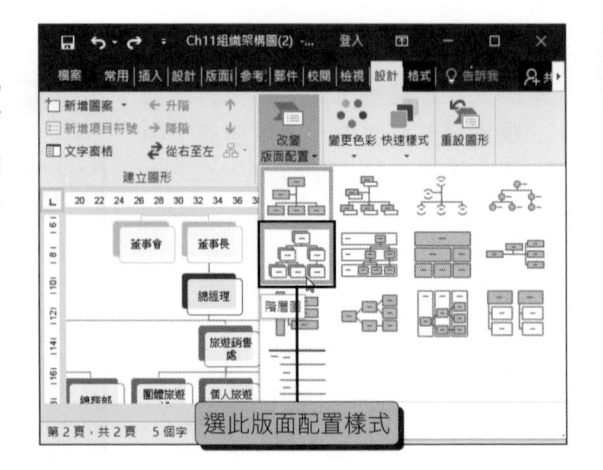

單元 11　組織架構圖

15 組織架構圖套用新的色彩及版面配置樣式。看到圖形中有部分圖案內文字強迫換行，不是很美觀，只要調整一下圖案大小就可以解決。按住鍵盤【Shift】鍵，逐一選取所有綠色圖案。

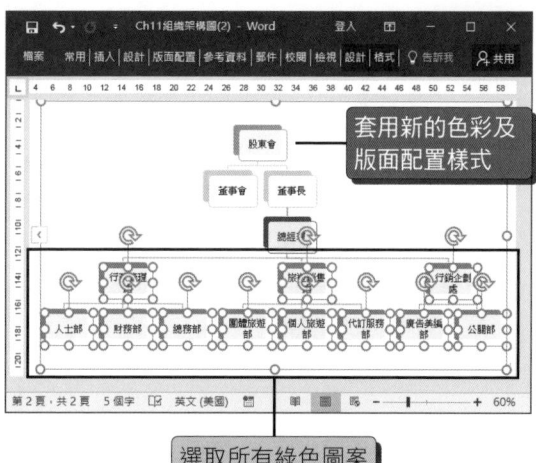

16 切換到「SmartArt 工具 \ 格式」功能索引標籤，按下「大小」清單鈕，調整高度「1.24 公分」、寬度「2.45 公分」。由於圖案在繪圖畫布中會自動調整對應圖案的大小，建議以上下箭頭微調圖案寬度，直到文字都在同一行的寬度。

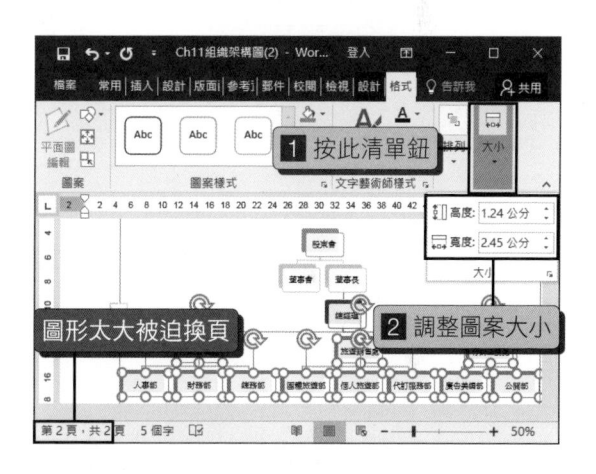

17 由於圖形太大，因此被迫換頁到第 2 頁，此時不需要每個圖案的大小，只需修改繪圖畫布的大小即可。將游標移到畫布四周的白色控制點，按一下控制點選取整張畫布，按下「大小」清單鈕，調整畫布高度「12 公分」、寬度「26 公分」，如此就會在一頁的範圍內。

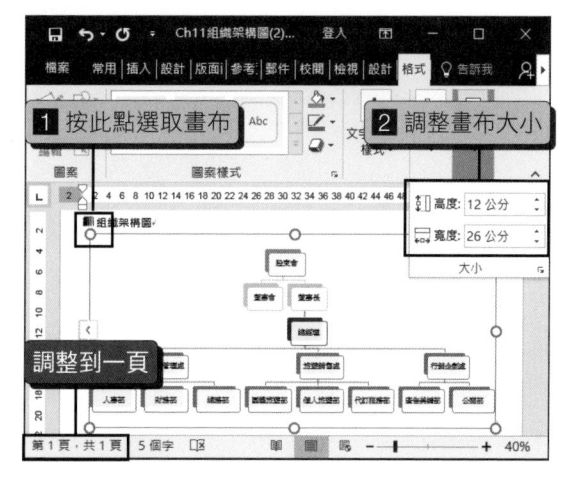

097

18 除了套用預設的色彩樣式外,還可以藉由「圖案填滿」替圖案變換不同顏色。選取「行政管理處」及下層三個部門圖案,按下「圖案填滿」清單鈕,選擇「綠色, 輔色 6, 較淺 40%」色彩,利用些許色差,讓同階層的不同處室,有明顯的區隔。

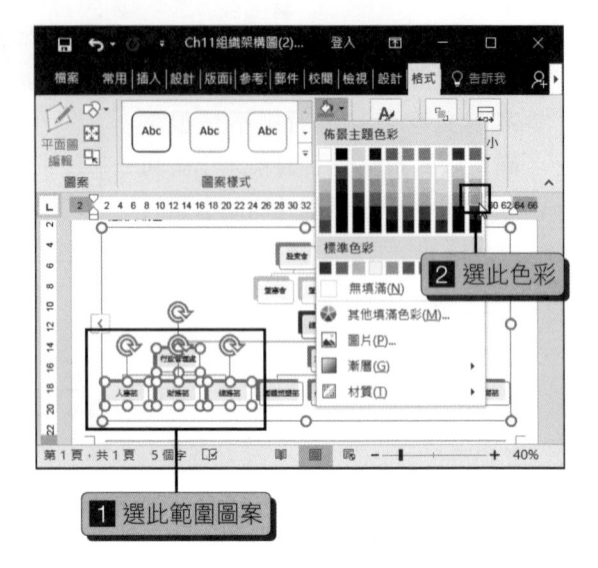

單元 12　買賣合約書

範例檔案：PART 1\ch12. 買賣合約書

單元 12 買賣合約書

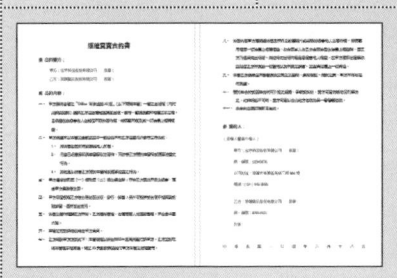

「無紙化」的辦公環境，是現代人所追求的一個目標，但是有些文件，像合約書之類的文件，經常你來我往的要修改很多次，其實只要善用網路資源和追蹤修訂功能，就可以讓辦公室的紙張用量大幅減少。

範例步驟

1 本章主要介紹追蹤修訂及保護文件功能，請先開啟「Word 範例檔」資料夾中的「Ch12 買賣合約書(1).docx」，首先設定限制範圍，用來保護文件及記錄修改資料。切換到「校閱」功能索引標籤，在「保護」功能區中，執行「限制編輯」指令。

2 開啟「限制編輯」工作窗格，在第 2 項勾選「文件中僅允許此類型的編輯方式」，並按下清單選項鈕，選擇「追蹤修訂」方式，然後按下「是，開始強制保護」鈕。

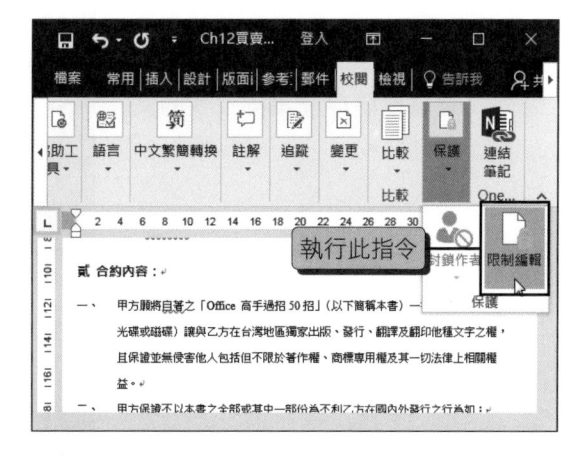

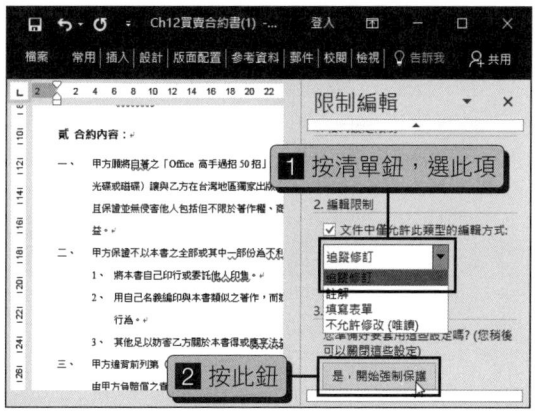

099

PART 1　Word 文書應用

3. 開啟「開始強制保護」對話方塊，輸入限制編輯密碼「1234」，再輸入一次確認密碼「1234」，輸入完按下「確定」鈕。

   1 輸入密碼及確認密碼
   2 按此鈕

4. 限制編輯設定完成，接下來要設定保護檔案密碼。「限制編輯」與「檔案保護」功能不相同，「限制編輯」可讓使用者開啟文件來進行修訂，但「檔案保護」可限制使用者開啟檔案，或進行僅能讀取而不能寫入的「唯讀」保護。按下「檔案」功能索引標籤。

   按此功能標籤
   文件已經被保護並顯示保護資訊

5. 先切換到「另存新檔」索引標籤，選擇要儲存檔案的「我的文件」資料夾。

   1 切換到此索引標籤
   2 選擇儲存資料夾

6. 開啟「另存新檔」對話方塊，按下「工具」旁清單鈕，選擇「一般選項」項目。

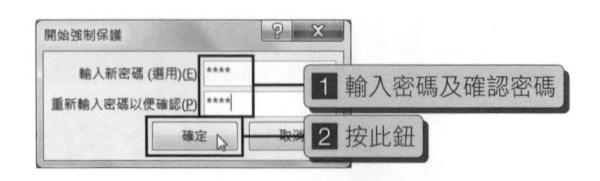

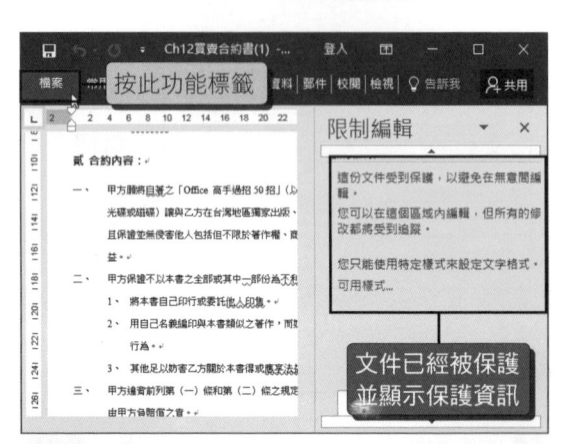

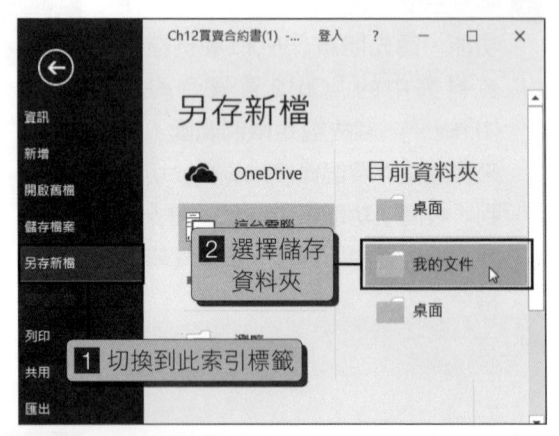

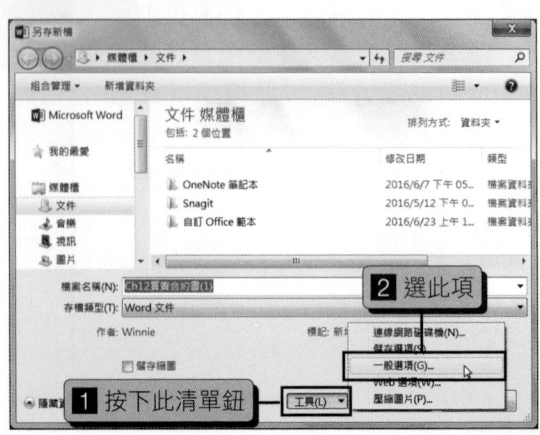

   1 按下此清單鈕
   2 選此項

100

單元 12　買賣合約書

7 另外開啟「一般選項」對話方塊，分別輸入保護密碼「1234」和輸入防寫密碼「5678」，輸入完成按「確定」鈕。

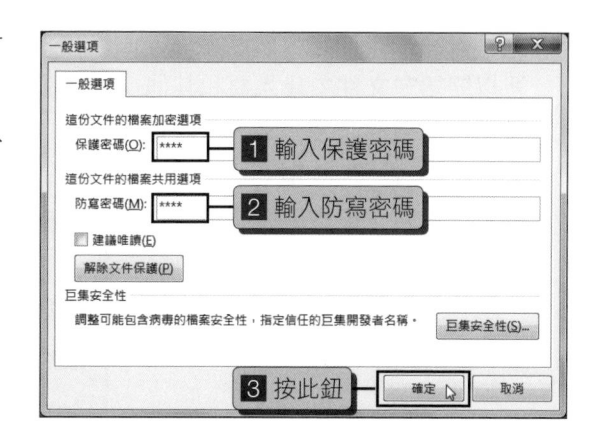

8 會另外開啟「確認密碼」對話方塊，再次輸入保護密碼「1234」，輸入完成按「確定」鈕。

9 又會另外開啟「確認密碼」對話方塊，這次要再次和輸入防寫密碼「5678」，輸入完成按「確定」鈕。

10 經過層層密碼輸入後，回到「另存新檔」對話方塊，另外輸入檔案名稱後，按「儲存」鈕完成檔案保護密碼設定。

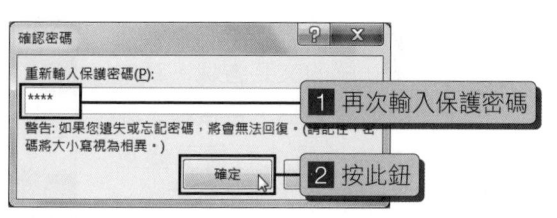

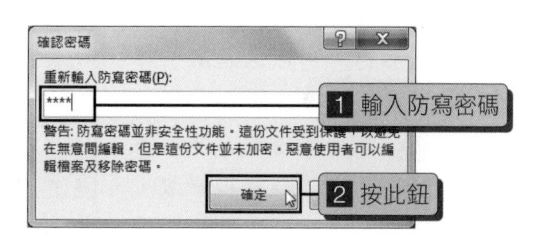

PART 1　Word 文書應用

11 文件保護工作都已經設定完成，可以開始在文件中輸入要和其他使用者溝通的文字訊息。選取書名「Office 高手過招 50 招」文字，切換到「插入」功能索引標籤，在「註解」功能區中，執行「註解」指令。

12 書名處會顯示註解提示，右邊界處會出現註解的文字方塊，其中預設顯示作者名稱，直接輸入要寫入的文字「書名有需要變更嗎？」，可以再輸入其他註解後，按下「儲存檔案」鈕。接下來就讓文件去旅行，可以透過電子郵件、內部網路分享、雲端分享、儲存裝置傳輸…等各種方法，將檔案傳送給相關人員檢視修改。傳輸過程別忘了密碼也要告知相關人員，否則檔案無法開啟喔！

13 假設文件經過其他成員檢視修改後回來，請先開啟「Word 範例檔」資料夾中的「Ch12買賣合約書(2).docx」。開啟文件之前，最先跳出來的是「密碼」對話方塊，請輸入設定的文件保護密碼「1234」，輸入完按下「確定」鈕。

14 又跳出「密碼」對話方塊，這次請輸入文件防寫密碼「5678」，輸入完按下「確定」鈕。

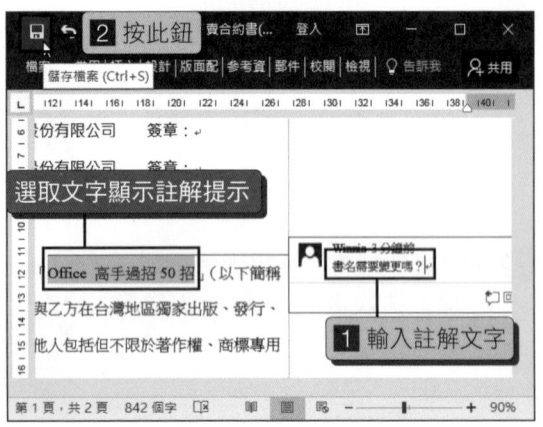

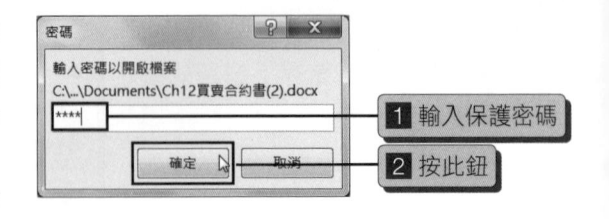

102

單元 12　買賣合約書

15 文件右邊界處會顯示 ♡ 註解符號。切換到「校閱」功能索引標籤，在「註解」功能區中，執行「顯示註解」指令，將會開啟註解工作窗格。

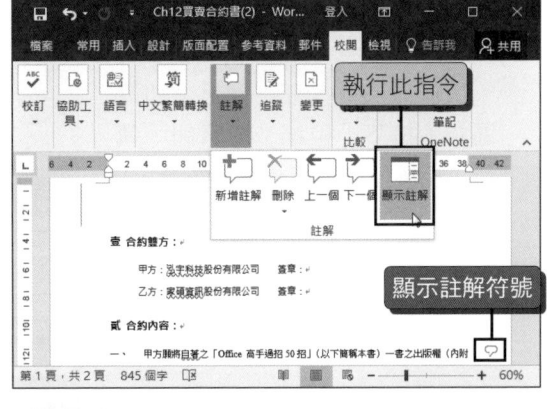

16 要接受或拒絕相關修訂之前，必須先解除「編輯限制」的保護，切換到「校閱」功能索引標籤，在「保護」功能區中，先執行「編輯限制」指令，開啟「編輯限制」工作窗格，按下「停止保護」鈕。

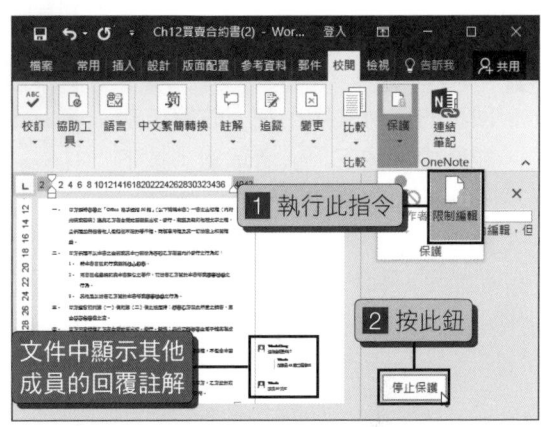

17 開啟「解除文件保護」對話方塊，輸入保護密碼「1234」，按下「確定」鈕取消保護文件。

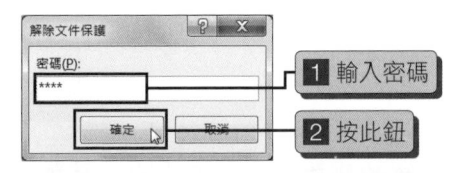

18 想要知道有那些人做了何種修正，最快的方法就是讓所有修訂列表顯示。在「追蹤」功能區中，按下檢閱窗格清單鈕，執行「垂直檢閱窗格」指令。

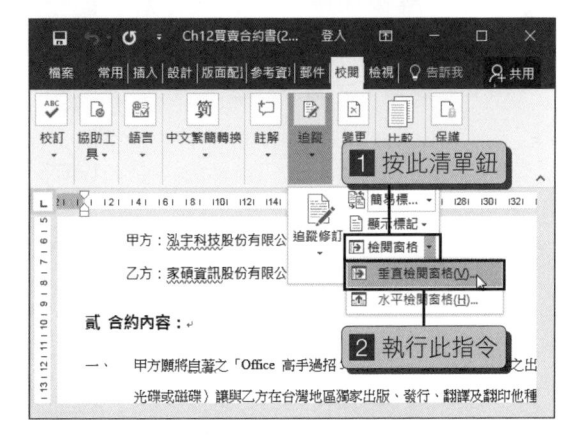

103

PART 1　Word 文書應用

19 編輯視窗中開啟「修訂」工作窗格，顯示所有修訂內容。點選第一項修訂內容，在「變更」功能區中，按下「拒絕」清單鈕，執行「拒絕並移至下一個」指令。

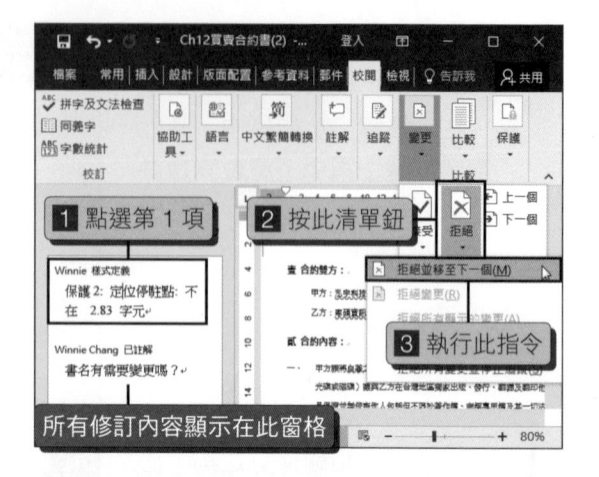

20 自動移到第 2 個修訂處，選擇回覆的註解文字，在「註解」功能區中，按下「」清單鈕，按下「刪除」清單鈕，執行「刪除」指令。

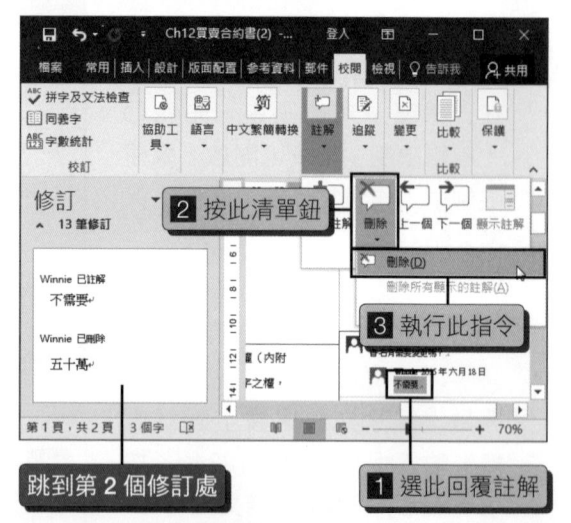

21 回覆註解被刪除。接著在「變更」功能區中，執行「下一個」指令，移到下一個修訂處。

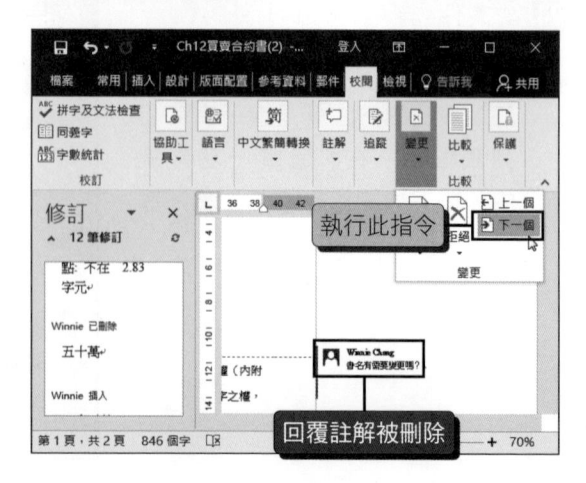

104

單元 12　買賣合約書

22 這一個是金額的部分有作修訂。如果確定要修改,在「變更」功能區中,按下「接受」清單鈕,執行「接受並移到下一個」指令。

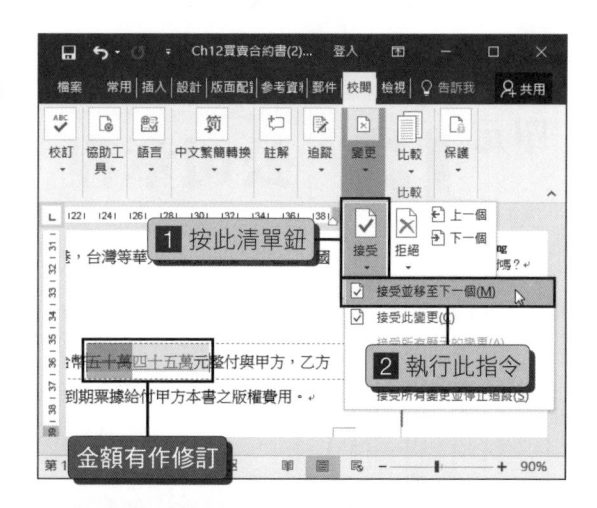

23 使用者可以一個一個慢慢檢視並決定是否修訂,也可以完全聽從主管的建議,一次接受所有的修訂,請再次按下「接受」清單鈕,執行「接受所有變更並停止追蹤」指令。

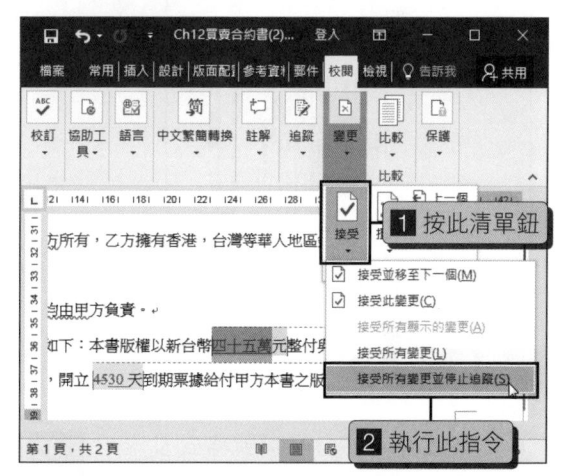

24 當文件內容的修訂都沒問題之後,在儲存成正式買賣合約前,還要將多餘的註解刪除,在「註解」功能區中,按下「刪除」清單鈕,執行「刪除文件中所有註解」指令。最後按下「儲存檔案」鈕,或執行「另存新檔」指令就完成買賣合約書。

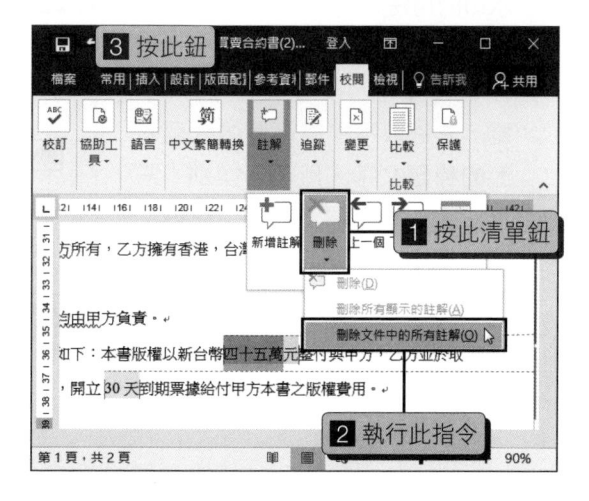

105

PART 1　Word 文書應用

範例檔案：PART 1\ch13. 公司章程

單元 13　公司章程

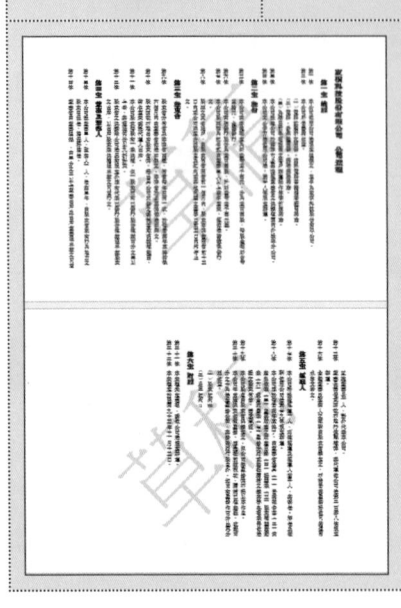

公司登記設立時，各縣市建設局都會要求一份「公司章程」，其中註明的公司組織的型態、管理階層的人員的職階、股東的權利及義務等內容，以往多半以直書的格式為主，而現階段推行橫式文書，但是不論直書或橫書，不妨都以橫書方式將所有格式設定完畢，要轉換成直書也比較便利。

範例步驟

1 本章主要介紹自訂編號格式及浮水印的用法。請先開啟「Word 範例檔」資料夾中的「Ch13 公司章程(1).docx」，按住鍵盤【Ctrl】鍵，先選取不連續範圍的六個章節的標題文字，然後切換到「常用」功能索引標籤，在「段落」功能區中，按下 ☰▾「編號」清單鈕，執行「定義新的編號格式」指令。

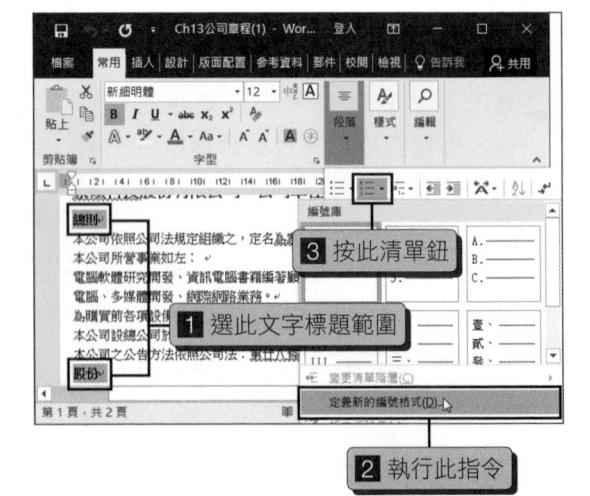

1 選此文字標題範圍
2 執行此指令
3 按此清單鈕

106

單元 13　公司章程

2 開啟「定義新的編號格式」對話方塊，選擇預設「一,二,三（繁）…」的編號樣式，在編號格式前後分別輸入「第」及「章」，中間保留預設的編號樣式，設定完成按下「確定」鈕。

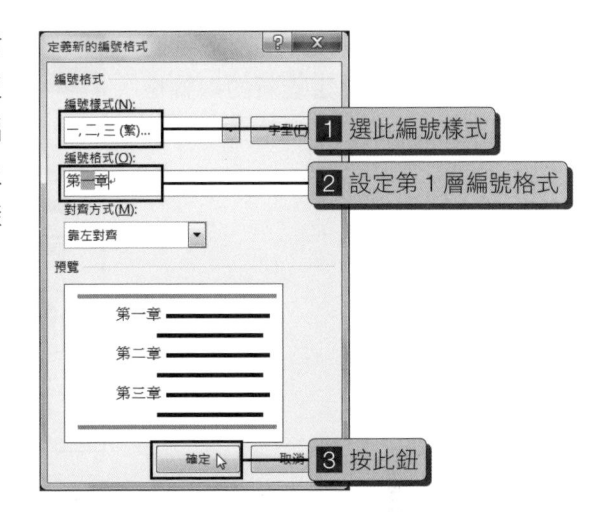

3 章節標題套用第 1 層的編號格式。接著選取第一章前兩行文字範圍，再執行一次「定義新的編號格式」指令。

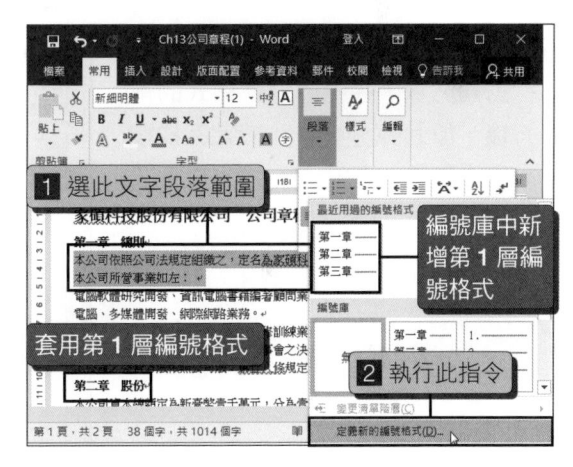

4 再次開啟「定義新的編號格式」對話方塊，仍然保留預設「一,二,三（繁）…」的編號樣式，並在編號格式中輸入「第」及「條」，中間保留預設的編號樣式，按下「確定」鈕。

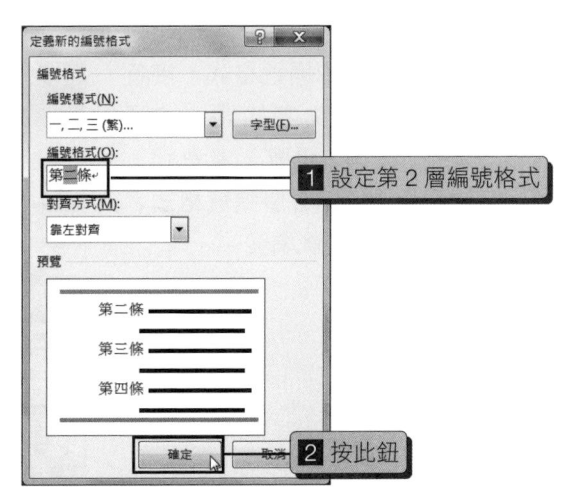

107

5 繼續選取下面 3~5 行的文字範圍，再次執行「定義新的編號格式」指令。

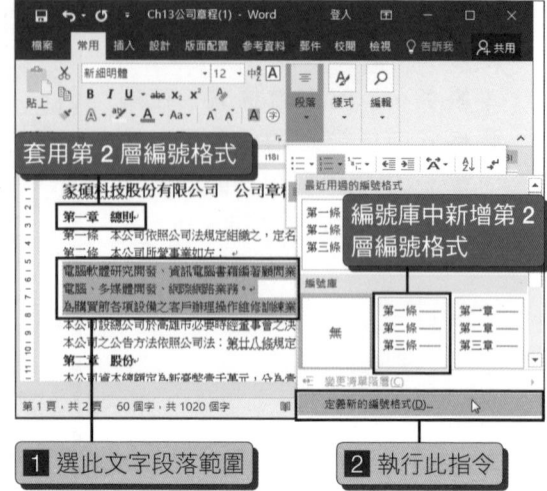

① 選此文字段落範圍　② 執行此指令

套用第 2 層編號格式

編號庫中新增第 2 層編號格式

6 再次開啟「定義新的編號格式」對話方塊，在中間編號樣式的前後，加上「(」、「)」，設定完成按下「確定」鈕。

① 設定第 3 層編號格式　② 按此鈕

7 定義了三種新的編號格式，接著選取第 6~7 行文字範圍，按下「常用 / 段落 / 編號」清單鈕，選擇剛新增的第 2 層編號格式，讓文字加上第幾條編號。

① 選此文字段落範圍　② 套用已設定編號格式

套用第 3 層編號格式

單元 13　公司章程

8 新套用的編號不會自動延續上面的編號，而是重新編號。此時按滑鼠右鍵開啟快顯功能表，執行「繼續編號」指令。

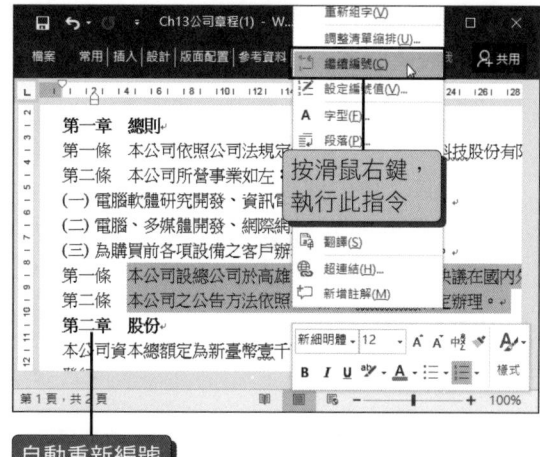

自動重新編號

9 選取的文字範圍會延續上面編號的重新編號，用相同的方法將下方的條文，套用相同的編號格式，並執行「繼續編號」指令，但是部分條文套用編號格式後，會出現換行後的文字沒有對齊上一行的亂象。選取不連續的所有條文段落，按滑鼠右鍵開啟快顯功能表，執行「調整清單縮排」指令。

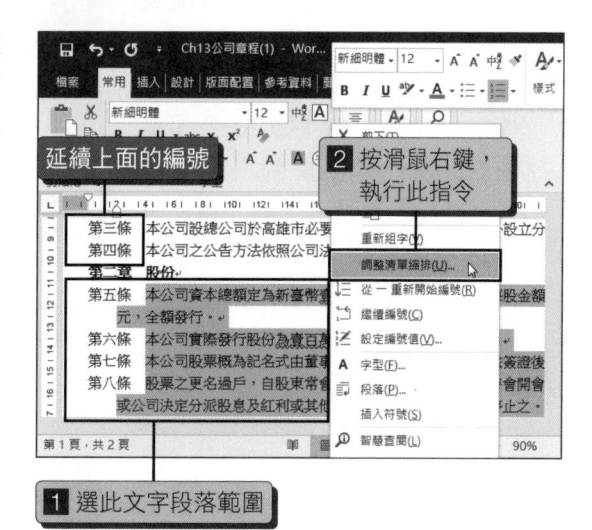

延續上面的編號

1 選此文字段落範圍

2 按滑鼠右鍵，執行此指令

10 開啟「調整清單縮排」對話方塊，在文字縮排處輸入「1.6 公分」的縮排距離，設定完成按下「確定」鈕。

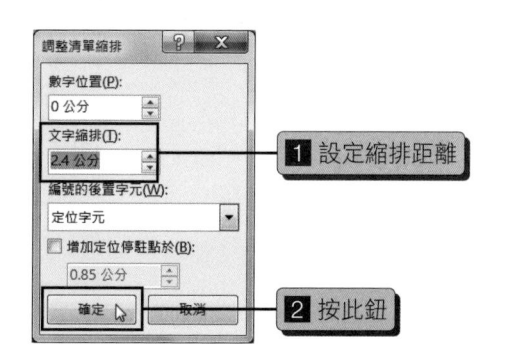

1 設定縮排距離

2 按此鈕

PART 1　Word 文書應用

11 換行後文字可以對齊上一行。接著選取第 3 層編號格式的文字段落範圍，切換到「常用」功能索引標籤，在「段落」功能區中，按下「增加縮排」鈕，此時段落文字會向右移動，約執行 3 次，就可將第 3 層文字段落與第 2 層文字對齊。

12 文件段落格式及標號項目都設定完畢，就可以將文件轉換成直書方式。請開啟「Word 範例檔」資料夾中的「Ch13 公司章程 (2).docx」，切換到「版面配置」功能索引標籤，在「版面設定」功能區中，按下「文字方向」清單鈕，執行「垂直」指令。

13 轉換成直書後，文件格式仍然保持完整，只需做一些美觀上的調整。選取六個章節的標題文字。

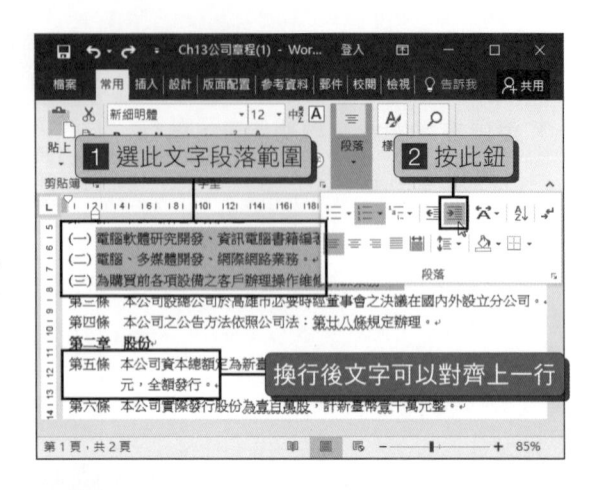

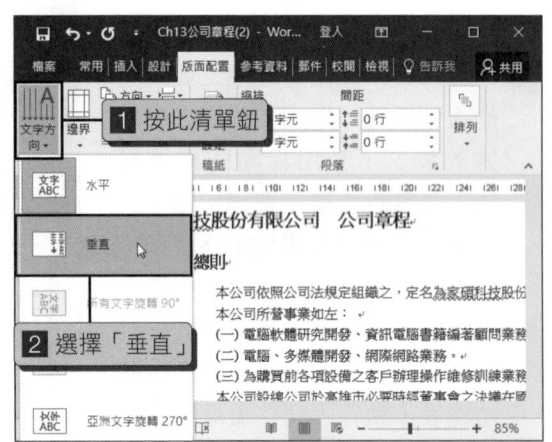

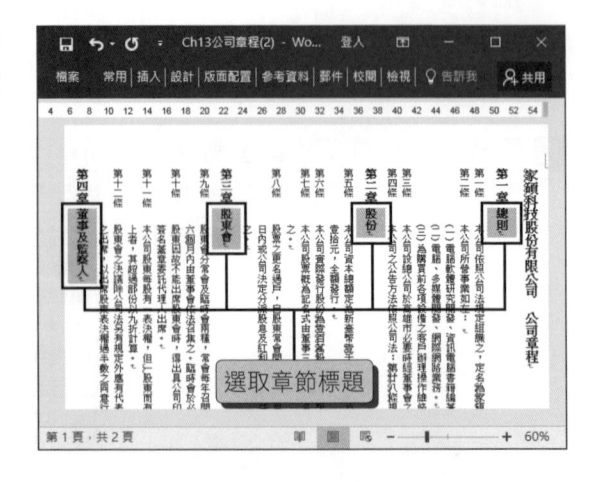

110

單元 13　公司章程

14 繼續在「版面配置」功能索引標籤的「段落」功能區中，設定向左縮排「2 字元」，讓文件段落看起來更明顯。

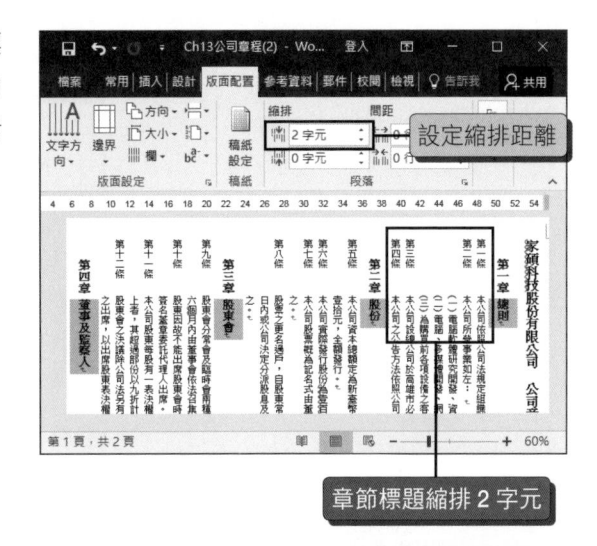

設定縮排距離

章節標題縮排 2 字元

15 文件直書後，文字都沒有問題，但是阿拉伯數字就會出現沒有轉向的問題。選取「99%」文字，切換到「常用」功能索引標籤，在「段落」功能區中，按下 ※▾「亞洲配置方式」清單鈕，執行「橫向文字」指令。

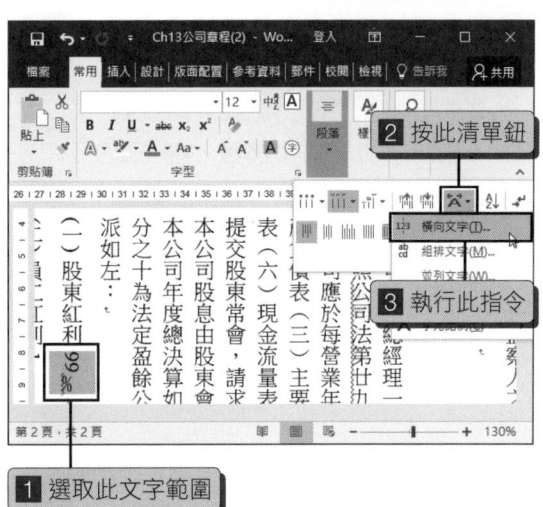

2 按此清單鈕

3 執行此指令

1 選取此文字範圍

16 開啟「橫向文字」對話方塊，勾選「調整於一行」項目，按下「確定」鈕。

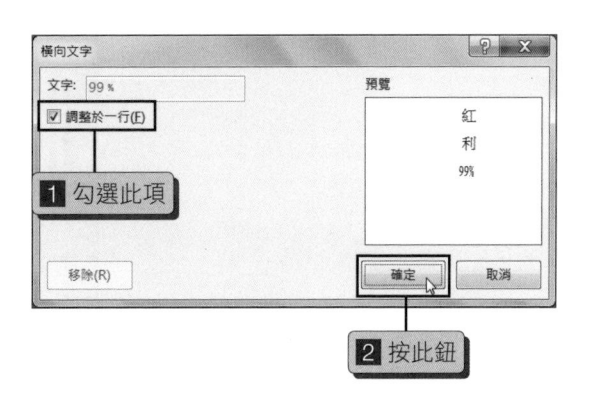

1 勾選此項

2 按此鈕

111

17 數字改成橫向排列，依相同方法將下一行「1%」也改成橫向文字。

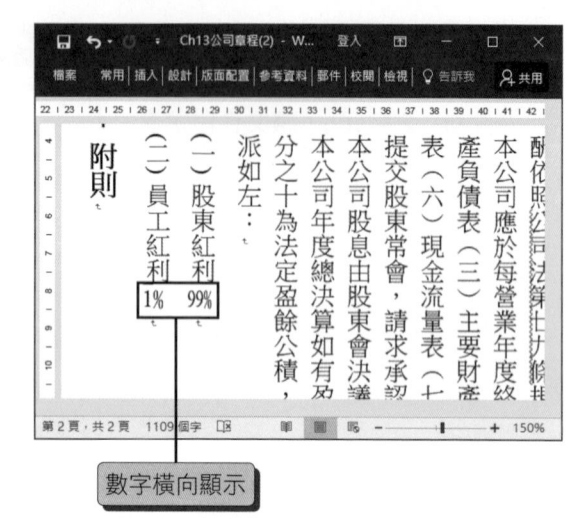

數字橫向顯示

18 有些時候文件還在草擬的階段，為了避免誤用造成損失，不妨在文件中加上明確的記號。切換到「設計」功能索引標籤，在「頁面背景」功能區中，按下「浮水印」清單鈕，選擇「草稿1」的浮水印樣式。

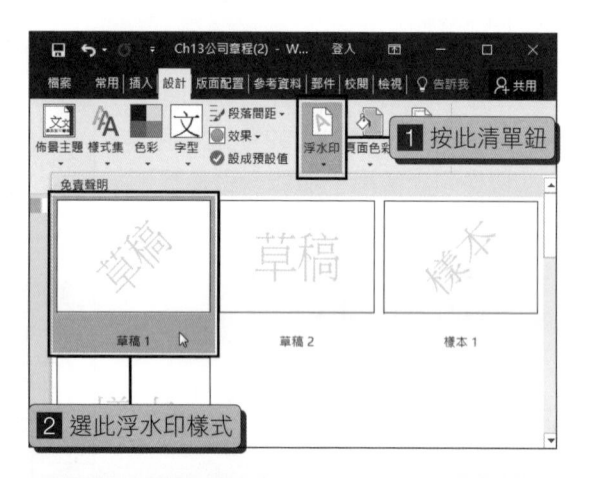

1 按此清單鈕
2 選此浮水印樣式

19 文件中央隱約顯示「草稿」字樣，這樣文件就不怕被誤用。

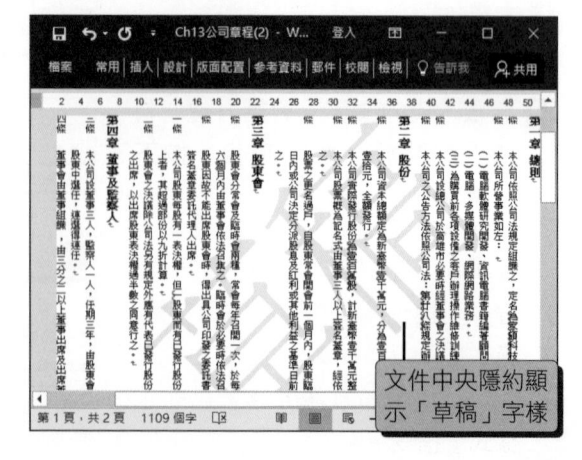

文件中央隱約顯示「草稿」字樣

範例檔案：PART 1\ch14. 員工手冊

單元 14 員工手冊

每個新進員工都會拿到一本員工手冊，其中載明的員工應該遵守的權利與義務。員工手冊是條文複雜的長篇文件，如何利用 Word 功能將內容編排的條理清晰，讓員工更快了解員工手冊的內容。

範例步驟

1 本章主要介紹設定格式樣式，並利用大綱模式編輯文件，讓長文件的編排有規範可依循。請先開啟「Word 範例檔」資料夾中的「Ch14 員工手冊 (1).docx」，首先建立章節編號的格式樣式。將編輯插入點移到「總則」文字前方，切換到「常用」功能索引標籤，在「樣式」功能區中，按下「其他」清單鈕，執行「建立樣式」指令。

PART 1　Word 文書應用

2 開啟「從格式建立新樣式」對話方塊，樣式名稱處輸入「章編號」，按下「修改」鈕。

3 開啟更大的「從格式建立新樣式」對話方塊，「供後續段落使用之樣式」修改為「內文」；字型大小變更為「14」且設定為「粗體」；按下「行距與段落間距」鈕，以增加與前後段距離「6pt」；之後按下「格式」清單鈕，選擇「編號方式」進行設定。

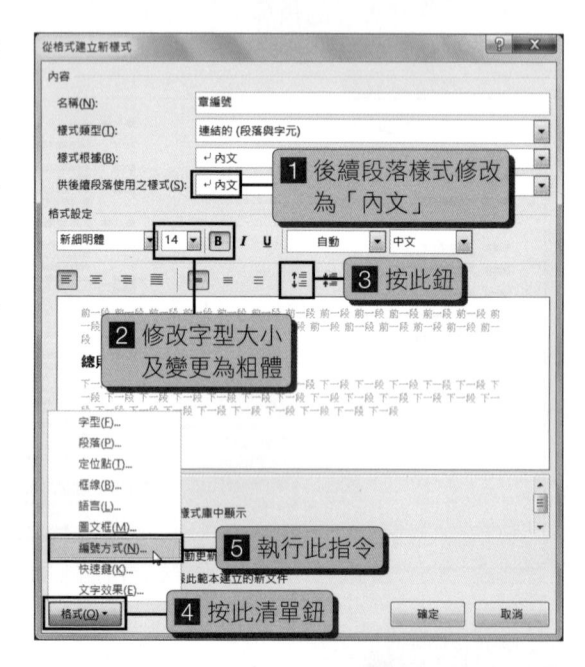

4 另外開啟「編號及項目符號」對話方塊，選擇「第一章」編號方式，按「確定」鈕。（本章延續上一章的編號方式，定義新的編號方式請參考第 13 章）

114

單元 14　員工手冊

5 所有的格式設定都會顯示在下方位置，若要進行其他格式設定像段落、文字效果…等，再按下「格式」清單鈕進行設定，若全部設定確認後，按「確定」鈕回到編輯文件視窗。

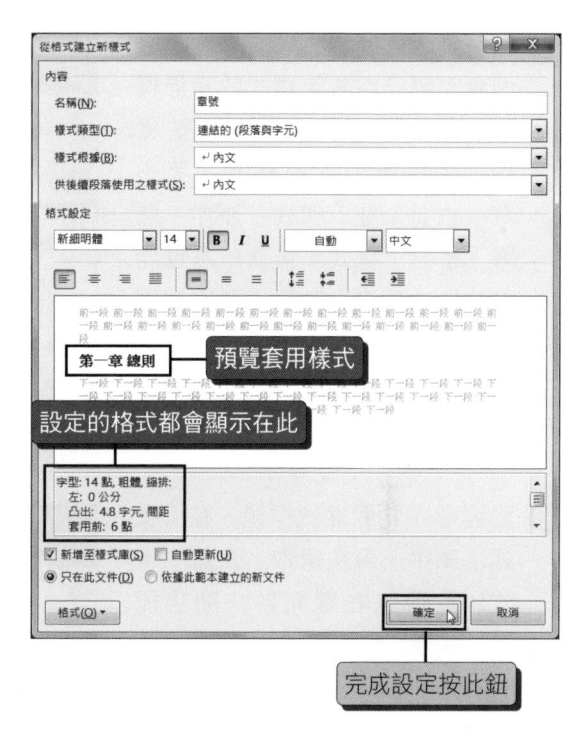

預覽套用樣式

設定的格式都會顯示在此

完成設定按此鈕

6 「總則」套用新增的「章號」樣式。將編輯插入點移到「工作時間細則」，切換到「常用」功能索引標籤，在「樣式」功能區中，按下「其他」清單鈕，選擇套用剛新增的「章號」樣式。依相同方法將下方其他 6 個章節標題設定相同樣式。

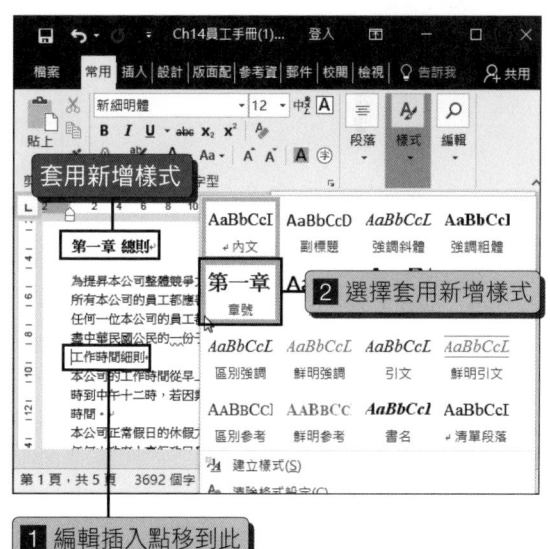

1 編輯插入點移到此

2 選擇套用新增樣式

套用新增樣式

PART 1　Word 文書應用

7 已經設定好的樣式若要做修改，則會影響已經設定樣式的章節標題，因此可以同時選取這些標題。將編輯插入點移到「第一章」位置，在「樣式」庫中，選取「章號」樣式，按滑鼠右鍵開啟快顯功能表，執行「選取相同設定 - 共 8 個」指令。

1 編輯插入點移到此
2 選此樣式，按滑鼠右鍵
3 執行此指令

8 已經選取 8 個章號標題，在「樣式」庫中，再次選取「章號」樣式，按滑鼠右鍵開啟快顯功能表，執行「修改」指令。

1 再次選此樣式，按滑鼠右鍵
2 執行此指令
選取已設定的 8 個章號標題

9 此時會開啟「修改樣式」對話方塊，按下「格式」清單鈕，執行「字型」指令。

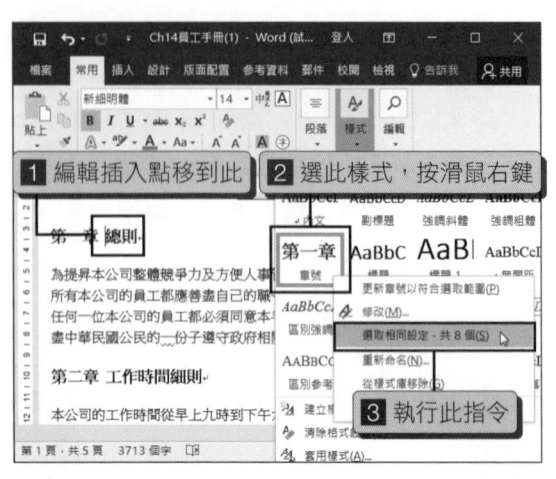

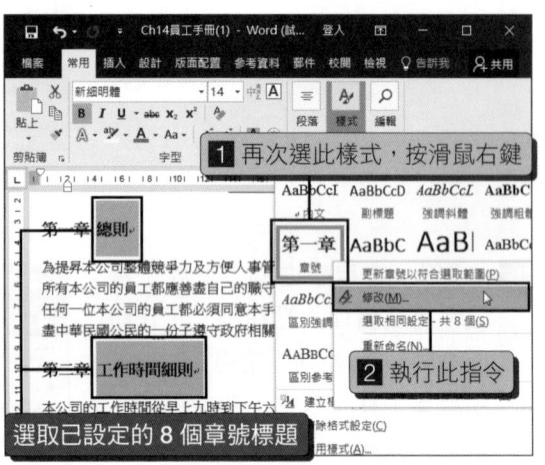

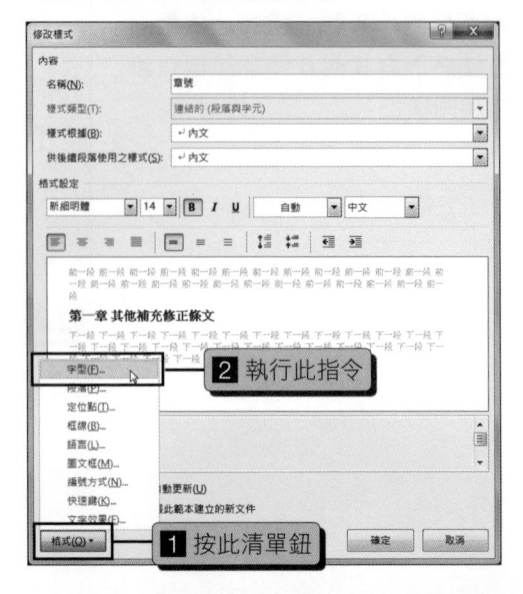

1 按此清單鈕
2 執行此指令

116

10 開啟「字型」對話方塊,切換到「進階」索引標籤,「間距」處選擇「加寬」,點數設定為「3點」,最後按下「確定」鈕。

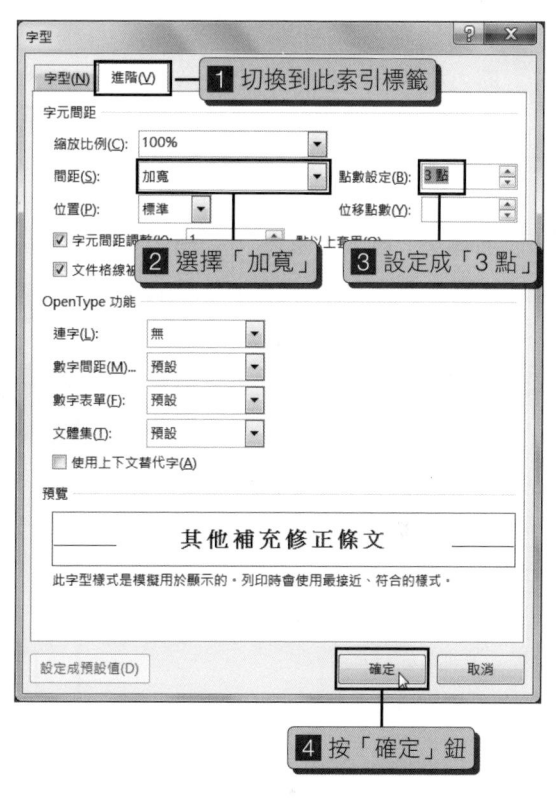

1 切換到此索引標籤
2 選擇「加寬」
3 設定成「3 點」
4 按「確定」鈕

11 回到「修改樣式」對話方塊,確認沒有其他要修改的部分後,按下「確定」鈕完成修改樣式。

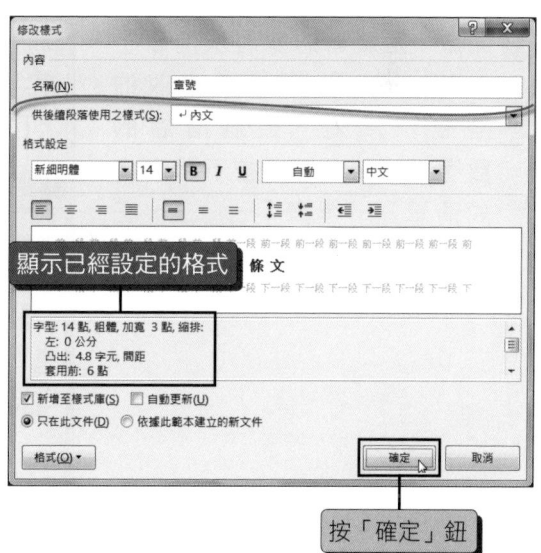

顯示已經設定的格式

按「確定」鈕

12 將編輯插入點移到非章節標題處,切換到「常用」功能索引標籤,按下「樣式」清單鈕,執行「建立樣式」指令,另外再設定「條號」、「項號」及「小項」3種樣式,輸入名稱後,直接按下「確定」鈕,不需另外修改格式。

1 輸入名稱

2 直接按「確定」鈕

13 接著要設定多層次的項目編號,以便配合大綱來編輯長文件。將編輯插入點移到第一章標題下方第一行位置,切換到「常用」功能索引標籤,在「段落」功能區中,按下「多層次清單」清單鈕,執行「定義新的多層次清單」指令。

1 編輯插入點移到此

2 按此清單鈕

3 執行此指令

14 開啟「定義新的多層次清單」對話方塊,先選擇要修改的階層「1」,在「這個階層的數字樣式」項下,按下數字樣式清單鈕,選擇「一、二、三(繁)…」數字樣式,按下「更多」鈕,進行更多的設定。

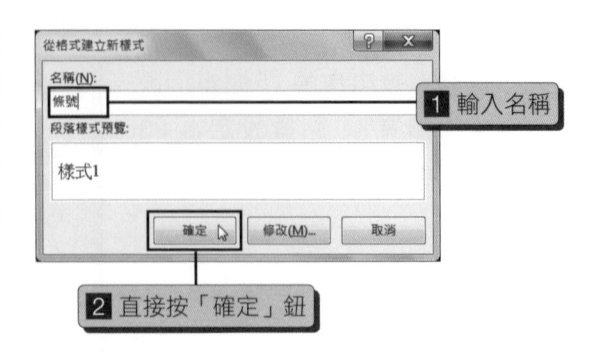

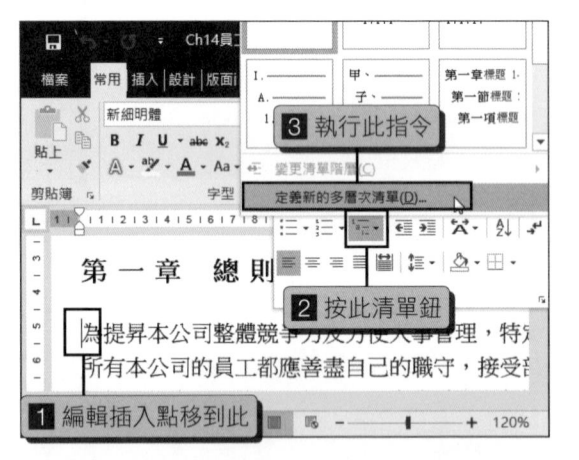

1 選擇階層「1」

2 按數字清單鈕選擇此數字樣式

3 按此鈕

118

15 繼續輸入數字的格式設定成「第一條」，中間數字為這個階層的數字樣式，接著位置部分設定文字縮排「2.6 公分」，最後按下「將階層連結至樣式」清單鈕，選擇步驟 12 定義的「條號」格式樣式。

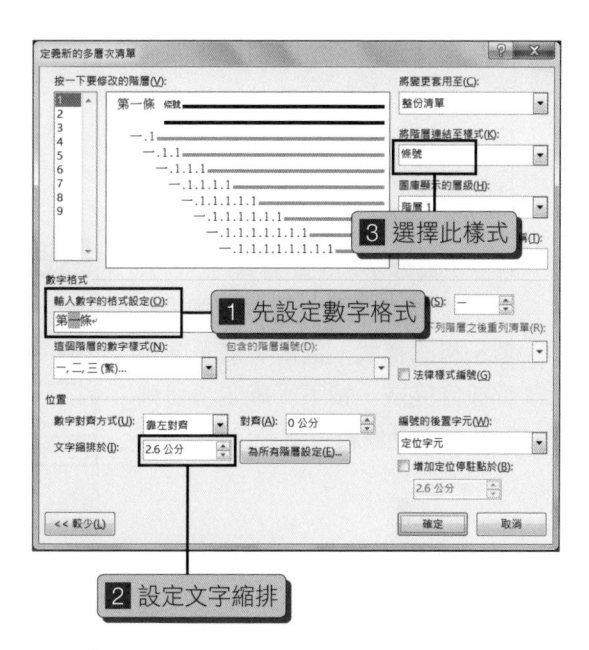

16 選擇階層「2」，進行相關設定。輸入數字的格式設定成「（一）」，文字縮排「3.8 公分」，位置對齊「2.6 公分」，將階層連結至樣式選擇「項號」格式樣式。

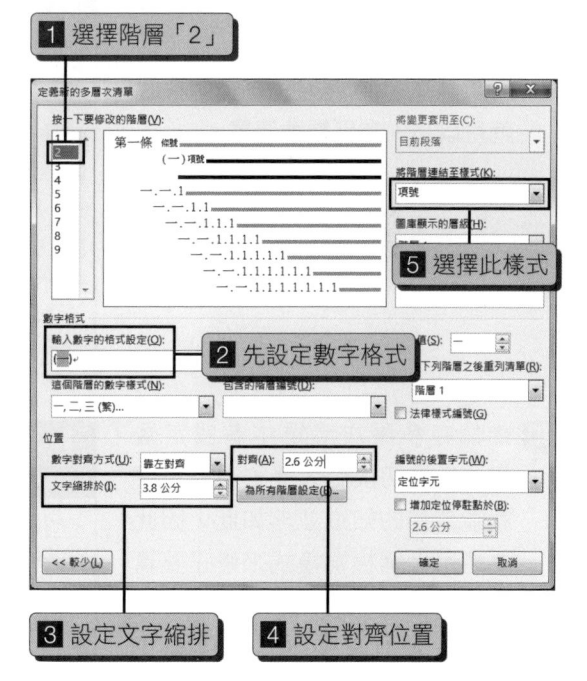

17 接著選擇階層「3」，進行相關設定。在「這個階層的數字樣式」項下，按下數字樣式清單鈕，選擇「全形…」數字樣式，輸入數字的格式設定成「1、」，文字縮排「5 公分」，位置對齊「3.8 公分」，將階層連結至樣式選擇「小項」格式樣式。當所有清單階層都設定完成，按下「確定」鈕則可回到文件編輯視窗。

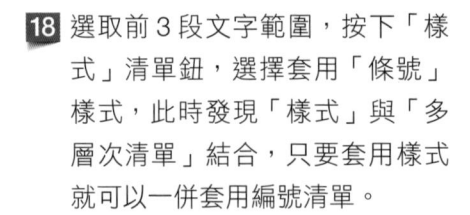

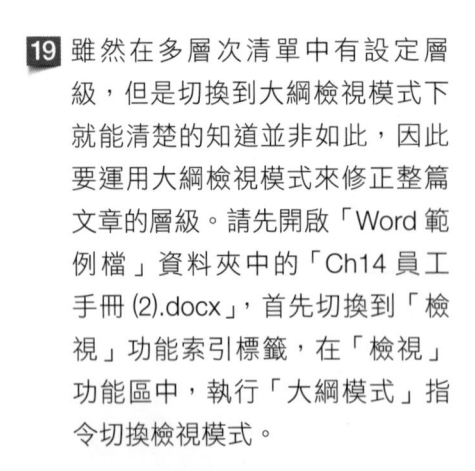

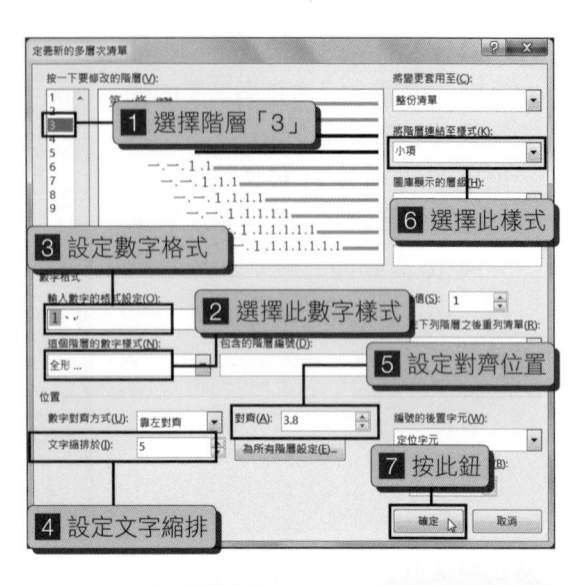

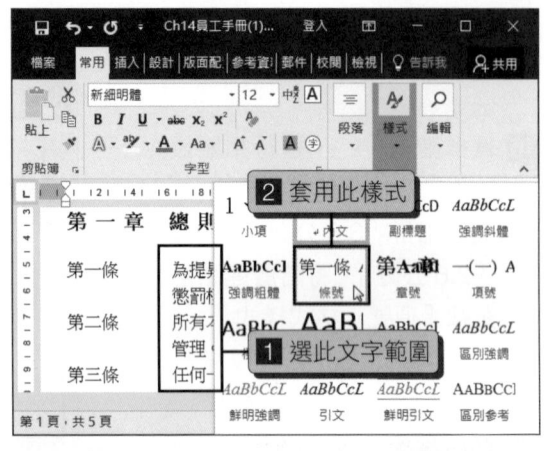

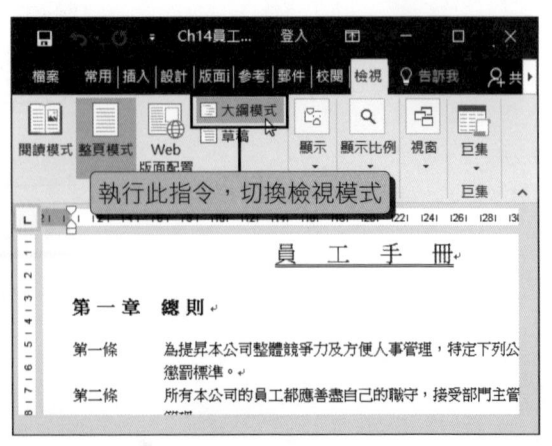

1 選擇階層「3」
2 選擇此數字樣式
3 設定數字格式
4 設定文字縮排
5 設定對齊位置
6 選擇此樣式
7 按此鈕

18 選取前 3 段文字範圍，按下「樣式」清單鈕，選擇套用「條號」樣式，此時發現「樣式」與「多層次清單」結合，只要套用樣式就可以一併套用編號清單。

1 選此文字範圍
2 套用此樣式

19 雖然在多層次清單中有設定層級，但是切換到大綱檢視模式下就能清楚的知道並非如此，因此要運用大綱檢視模式來修正整篇文章的層級。請先開啟「Word 範例檔」資料夾中的「Ch14 員工手冊 (2).docx」，首先切換到「檢視」功能索引標籤，在「檢視」功能區中，執行「大綱模式」指令切換檢視模式。

執行此指令，切換檢視模式

單元 14　員工手冊

20 此時會切換到大綱檢視模式，而「常用」功能索引標籤左方會出現「大綱」功能索引標籤。將編輯插入點移到第一章文字內容，切換到「常用」索引標籤，在「樣式」庫清單中，選擇「章號」樣式，按滑鼠右鍵開啟快顯功能表，執行「選取相同設定 - 共 8 個」指令。

切換到大綱檢視模式，並出現大綱索引標籤

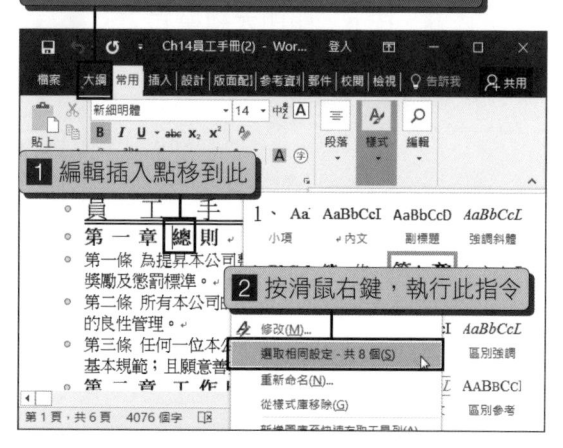

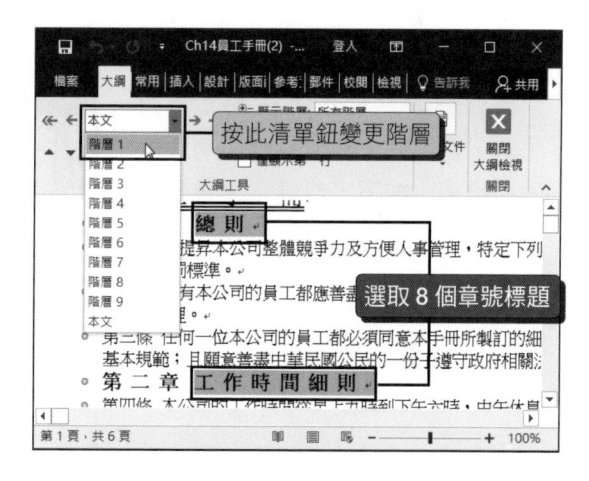

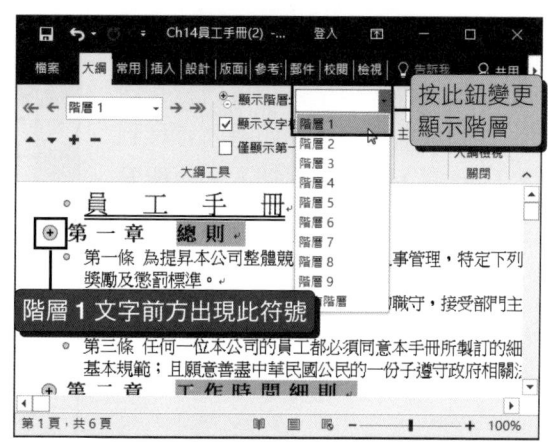

1 編輯插入點移到此

2 按滑鼠右鍵，執行此指令

21 已經選取 8 個章號標題，切換回「大綱」索引標籤，按下「大綱階層」清單鈕，選擇變更階層由本文變成「階層 1」。

按此清單鈕變更階層

選取 8 個章號標題

22 此時選取範圍已經變成階層 1，而標題前方會出現 ⊕ 符號。按下「顯示階層」清單鈕，選擇僅顯示「階層 1」內容。

按此鈕變更顯示階層

階層 1 文字前方出現此符號

121

PART 1　Word 文書應用

23 編輯視窗中僅顯示第一階層的文字內容。按下「關閉大綱模式」圖示鈕可結束大綱模式。

只顯示第一階層內容

24 回到「整頁模式」編輯文件。將編輯插入點移到第一章文字內容，切換到「參考資料」功能索引標籤，按下「目錄」清單鈕，選擇「自動目錄 2」樣式。

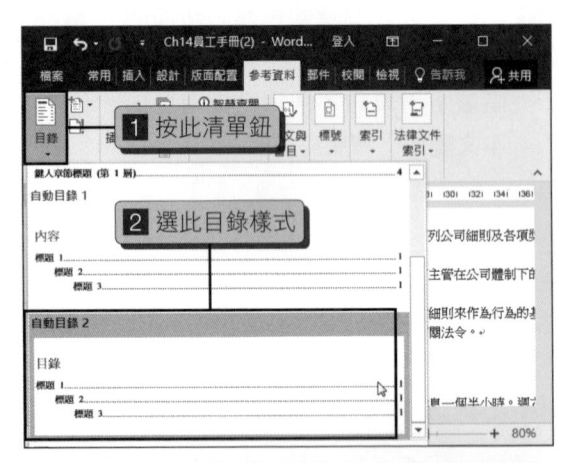

1 按此清單鈕
2 選此目錄樣式

25 依據大綱階層 1，自動建立員工手冊目錄。但是目錄與內容在同一頁略顯擁擠，不妨將內容移到下一頁，切換到「插入」功能索引標籤，在「頁面」功能區中，按下「頁面」清單鈕，執行「分頁符號」指令，強迫內容換頁。

1 按此清單鈕
2 執行此指令
3 選此目錄樣式

26 由於插入換頁符號，內容已經被迫移到下一頁，所以頁次已經調整，但目錄卻沒更新。只需要選取目錄範圍，就會顯示智慧功能表，執行「更新目錄」指令進行頁碼更新。

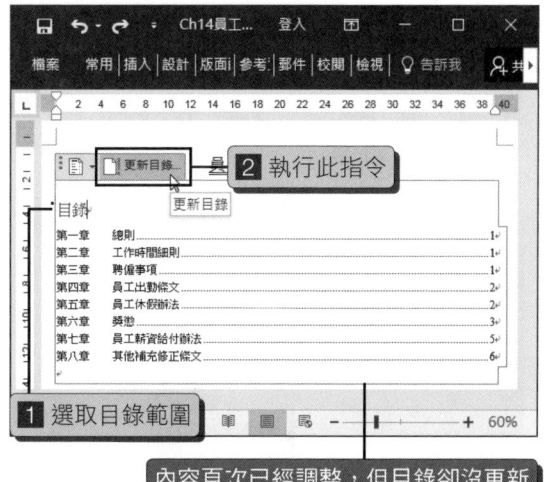

27 開啟「更新目錄」對話方塊，如果目錄內容沒有修改，只需要選取「只更新頁碼」選項，按下「確定」鈕即可。

28 目錄中頁碼已經更新。如果覺得目錄段落擁擠，也可以選取目錄文字範圍，切換到「常用」功能索引標籤，在「段落」功能區中，按下「行距與段落間距」清單鈕，調整行距為「1.5」行，讓目錄看起來更美觀。

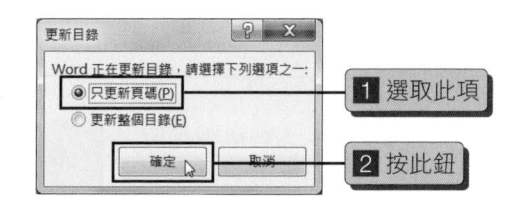

PART 1　Word 文書應用

範例檔案：PART 1\ch15. 單張廣告設計

單元 15　單張廣告設計

別以為圖片眾多的廣告傳單就一定要使用專業的軟體才能製作,只要準備好圖片及宣傳文稿,使用 Word 也能製作出專業的廣告傳單。

範例步驟

1. 本範例主要應用文字藝術師及版面設計功能,製作出廣告傳單,請先開啟「Word 範例檔」資料夾中的「Ch15 單張廣告設計 (1).docx」,切換到「插入」功能索引標籤,在「圖例」功能區中,執行插入「圖片」指令。

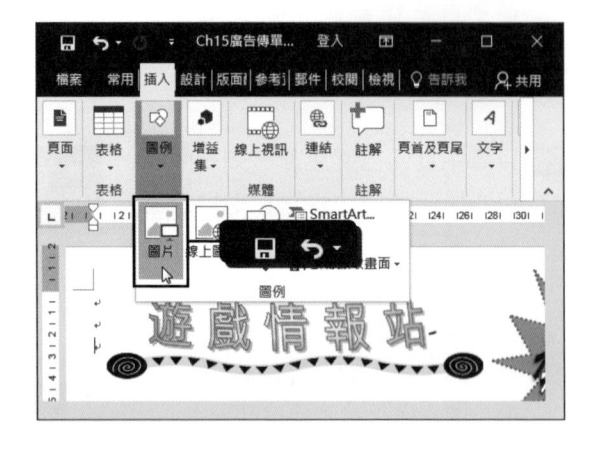

2. 開啟「插入圖片」對話方塊,選擇「範例圖檔」資料夾,選取「產品圖 1」圖片檔,按「插入」鈕。

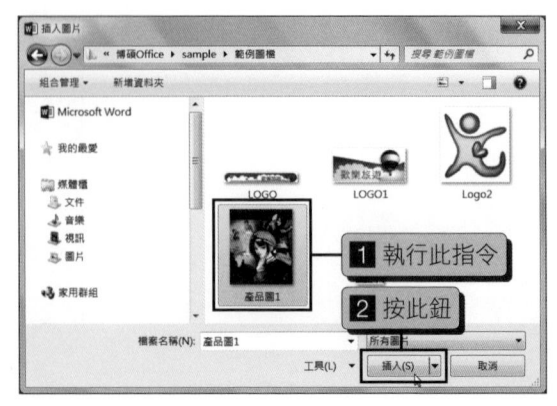

124

單元 15　單張廣告設計

3 接著切換到「圖片工具\格式」功能索引標籤，在「排列」功能區中，按下「位置」清單鈕，選擇將圖片移到文件「右下方矩形文繞圖」位置。

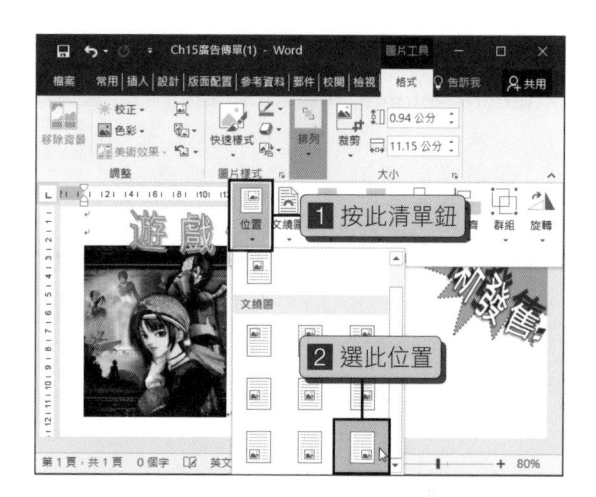

4 繼續選取此圖片，切換到「圖片工具\格式」功能索引標籤，在「圖片樣式」功能區中，按下「圖片效果」清單鈕，選擇「光暈」效果類型，套用「橙色, 強調色 2,8pt, 光暈」效果樣式。

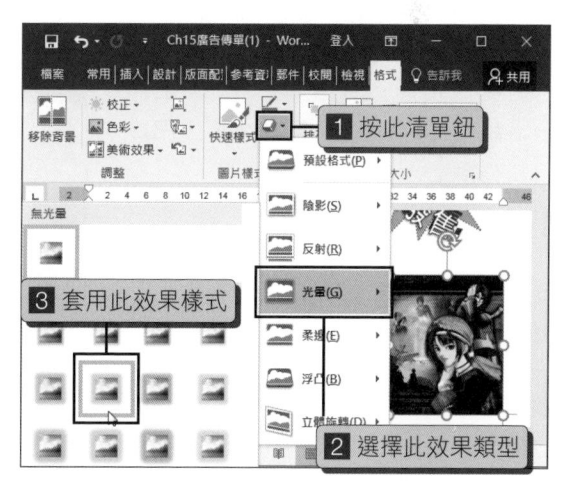

5 圖片效果設定後，效果不是很明顯，那就變更背景底色。切換到「設計」功能索引標籤，在「頁面背景」功能區中，按下「頁面色彩」清單鈕，選擇標準色彩「深藍」色。

125

PART 1　Word 文書應用

6 背景顏色變成深藍色。接著切換到「插入」功能索引標籤，在「文字」功能區中，按下「文字藝術師」清單鈕，選擇「填滿，灰 -25%，背景 2，內陰影」樣式。

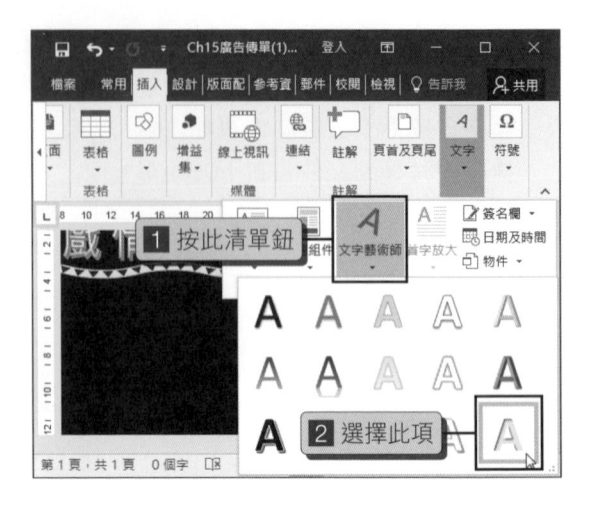

1 按此清單鈕
2 選擇此項

7 文件中插入文字藝術師文字方塊，先修改字型為「微軟正黑體」，再直接輸入產品名稱「巴冷公主」。

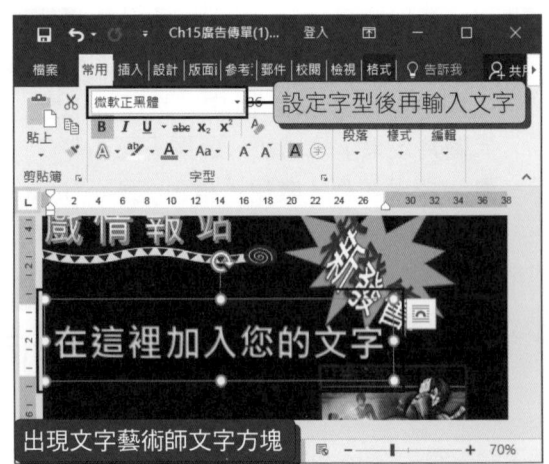

設定字型後再輸入文字

出現文字藝術師文字方塊

8 選取文字藝術師方塊，使用拖曳的方式將方塊圖案移到文件下方中央位置。(開啟對齊輔助線方式請參考第 10 章)

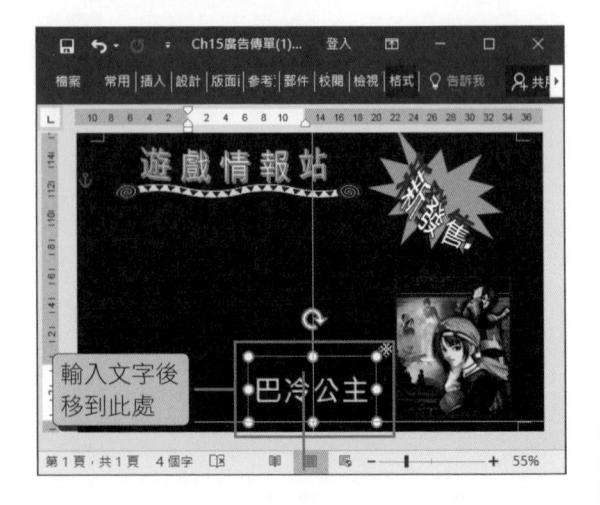

輸入文字後移到此處

126

單元 15 單張廣告設計

9 接著按住鍵盤【Ctrl】鍵，使用拖曳的方式複製文字藝術師方塊到左方位置。選取新的文字藝術師方塊，切換到「繪圖工具\格式」功能索引標籤，在「文字藝術師樣式」功能區中，按下「文字效果」清單鈕，選擇「轉換」類型，選擇「梯形 (朝右)」樣式。

10 選取文件中央的文字藝術師方塊，再次按下「文字效果」清單鈕，選擇「反射」類型，選擇「半反射, 相連」樣式。

11 文字方塊不僅只是可以加入文字的矩形，Word 還替文字方塊設計一些帶有圖案的樣式，讓文字方塊充滿設計感。立刻切換到「插入」功能索引標籤，在「文字」功能區中，按下「文字方塊」清單鈕，選擇「切割線引述」樣式。

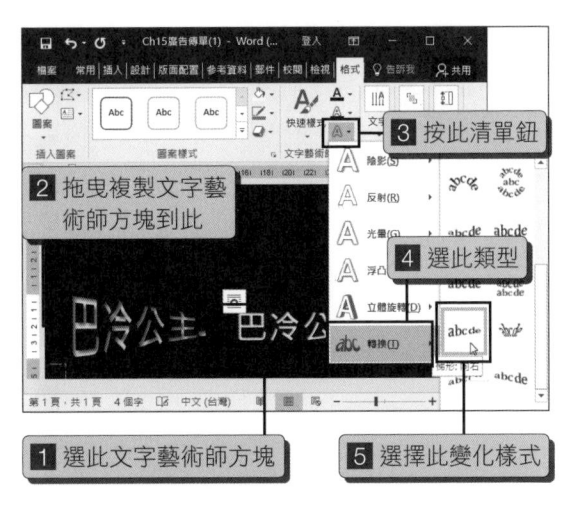

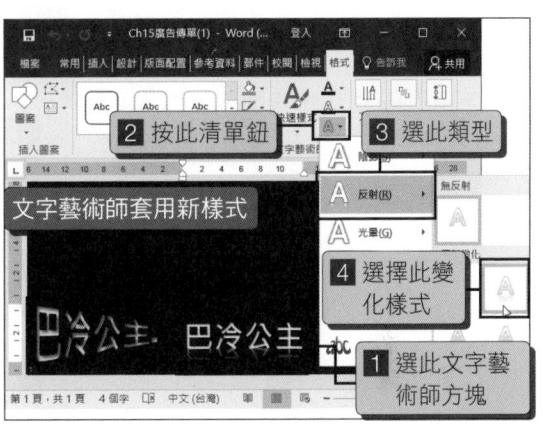

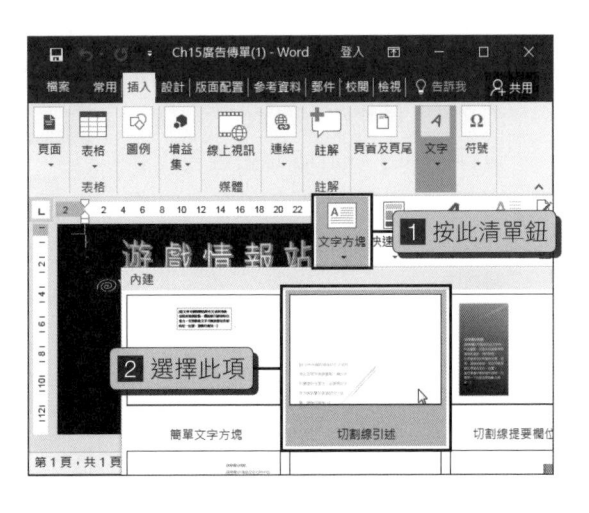

127

PART 1 Word 文書應用

12 文件中插入文字方塊,選取此方塊按滑鼠右鍵,開啟快顯功能表,執行「群組\取消群組」指令。

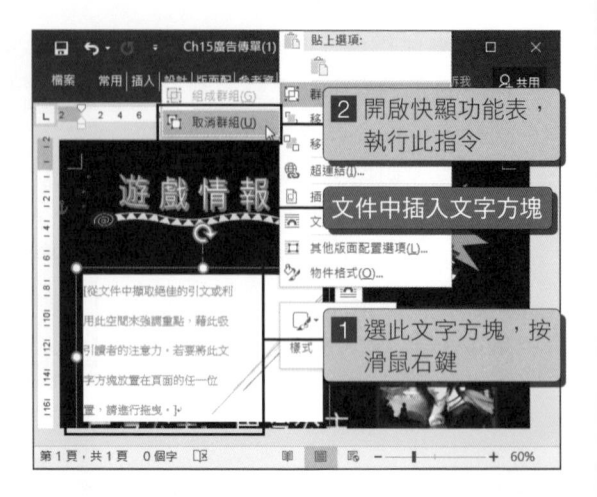

13 文字方塊群組被取消後,被分成 3 個部分,原始的文字方塊、白色矩形圖案及斜線圖案。選取白色矩形圖案,按下鍵盤【Del】鍵刪除白色矩形部分。

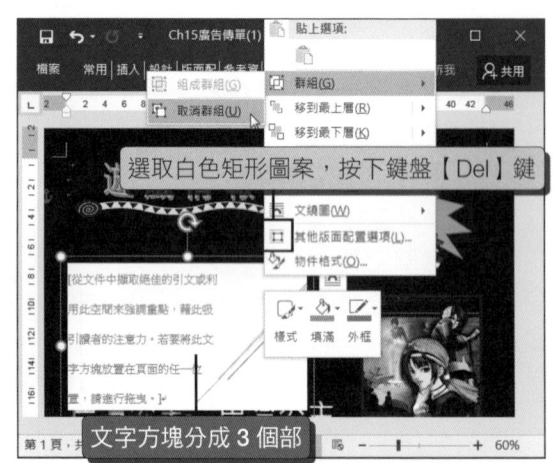

14 接著在文字方塊中輸入宣傳文稿的文件,請開啟「Word 範例檔」資料夾中的「Ch15 單張廣告設計(2).docx」,已經在文字方塊中輸入文字。最後調整斜線角度與位置即可。

15 按下「檔案」功能索引標籤，切換到「列印」標籤中，預覽列印的文件底色是白色的？因為「頁面色彩」功能僅限於螢幕顯示，使用者可以選擇「深藍色」的紙張進行列印，可以節省墨水。或按下左上方⬅「返回」鈕回到編輯視窗。

16 若要連底色一起直接列印，可以插入與頁面相同大小的矩形圖案，圖案填滿選擇「深藍」色、圖案外框選擇「無外框」，最後執行「繪圖工具/排列/下移一層/至於文字之後」指令，再進行列印即可。

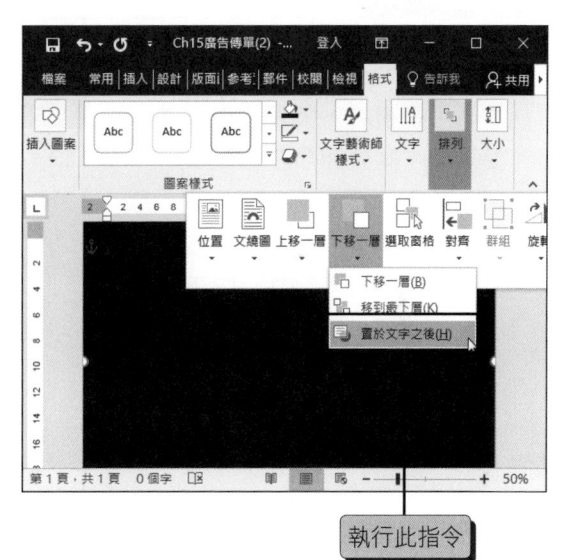

PART 1　Word 文書應用

> 範例檔案：PART 1\ch16. 客戶摸彩券樣張

單元 16　客戶摸彩券樣張

對於規模不是很大的企業，偶爾想要舉辦抽獎活動，但是一次印刷摸彩券動輒三、五千張，實在既不經濟又不實惠。如果只想辦理小型的摸彩活動，可以使用 Word 來設計摸彩券，可以選擇印少許數量，用完再印，豈不是很方便。

範例步驟

1. 本章將綜合一些簡單的功能，其實不用很複雜，就可以做精美的摸彩券。請先開啟空白的文件，首先設定紙張大小，切換到「版面配置」功能索引標籤，在「版面設定」功能區中，按下「大小」清單鈕，執行「其他紙張大小」指令。

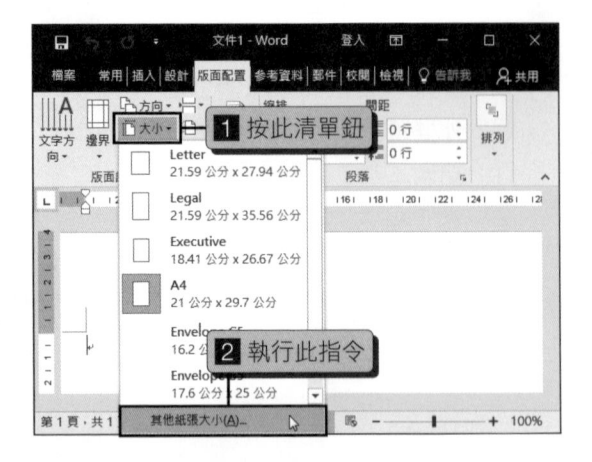

   1 按此清單鈕
   2 執行此指令

2. 開啟「版面設定」對話方塊，自動切換到「紙張」索引標籤，在紙張大小高度處輸入「5.8 公分」，寬度維持不變。

   自動切換到此索引標籤
   輸入紙張高度

130

單元 16 　客戶摸彩券樣張

3 接著切換到「邊界」索引標籤，設定頁面邊界，分別將上、下、左、右邊界設定成「0.8 公分」。

4 切換到「版面配置」索引標籤，設定頁首頁尾與頁緣的距離為「0.5 公分」，全部版面設定完成後，按「確定」鈕。

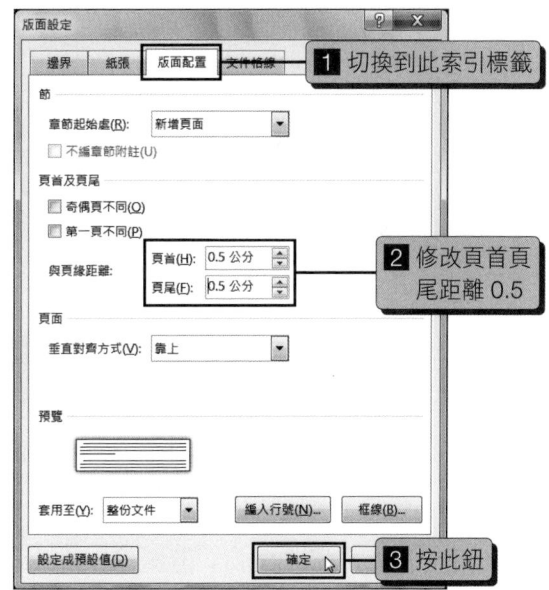

PART 1　Word 文書應用

5 回到文件編輯視窗，編輯範圍明顯變小。繼續在「版面設定」功能區中，按下「欄」清單鈕，執行「二」指令，將文件設定成兩欄式編輯方式。

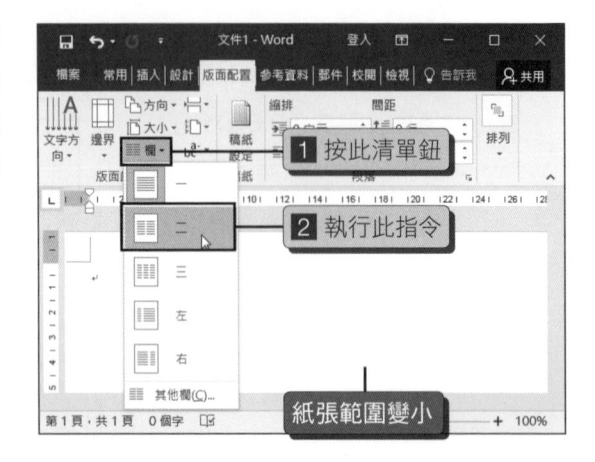

6 文件變成兩欄式編輯方式，開始進行文字編輯，請先開啟「Word 範例檔」資料夾中的「Ch16 客戶摸彩券樣張 (1).docx」，繼續下列步驟。切換到「插入」功能索引標籤，在「圖例」功能區中，按下「圖案」清單鈕，執行「線條」指令，插入一條垂直線，作為兩聯之間的裁切線。

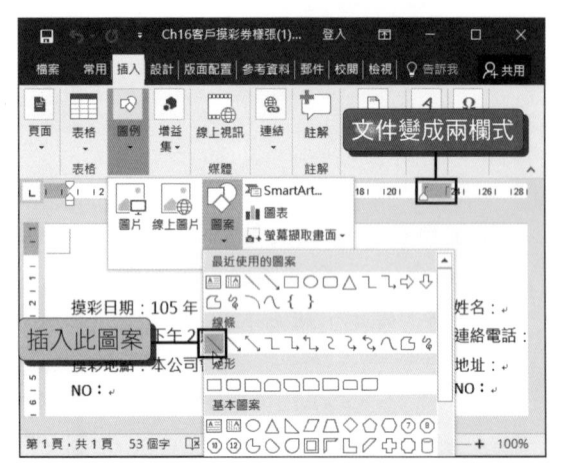

7 繪製一條垂直線條，並對齊頁面中央，切換到「繪圖工具 \ 格式」功能索引標籤，在「圖案樣式」功能區中，按下「圖案外框」清單鈕，選擇外框色彩「白色，背景 1, 較深 50%」；再按一次「圖案外框」清單鈕，在選擇「虛線」類別中，選擇「虛線 1」樣式。

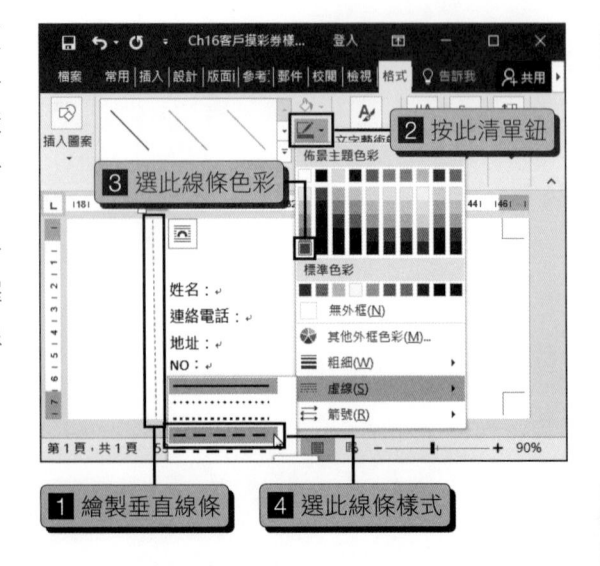

132

單元 16　客戶摸彩券樣張

8 接著為版面加些點綴的花邊，切換到「設計」功能標籤索引，在「頁面背景」功能區中，執行「頁面框線」指令。

執行此指令

兩聯之間的裁切線

9 開啟「框線及網底」對話方塊，在「頁面框線」索引標籤下，按下「花邊」旁的清單鈕，選擇「愛心」圖樣。

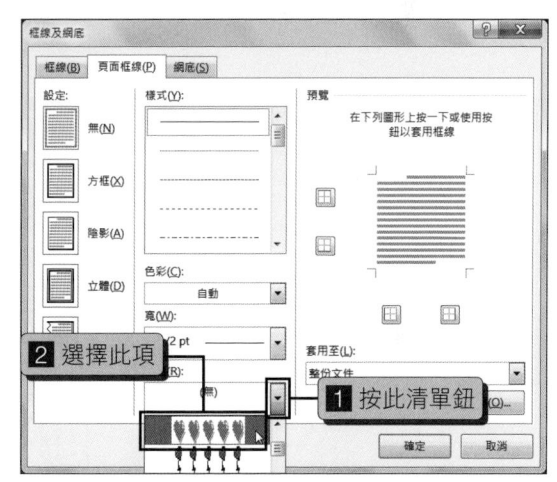

1 按此清單鈕

2 選擇此項

10 繼續調整框線寬度為「5 點」，按下「選項」鈕進行其他設定。

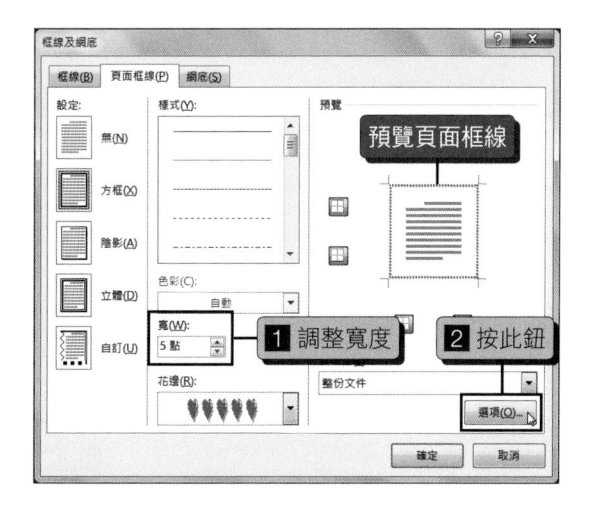

預覽頁面框線

1 調整寬度

2 按此鈕

133

PART 1　Word 文書應用

11 開啟「框線與網底選項」對話方塊，調整頁面框線距離頁面邊緣的距離，上、下為「15 點」，左、右為「12 點」，按下「確定」鈕回到上一步驟的「框線與網底」對話方塊，再按一次「確定」鈕結束頁面框線設定。

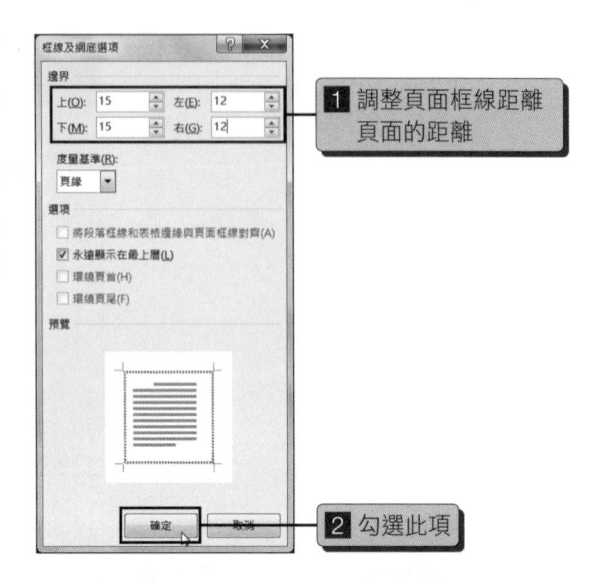

1 調整頁面框線距離頁面的距離

2 勾選此項

12 繼續在「設計」功能索引標籤，在「頁面背景」功能區中，按下「浮水印」清單鈕，執行「自訂浮水印」指令。

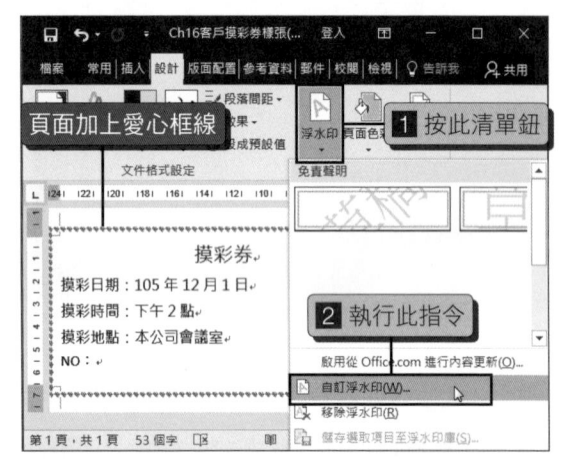

1 按此清單鈕

2 執行此指令

13 開啟「列印浮水印」對話方塊，選擇「文字浮水印」選項，在文字中自行輸入「機密樣本」、字型選擇「微軟正黑體」、大小選擇「72」，版面配置選擇「水平」選項，設定完成按「確定」鈕。

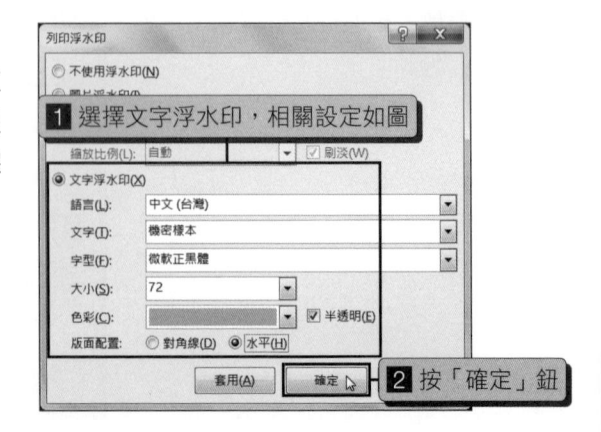

1 選擇文字浮水印，相關設定如圖

2 按「確定」鈕

14 文件中央顯示文字浮水印。選擇了文字浮水印效果，就無法選擇圖片浮水印，如果想要兩者兼得，不妨利用圖片的色彩效果，切換到「插入」功能索引標籤，在「圖例」功能區中，執行「圖片」指令。

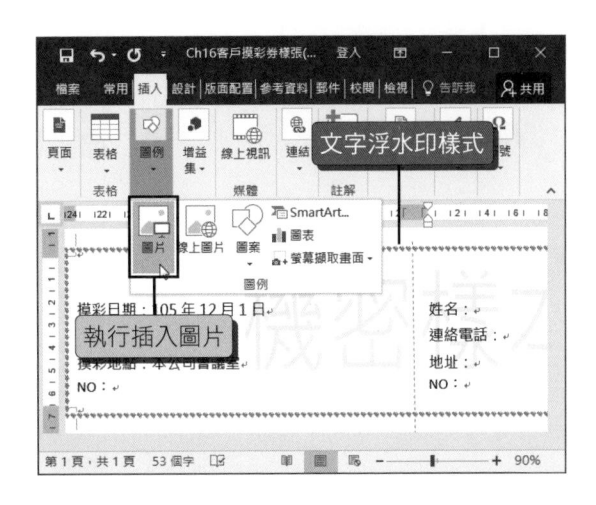

15 開啟「插入圖片」對話方塊，選擇「範例圖檔」資料夾，選擇「LOGO2」圖檔，按「插入」鈕。

16 切換到「圖片工具\設計」功能索引標籤，在「排列」功能區中，按下「文繞圖」清單鈕，選擇執行「文字在前」指令。

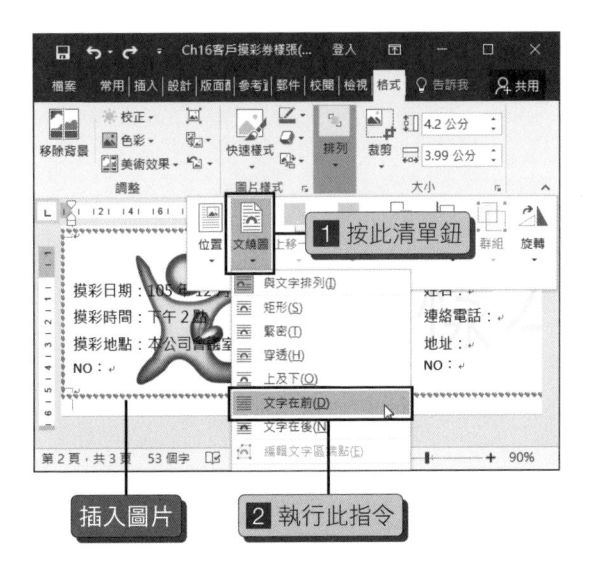

17 繼續在「調整」功能區中，按下「色彩」清單鈕，選擇「刷淡」樣式。

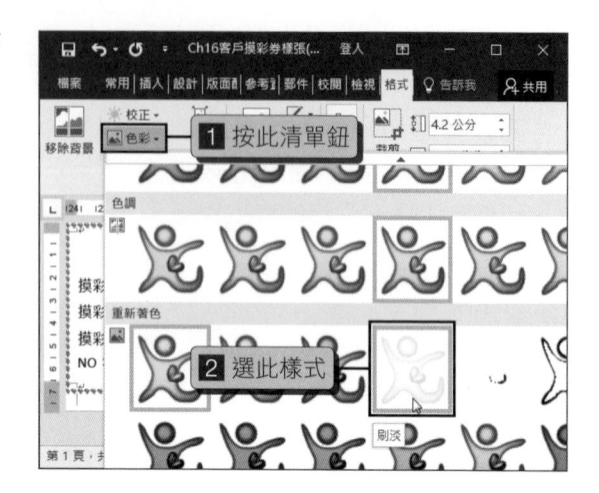

18 圖片也顯示類似浮水印效果，複製浮水印效果圖片到相對頁面位置。使用者也可以將圖片製作成浮水印，另外再插入文字方塊製造類似浮水印的效果；或是在頁首頁尾中製作類似浮水印效果也不錯，方法有很多種，看使用者如何自行應用。

單元 17　寄發 VIP 貴賓卡

範例檔案：PART 1\ch17. 寄發 VIP 貴賓卡

單元 17　寄發 VIP 貴賓卡

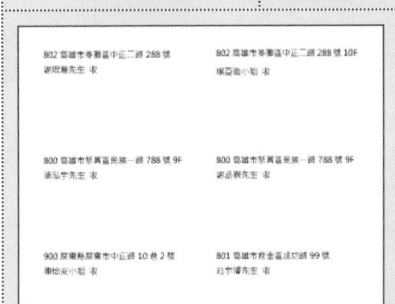

越來越多的公司會發行 VIP 卡來鞏固既有的客源，也藉由貴賓卡的優惠活動，吸引更多的顧客，若是發行終身貴賓卡就沒有換卡的問題，若是有效期的貴賓卡，等待期限一到，就要準備寄發新的卡片。

範例步驟

1. 本範例主要介紹郵件功能，使用者可以在 Word 建立客戶資料，就可以輕鬆列印郵寄標籤。請先開啟 Word 程式並新增空白文件，切換到「郵件」功能索引標籤，在「啟動合併列印」功能區中，按下「選取收件者」清單鈕，執行「鍵入新清單」指令。

2. 開啟「新增通訊清單」對話方塊，先按下「自訂欄位」鈕，修改欄位名稱以符合需求。

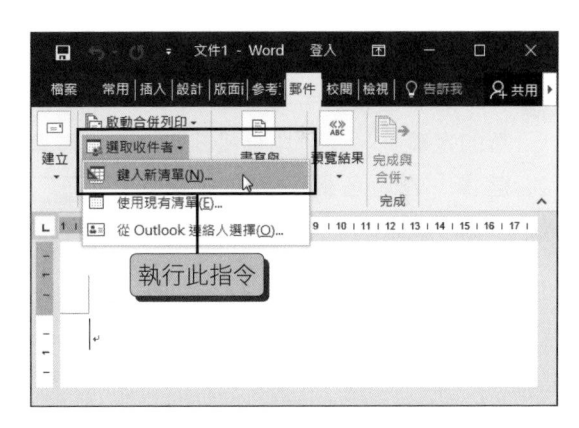

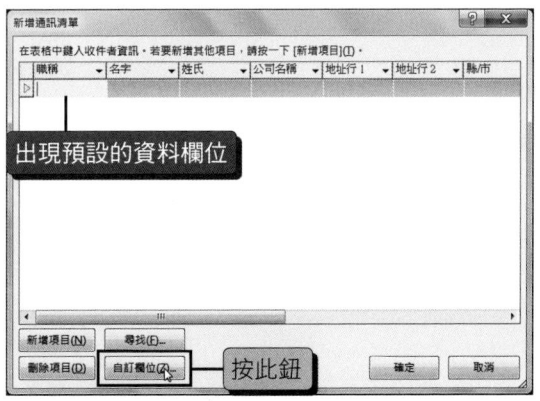

137

3 另外開啟「自訂通訊清單」對話方塊，其中會顯示目前所有的欄位名稱，先選取「職稱」欄位，按「重新命名」鈕。

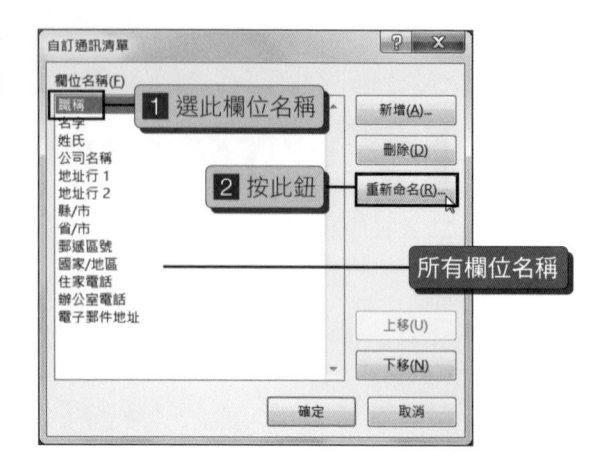

4 又開啟「更改欄位名稱」對話方塊，輸入新的欄位名稱「稱謂」，按下「確定」鈕。

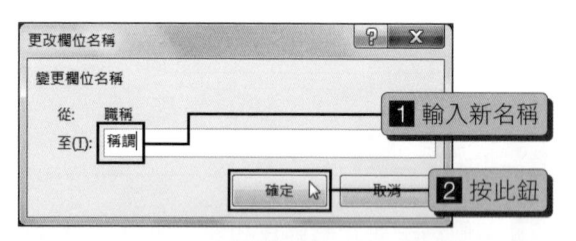

5 多餘的欄位除了用重新命名給予新的定義外，還可以直接刪除，選擇「公司名稱」欄位，按下「刪除」鈕。

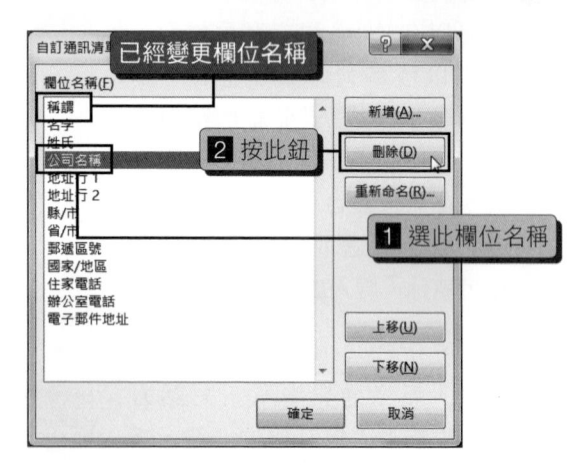

6 開啟確認對話方塊，由於目前尚未輸入任何資料，因此直接按「是」鈕。

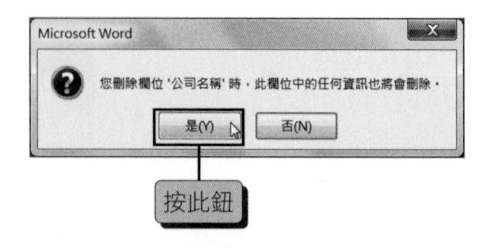

138

單元 17　寄發 VIP 貴賓卡

7 將多餘的欄位通通刪除後，若發現還要新增欄位，請按下「新增」鈕。

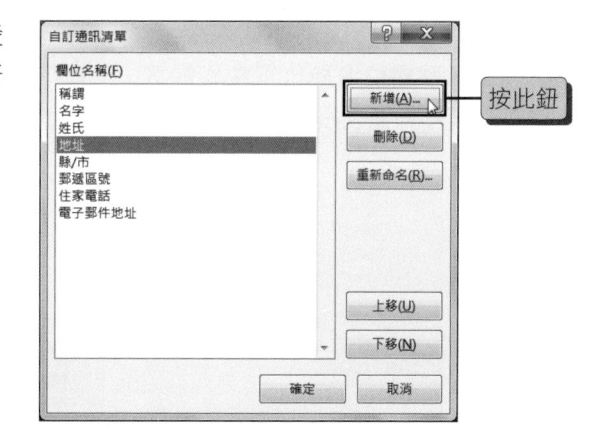

8 開啟「新增欄位」對話方塊，直接輸入新欄位名稱「行動電話」，按「確定」鈕。

9 最後利用「上移」和「下移」鈕，將欄位名稱重新排序。選擇「行動電話」欄位名稱，按「下移」鈕，每按一次則會下移一個位置。

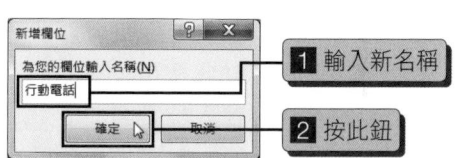

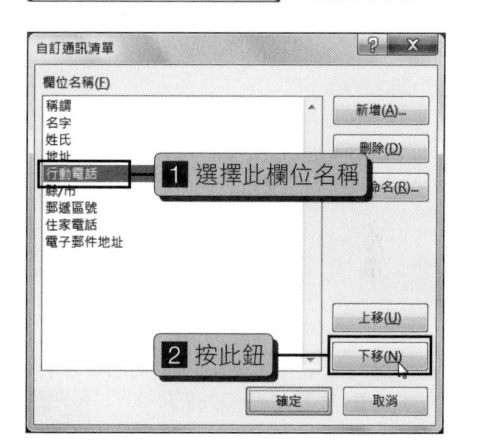

10 將所有欄位清單新增、更名和排序完畢後，按下「確定」鈕，開始輸入顧客資料。

11 回到「新增通訊清單」對話方塊，按照欄位名稱位置輸入顧客資料，輸入完成按「確定」鈕。

12 此時會另外開啟「儲存通訊清單」對話方塊，並自動選擇預設的儲存資料夾，直接輸入檔案名稱「VIP 顧客名單」後，則可按下「儲存」鈕。

13 如果要另外新增其他顧客資料，只要切換到「郵件」功能索引標籤，在「啟動合併列印」功能區中，執行「編輯收件者清單」指令。

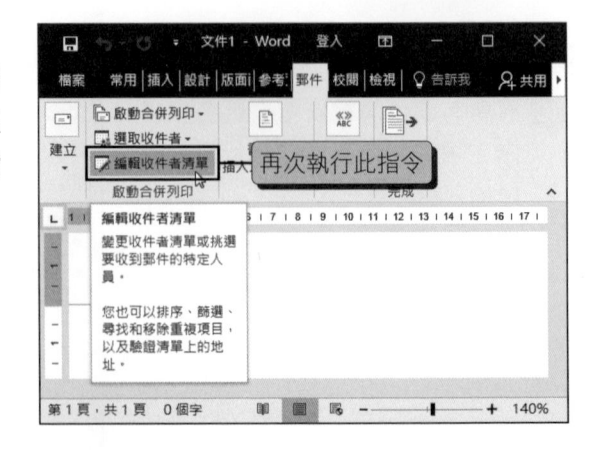

14 再次開啟「合併列印收件者」對話方塊,選取「VIP 顧客名單」資料來源,按「編輯」鈕。

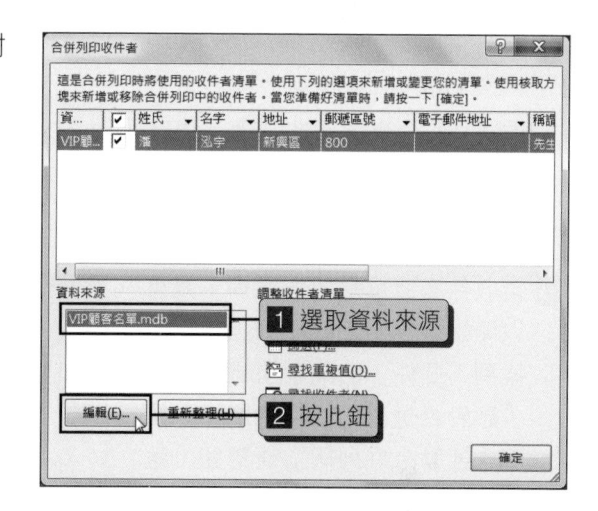

1 選取資料來源

2 按此鈕

15 對話方塊變成「編輯資料來源」,其中顯示的資料清單變成可編輯的模式,若要新增資料按下「新增項目」鈕。

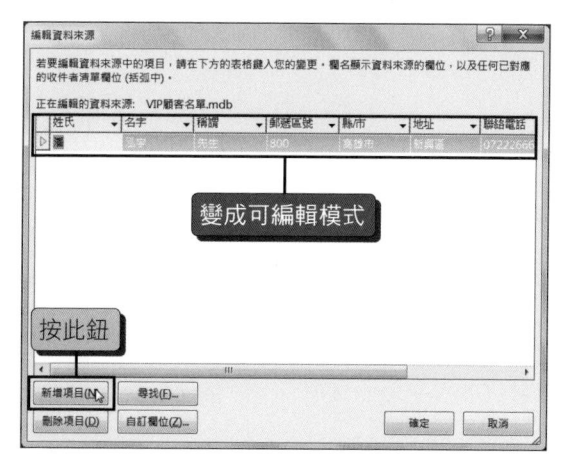

變成可編輯模式

按此鈕

16 輸入第二筆資料,若要新增第三筆資料,請按「新增項目」鈕;若已經輸入完所有資料,請按「確定」鈕。

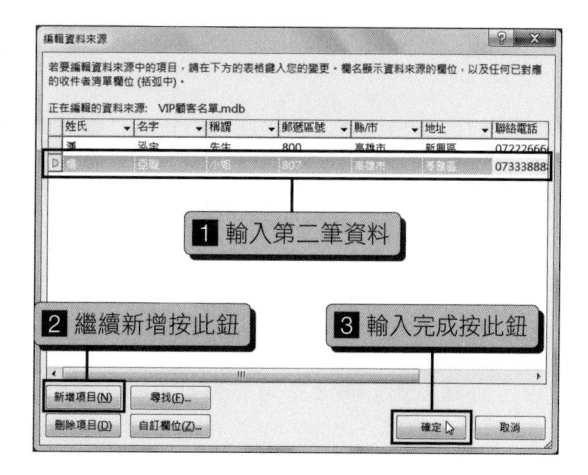

1 輸入第二筆資料

2 繼續新增按此鈕

3 輸入完成按此鈕

PART 1　Word 文書應用

17 開啟確認對話方塊，選擇按「是」鈕，確認更新收件者清單並回到「合併列印收件者」對話方塊，再按一次「確定」鈕回到編輯文件視窗。

18 當收件者清單都建立完畢，就可以開始進行標籤列印的工作。切換到「郵件」功能索引標籤，在「啟動合併列印」功能區中，按下「啟動合併列印」清單鈕，執行「標籤」指令。

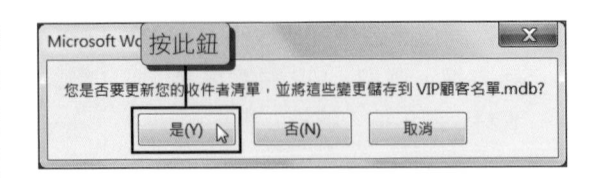

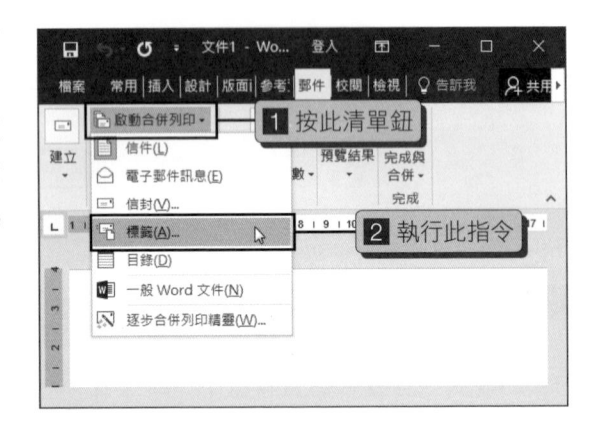

19 開啟「標籤選項」對話方塊，在標籤編號處選擇「北美規格」樣式，按下「確定」鈕。

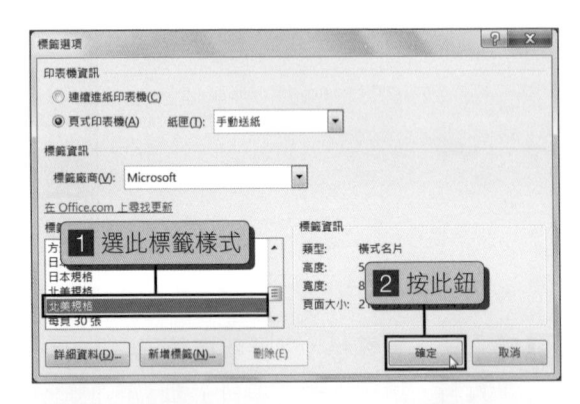

20 回到編輯視窗文件呈現無框線的表格型態，將編輯插入點移到的一個表格位置，切換到「郵件」功能索引標籤，在「書寫與插入功能變數」功能區中，按下「插入合併欄位」清單鈕，選擇插入「郵遞區號」欄位名稱。

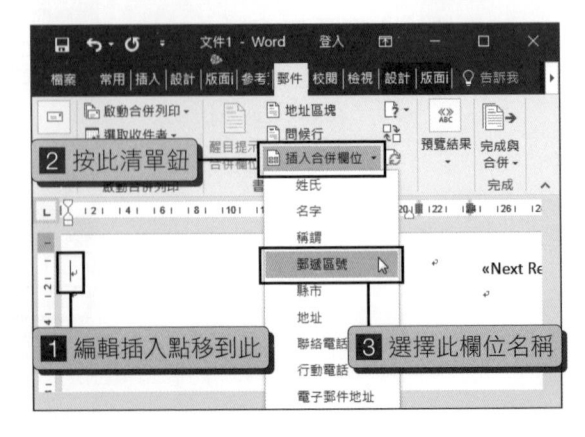

142

單元 17　寄發 VIP 貴賓卡

21 「郵遞區號」欄位名稱被插入於文件中，繼續按下「插入合併欄位」清單鈕，選擇插入「縣市」欄位名稱。

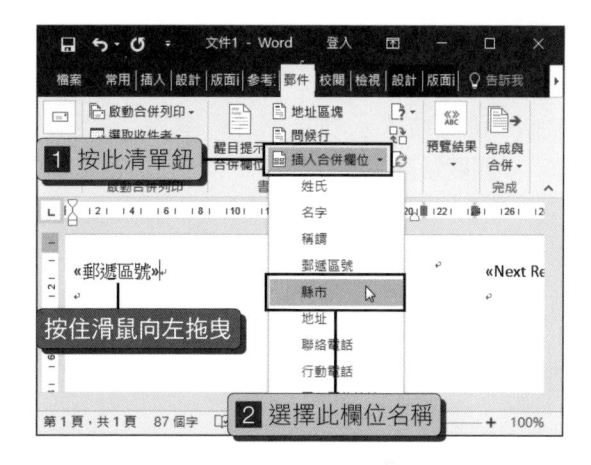

22 接著插入「地址」，換行後再插入「姓氏」、「名字」及「稱謂」，最後加上文字「收」，完成合併列印欄位設定。將游標移到表格上方，選取整張表格範圍，統一設定字型為「微軟正黑體」、大小為「14」。

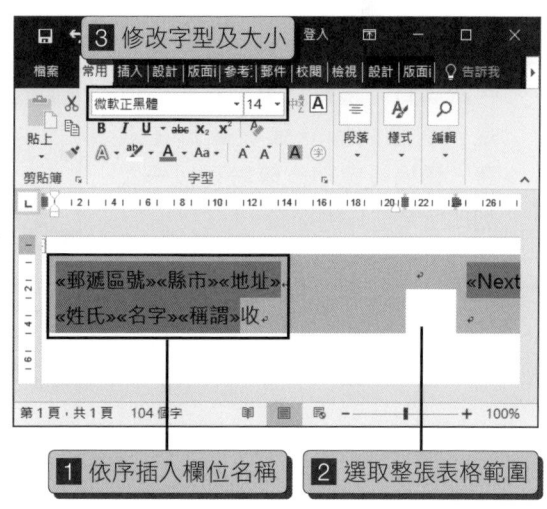

23 繼續設定整張表格文字的對齊方式。同樣選取整張表格範圍，切換到「表格工具\版面配置」功能索引標籤，在「對齊」功能區中，按下 「置中左右對齊」指令。

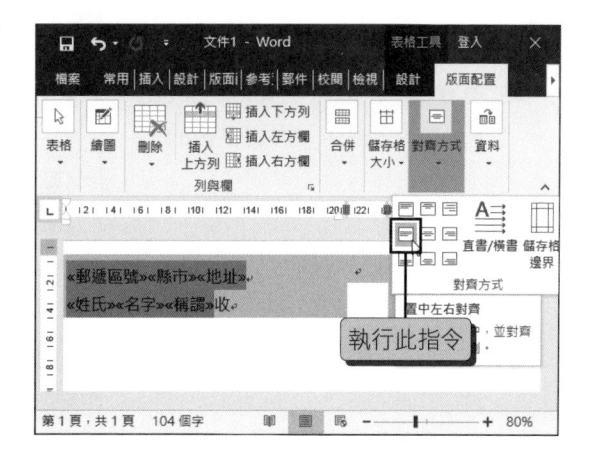

143

PART 1　Word 文書應用

24 設定完整份標籤的格式後，切換到「郵件」功能索引標籤，在「預覽結果」功能區中，執行「預覽結果」指令。

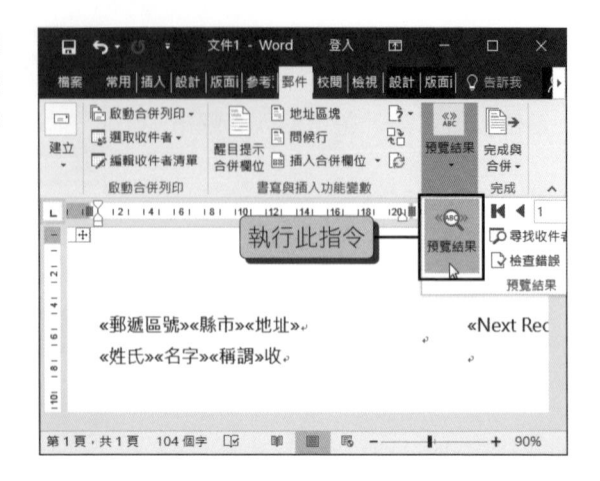

25 文件中顯示合併後的預覽結果，再次執行「預覽結果」指令。但是一次紙列印一張標籤實在浪費，透過設定功能變數可以一次列印所有記錄的標籤。

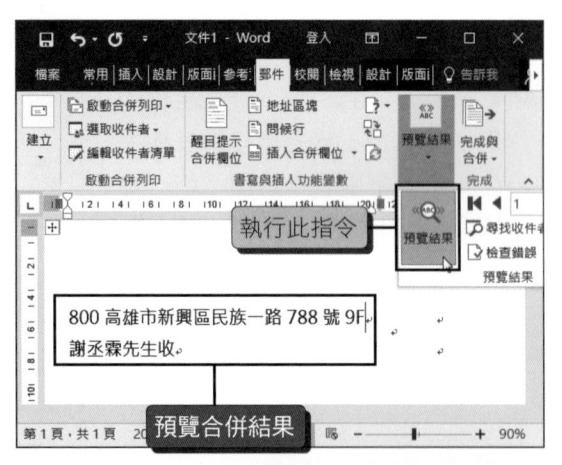

26 選取第一個儲存格的欄位名稱及文字，使用拖曳的方式，複製到右邊儲存格中，「«Next Record（下一筆紀錄）»」功能變數的下一行。

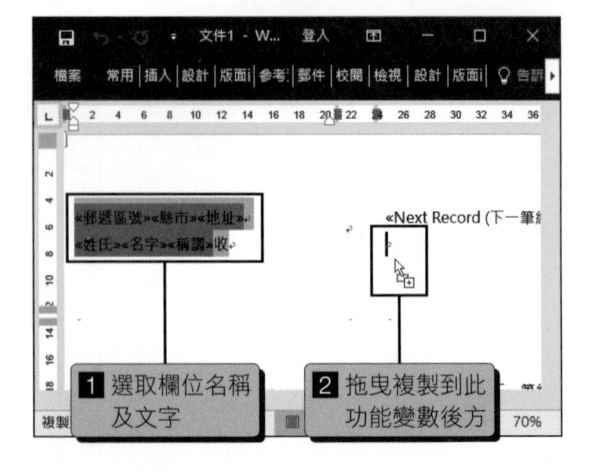

單元 17　寄發 VIP 貴賓卡

27 依照相同方式，複製第一個儲存格的欄位名稱到其他儲存格中，完成後在「完成」功能區中，按下「完成與合併」清單鈕，執行「編輯個別文件」指令。

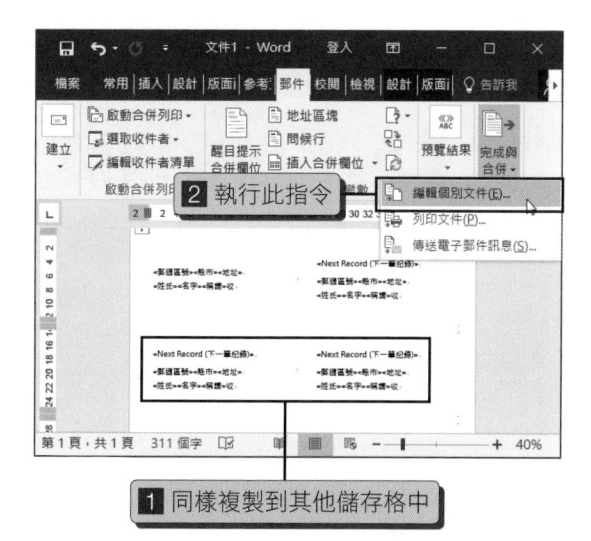

2 執行此指令

1 同樣複製到其他儲存格中

28 開啟「合併到印表機」對話方塊，選擇「全部」記錄，按「確定」鈕。

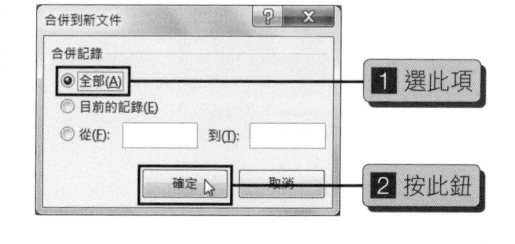

1 選此項

2 按此鈕

29 自動合併到名為「標籤 1」的新文件中，使用者可以放入標籤專用紙，執行「列印」功能即可。

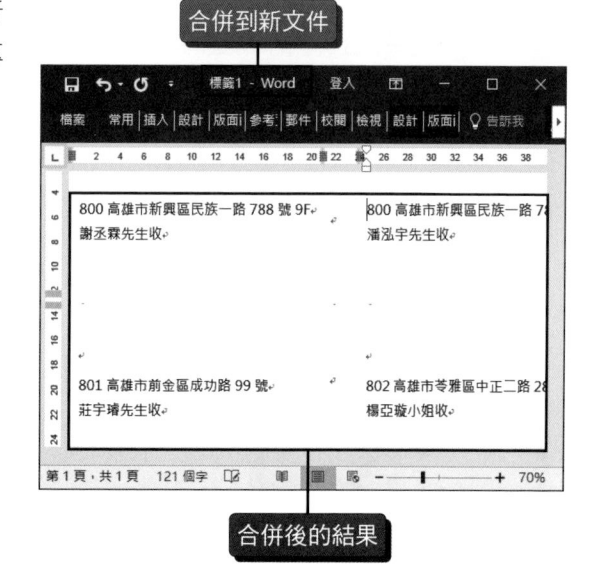

合併到新文件

合併後的結果

PART 1　Word 文書應用

範例檔案：PART 1\ch18. 顧客關懷卡片

單元 18　顧客關懷卡片

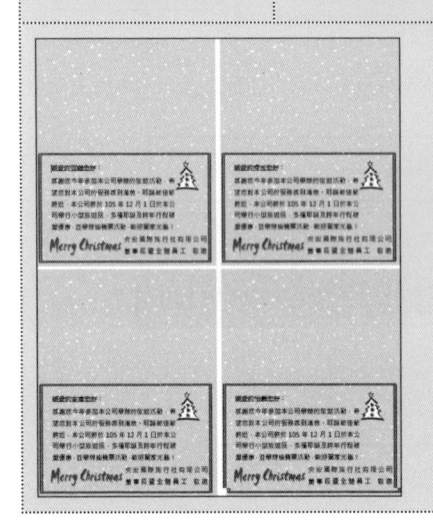

無論要寄發邀請卡或是賀年卡，通常會先印製卡片，或是購買現成的卡片，很少會使用印表機一張一張的列印。如果想要體貼的將每一個顧客的姓名套印在卡片上，只好利用 Word 的合併列印功能。

範例步驟

1. 本章主要介紹合併列印精靈的功能，除了整份顧客資料列印外，還可以進行特殊條件的篩選。假設現有的聖誕卡片規格如圖，先用直尺將可編輯範圍測量出來，再依照卡片的規格，將紙張大小、邊界等版面配置設定出來。

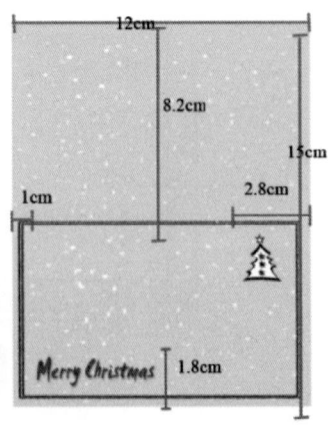

【卡片正反面】 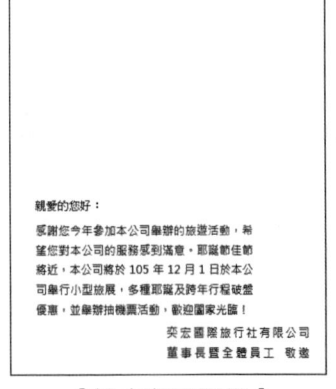　　　　　　　　　　　【設定版面配置】

146

單元 18　顧客關懷卡片

2 請先開啟「Word 範例檔」資料夾中的「Ch18 顧客關懷卡片 (1).docx」，本範例依據步驟 1 的卡片規格將版面設定完成，並在可編輯範圍中插入文字方塊。切換到「郵件」功能索引標籤，在「啟動合併列印」功能區中，按下「啟動合併列印」清單鈕，執行「逐步合併列印精靈」指令。

3 開啟「合併列印」工作窗格，在「您目前使用哪種類型的文件？」選項中，選擇「信件」項目，按「下一步 - 開始文件」鈕，跟著合併列印精靈的步驟進行設定工作。

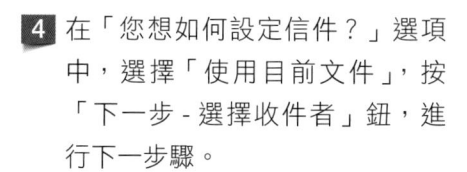

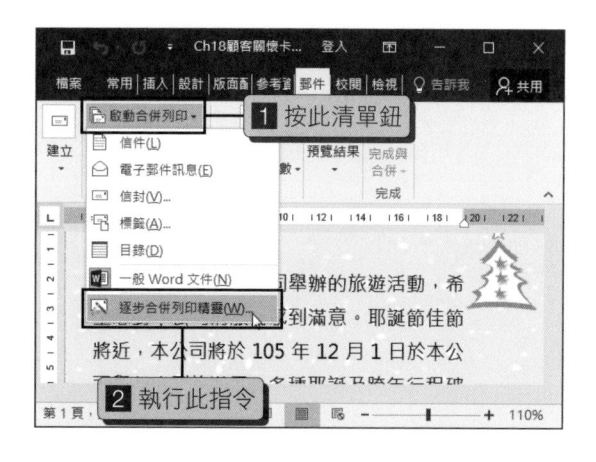

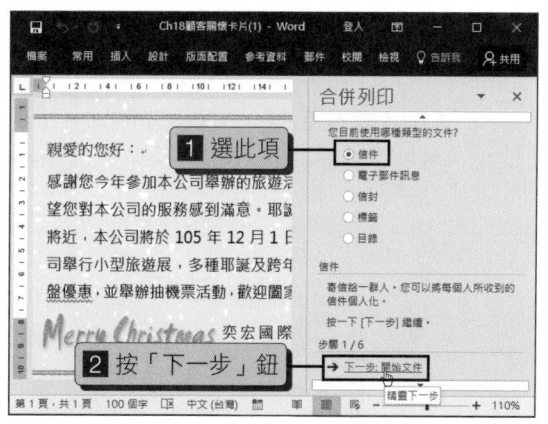

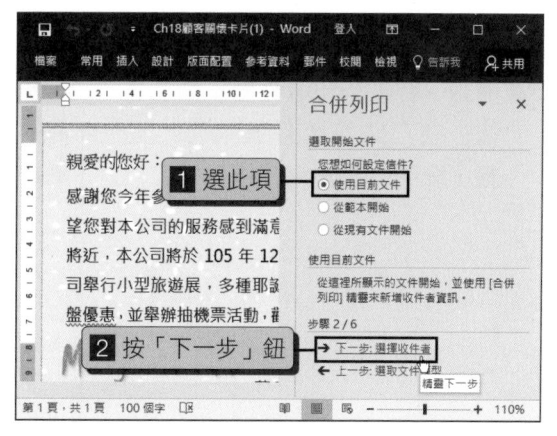

4 在「您想如何設定信件？」選項中，選擇「使用目前文件」，按「下一步 - 選擇收件者」鈕，進行下一步驟。

147

5 按「瀏覽」鈕選擇已經建立的顧客名單來源。

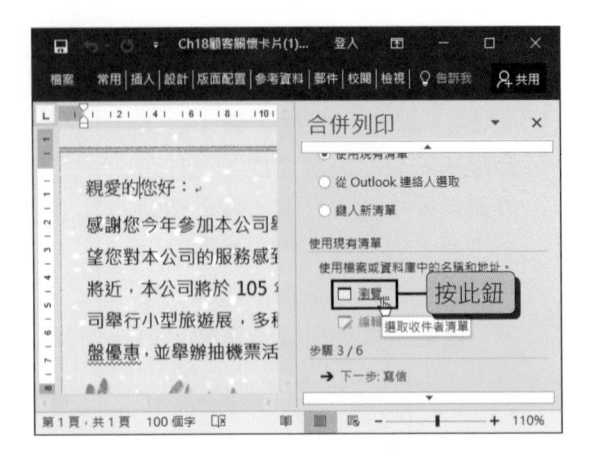

6 開啟「選取資料來源」對話方塊,選擇「Word 範例檔」資料夾,選取「Ch18 顧客名單.docx」文件檔,按下「開啟」鈕。

7 開啟「合併列印收件者」對話方塊,在「調整收件者清單」位置,按下「篩選」鈕。

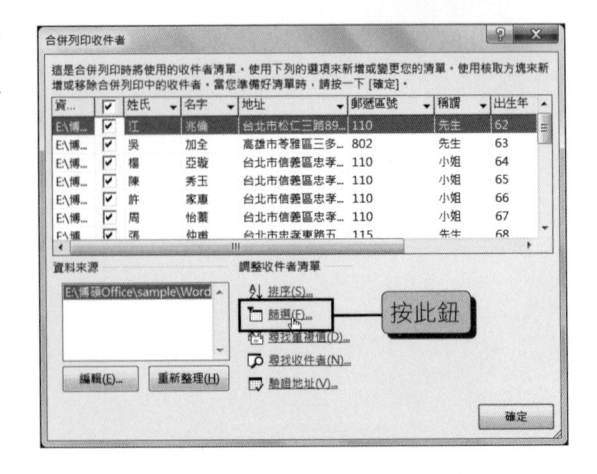

單元 18　顧客關懷卡片

8 另外開啟「查詢選項」對話方塊，在「資料篩選」索引標籤中，設定篩選條件為欄位:「稱謂」、邏輯比對:「等於」、比對值:「小姐」，也就是只要找尋女性顧客的資料，設定完成按下「確定」鈕。

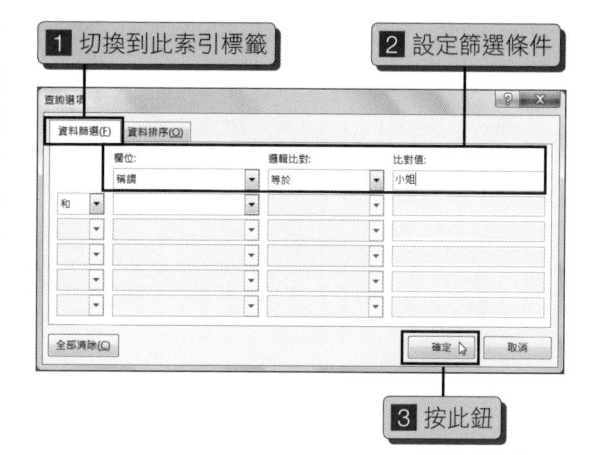

1 切換到此索引標籤
2 設定篩選條件
3 按此鈕

9 回到「合併列印收件者」對話方塊，資料清單中都是女性資料，確認資料無誤後，按下「確定」鈕。

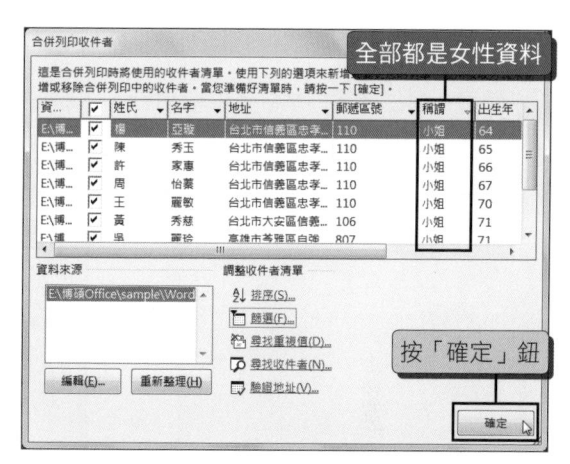

全部都是女性資料
按「確定」鈕

10 回到編輯視窗，在「目前您的收件者是選取自」會顯示資料來源，使用者可以在此重新選擇資料來源，或是針對目前來源進行編輯篩選的工作。按「下一步 - 寫信」鈕，繼續下一個步驟。

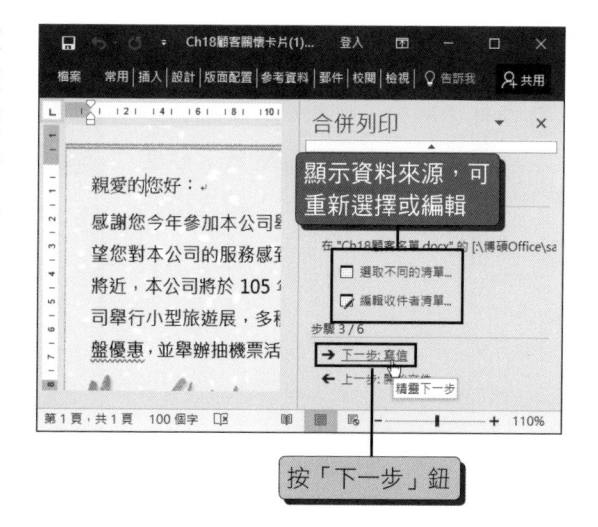

顯示資料來源，可重新選擇或編輯
按「下一步」鈕

149

PART 1　Word 文書應用

11 接著要在文件中插入欲合併的資料欄位。將編輯插入點移到文字內容「親愛的」後方，按下「其他選項」鈕。

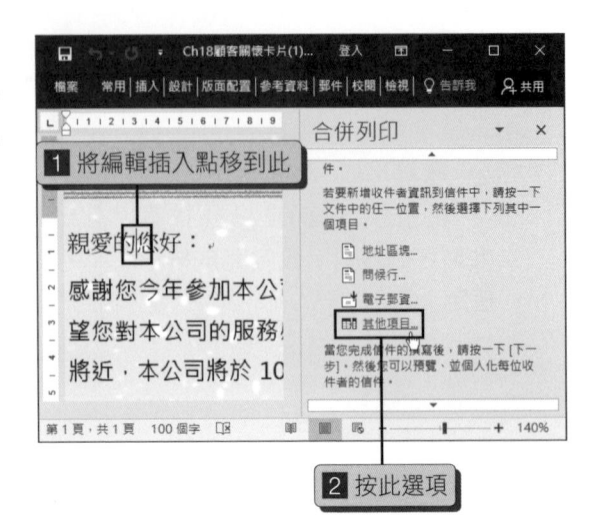

　　1 將編輯插入點移到此
　　2 按此選項

12 開啟「插入合併功能變數」對話方塊，選擇插入「資料庫欄位」，選擇插入「名字」欄位，按下「插入」鈕。

　　1 選此項
　　2 選此欄位
　　3 按此鈕

13 文件中插入「名字」合併欄位，按下「插入合併功能變數」對話方塊中的「關閉」鈕，結束插入資料欄位。

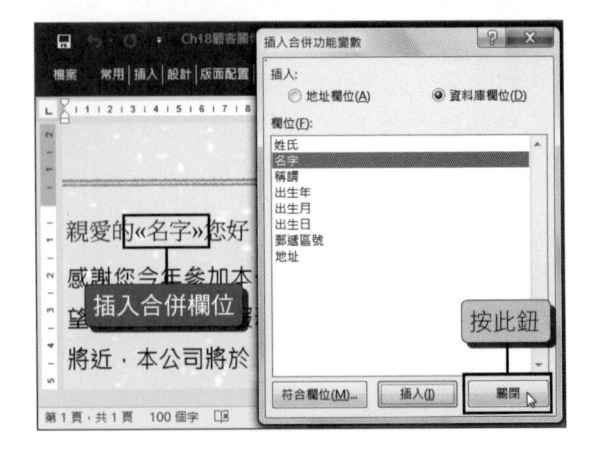

　　插入合併欄位
　　按此鈕

150

單元 18　顧客關懷卡片

14 繼續在「合併列印」工作窗格中，按「下一步 - 預覽信件」鈕，繼續下一個步驟。

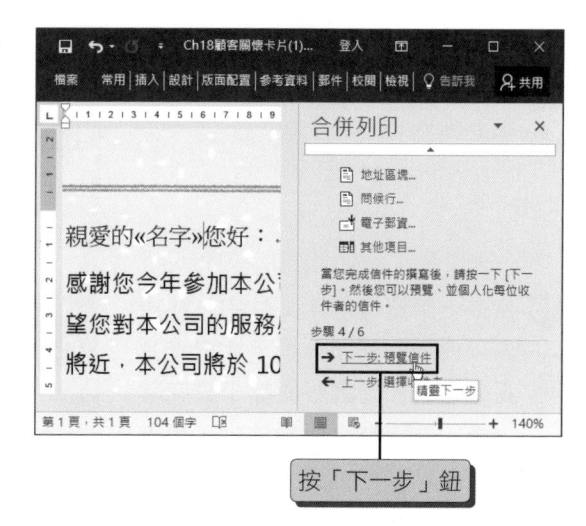

按「下一步」鈕

15 編輯視窗自動顯示預覽結果。如果沒有其他要修改的地方，按「下一步 - 完成合併」鈕，進行最後一個步驟。

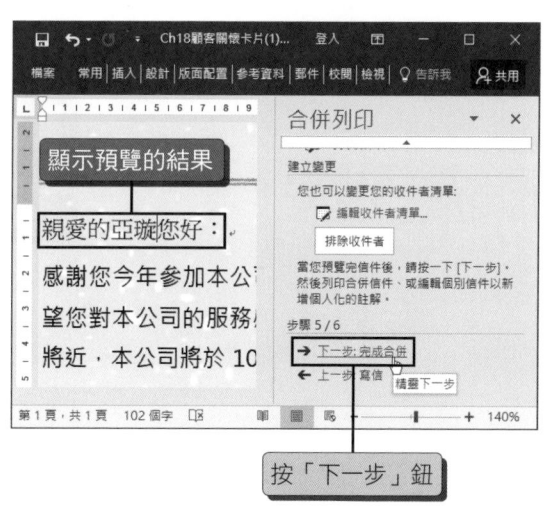

顯示預覽的結果

按「下一步」鈕

16 由於要套印到既有卡片上，在尚未確定版面設定是否完全吻合前，不建議直接進行「列印」，請按下「編輯個別信件」鈕。

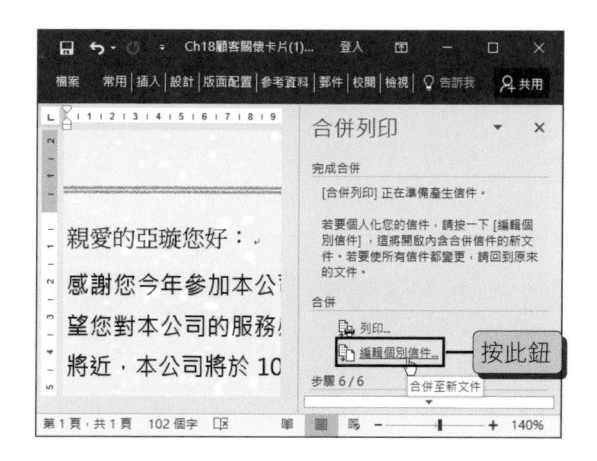

按此鈕

151

17 開啟「合併到新文件」對話方塊，選擇「目前的記錄」，按「確定」鈕。

1 選此項
2 按此鈕

18 合併一筆資料到新文件中，建議先以白紙先列印一張，比對卡片編輯位置，確認版面都十分完美之後，再回到合併文件中，用卡片直接列印所有合併資料。

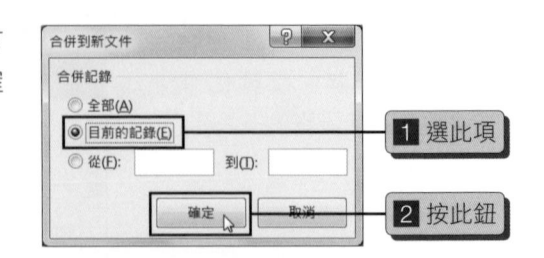

僅合併一筆資料到新文件中

NOTES

2 PART

Excel 財務試算

單元 19	訪客登記表	單元 30	業績統計月報表
單元 20	郵票使用統計表	單元 31	業績統計年度報表
單元 21	零用金管理系統	單元 32	年終業績分紅計算圖表
單元 22	零用金撥補表	單元 33	員工薪資異動記錄表
單元 23	人事資料庫	單元 34	員工薪資計算表
單元 24	員工特別休假表	單元 35	薪資轉帳明細表
單元 25	員工請假卡	單元 36	健保補充保費計算表
單元 26	出勤日報表	單元 37	應收帳款月報表
單元 27	休假統計圖表	單元 38	應收帳款對帳單
單元 28	考核成績統計表	單元 39	應收票據分析表
單元 29	各部門考核成績排行榜	單元 40	進銷存貨管理表

PART 2　Excel 財務試算

> 範例檔案：PART 2\ch19. 訪客登記表

單元 19　訪客登記表

訪客登記表

日期	訪客姓名	到訪原因	到訪時間	離開時間	備註

辦公室裡到處都是公司的營運機密，萬一不小心被有心人士潛入，隨便拿走一張 A4 大小的文件，都可能危及公司正常營運，所以進出辦公室人員的門禁管控是絕對有必要的。一般而言內部員工進出辦公室時，通常都有門禁卡或是員工識別證可供辨識，但是面對外來的廠商或訪客，一般的作業流程都是請訪客填寫基本資料後，給予一張訪客識別證，才能進出辦公室。

範例步驟

1 啟動 Excel 2013 會出現類似 Excel 97「檔案」功能的使用視窗，這個功能視窗提供開新檔案、開啟舊檔、使用範本檔以及最新的雲端檔案服務。接著趕快執行「空白活頁簿」指令，開始建立新的 Excel 活頁簿檔案。

- 登入後就可以使用雲端服務
- 登入以充分善用 Office
- 這裡會顯示最近使用過的檔案
- 執行此指令

156

單元 19　訪客登記表

2 Excel 2013 與以往版本的 Excel 最大的不同，就是一個活頁簿檔案一個視窗，因此不會有不同檔案共用同一個功能區的混亂狀況。雖然預設的工作表只有一個，但是同個活頁簿檔案中，還是包含許多工作表，都可以在工作表標籤列中窺知一二。接著將滑鼠游標移到 A1 儲存格位置，按一下滑鼠左鍵，選取 A1 儲存格。

3 在已選取的 A1 儲存格輸入表頭名稱「訪客登記表」，接著按下資料編輯列上的 ✓「輸入」鈕。（按鍵盤【Enter】鍵或是選取其他儲存格都可以完成輸入內容）

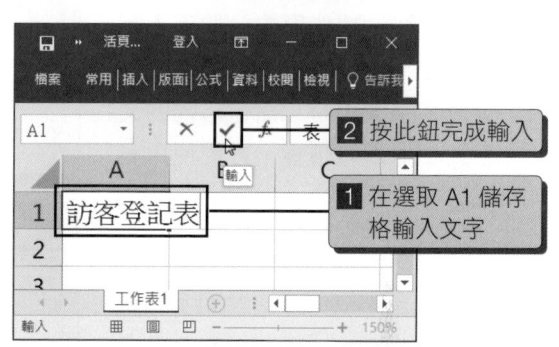

4 接著分別在 A2：F2 儲存格輸入「日期」、「訪客姓名」、「到訪原因 / 單位」、「到訪時間」、「離開時間」以及「備註」。輸入文字時，如果已經超過儲存格寬度，沒關係！接下來的步驟會調整儲存格寬度或合併儲存格，都可以解決這個問題。

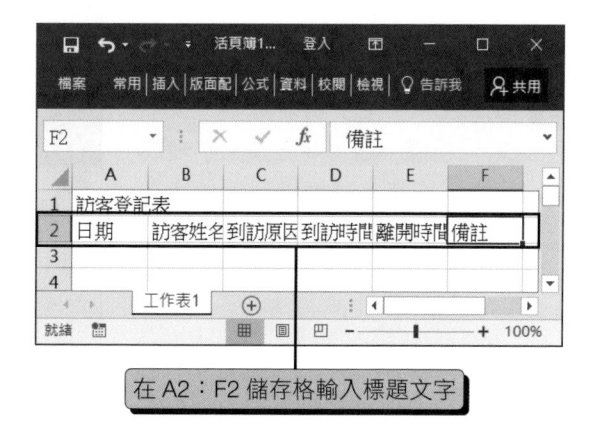

PART 2　Excel 財務試算

5 先在 A1 儲存格按住滑鼠左鍵，使用拖曳的方式，選取 A1：F1 儲存格範圍，放開滑鼠左鍵即完成選取相連的儲存格。切換到「常用」功能索引標籤，在「對齊方式」功能區中，按下「跨欄置中」清單鈕，執行「跨欄置中」指令。使 A1：F1 變成同一儲存格，並將文字水平置中對齊。

6 切換到「常用」功能索引標籤，在「字型」功能區中，按下「字型大小」清單鈕，選擇「20」。選擇字型大小時，儲存格內的文字大小能即時預覽，方便使用者確認。

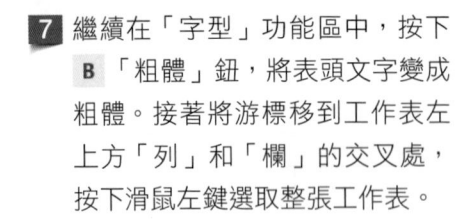

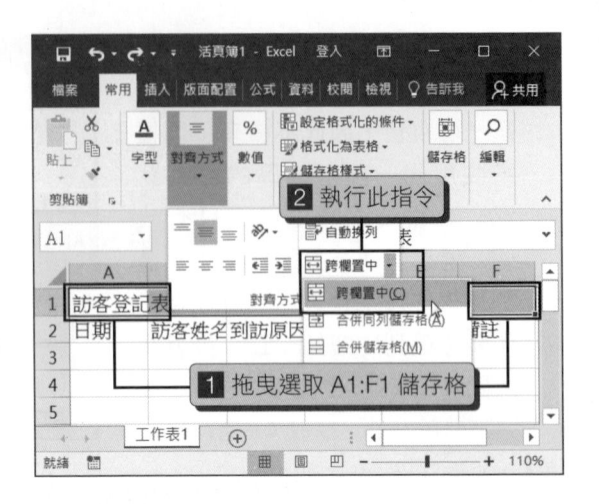

7 繼續在「字型」功能區中，按下 B 「粗體」鈕，將表頭文字變成粗體。接著將游標移到工作表左上方「列」和「欄」的交叉處，按下滑鼠左鍵選取整張工作表。

158

單元 19　訪客登記表

8 將游標移到任兩欄的連接處，當游標符號變成 ✚ 快按滑鼠左鍵兩下，使儲存格自動調整成適合文字寬度。

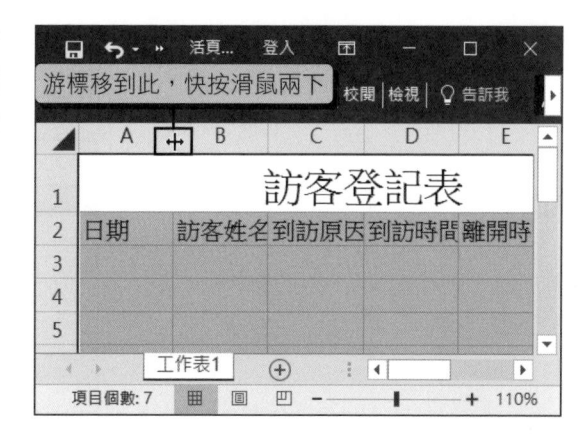

9 將游標移到任兩列的連接處，當游標符號變成 ✚，按住滑鼠左鍵拖曳調整列高到「28.8」，放開滑鼠及完成調整列高。

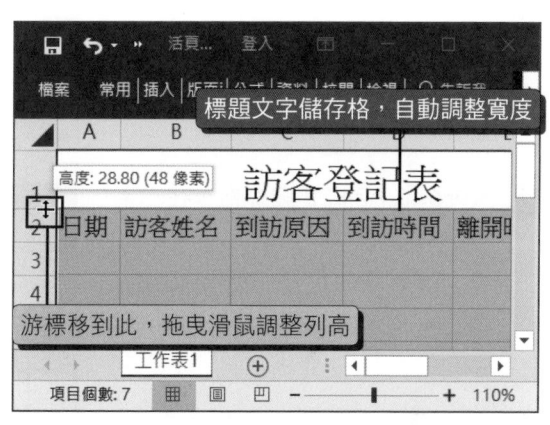

10 選取 F2 儲存格，切換到「常用」功能索引標籤，在「儲存格」功能區中，按下「格式」清單鈕，執行「欄寬」指令，藉以調整 F 欄（備註欄）寬度，適合輸入較多的文字。

159

PART 2　Excel 財務試算

11 開啟「欄寬」對話方塊，輸入欄位寬度「15」後，按「確定」鈕。

12 選取 A2:F2 儲存格，在「對齊方式」功能區中，按下 ≡「置中」鈕，將標題文字水平置中。

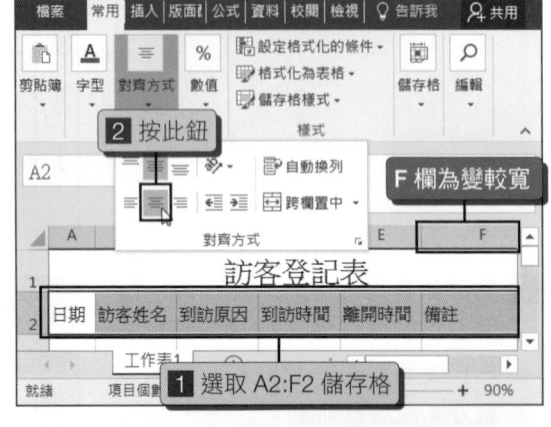

13 最後選取 A2:F22 儲存格，在「字型」功能區中，按下 ⊞ ▼「框線」清單鈕，選擇「所有框線」樣式。

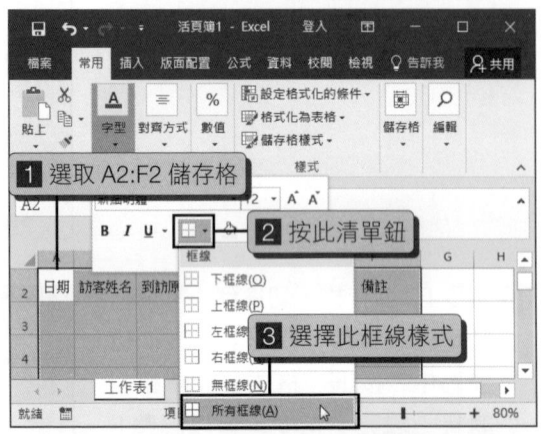

14 訪客登記表終於製作完成，接著只要將檔案儲存起來，這樣就不用一直重複製作表格。在「快速存取工具列」上，按下 🖫「儲存檔案」鈕。

15 出現「檔案」功能視窗，Excel 會自動執行「另存新檔」的指令，選擇儲存於「這台電腦」的「我的文件」資料夾中。

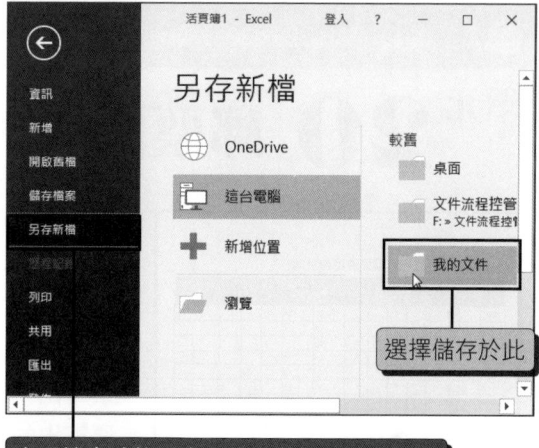

16 另外開啟「另存新檔」對話方塊，輸入檔案名稱「訪客登記表」，按下「儲存」鈕就完成儲存工作。

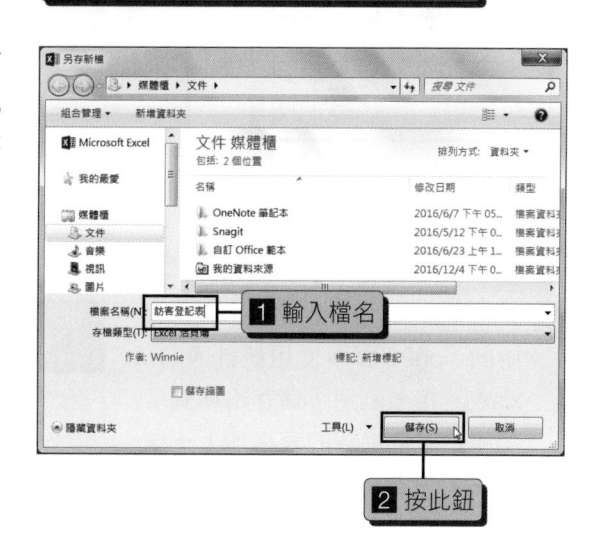

PART 2　Excel 財務試算

> 範例檔案：PART 2\ch20. 郵票使用統計表

單元 20　郵票使用統計表

郵票相當於有價票券，購入、使用及剩餘數量都要有紀錄可供查詢核對，大部份的公司都會事先購買一些常用面額的郵票備用，才不至於為了一封 5 元的平信，還要大老遠的跑到郵局去購買郵票寄出。甚至有一些公司還會擺個小磅秤，先將要寄出的信件秤重貼足郵資，以免讓收件人補貼郵資。

範例步驟

1. 請先開啟「Excel 範例檔」資料夾中的「ch20 郵票使用統計表 (1).xlsx」，接著利用「儲存格格式」功能，來替單調的表格加上一些色彩。先選取 A1 儲存格，切換到「常用」功能索引標籤，在「字型」功能區中，按右下方的 🢩 展開鈕，開啟「儲存格格式」對話方塊。

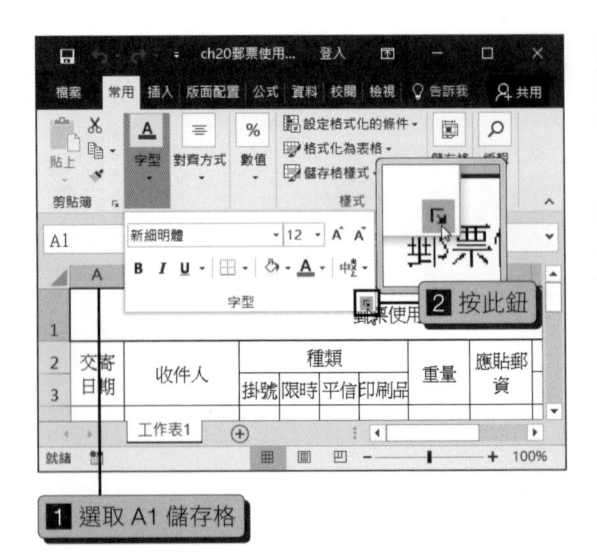

1 選取 A1 儲存格

2 按此鈕

162

單元 20　郵票使用統計表

2 開啟「儲存格格式」對話方塊，自動切換到「字型」索引標籤，字型選擇「微軟正黑體」、字型樣式選擇「粗體」、大小選擇「20」、色彩選擇「紫色」，然後按下「確定」鈕。

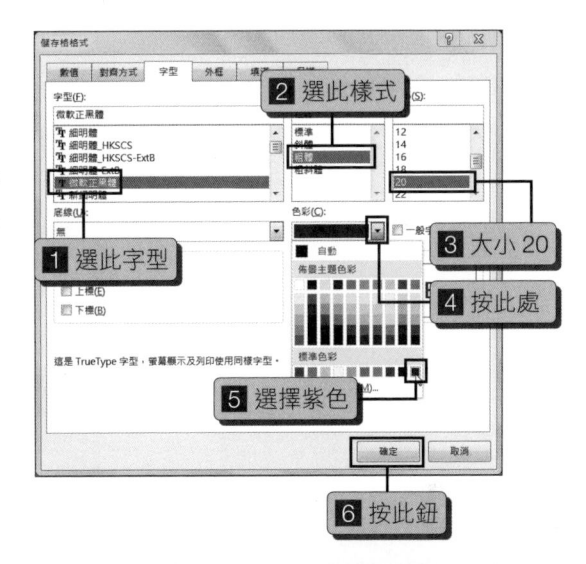

3 選擇 A2：L3 儲存格，再次按「字型」右下方的展開鈕，開啟「儲存格格式」對話方塊。

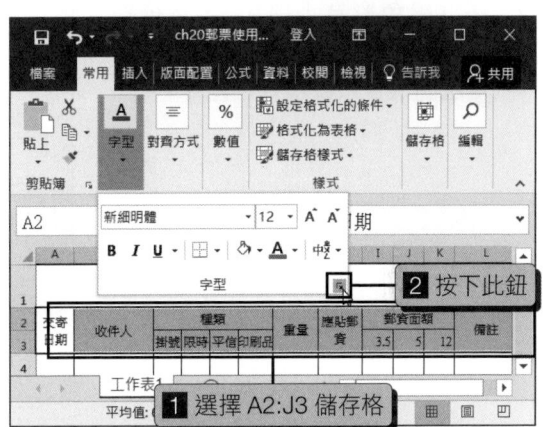

4 再次開啟「儲存格格式」對話方塊，自動切換到「字型」索引標籤，重新選擇字型為「微軟正黑體」、色彩選擇「白色」，別急著按確定鈕。

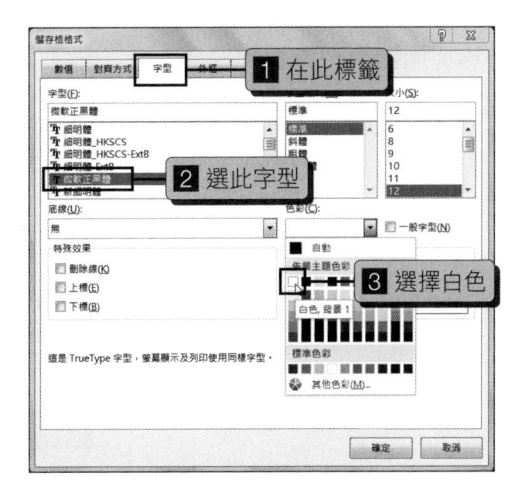

163

5. 切換到「填滿」索引標籤，選擇儲存格填滿「黑色」，還別急著按確定鈕。

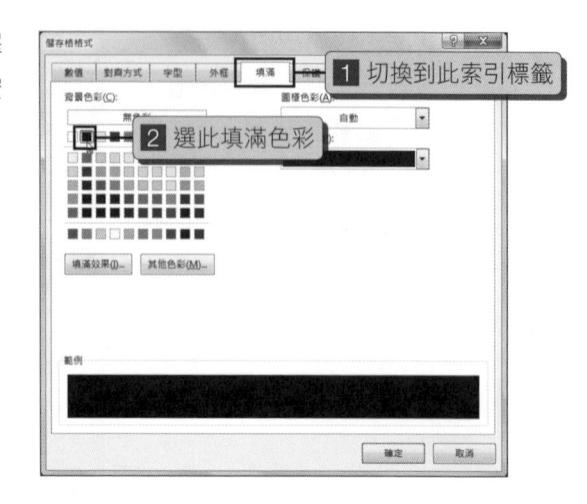

6. 切換到「外框」索引標籤，先選擇框線色彩為「白色」，然後按「外框」鈕，讓選取儲存格範圍最外的外框線條變成白色。

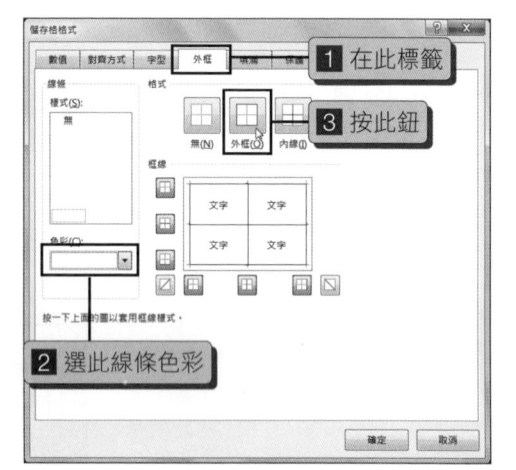

7. 接著再按「內線」鈕，讓選取儲存格範圍的內框線頁變成白色，最後按下「確定」鈕。

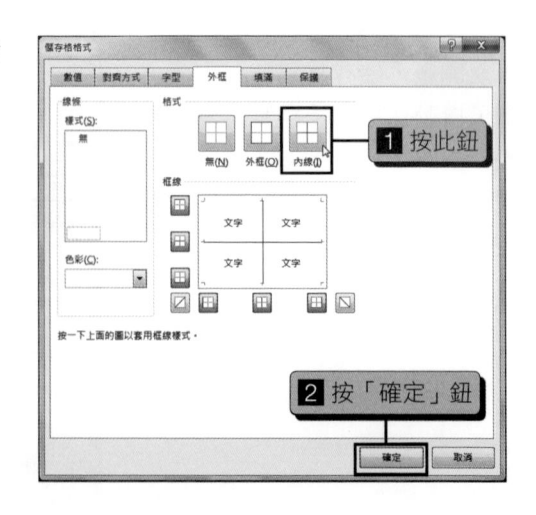

單元 20　郵票使用統計表

8 Excel 雖然有自動換列的功能，但是有時候斷句的位置並不是想要的文字，這時就要使用強迫換行。選取 H2 儲存格，將游標移到資料編輯列「應貼」「郵資」中間，按一下滑鼠左鍵，使游標停在此處。

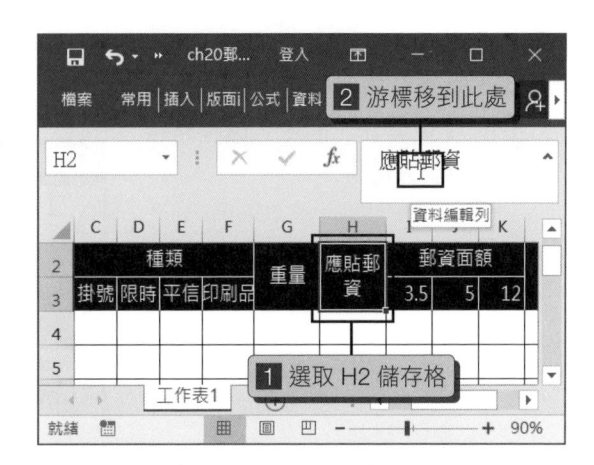

9 按下鍵盤上的【Alt】+【Enter】鍵，「郵資」就移到下一行。按下「輸入」鈕完成強迫換行，表格標題美化的工作就暫時告一段落。

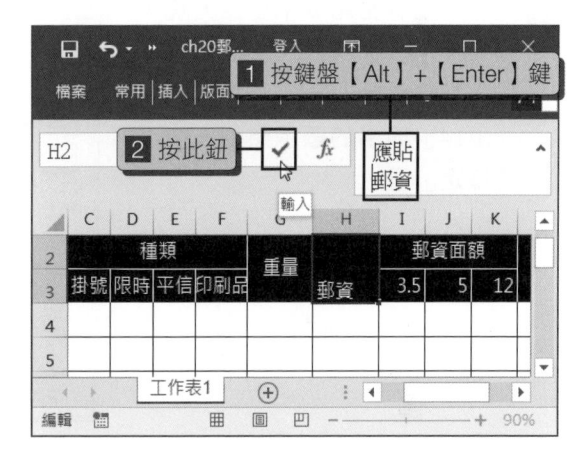

10 接著請開啟「Excel 範例檔」資料夾中的「ch20 郵票使用統計表(2).xlsx」，本範例檔已經預先輸入一些郵票使用的資料，以方便介紹郵票的統計數量。將游標移到欄 A 上方，當游標變成 ↓ 時，按一下滑鼠左鍵，選取整欄 A。

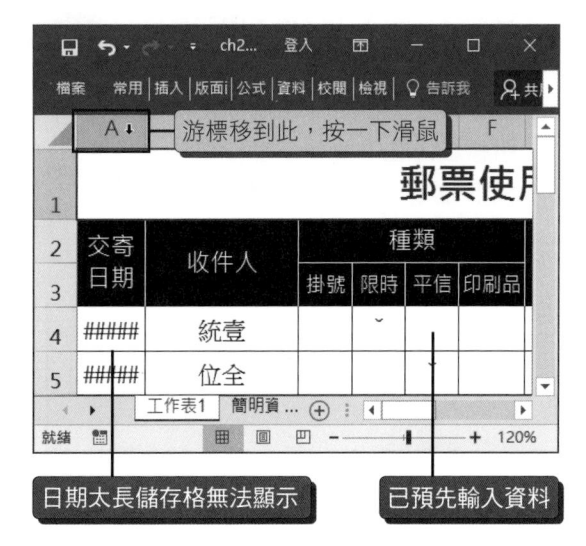

165

11 切換到「常用」功能索引標籤，在「數值」功能區中，按下右下方的 ⌄ 展開鈕，開啟「儲存格格式」對話方塊。

12 開啟「儲存格格式」對話方塊，自動切換到「數值」索引標籤中，類別選擇「日期」、類型選擇「3/14」簡易的顯示類型，按下「確定」鈕。

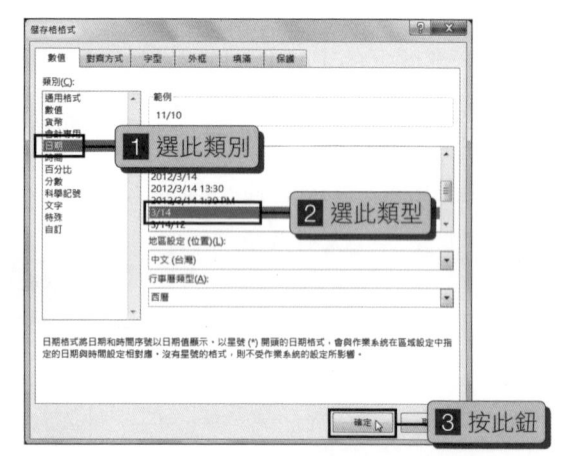

13 日期格式設定完之後，開始要計算已使用的郵票張數。選取 I22 儲存格，切換到「常用」功能索引標籤，在「編輯」功能區中，按下 Σ ▾「加總」清單鈕，執行「加總」指令。

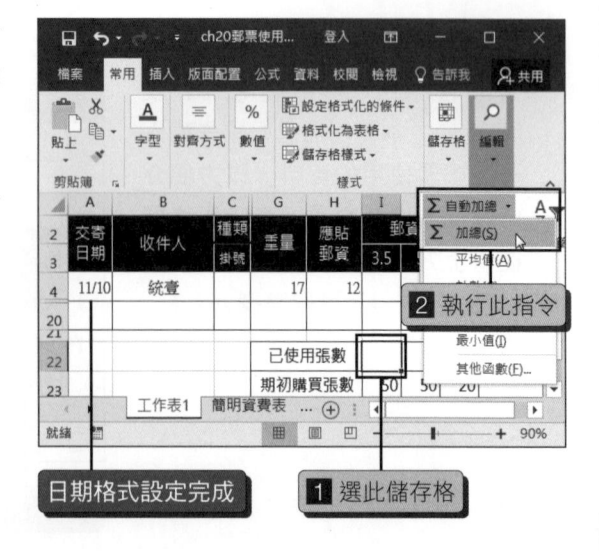

14 Excel 會自動選取加總的範圍，如果這不是使用者希望加總的範圍，可以直接重新選取。將游標移到 I4，按住滑鼠左鍵拖曳選取 I4:I20 儲存格。

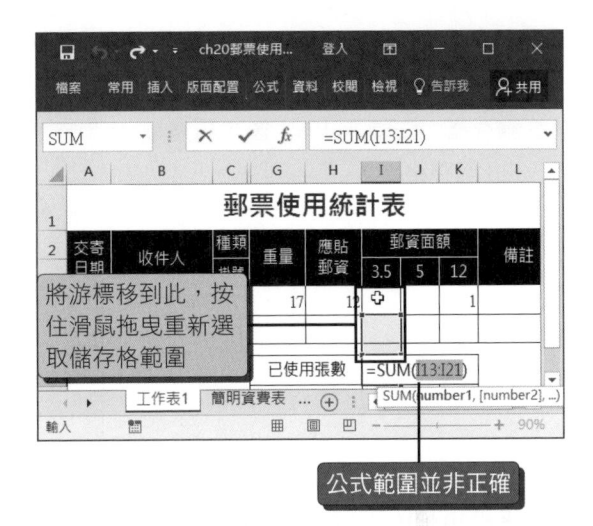

15 選取 I4:I20 儲存格範圍後，按下「輸入」鈕完成公式。

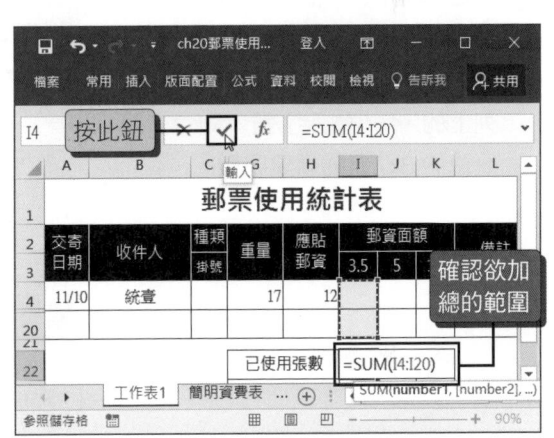

16 I22 儲存格計算出 3.5 元的郵票使用張數，接著將公式複製到 J22:K22 儲存格。將游標移到 I22 儲存格右下方的 ┙「填滿控點」，游標符號變成 ✚ 時，按住滑鼠向右拖曳，將公式複製到 J22:K22 儲存格。

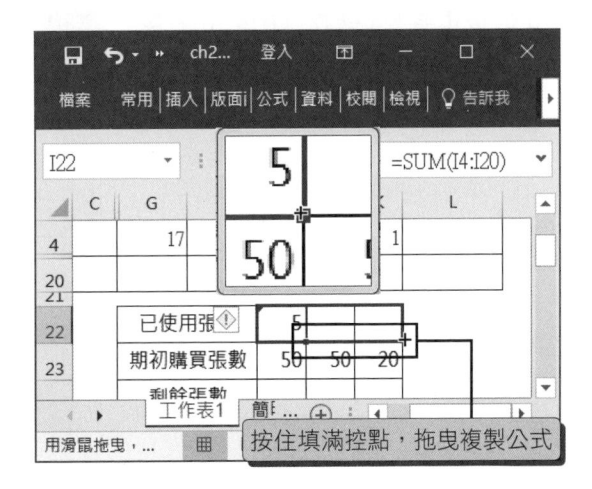

167

PART 2　Excel 財務試算

17 J22:K22 儲存格也分別計算出已使用的郵票張數。接著選取 I24 儲存格，先輸入「=」後，再選取 I23 儲存格。

18 接著再輸入「-」號，再選取 I22 儲存格，使 I24 儲存格的公式為「=I23-I22」，最後按下資料編輯列上的 ✓「輸入」鈕，則會計算剩餘的 3.5 元的郵票張數。

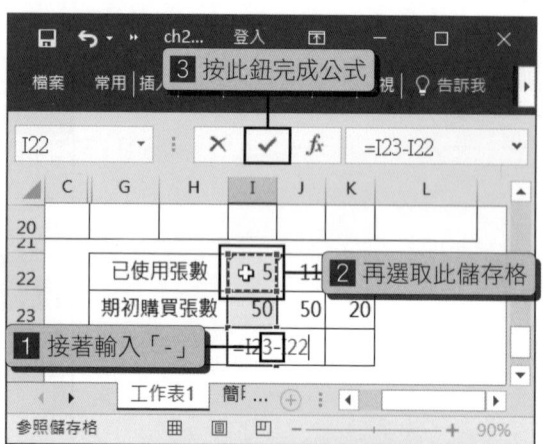

19 最後再將 I24 儲存格的公式複製到 J24:K24，就完成郵票使用統計表。

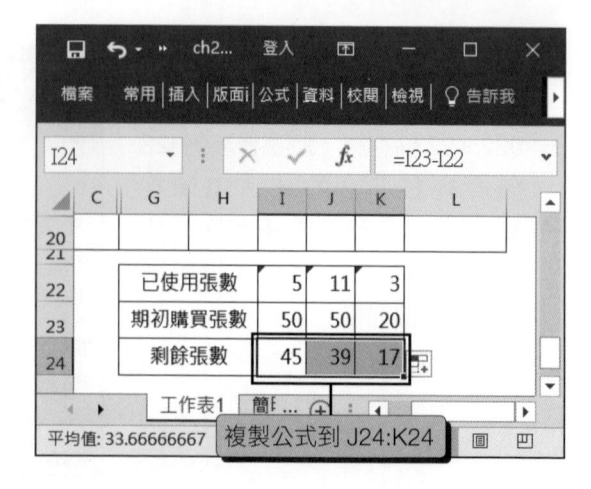

單元 21　零用金管理系統

範例檔案：PART 2\ch21. 零用金管理系統

單元 21　零用金管理系統

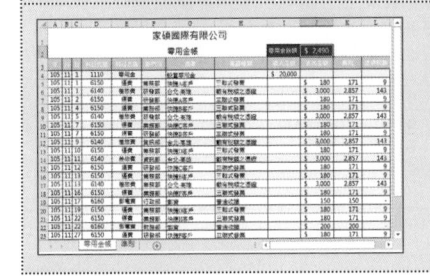

零用金帳可視為會計日計帳的一部分，主要在記錄零星的小額花費，實質上比較像一般個人的收支流水帳。零用金管理的重點在於詳實記錄費用支出，當然也需要注意是否收支平衡，如果能將費用依部門別歸類，還可以作為各部門成本控管的重要指標。

範例步驟

1. 請開啟「Excel 範例檔」資料夾中的「ch21 零用金管理系統 (1).xlsx」，先切換到「準則」工作表，先定義後續將要使用的名稱。選取 A1:D12 儲存格，切換到「公式」功能索引標籤，在「已定義之名稱」功能區中，執行「從選取範圍建立」指令。

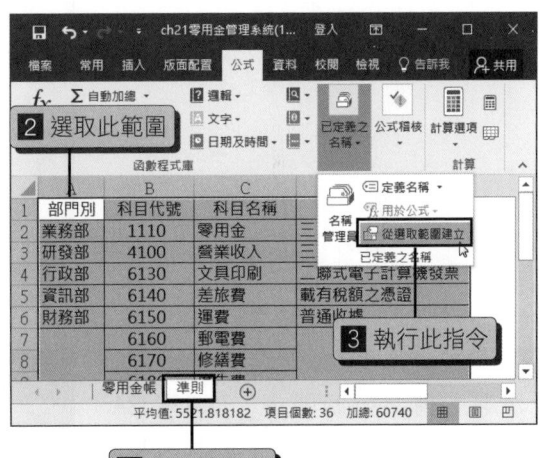

2. 開啟「以選取範圍建立名稱」對話方塊，僅勾選「頂端列」，其餘的皆取消勾選，按下「確定」鈕。

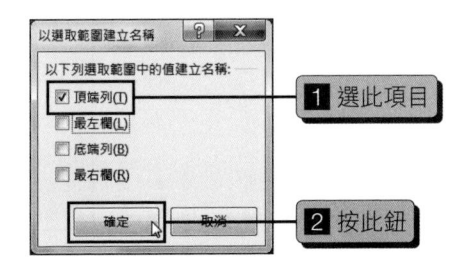

3 繼續在「公式」功能索引標籤的「已定義之名稱」功能區中,執行「名稱管理員」指令,修改部分名稱所定義的範圍。

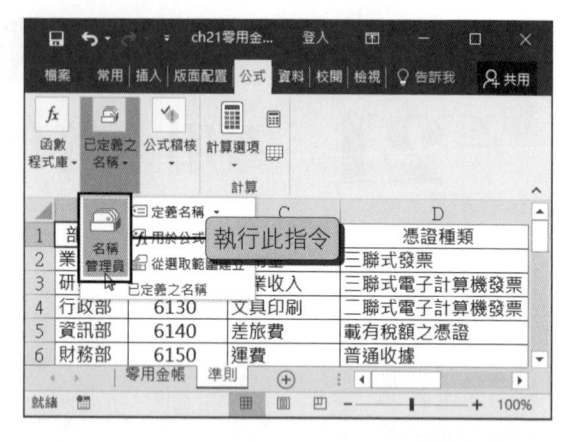

4 開啟「名稱管理員」對話方塊,顯示剛剛建立的範圍名稱。選擇「部門別」名稱,按下「編輯」鈕。

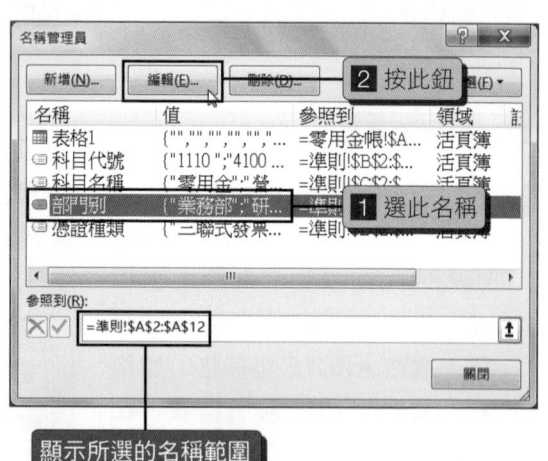

5 另外又開啟「編輯名稱」對話方塊,將參照範圍由「=準則!$A$2:$A$12」修改成「=準則!$A$2:$A$6」,按下「確定」鈕。

170

單元 21 零用金管理系統

6 回到「名稱管理員」對話方塊，接著選擇「憑證種類」名稱，直接將插入點移到下方「參照到」的位置，修改參照範圍由「12」修改成「6」，使參照位置變成「= 準則 !$D$2:$D$6」，修改完成後按下 ✓ 鈕，然後按下「關閉」鈕回到工作表。

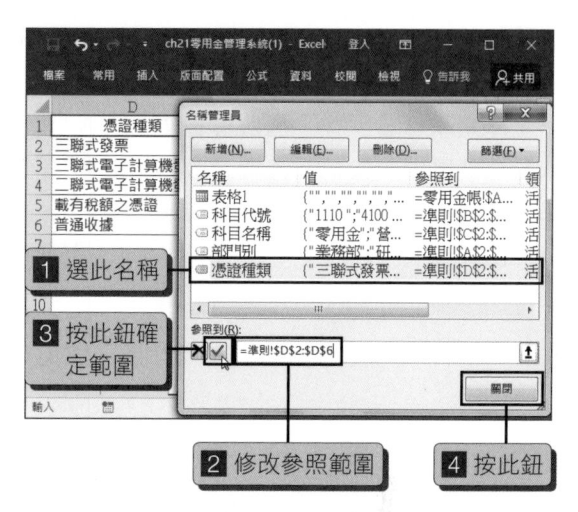

7 最後再定義一個範圍名稱，選取 B2:C12 儲存格，繼續在「已定義之名稱」功能區中，按下「定義名稱」清單鈕，執行「定義名稱」指令。

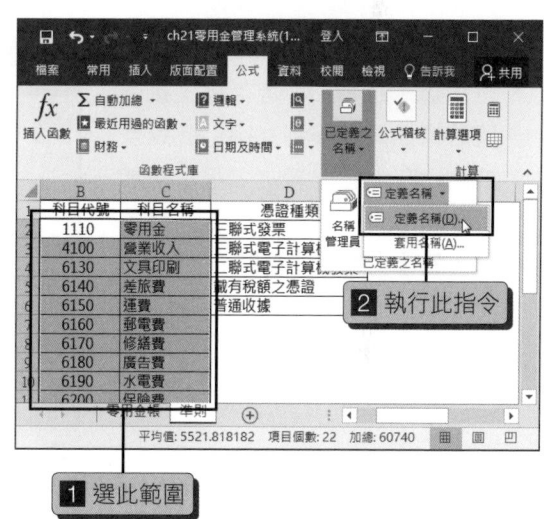

8 開啟「新名稱」對話方塊，在名稱處輸入「零用金科目」，確認參照範圍無誤後，按下「確定」鈕。

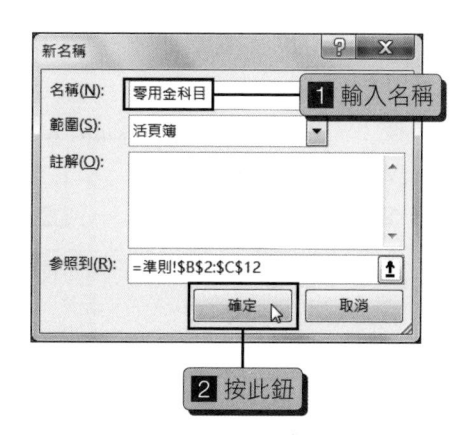

171

9 切換到「零用金帳」工作表，選取 E4 儲存格，切換到「公式」功能索引標籤，在「函數程式庫」功能區中，按下「查閱及參照」清單鈕，執行插入「VLOOKUP」函數。

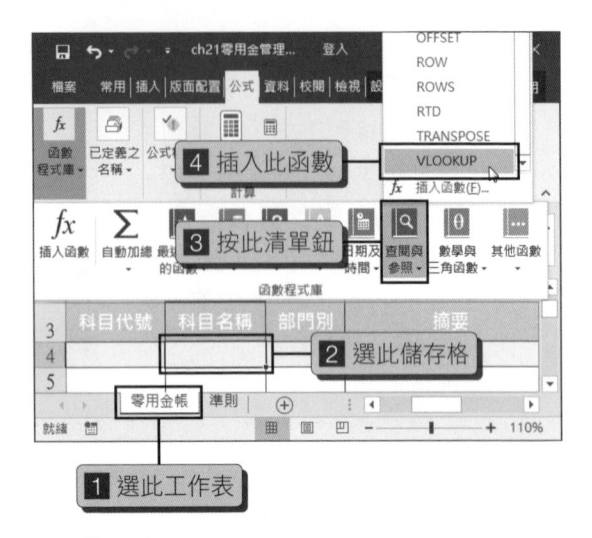

10 將游標插入點移到 lookup_value 空白處，選取 D4 儲存格。接著將游標插入點移到 table_array 空白處，在「已定義之名稱」功能區中，按下「用於公式」清單鈕，執行「零用金科目」指令。

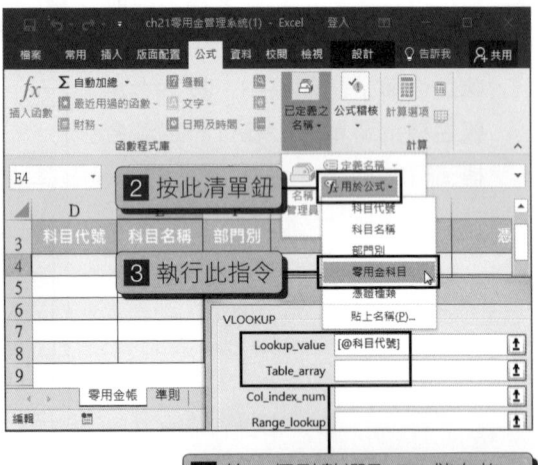

11 分別在最後 2 個引數中輸入「2」和「0」，按下「確定」鈕，完整公式為「=VLOOKUP([@ 科目代號], 會計科目 ,2,0)」。

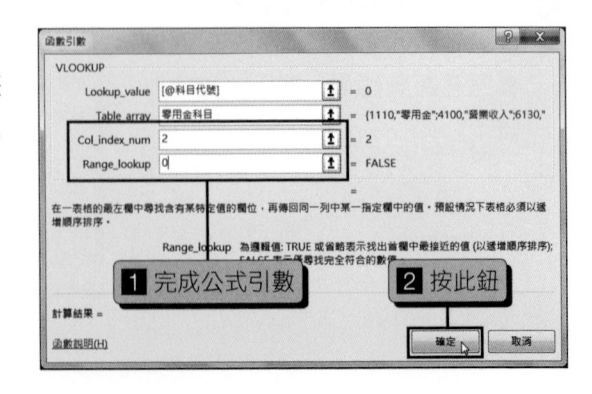

單元 21 零用金管理系統

12. 為避免未輸入科目代碼而顯示錯誤訊息，將 E4 儲存格參照公式加上 IF 函數判斷。E4 儲存格公式為「=IF([@科目代號]="","",VLOOKUP([@科目代號],零用金科目,2,0))」。

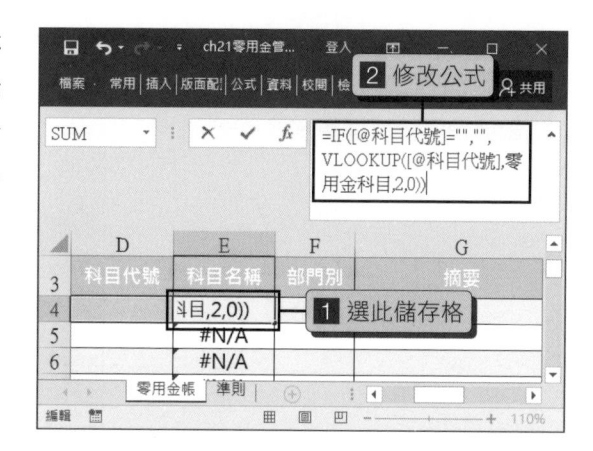

13. 選取 F4 儲存格，切換到「資料」功能索引標籤，在「資料工具」功能區中，按下「資料驗證」清單鈕，執行「資料驗證」指令。

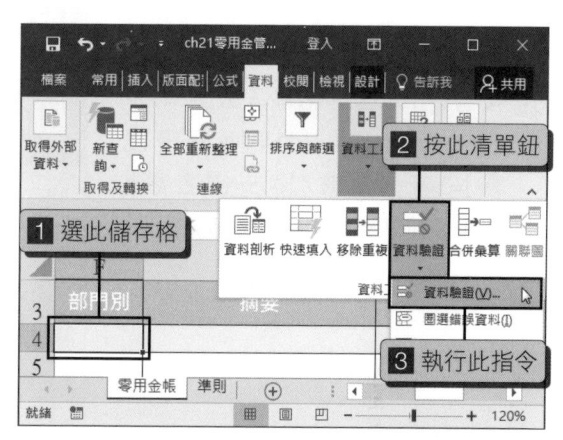

14. 開啟「資料驗證」對話方塊，在選擇儲存格內允許「清單」項目，然後將游標插入點移到來源處，切換到「公式」功能索引標籤，在「已定義之名稱」功能區中，按下「用於公式」清單鈕，執行「部門別」指令，按下「確定」鈕。

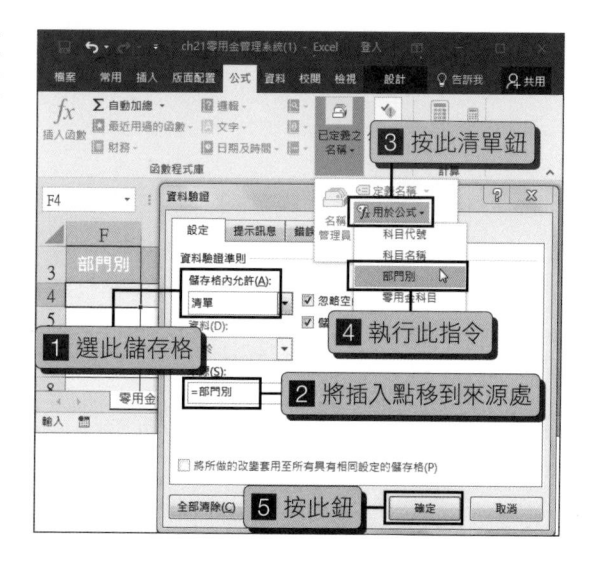

173

PART 2　Excel 財務試算

15 部門別出現下拉式清單及選項。依相同方法完成 H4 儲存格的憑證種類下拉式清單。

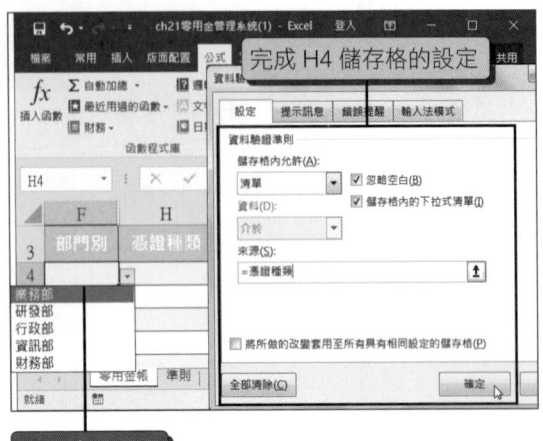

16 接著在 K4 儲存格輸入公式「=IF([@支出金額]="","",IF([@憑證種類]="普通收據",[@支出金額],ROUND([@支出金額]/1.05 ,0)))」。

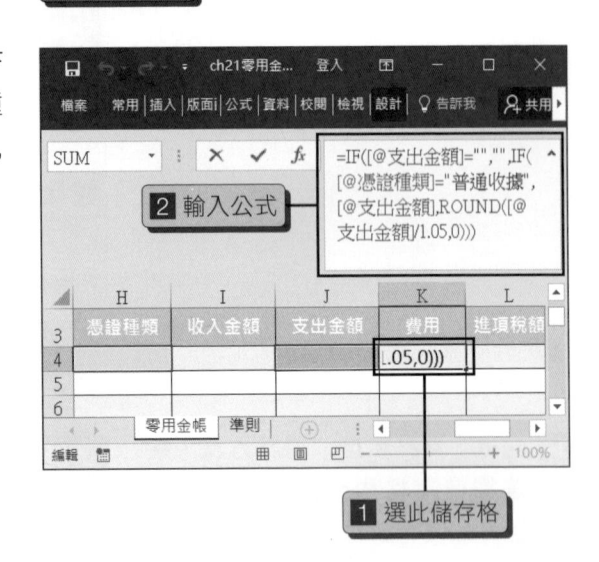

公式說明

第 1 層 IF 函數用來判斷支出金額是否有輸入,如果沒有輸入(空白),就顯示空白;如果有輸入,就進入第 2 層 IF 函數。第 2 層 IF 函數判斷憑證種類是否為不含營業稅的普通收據,如果是普通收據,就直接顯示支出的金額;如果為其他含有營業稅的憑證,就計算出不含稅額的費用。ROUND 函數是用來計算四捨五入後不含稅額的費用。

單元 21　零用金管理系統

17 選取 L4 儲存格輸入公式「=IF([@ 支出金額]="","",[@ 支出金額]-[@ 費用])」。IF 函數用來判斷支出金額是否有輸入，如果沒有輸入（空白），就顯示空白；如果有輸入就計算進項稅額，也就是「支出金額 - 費用」。

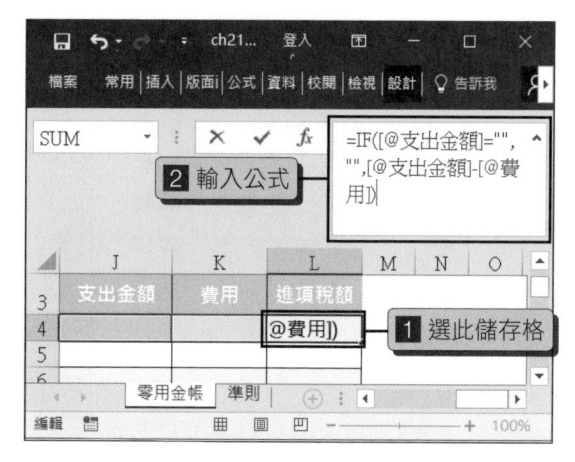

18 隨意輸入數值測試公式正確無誤。

19 最後要顯示零用金餘額，請開啟「Excel 範例檔」資料夾中的「ch21 零用金管理系統 (2).xlsx」，切換到「零用金帳」工作表，範例中已經預先輸入一些資料，供使用者練習。選取 J2 儲存格，切換到「公式」功能索引標籤，在「函數程式庫」功能區中，按下「自動加總」清單鈕，執行「加總」指令。

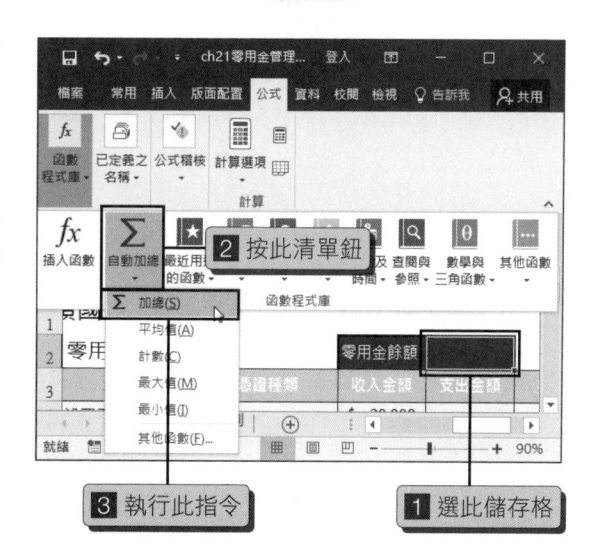

175

20 先選取加總範圍為 I4:I23，此時加總範圍會變成「表格 1[收入金額]」，然後將插入點移到「=SUM(表格 1[收入金額])」後方，輸入「-」號，繼續在「函數程式庫」功能區中，按下「數學與三角函數」清單鈕，執行插入「SUM」函數。

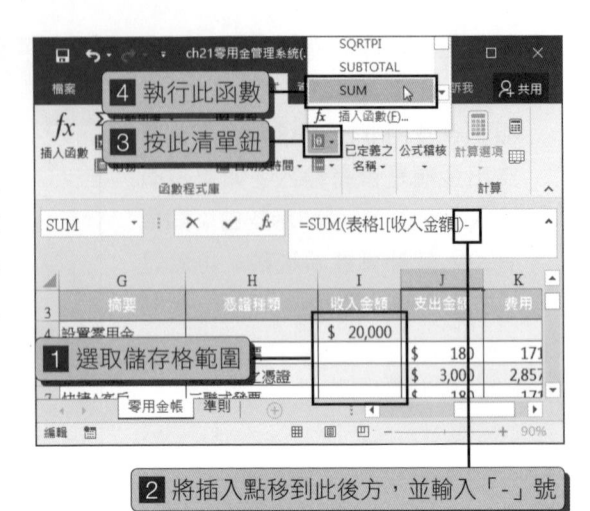

21 開啟 SUM「函數引數」對話方塊，在範圍 1 中選取加總範圍為 J4:J23，也就是「表格 1[支出金額]」，按下「確定」鈕。

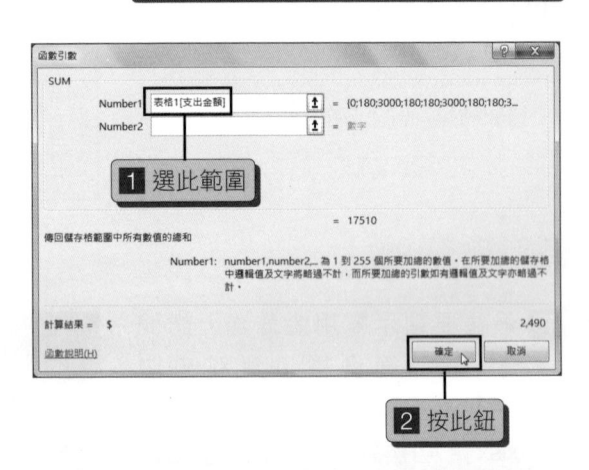

22 零用金餘額的完整公式為「=SUM(表格 1[收入金額])-SUM(表格 1[支出金額])」。

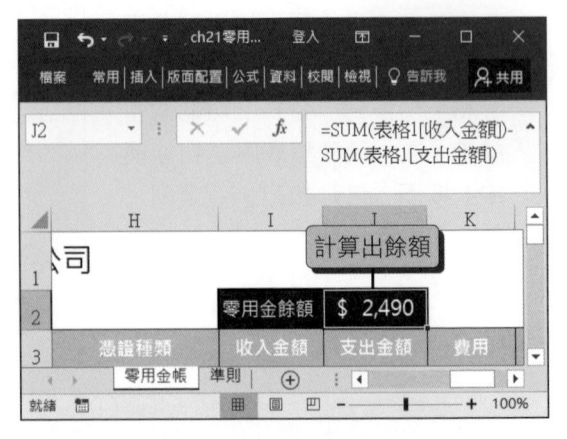

範例檔案：PART 2\ch22.零用金撥補表

單元 22 零用金撥補表

零用金的撥補除了在特殊狀況時，一般來說都是每個月結算一次，月底匯集整個月的支出，請款將零用金補足到當初設置的金額。請款時，連帶將收到的發票一併交付，作為營業稅的進項稅額憑證，因此習慣上也會列印出零用金日記帳作為明細。

範例步驟

1 零用金撥補表也算是一份正式表格，所以申請月份的部分，就不能只顯示單一數字。請開啟「Excel 範例檔」資料夾中的「ch22 零用金撥補表 (1).xlsx」，切換到「零用金撥補表」工作表，選取 B3 儲存格，按滑鼠右鍵開啟快顯功能表，執行「儲存格格式」指令。

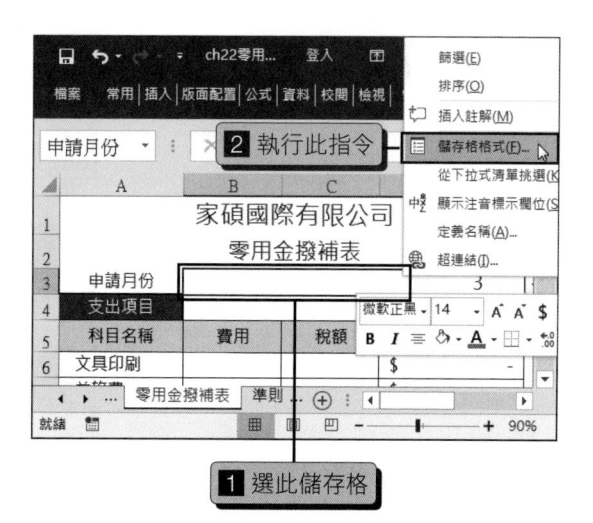

1 選此儲存格
2 執行此指令

177

2 開啟「儲存格格式」對話方塊，在「數值」標籤中，選擇「自訂」類別，類型處於通用格式後方加上文字「月份」，按下「確定」鈕。

3 切換到「準則」工作表，選取 I2 儲存格，切換到「公式」功能索引標籤，在「已定義之名稱」功能區中，按下「用於公式」清單鈕，執行「申請月份」指令。(本範例已將大部份的範圍名稱定義完成，詳細名稱範圍，請參考名稱管理員)

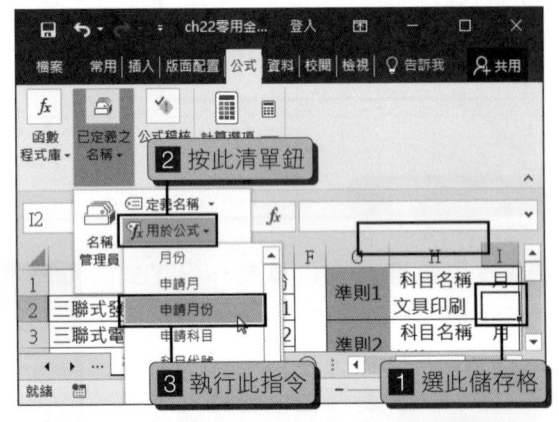

4 選取 G1 儲存格，繼續在「已定義之名稱」功能區中，按下「定義名稱」清單鈕，執行「定義名稱」指令。

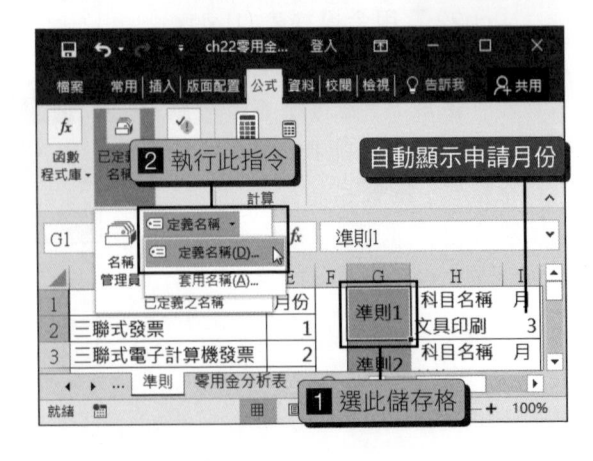

單元 22　零用金撥補表

5 開啟「新名稱」對話方塊，自動將選取的儲存格內容「準則1」作為名稱，重新選取「參照到」儲存格範圍 H1:I2，之後按下「確定」鈕。

6 切換到「零用金撥補表」工作表，選取 B6 儲存格，切換到「公式」功能索引標籤，在「函數程式庫」功能區中，按下「插入函數」鈕。

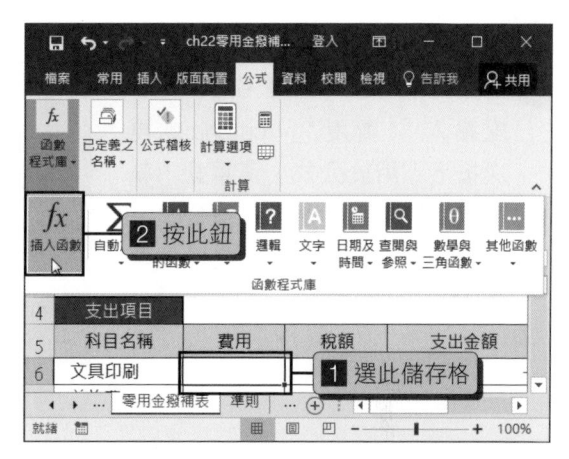

7 開啟「插入函數」對話方塊，選擇「資料庫」類別中的「DSUM」函數，按「確定」鈕。

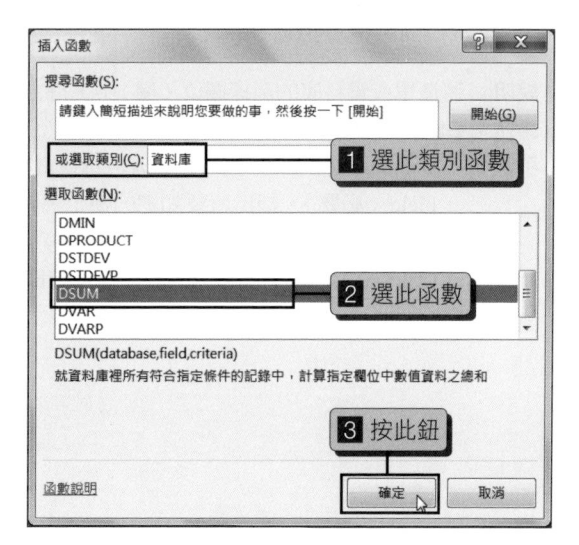

179

8 開啟 DSUM「函數引數」對話方塊，將游標插入點移到第 1 個引數，在「已定義之名稱」功能區中，按下「用於公式」清單鈕，執行「零用金帳」指令。

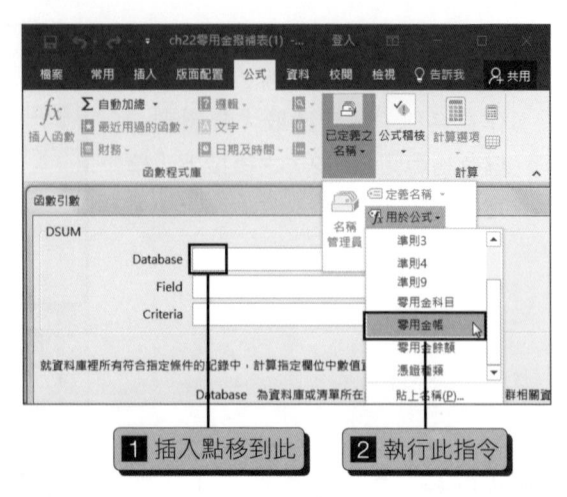

1 插入點移到此　　2 執行此指令

9 繼續完成 DSUM 函數引數，field 處輸入「" 費用 "」，criteria 處再次按下「用於公式」清單鈕，執行「準則 1」指令。完整公式為「=DSUM(零用金帳 ," 費用 ", 準則 1)」。

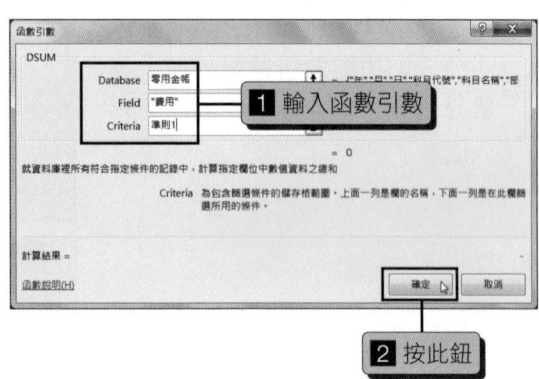

1 輸入函數引數

2 按此鈕

操作 MEMO　DSUM 函數

說明： 將清單或資料庫的記錄欄位（欄）中，符合指定條件的數字予以加總。
語法： DSUM（database, field, criteria）
引數：
- Database（必要）。指的是組成清單或資料庫的儲存格範圍，第一列必須是標題列。
- Field（必要）。指出所要加總的欄位名稱，可以使用雙引號括住的欄標題，如 " 費用 " 或 " 收入 "，或是代表欄在清單中所在位置號碼，如 1 代表第一欄。
- Criteria（必要）。這是含有指定條件的儲存格範圍。

單元 22　零用金撥補表

10 為了避免遇到 DSUM 函數計算出的結果是錯誤訊息，可以再加上 IF 判斷式以及檢測錯誤訊息的函數。將公式修改成「=IF(ISERROR(DSUM(零用金帳,"費用",準則1)),0,(DSUM(零用金帳,"費用",準則1)))」。

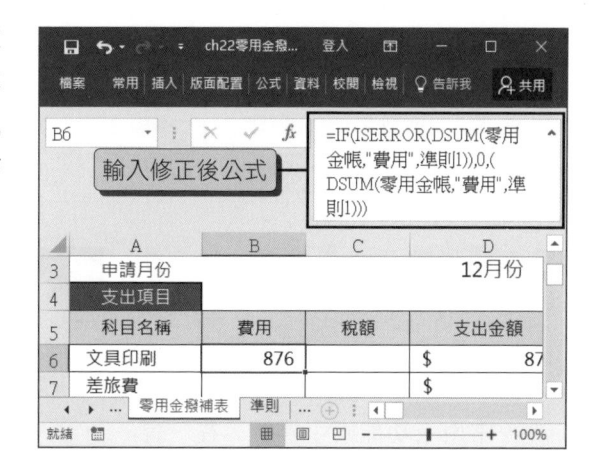

公式說明

ISERROR 函數用來檢查 DSUM 函數計算出來的值是否為錯誤訊息，如果是錯誤訊息就會傳回 TRUE 值，所以當 IF 函數判斷為 TRUE 值時，則顯示「0」；如果 ISERROR 函數檢查 DSUM 函數的計算值不是錯誤訊息，就會傳回 FALSE 值，所以當 IF 函數判斷為 FALSE 值時，則顯示 DSUM 函數的計算值。

操作MEMO　ISERROR 函數

說明：檢查指定函數的值，並根據結果傳回 TRUE 或 FALSE。
語法：ISERROR（value）
引數：value（必要）。就是要檢查的值。Value 指的是任何一種錯誤值（#N/A、#VALUE!、#REF!、#DIV/0!、#NUM!、#NAME? 或 #NULL!）。

11 將 B6 儲存格公式複製到下方儲存格 B7:B14，並依照科目名稱做適當的修改。將已經修改完成的 B6:B14 儲存格公式，複製到 C6:C14 儲存格。

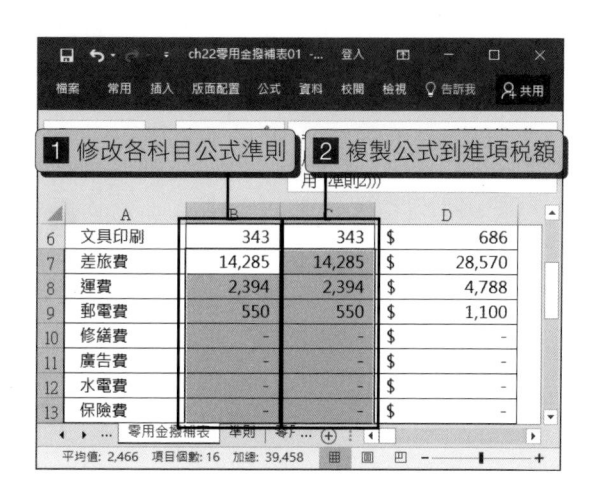

181

PART 2　Excel 財務試算

科目名稱	公式								
文具印刷	=IF(ISERROR(DSUM(零用金帳 ," 費用 ", 準則 1)),0,(DSUM(零用金帳 ," 費用 ", 準則 1)))								
差旅費	準則 2	運費	準則 3	郵電費	準則 4	修繕費	準則 5
廣告費	準則 6	水電費	準則 7	保險費	準則 8	交際費	準則 9

12 進項稅額公式不用逐一將「費用」修改成「進項稅額」，只要善用「取代」功能即可快速完成。選取 C6:C14 儲存格，切換到「常用」功能索引標籤，在「編輯」功能區中，按下「尋找與選取」清單鈕，執行「取代」指令。

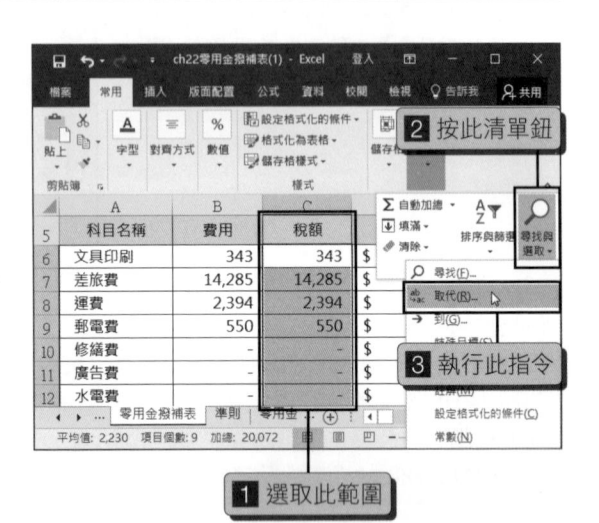

13 開啟「尋找及取代」對話方塊，在尋找目標輸入「" 費用 "」，在取代成輸入「" 進項稅額 "」，按下「全部取代」鈕。

14 顯示已經取代的數量，按下「確定」鈕。

182

15 選取 C6 儲存格查看，稅額的公式已經修改成「=IF(ISERROR(DSUM(零用金帳,"進項稅額",準則1)),0,(DSUM(零用金帳,"進項稅額",準則1)))」。

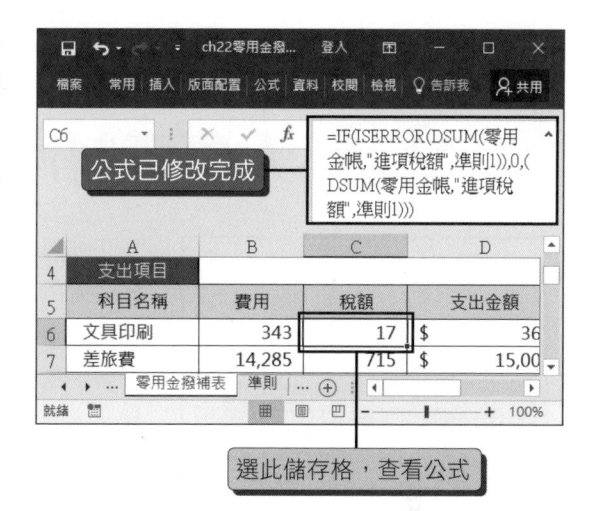

16 最後在 D19 儲存格輸入「其他收入」的公式「=IF(ISERROR(DSUM(零用金帳,"收入金額",準則10)),0,(DSUM(零用金帳,"收入金額",準則10)))」，就完成零用金撥補表。

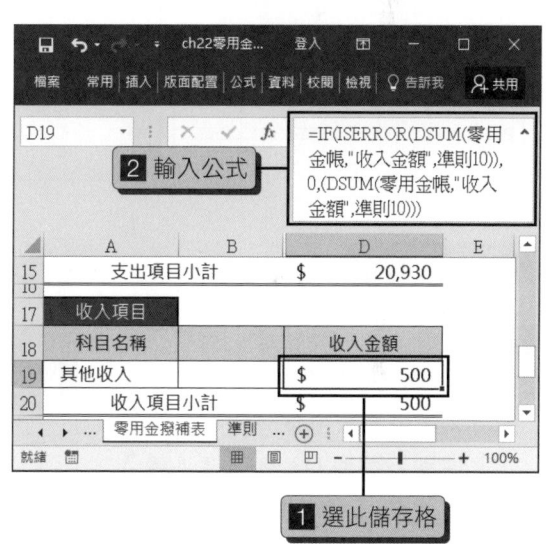

單元 23 人事資料庫

範例檔案：PART 2\ch23. 人事資料庫

員工資料填寫完畢後，處理人事資料的人員就要將員工的基本資料建檔，由於員工資料表內容繁多，建議利用 Excel 有多個工作表的特性，將不同類別的資料，分成多個工作表建檔，以方便管理。人事資料檔可以應用的範圍很廣，可以用來搜尋當月壽星、製作通訊錄、計算年資，甚至薪資計算都相關，因此十分重要。

範例步驟

1 請開啟「Excel 範例檔」資料夾中的「ch23 人事資料庫(1).xlsx」，首先使用函數由身分證字號來判定性別。選取 D3 儲存格，輸入公式「=IF(RIGHT(LEFT(C3,2),1)="1","男","女")」。

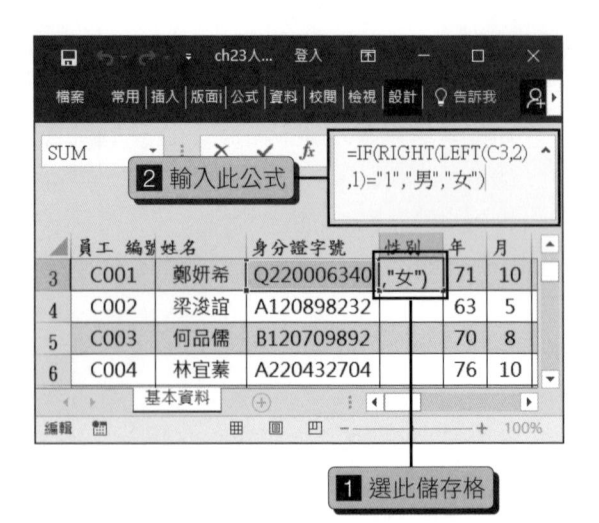

單元 23　人事資料庫

> **公式說明**
>
> 函數 LEFT（C3,2）會傳回來身分證字號從左邊數來前 2 個字元，也就是「Q2」；函數 RIGHT（LEFT（C3,2），1），也就是 RIGHT（"Q2",1）會傳回來「Q2」的最後 1 個字元也就是「"2"」，最後再由 IF 函數判斷，如果是「"1"」就是男性，如果不是就是女性。這裡是假設身分證字號輸入正確的情況下，性別只有 1 和 2 的區分，並未考慮其他因素。由於 LEFT 和 RIGHT 函數都是文字函數，傳回的數值也都是文字格式。

> **操作MEMO　LEFT 函數**
>
> 說明：傳回文字字串中的第一個字元或前幾個字元。
> 語法：LEFT（text, [num_chars]）
> 引數：・Text（必要）。想要擷取的文字字串。
> 　　　・Num_chars（選用）。指定想要擷取的字元數。必須大於或等於零。如果大於 text 的長度，會傳回所有文字。如果省略，則會假設其值為 1。

> **操作MEMO　RIGHT 函數**
>
> 說明：傳回文字字串的最後字元或從右邊開始的幾個字元組。
> 語法：RIGHT（text,[num_chars]）
> 引數：Text（必要）。想要擷取的文字字串。
> 　　　Num_chars（選用）。指定想要擷取的字元數。

2 選取 H3 儲存格，切換到「常用」功能索引標籤，按下「數值」功能區右下角的展開鈕，開啟「儲存格格式」對話方塊。

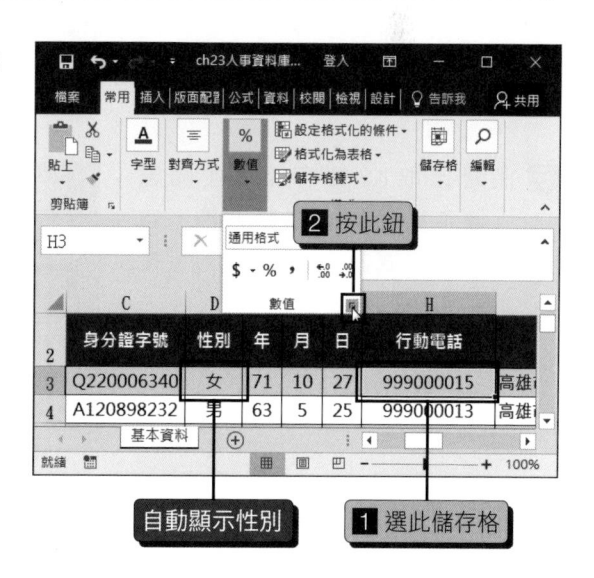

185

3 開啟「儲存格格式」對話方塊，在「數值」標籤中選擇「特殊」類別，並選擇「行動電話、呼叫器號碼」類型後，按「確定」鈕。

4 由於目前家用電話依區域有 6 碼、7 碼和 8 碼，而區碼也有 2 碼和 3 碼的差異，使用 Excel 預設的電話格式並不能全部適用。請選取 J3 儲存格，再次開啟「儲存格格式」對話方塊，自訂數值格式為「(0##)」，按「確定」鈕。

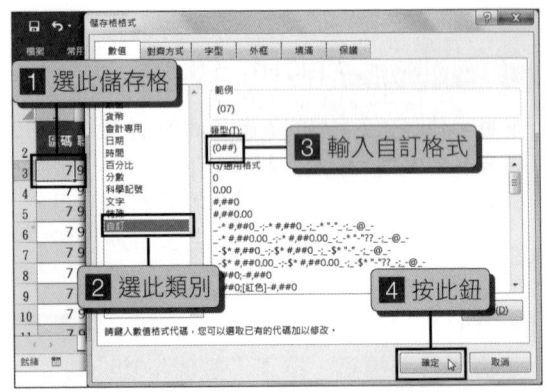

5 接著選取 K3 儲存格，並開啟「儲存格格式」對話方塊，自訂數值格式為「###-####」，按「確定」鈕。

單元 23　人事資料庫

6 上述步驟設定的結果，讓表格內容更整齊一致。

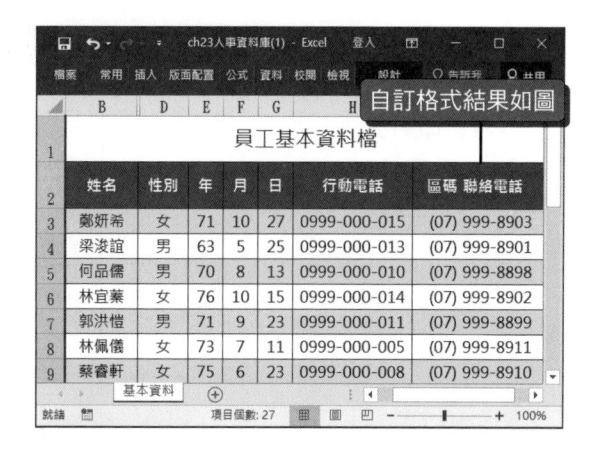

7 輸入員工資料除了可以在工作表上直接登打外，也可以利用表單輸入，所以要使用一項不在功能區的功能。請開啟「Excel 範例檔」資料夾中的「ch23 人事資料庫 (2).xlsx」，切換到「檔案」功能視窗，按下「選項」鈕。

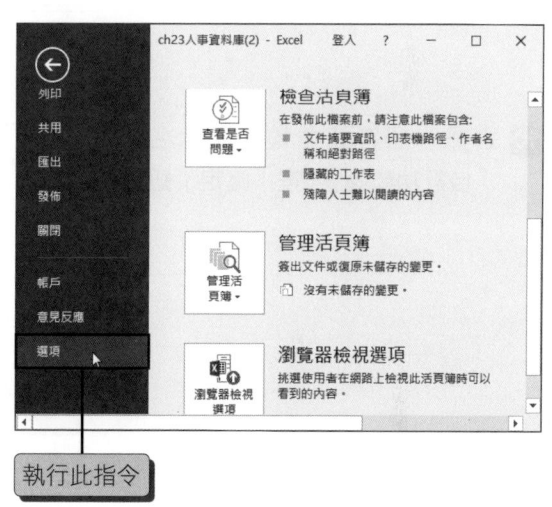

8 開啟「Excel 選項」對話方塊，選擇「自訂功能區」，選擇「常用」主要索引標籤，按下「新增群組」鈕。

187

9 在常用索引標籤中出現「新增群組（自訂）」的功能區，按下「重新命名」鈕。

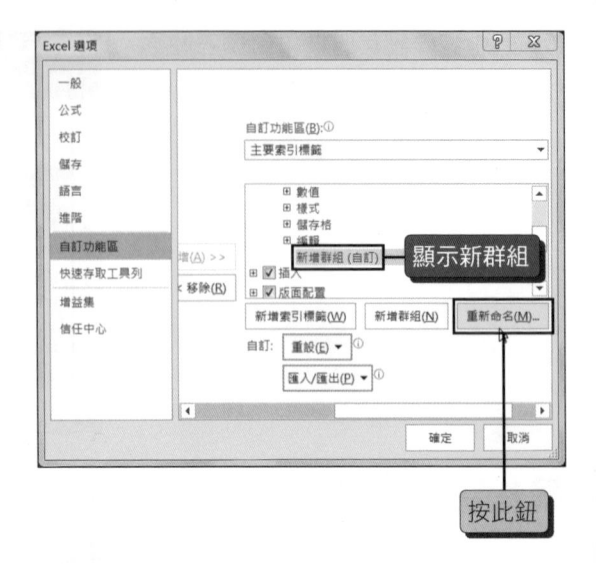

顯示新群組
按此鈕

10 選擇一個符號並輸入顯示名稱「自訂功能區」，按「確定」鈕。

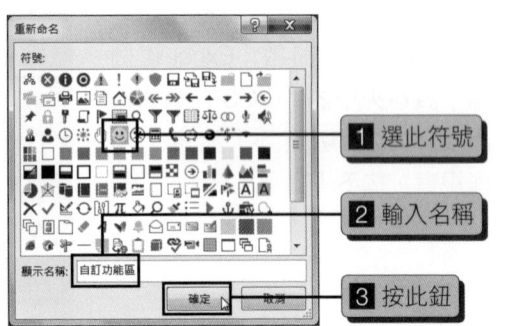

1 選此符號
2 輸入名稱
3 按此鈕

11 選擇「不在功能區的命令」中的「表單」命令，按下「新增」鈕。

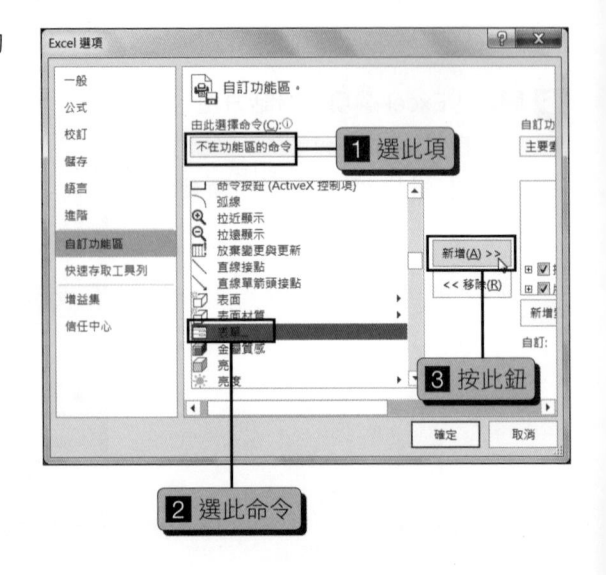

1 選此項
2 選此命令
3 按此鈕

單元 23　人事資料庫

12 「表單」命令出現在剛剛新增的自訂功能區群組中，按下「確定」鈕回到工作表區。

　　　新增表單功能

　　　按此鈕

13 切換到「常用」功能索引標籤，功能區最後方出現「自訂功能區」，按下其中的「表單」鈕。

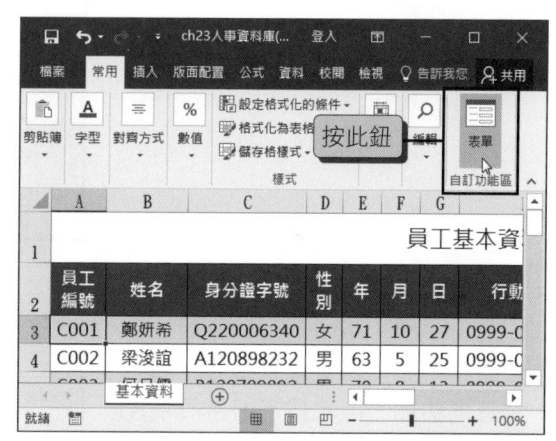

　　　按此鈕

14 出現「基本資料」對話方塊，表單中自動顯示工作表中第一筆資料，表單狀態中顯示目前資料的筆數及總筆數。按下「新增」鈕，準備新增一筆新的資料。

　　　表單狀態 - 目前資料第幾筆 / 總筆數

　　　按此鈕

　　　自動顯示第一筆資料

189

15 在空白表單中輸入新員工的基本資料，輸入完成直接按「關閉」鈕即可。

16 表單新增的資料會出現在工作表最下方。

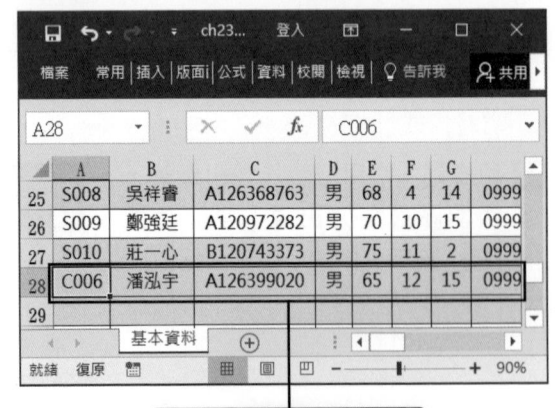

17 表單除了可以新增資料外，還有查詢功能。再次按下「自訂功能區」中的「表單」鈕，開啟「基本資料」對話方塊，按「準則」鈕。

單元 23　人事資料庫

18 在姓名處輸入「梁」，查詢姓名中有梁字的人員，按下「找下一筆」鈕。

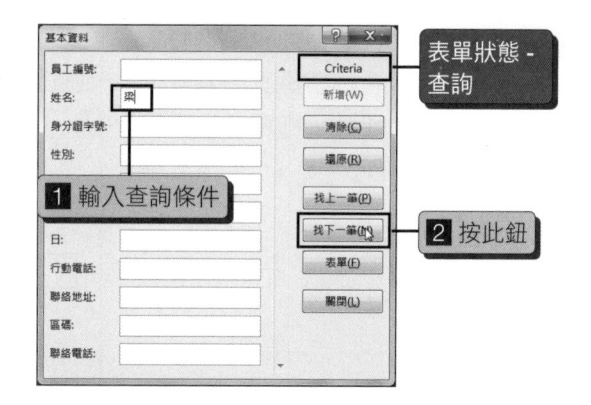

表單狀態 - 查詢

1 輸入查詢條件
2 按此鈕

19 出現一名梁姓員工的基本資料，如果查詢資料有 2 筆以上，可以按「找下一筆」鈕或「找上一筆」鈕查看其他資料。結束表單功能按「關閉」鈕即可。

表單狀態 - 目前資料第幾筆 / 總筆數

按此鈕

顯示查詢結果

20 由於本範例工作表是使用「格式化為表格」功能製作而成，原本就有篩選按鈕，可以用來篩選工作表資料。請選取 A2 儲存格（或表格內任一儲存格），切換到「資料表工具\設計」功能索引標籤，在「表格樣式選項」功能區中，勾選「篩選按鈕」選項。

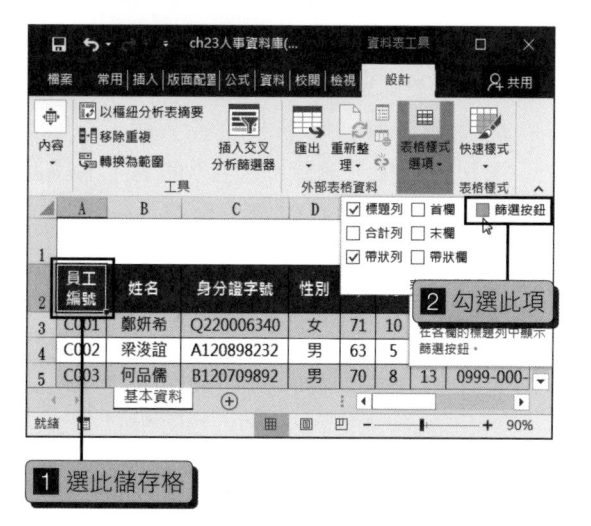

2 勾選此項

1 選此儲存格

191

PART 2 Excel 財務試算

21 此時標題列就會出現 ▼ 篩選鈕，先來查詢看看林姓員工的基本資料，按下「姓名」篩選鈕，直接在搜尋處輸入「林」，按下「確定」鈕。

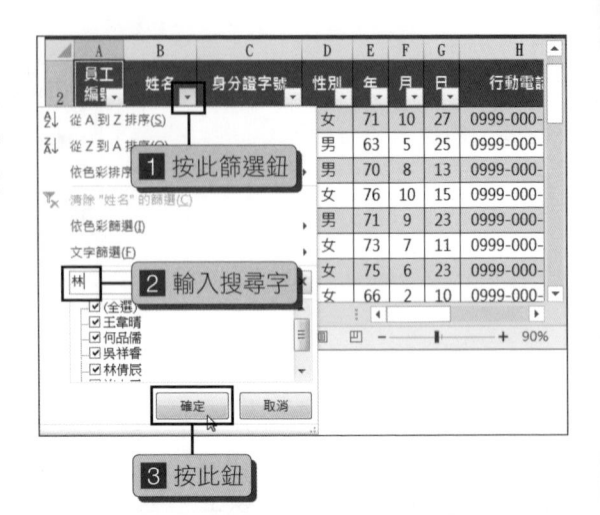

1 按此篩選鈕

2 輸入搜尋字

3 按此鈕

22 工作表中顯示所有林姓員工的基本資料，此時有設定條件的篩選鈕會變成 ▼ 符號。

顯示小林的資料

23 如果要查詢 11 及 12 月份的壽星，就要先取消姓名的篩選，才能重新查詢。按下「姓名」篩選鈕，選擇「清除 "姓名" 的篩選」指令，或是勾選「全選」後，按下「確定」鈕。

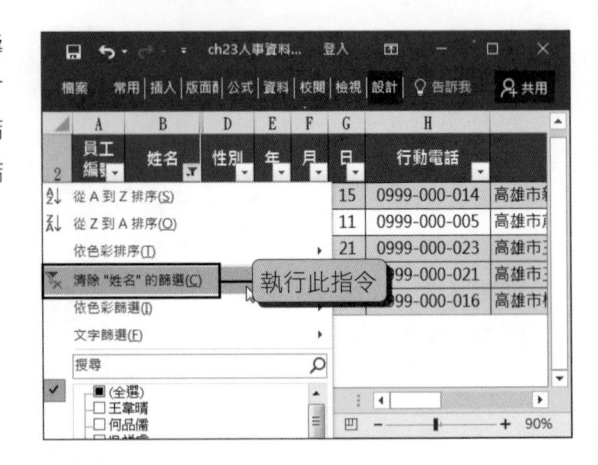

執行此指令

192

24 按下「月」的篩選鈕，先取消勾選「全選」後，重新勾選「11」及「12」，按下「確定」鈕。

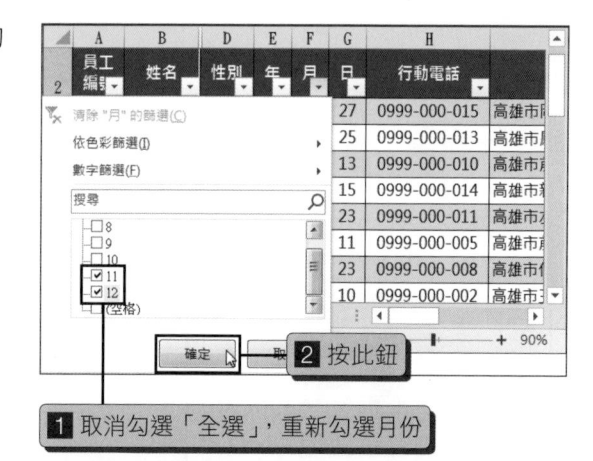

1 取消勾選「全選」，重新勾選月份
2 按此鈕

25 顯示 8 筆 11、12 月份的壽星資料。除了單一條件的篩選外，還可以進行多條件的篩選，使用者不妨試試看。

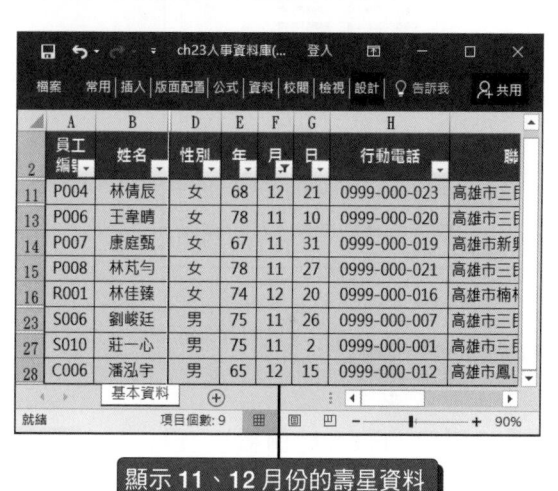

顯示 11、12 月份的壽星資料

193

PART 2　Excel 財務試算

範例檔案：PART 2\ch24. 員工特別休假表

單元 24　員工特別休假表

員工在公司浪費青春努力工作，除了賺取微薄的薪資外，最開心的無非是年終獎金和每年的特別休假，年終獎金還要看公司老闆的心情及業績，但是特別休假可是有勞基法明文規定，如果不讓員工休假，員工可是保有檢舉的權利。

範例步驟

1. 請開啟「Excel 範例檔」資料夾中的「ch24 員工特別休假表(1).xlsx」，切換到「準則」工作表，依照規定將員工特別休假的規定列表備用。先選取 A1:B21 儲存格範圍，切換到「常用」功能索引標籤，在「樣式」功能區中，按下「格式化為表格」清單鈕，選擇「亮綠色，表格樣式中等深淺 4」樣式。

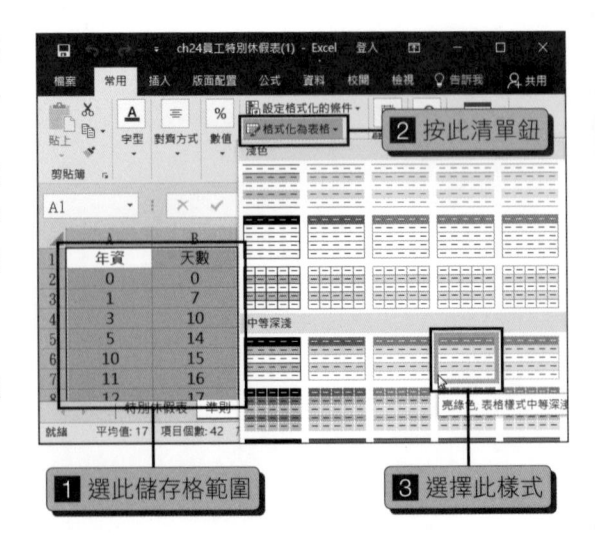

   1 選此儲存格範圍
   2 按此清單鈕
   3 選擇此樣式

194

單元 24　員工特別休假表

2 開啟「格式為表格」對話方塊，並自動顯示選取儲存格範圍做為資料來源，確認勾選「有標題的表格」後，按下「確定」鈕。

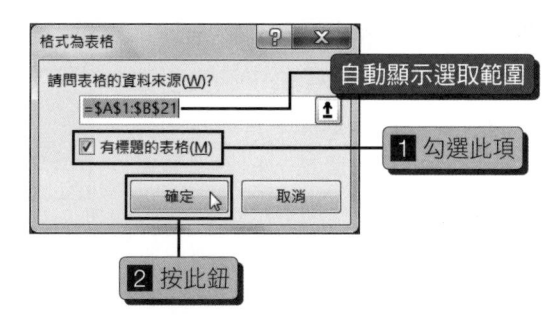

3 表格已經套用新格式。切換到「資料表工具\設計」功能索引標籤，在「內容」功能區中，並將表格名稱改成「特休準則」，作為定義範圍名稱。

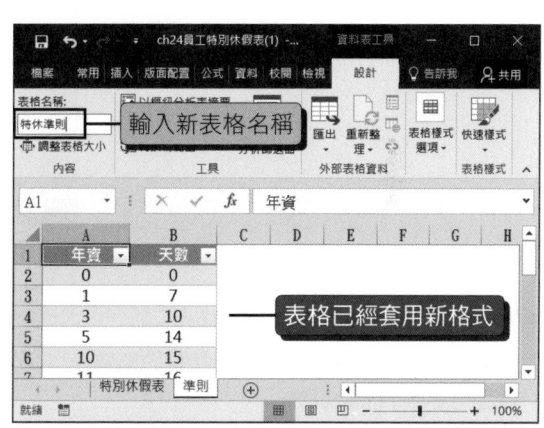

4 切換回「特別休假表」工作表，這裡要使用另一個 YEARFRAC 時間函數，搭配無條件捨去法的 INT 函數，計算員工的年資。選取 F4 儲存格，切換到「公式」功能索引標籤，在「函數程式庫」功能區中，按下「數學與三角函數」清單鈕，執行「INT」函數。

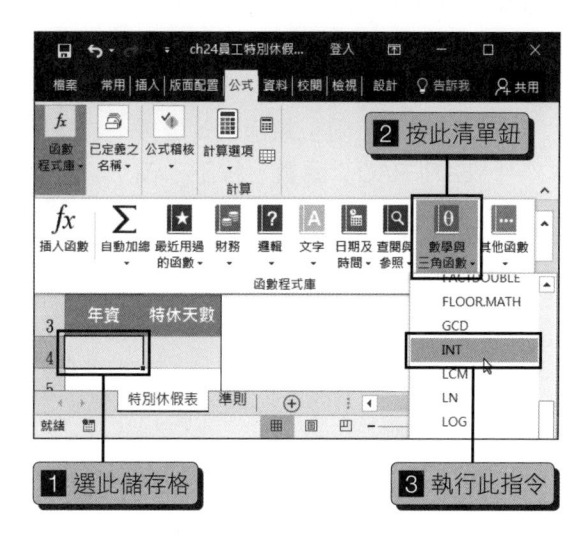

PART 2　Excel 財務試算

5 開啟 INT「函數引數」對話方塊，將游標插入點移到 INT 函數引數的位置，名稱方塊中會顯示最近使用過的函數清單，按下清單鈕選擇其他函數。

2 按下最近使用過的函數清單鈕

1 將插入點移到此

3 執行此指令

操作 MEMO　INT 函數

說明： 將數字無條件捨位至最接近的整數
語法： INT（number）
引數： Number（必要）。要無條件捨位至整數的實數。

6 另外開啟「插入函數」對話方塊，在「日期與時間」類別中，選擇「YEARFRAC」函數，按下「確定」鈕。

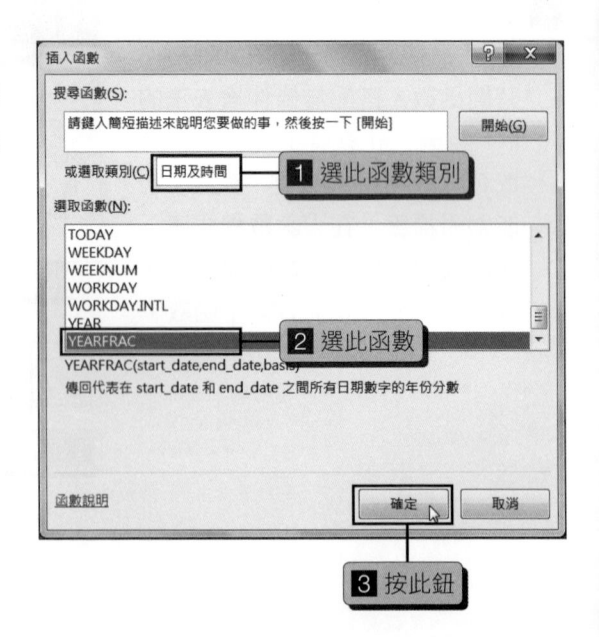

1 選此函數類別

2 選此函數

3 按此鈕

單元 24　員工特別休假表

7 再另外開啟 YEARFRAC「函數引數」對話方塊，在 Start_date 引數中選取 E4 儲存格（[@ 到職日期]）；End_date 引數選取 C2 儲存格（截止日）及 Basis 輸入「1」，完成後按「確定」鈕。F4 儲存格完整公式為「=INT(YEARFRAC([@ 到職日期], 截止日,1))」。

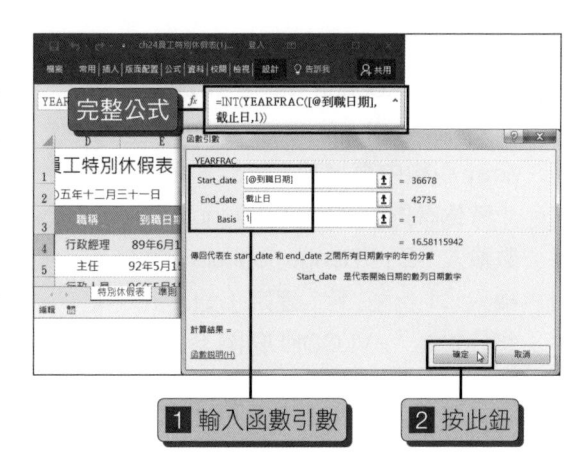

1 輸入函數引數　**2 按此鈕**

操作MEMO　YEARFRAC 函數

說明：計算起訖日期之間的天數在一年中所佔的比例
語法：YEARFRAC（start_date, end_date, [basis]）
引數：
  ・Start_date（必要）。代表開始日期的日期。
  ・End_date（必要）。代表結束日期的日期。
  ・Basis（選用）。日計數的基準。

8 接著選取 G4 儲存格，在「函數程式庫」功能區中，按下「查閱與參照」清單鈕，執行「VLOOKUP」函數。

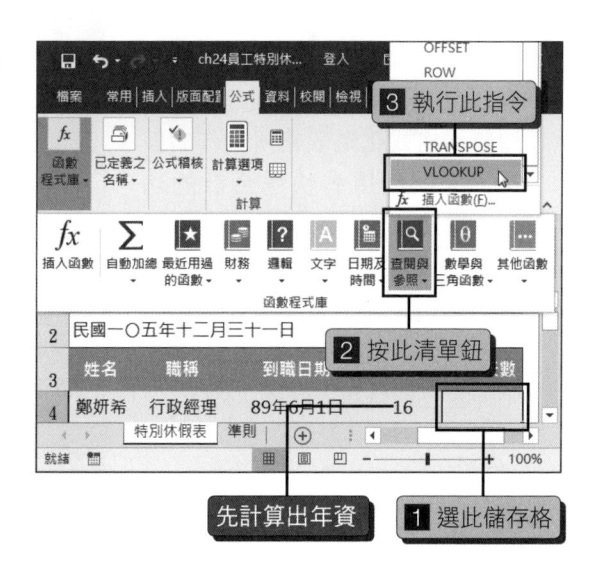

3 執行此指令　**2 按此清單鈕**　**先計算出年資**　**1 選此儲存格**

PART 2　Excel 財務試算

9 在 VLOOKUP「函數引數」對話方塊中，Lookup_value 引數選取 F4 儲存格（@年資）；Table_array 引數中直接輸入資料表名稱「特休準則」；Col_index_num 引數輸入「2」；Range_lookup 引數輸入「1」，按下「確定」鈕。完整公式為「=VLOOKUP([@年資],特休準則,2,1)」。

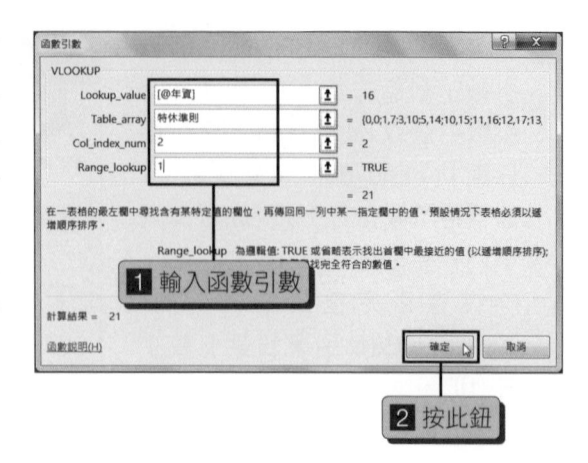

公式說明

特別注意 VLOOKUP 函數中的 Range_lookup 引數，平常在參照員工編號或是身分證字號時，會希望找到完全相符合的值，因此 Range_lookup 引數會設定為「0」（FALSE）；這裡因為有範圍級距，希望找到最接近而不超過的值，因此 Range_lookup 引數會設定為「1」（TRUE），不過特休準則一定依遞增的順序排列，否則還是會出現參照錯誤。

10 主管想知道平均每個員工的年資是幾年，所有員工特別休假總共有幾天，作為人事管理的參考。這時候格式化為表格所製作的表格，提供使用者快速合計的功能。選取表格中任何儲存格，切換到「資料表工具＼設計」功能索引標籤，在「表格樣式選項」功能區中，勾選「合計列」，表格下方會立刻新增「合計」列。

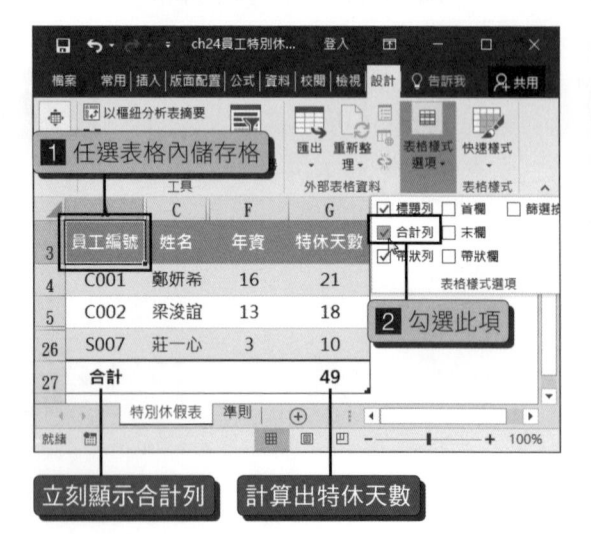

198

11 在合計列上，選取年資欄位 (F27) 的儲存格，則會出現下拉式清單鈕，選擇「平均」選項。

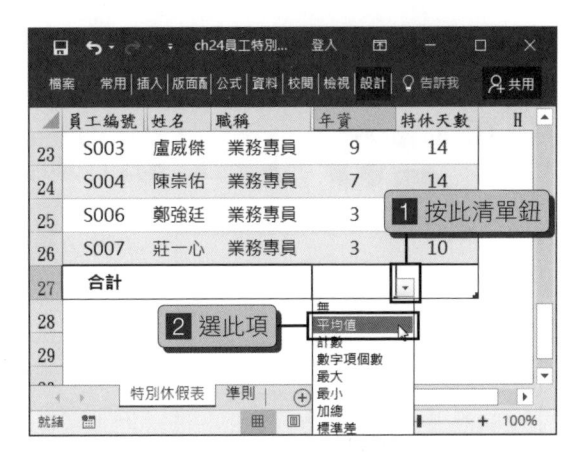

12 計算出平均年資。繼續在合計列上，選取特休天數欄位 (G27) 的儲存格，按下拉式清單鈕，選擇「加總」選項。

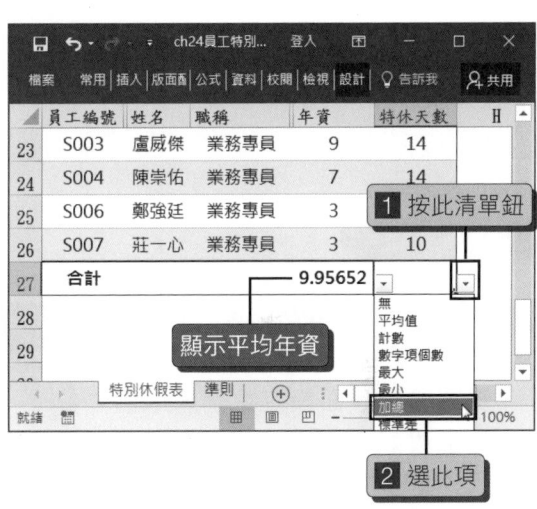

13 輕鬆完成統計資料。選取 A27：G27 儲存格，切換到「版面配置」功能索引標籤，在「版面設定」功能區中，按下「列印範圍」清單鈕，執行「新增至列印範圍」指令，將合計列新增到列印範圍中。

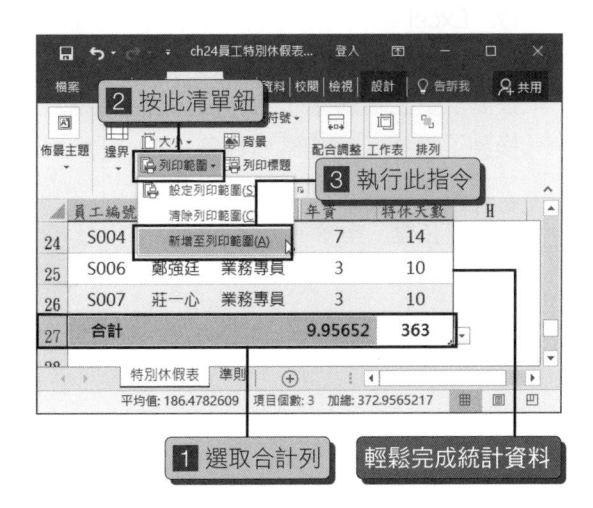

PART 2　Excel 財務試算

> 範例檔案：PART 2\ch25. 員工請假卡

單元 25　員工請假卡

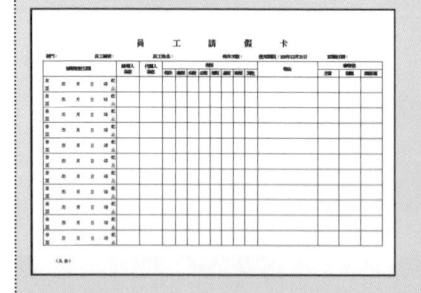

有些公司使用一次性的請假單，每次請假都有一張，一整年下來要保存也不是那麼容易。使用個人性的員工請假卡除了響應環保之外，每次的請假記錄都記載的一清二楚，整年的資料也可以提供主管作為年終考核的參考。有些員工非常有敬業精神，整年都不會請假，所以個別的員工請假卡，也不需要年初的時候就將全部的員工列印完成，可以等到當年度第一次請假的時候再列印即可。

範例步驟

1 常常在製作完表格之後，列印時才發現表格超過邊界，於是在預覽列印和版面設定之間來來回回修改好多次，其實可以使用「分頁預覽」的檢視模式。請開啟「Excel 範例檔」資料夾中的「ch25 員工請假卡 (1).xlsx」，切換到「員工請假卡」工作表，切換到「檢視」功能索引標籤，在「活頁簿檢視」功能區中，執行「分頁預覽」指令。

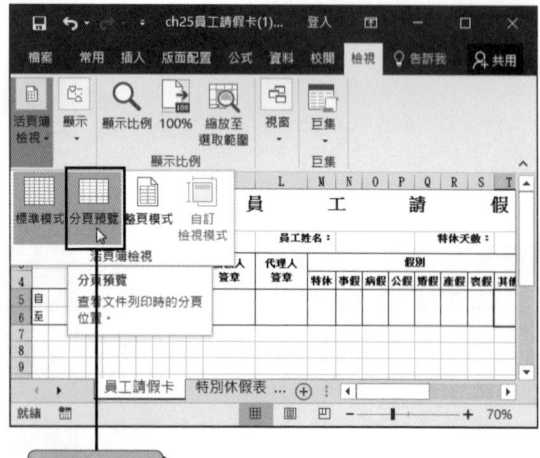

執行此指令

200

單元 25　員工請假卡

2 工作表以分頁模式呈現。切換到「版面配置」功能索引標籤，在「版面設定」功能區中，按下「方向」清單鈕，執行「橫向」指令。

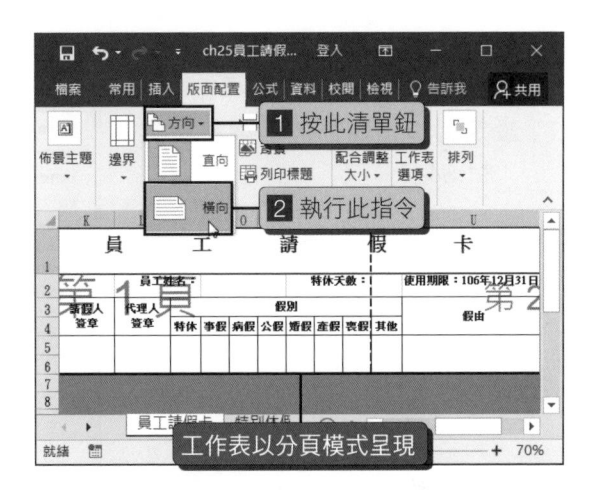

3 大部分的表格內容在同一頁，但是含有一欄在第二頁，試著調整邊界縮減成一頁寬。切換到「版面配置」功能索引標籤，在「版面設定」功能區中，按下「邊界」清單鈕，執行「窄」指令。

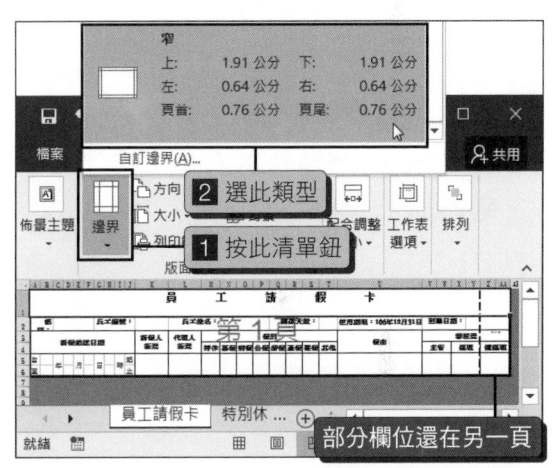

4 請假卡希望設計呈正反 2 頁，因此背面（第 2 頁）也必須有表頭資訊，為了避免複製過多的表格而超過第 3 頁，因此先設定列印標題。選取整列 1：4，繼續在「版面設定」功能區中，執行「列印標題」指令。

201

5 開啟「版面設定」對話方塊，自動移到「工作表」索引標籤中，設定列印標題列的儲存格位置「$1:$4」。

6 切換到「頁首/頁尾」索引標籤，先勾選「奇數頁與偶數頁不同」選項，然後按下「自訂頁尾」鈕。

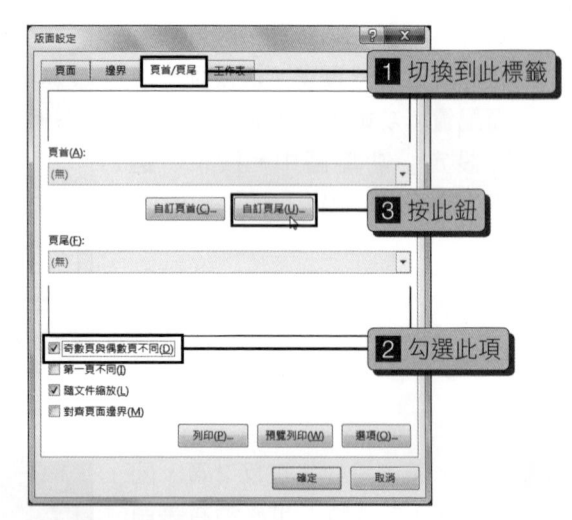

7 開啟「頁尾」對話方塊，自動切換到「奇數頁頁尾」索引標籤，將編輯插入點移到左方空白處，輸入文字「<正面>」。

8 切換到「偶數頁頁尾」標籤，同樣在左方空白處，輸入文字「<反面>」，按下「確定」鈕。

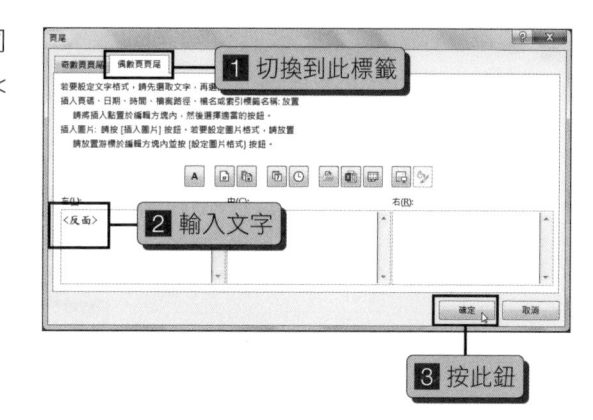

9 回到「版面設定」對話方塊，按下「確定」鈕。

10 選取 A5:AA6 儲存格範圍，使用拖曳的方式，複製到下方儲存格，若超過第 2 頁範圍，再將多餘的儲存格刪除即可。

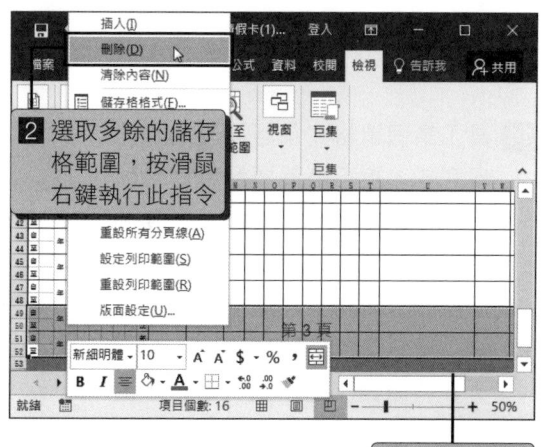

11 選取 A47:L48 儲存格，切換到「常用」功能索引標籤，在「對齊方式」功能區中，按下「跨欄置中」清單鈕，執行「合併儲存格」指令。

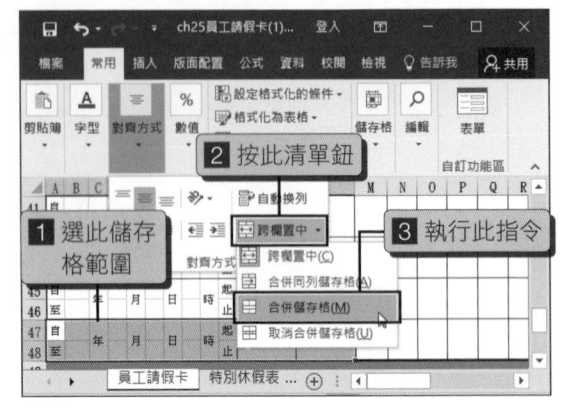

12 出現訊息方塊，直接按下「確定」鈕。

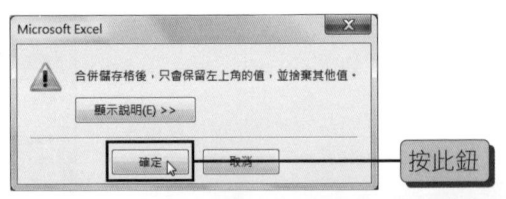

13 將已合併的儲存格內容刪除，重新輸入文字「合計」。

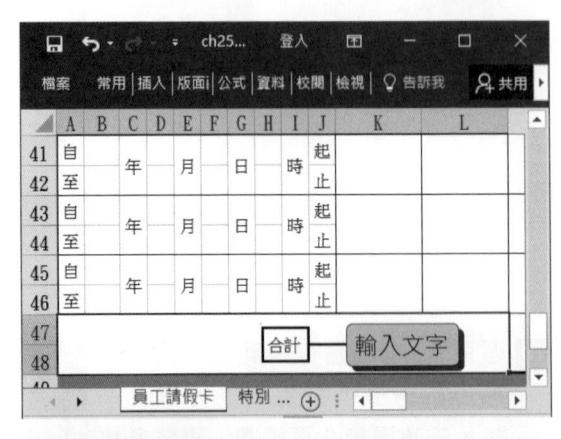

14 員工請假單格式及版面設定都已經完成，接下來就要利用資料驗證和 VLOOKUP 函數，製作個人的請假單。選取 K2 儲存格，切換到「資料」功能索引標籤，在「資料工具」功能區中，按下「資料驗證」清單鈕，執行「資料驗證」指令。

15 開啟「資料驗證」對話方塊，在「設定」索引標籤中，允許「清單」項目並選擇來源為「特別休假表」工作表中的 A4:A26 儲存格，來源處會顯示「=特別休假表!$A$4:$A$26」。

1 設定驗證資料

2 按此鈕

16 分別在部門、姓名、特休及到職日等欄位輸入 VLOOKUP 函數公式。

欄位名稱	位置	公式
部　　門	C2	=IF($K$2="","",VLOOKUP($K$2,特別休假表!$A$4:$G$26,2,0))
員工姓名	N2	=IF($K$2="","",VLOOKUP($K$2,特別休假表!$A$4:$G$26,3,0))
特休天數	T2	=IF($K$2="","",VLOOKUP($K$2,特別休假表!$A$4:$G$26,7,0))
到職日期	T2	=IF($K$2="","",VLOOKUP($K$2,特別休假表!$A$4:$G$26,5,0))

當選擇員工編號時，就會自動顯示對應的內容，即可逐一列印個人的員工請假卡。記得要正反面列印在同一張紙上，環保又方便。

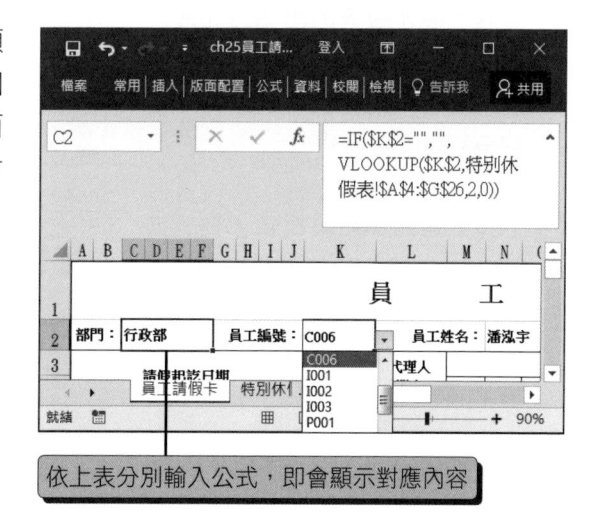

依上表分別輸入公式，即會顯示對應內容

PART 2　Excel 財務試算

📥 範例檔案：PART 2\ch26. 出勤日報表

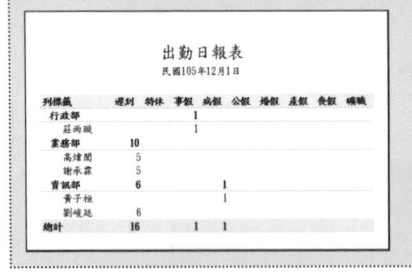

單元 26　出勤日報表

今天哪個員工沒上班？原因為何？哪個員工又遲到了？是哪個部門的？這些資料每天都要準備好給主管報告，每個月還要匯整給會計部門用來計算薪資，年底也要統計出來讓各部門主管打考績，因此請假遲到的記錄一定要相當完整。

範例步驟

1. 首先依照請假卡的欄位，建立請假記錄的工作表，並增加遲到的欄位，請開啟「Excel 範例檔」資料夾中的「ch26 出勤日報表 (1).xlsx」，切換到「請假記錄」工作表。接著就利用這些請假的記錄資料，製作每天的出勤日報表，切換到「插入」功能索引標籤，在「表格」功能區中，執行「樞紐分析表」指令。

2. 開啟「建立樞紐分析表」對話方塊，Excel 會自動幫使用者選取資料範圍，先確認資料範圍，再勾選樞紐分析表的位置為「新工作表」，然後按下「確定」鈕。

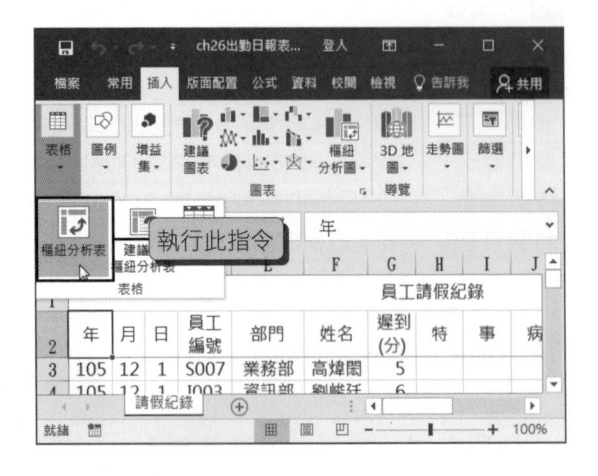

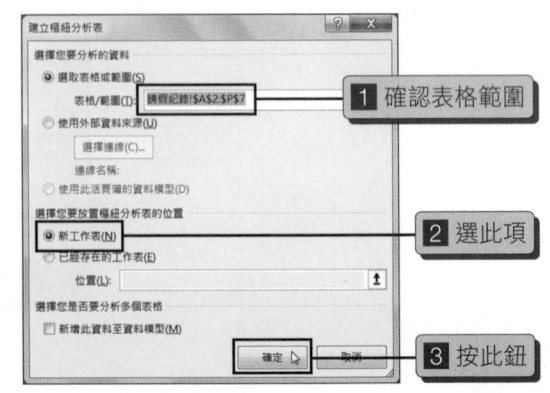

206

單元 26　出勤日報表

3 開啟「樞紐分析表欄位」工作窗格，選取樞紐分析表欄位「年」，拖曳到「篩選」區域。

4 游標移到「月」欄位上方，按滑鼠右鍵開啟快顯功能表，執行「新增置報表篩選」指令。

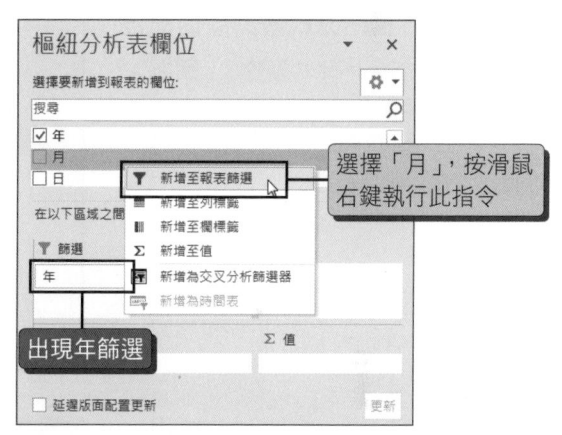

5 依步驟 3 或 4，將「日」放入篩選區域，「部門」及「姓名」放入列區域。然後將「遲到（分）」放入 Σ 值區域，按一下「計數 - 遲到（分）」，執行「值欄位設定」。

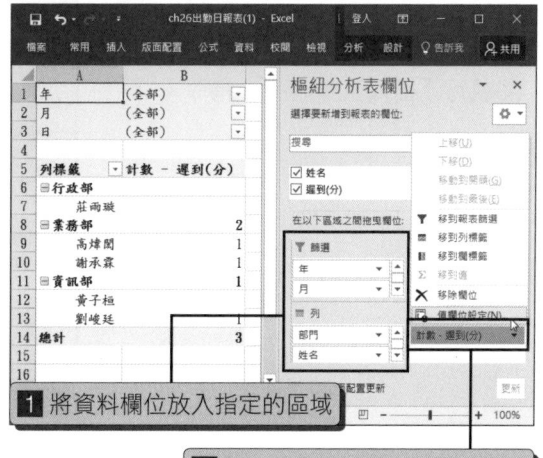

207

6 開啟「值欄位設定」對話方塊，先選擇使用「加總」方式計算資料欄位，再修改名稱為「遲到」後，按下「確定」鈕。

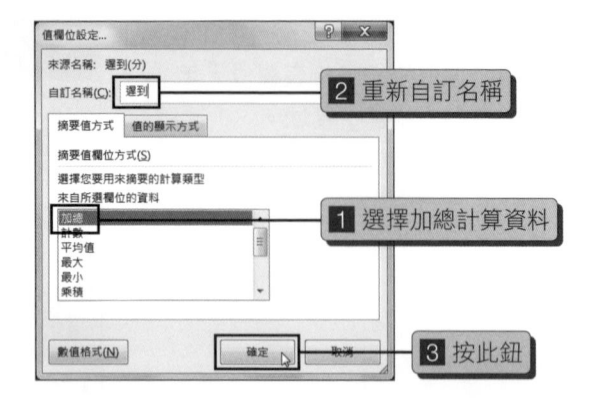

　1 選擇加總計算資料
　2 重新自訂名稱
　3 按此鈕

7 依步驟 5、6 將所有假別的欄位設定完成，樞紐分析表的版面配置如下圖。按下右上方 ✕「關閉」鈕暫時關閉工作窗格。

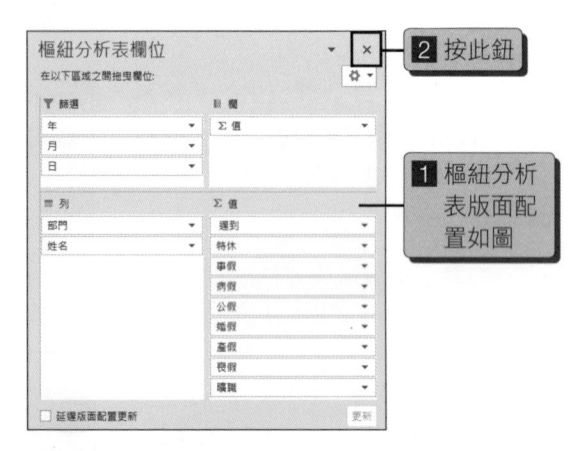

　1 樞紐分析表版面配置如圖
　2 按此鈕

8 選取整列 1:2，切換到「常用」功能索引標籤，在「儲存格」功能區中，按下「插入」清單鈕，執行「插入工作表列」指令。

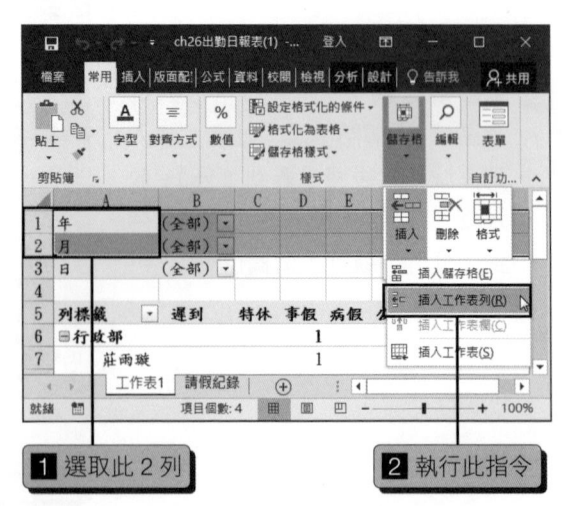

　1 選取此 2 列
　2 執行此指令

單元 26　出勤日報表

9. 先選取 A1 儲存格，輸入表頭名稱「出勤日報表」，然後在「字型」功能區中，將文字大小設定為「20」。再選取 A1:K1 儲存格，在「對齊方式」功能區中，執行「跨欄置中」指令。

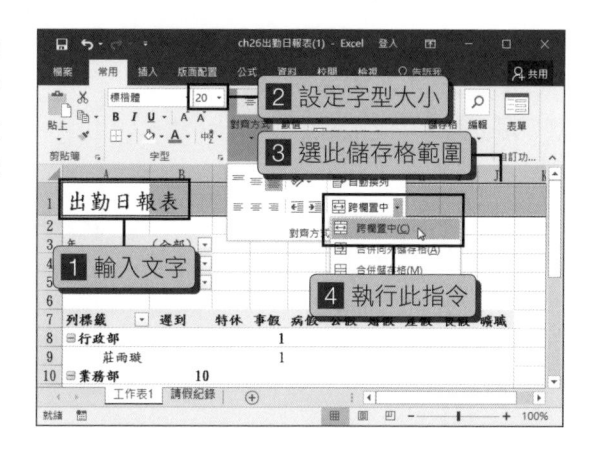

10. 選取 A2:K2 儲存格，先執行「跨欄置中」指令合併儲存格，接著切換到「公式」功能索引標籤，在「函數程式庫」功能區中，按下「文字」清單鈕，執行「CONCATENATE」函數。

11. 開啟 CONCATENATE「函數引數」對話方塊，分別在 Text1~Text5 輸入引數「"民國"」、「B3」、「"年"」、「"B4"」及「"月"」，按下垂直卷軸上的向下鈕。

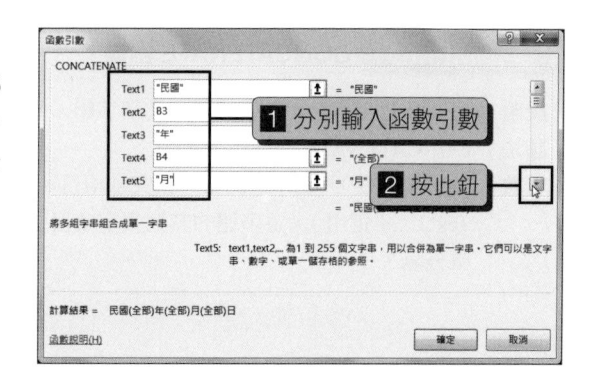

209

PART 2　Excel 財務試算

12 繼續在 Text6~Text7 輸入「"B5"」及「" 日 "」，輸入完成按下「確定」鈕。

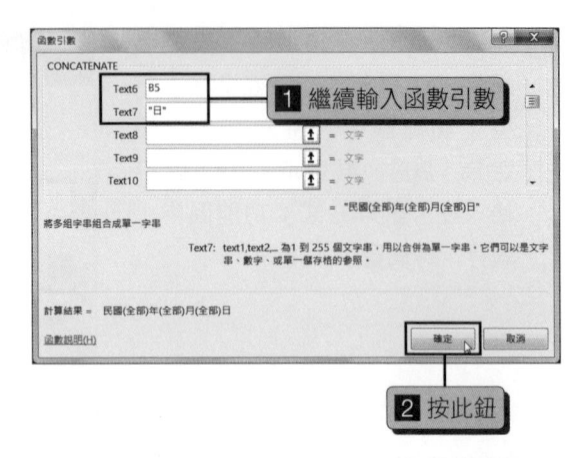

1 繼續輸入函數引數
2 按此鈕

13 完整公式為「=CONCATENATE(" 民 國 ",B3," 年 ",B4," 月 ",B5," 日 ")」。接著按下 B3 儲存格篩選鈕，選擇「105」年，按下「確定」鈕。

完整公式　=CONCATENATE("民國",B3,"年",B4,"月",B5,"日")
1 按此篩選鈕
2 選此年度
3 按此鈕

操作 MEMO　CONCATENATE 函數

說明： 可將多個文字字串結合成單一文字字串。
語法： CONCATENATE（text1, [text2], ...）
引數： Text1（必要）。要串連的第一個文字項目。
　　　　Text2 ...（選用）。要串連的其他文字項目，最多可有 255 個項目。這些項目必須以逗號分隔。

單元 26　出勤日報表

14 當篩選「年」、「月」、「日」選擇「105」、「12」及「1」時，表頭的日期會自動顯示「民國 102 年 12 月 1 日」鈕。

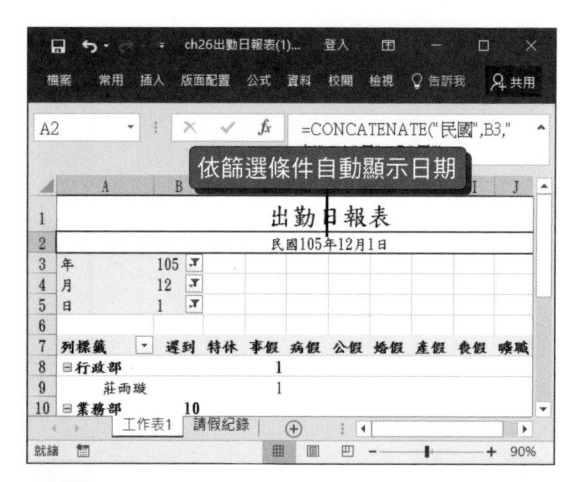

依篩選條件自動顯示日期

15 當每天休假記錄持續增加中，超過最早樞紐分析表設定的來源欄位時，就要重新變更資料來源。開啟「Excel 範例檔」資料夾中的「ch26 出勤日報表 (2).xlsx」，任選樞紐分析表中的儲存格，切換到「樞紐分析表工具\分析」功能索引標籤，在「資料」功能區中，執行「變更資料來源」指令。

1 選此儲存格
2 執行此指令

16 開啟「變更樞紐分析表資料來源」對話方塊，修改原有的範圍增加到「請假記錄 $A$2:$P$10000」的儲存格範圍，選取完畢按下「確定」鈕。(修改的儲存格範圍遠超過真正資料範圍，是預留日後尚有新增的資料）

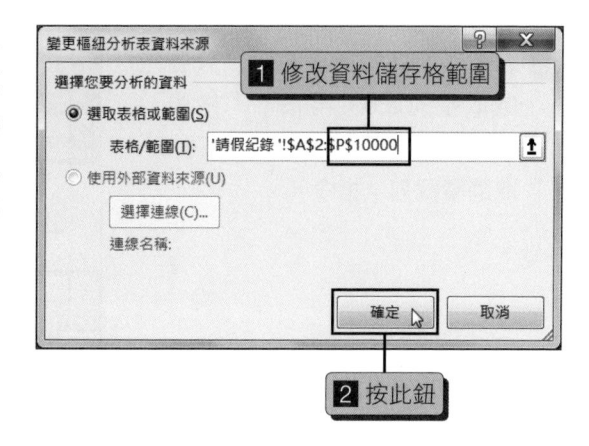

1 修改資料儲存格範圍
2 按此鈕

211

PART 2　Excel 財務試算

17 篩選欄位中多了許多資料可供篩選。

18 為了日報表的美觀，可以在篩選完日期後，列印之前將列 3:5 隱藏起來。選取列 3:5，切換到「常用」功能索引標籤，在「儲存格」功能區中，按下「格式」清單鈕，執行「隱藏及取消隱藏\隱藏列」指令。

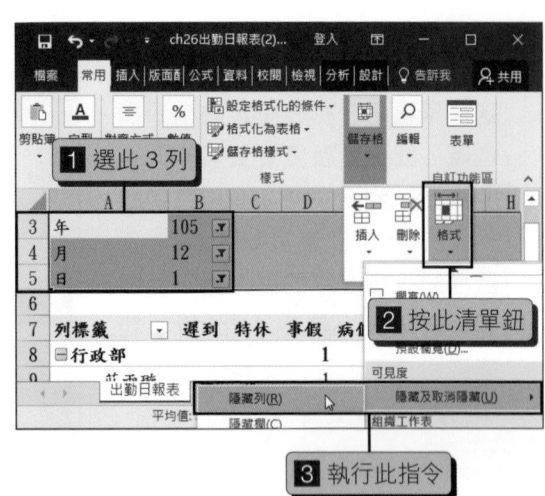

19 若要重新選擇篩選日期，只要先選取整列 2:6，再按下「格式」清單鈕，執行「隱藏及取消隱藏\取消隱藏列」指令。

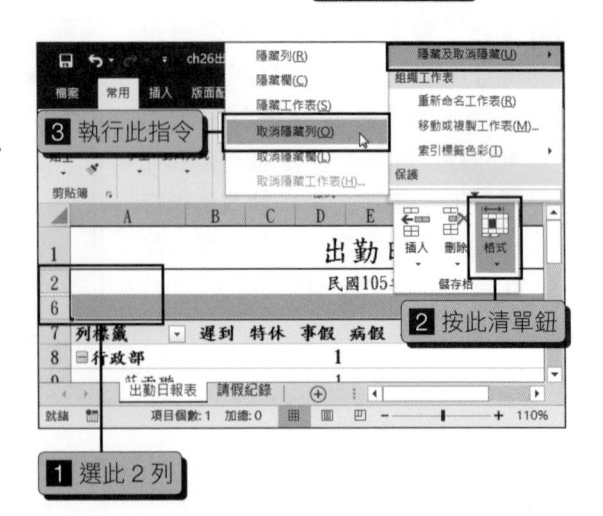

212

單元 27 休假統計圖表

範例檔案：PART 2\ch27. 休假統計圖表

單元 27 休假統計圖表

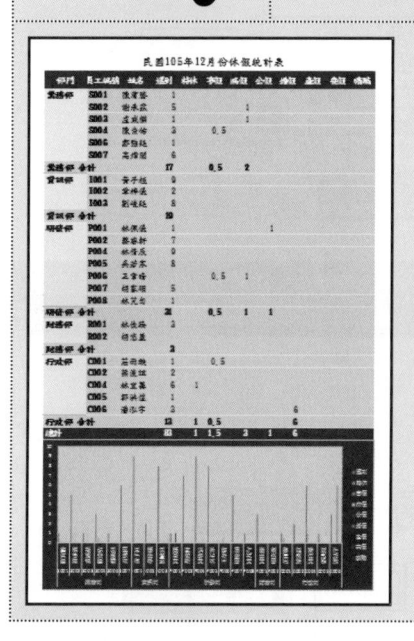

休假統計表以月為單位，統計員工各種假別的天數，可以依照出勤日報表的樣式，加以變化而成。至於各部門遲到、休假的狀況也可以使用樞紐分析圖表示，讓各部門主管更清楚知道自己部門和其他部門的出勤狀況。

範例步驟

1. 請開啟「Excel 範例檔」資料夾中的「ch27 休假統計圖表(1).xlsx」，切換到「休假統計表」工作表，這原本是出勤日報表，已先將報表名稱及工作表名稱修改完成，接下來就要變更樞紐分析表的版面配置。在「樞紐分析表欄位」格中，取消勾選「日」欄位。

取消勾選此項

213

2 將游標移到「員工編號」欄位上方，按住滑鼠不放，將「員工編號」欄位拖曳至工作表「姓名」欄位前方。(此項功能僅在古典樞紐分析表板面配置下才能執行)

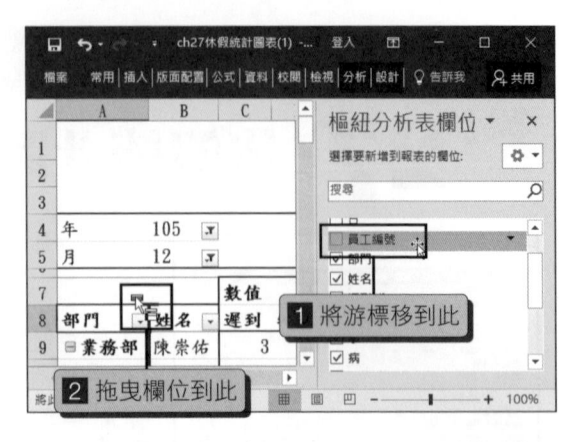

3 「員工編號」只是做參照使用，並不需要小計加總。選取員工編號的合計儲存格，切換到「樞紐分析表工具\分析」功能索引標籤，在「作用中欄位」功能區中，執行「欄位設定」指令。

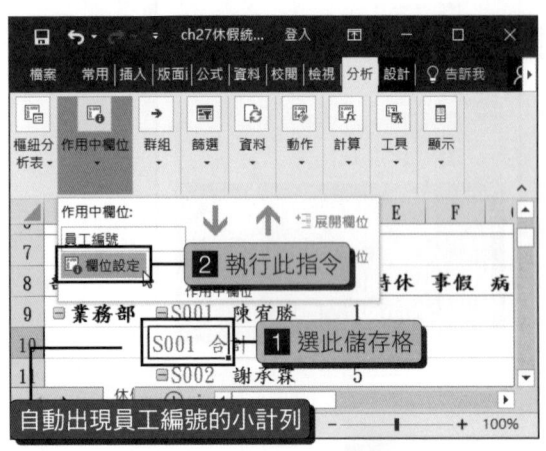

4 開啟「欄位設定」對話方塊，「小計與篩選」標籤中選擇小計是「無」，按「確定」鈕。

單元 27　休假統計圖表

5 為了讓樞紐分析表美觀一些，可以切換到「樞紐分析表工具\設計」功能索引標籤，在「樞紐分析表樣式」功能區中，按下樣式捲動軸上的 ▼「其他」清單，選擇自己喜歡的樣式。

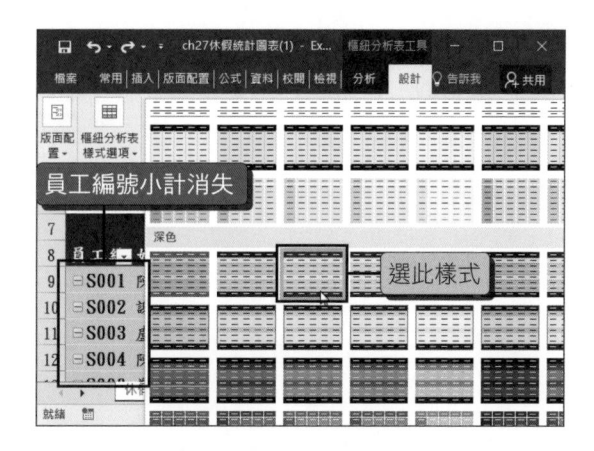

6 樞紐分析表套用指定樣式。先刪除原本的工作列 1，再將表頭公式變更為「=CONCATENATE(" 民國 ",B3," 年 ",B4," 月份休假統計表 ")」，最後在調整字型大小為「18」。

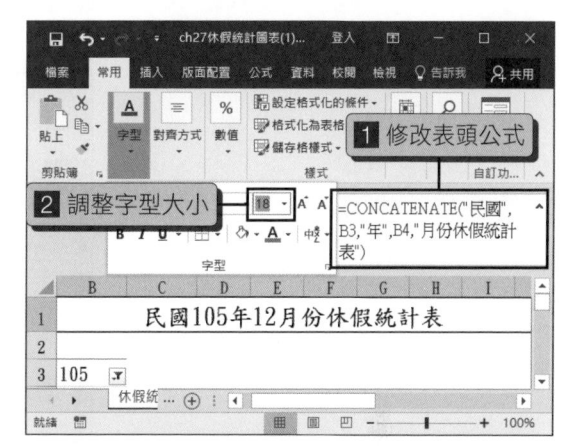

7 接著要插入樞紐分析圖，選取樞紐分析表中任一儲存格，切換到「樞紐分析表工具\分析」功能索引標籤，在「工具」功能區中，執行「樞紐分析圖」指令。

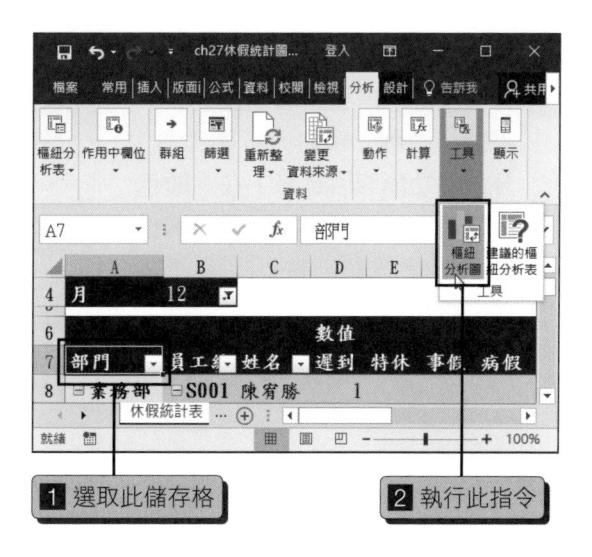

215

PART 2　Excel 財務試算

8 開啟「插入圖表」對話方塊，選擇預設的「群體直條圖」類型，按「確定」鈕。

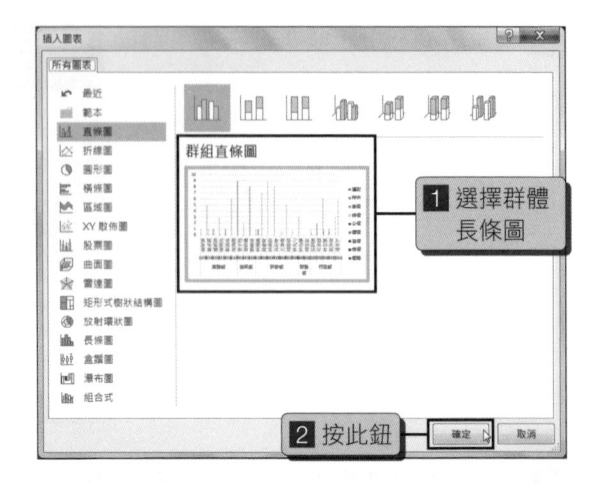

1 選擇群體長條圖
2 按此鈕

9 將圖表拖曳至表格下方，並調整到適當的大小。

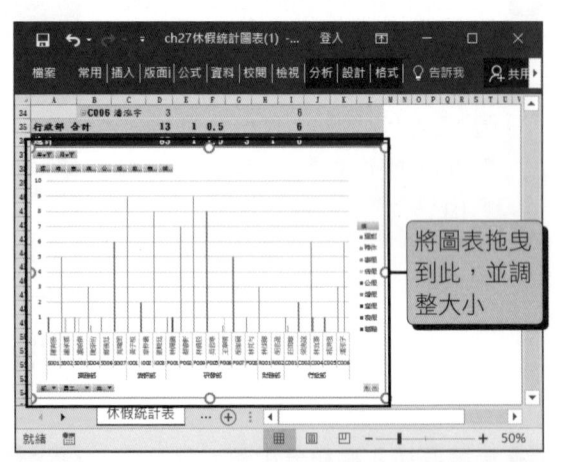

將圖表拖曳到此，並調整大小

10 在圖表區不需要顯示欄位按鈕，因此切換到「樞紐分析圖工具\分析」功能索引標籤，在「顯示與隱藏」功能區中，按下「欄位按鈕」清單鈕，執行「全部隱藏」指令。

1 按此清單鈕
無需顯示欄位按鈕
2 執行此指令

216

單元 27　休假統計圖表

11 光是長條無法一眼就知道實際數值，所以切換到「樞紐分析圖工具\設計」功能索引標籤，在「圖表版面配置」功能區中，按下「新增圖表項目」清單鈕，在「資料標籤」項下，執行「終點外側」指令，增加數值資料標籤。

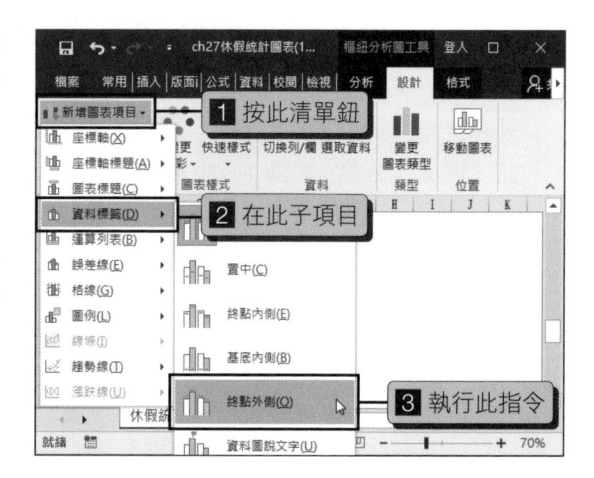

12 接著將圖表塗點顏色，切換到「樞紐分析圖工具\格式」功能索引標籤，在「目前選取的範圍」功能區中，按下清單鈕選取圖表的「繪圖區」；繼續在「圖案樣式」功能區中，按下「圖案填滿」清單鈕，選擇「橙色,輔色2,較淺60%」。

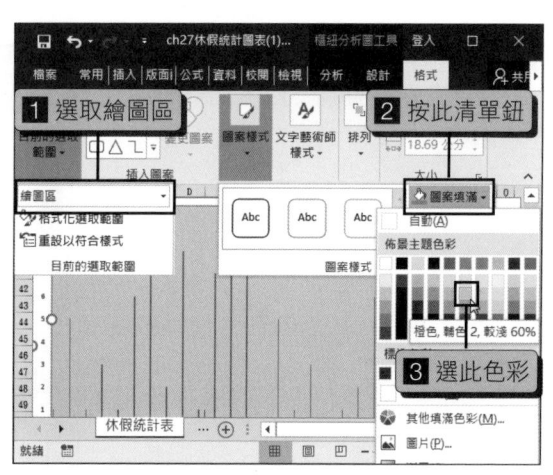

13 選取圖表的「圖表區」，再次按下「圖案填滿」清單鈕，選擇「橙色,輔色2,較深50%」。

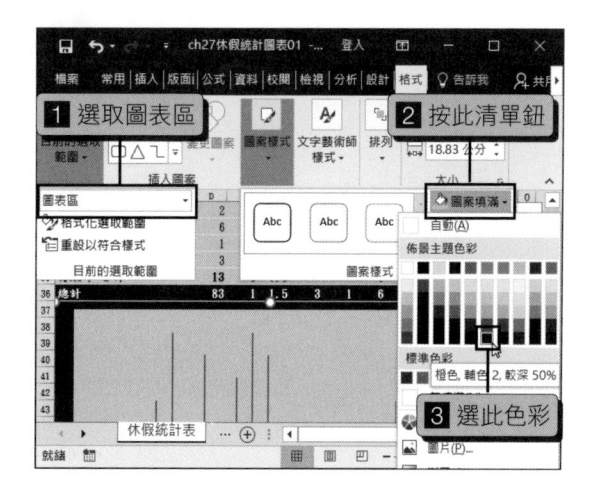

217

14 接著選取圖表的水平（類別）軸，在「文字藝術師樣式」功能區中，按下「文字填滿」清單鈕，選擇「白色,背景1」色彩。

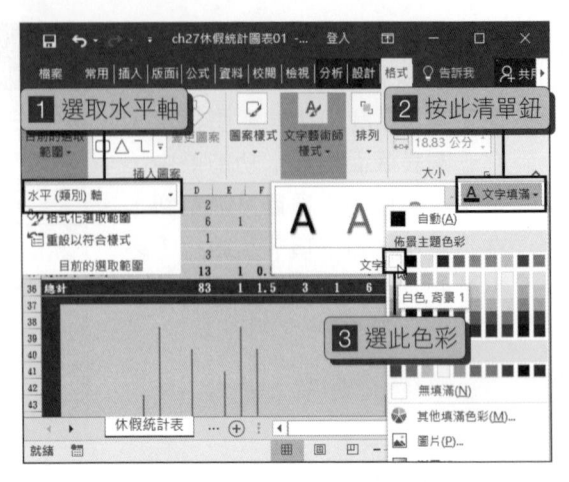

15 陸續將垂直（數值）軸和圖例的文字色彩變更為「白色,背景1」即可。

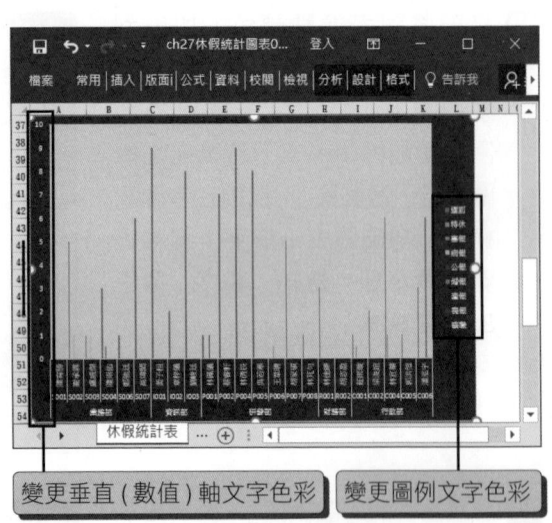

單元 28　考核成績統計表

範例檔案：PART 2\ch28. 考核成績統計表

單元 28　考核成績統計表

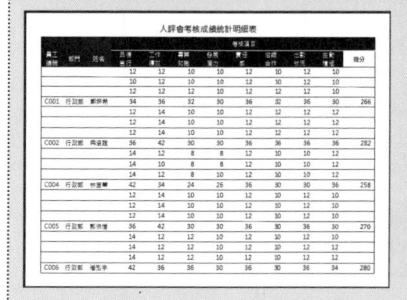

人評會的成員不只一位，要將所有人的考核表分數統計加總，有一定的難度。但是善用 Excel 的功能，就能輕而易舉將格式相同的表格彙整加總。

範例步驟

1 請開啟「Excel 範例檔」資料夾中的「ch28 考核成績統計表 (1).xlsx」，不論是哪個評委或是統計工作表，除了分數之外，其他格式、標題位置、員工姓名順序都相同。

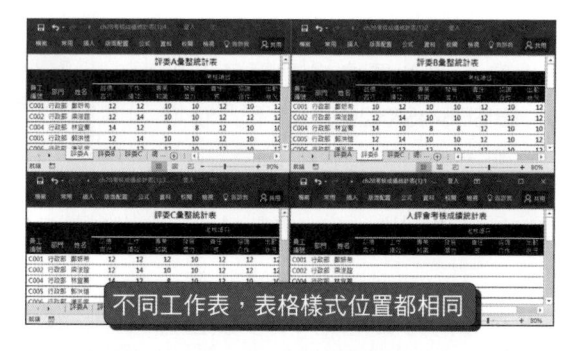

不同工作表，表格樣式位置都相同

2 切換到「總計」工作表，選取 D4 儲存格，切換到「資料」功能索引標籤，在「資料工具」功能區中，執行「合併彙算」指令。

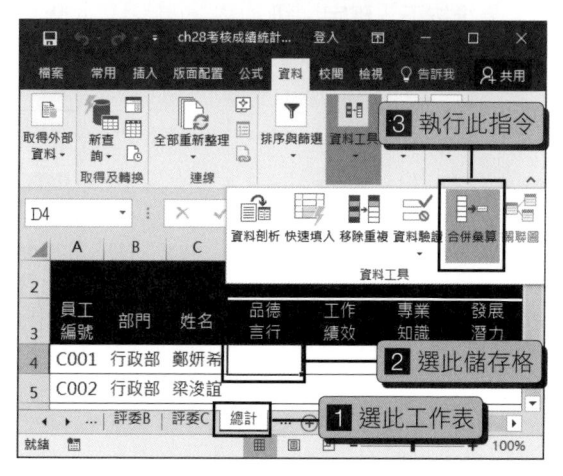

1 選此工作表
2 選此儲存格
3 執行此指令

219

PART 2　Excel 財務試算

3 開啟「合併彙算」對話方塊，函數選擇「加總」，將游標插入點移到「參照位置」空白處，切換到「評委 A」工作表，選取 D4:K26 儲存格，參照位置此時會顯示「評委 A!$D$4:$K$26」，按下「新增」鈕。

2 將插入點移到此，選取「評委 A」工作表的 D4:K26 儲存格

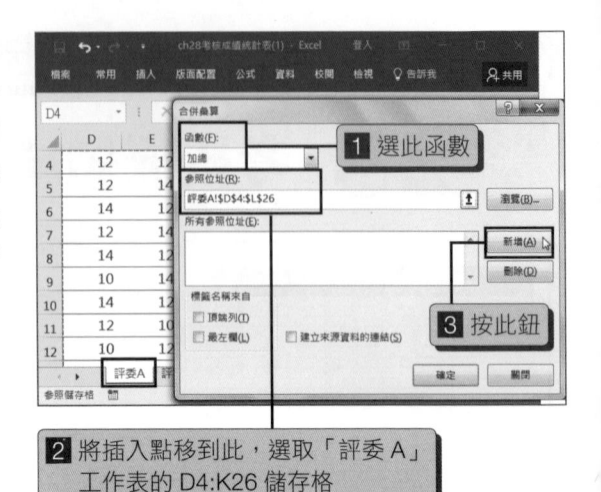

4 此時「所有參照位置」處會增加一筆「評委 A!$D$4:$K$26」的資料。繼續新增參照位置，直接點選「評委 B」工作表標籤，這時參照位置會自動顯示「評委 B!$D$4:$K$26」，按下「新增」鈕。

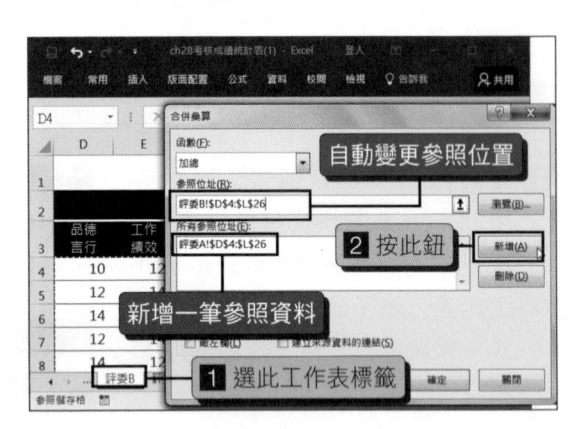

5 依相同方法完成所有參照位置，最後按下「確定」鈕。

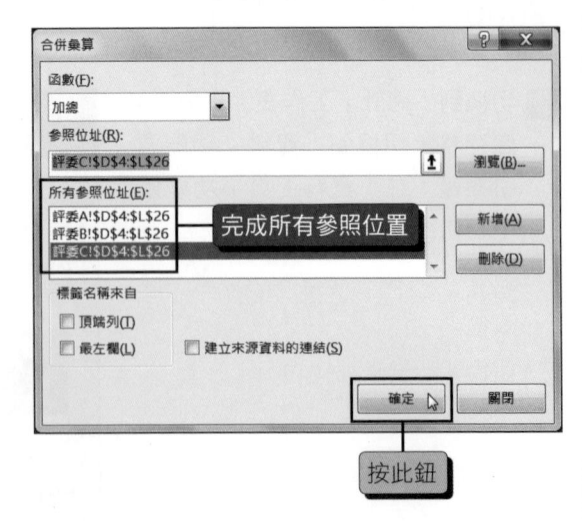

單元 28 考核成績統計表

6 「總計」工作表中顯示自動加總的分數。

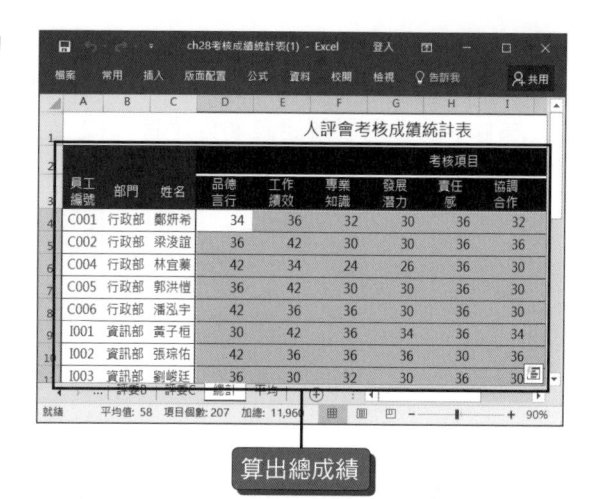

算出總成績

7 切換到「平均」工作表，選取 D4 儲存格，再次執行「合併彙算」指令，開啟「合併彙算」對話方塊，依上述步驟新增所有參照位置，但是將「函數」變更為「平均值」後，按下「確定」鈕。

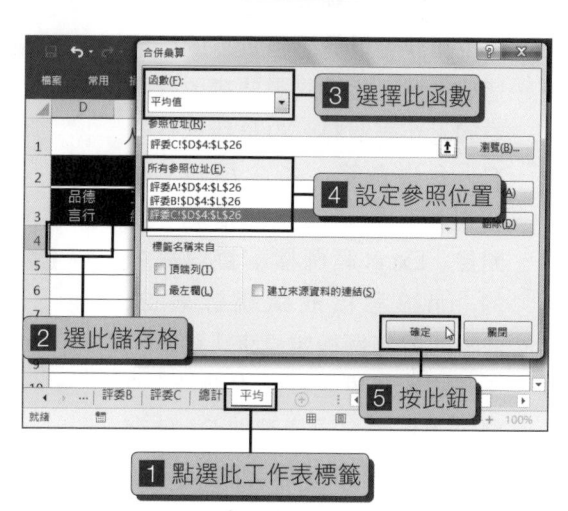

8 計算出個人各項指標的平均分數。選取 D4:D26 儲存格，切換到「常用」功能索引標籤，在「樣式」功能區中，按下「設定格式化條件」清單鈕，執行「資料橫條」指令，選擇「漸層填滿\藍色資料橫條」樣式。

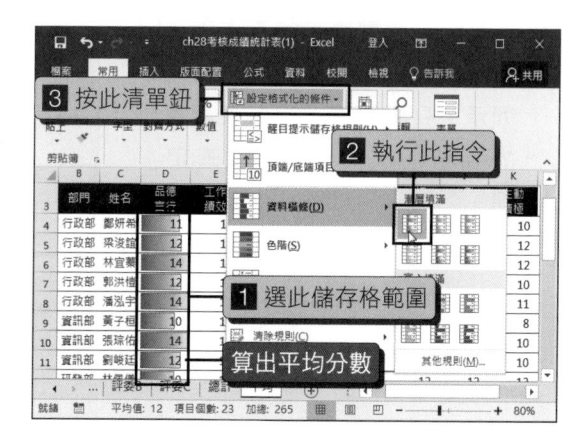

221

9 重複同樣步驟,將各項指標填上不同顏色的資料橫條,利用資料橫條,很容易了解距離滿分還有多少的努力空間。

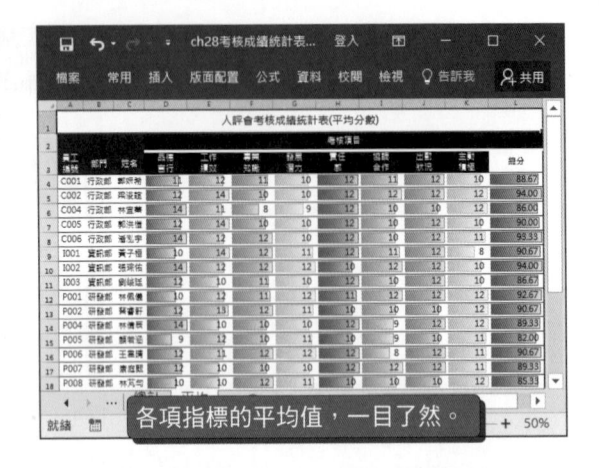

各項指標的平均值,一目了然。

10 如果發現某位評委的分數登打時出現錯誤,對於已經彙算的結果造成影響,此時只需要繕改該評委的工作表資料,再重新執行一次「合併彙算」指令即可。當然也有一開始的預防措施,請開啟「Excel 範例檔」資料夾中的「ch28 考核成績統計表 (2).xlsx」,本範例複製原來「總計」工作表,變更名稱為「總計 - 連結」工作表。同樣選取 D4 儲存格,執行「合併彙算」指令。

1 選此儲存格
2 執行此指令

11 因為這是複製原來的工作表,因此所有參照位置和函數都會自動顯示,只要勾選「建立來源資料的連結」選項,按下「確定」鈕。

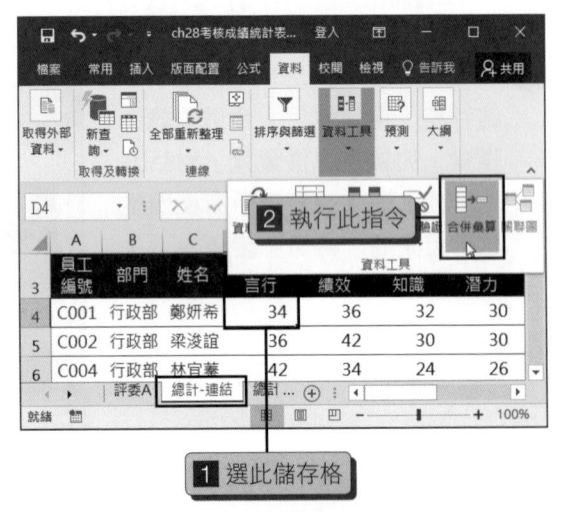

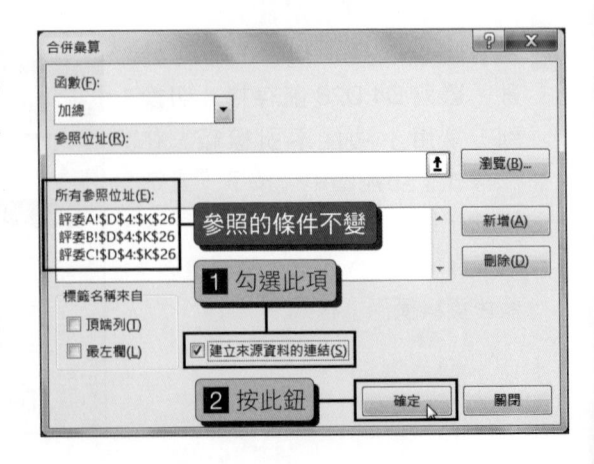

參照的條件不變
1 勾選此項
2 按此鈕

單元 28　考核成績統計表

12 工作表的分數重新計算後少 10 分，並出現「小計及大綱」工作窗格。

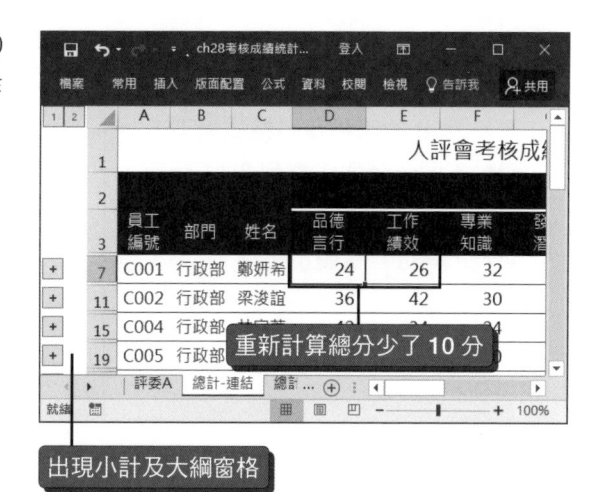

重新計算總分少了 10 分

出現小計及大綱窗格

13 切換到「評委 A」工作表，將 D4 及 E4 儲存格數值由「2」修改為「12」。

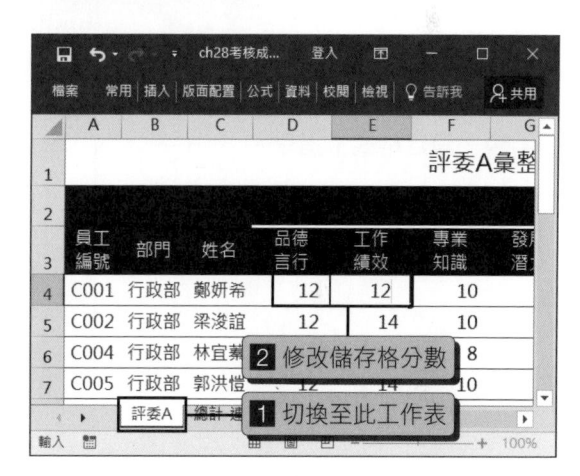

1 切換至此工作表

2 修改儲存格分數

14 回到「總計 - 連結」工作表，自動修改總計分數。按下大綱階層「2」按鈕，看看會發生什麼事。

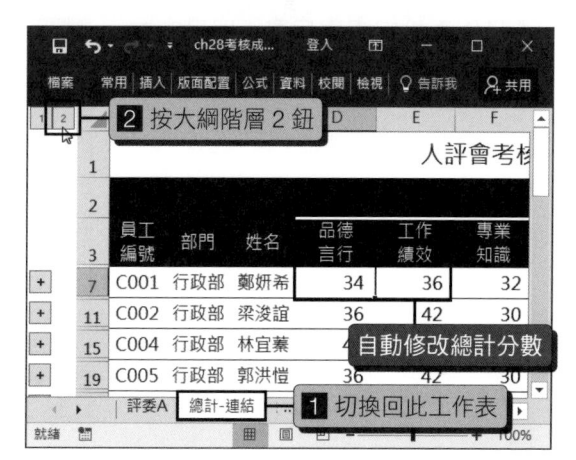

2 按大綱階層 2 鈕

自動修改總計分數

1 切換回此工作表

223

15 展開來的竟然是個人的明細分數。由於受到表頭格式的影響，列 4: 列 6 的明細資料格式與下方資料不同，選取將整列 8:11 儲存格範圍，按滑鼠右鍵開啟快顯功能表，執行「複製」指令。

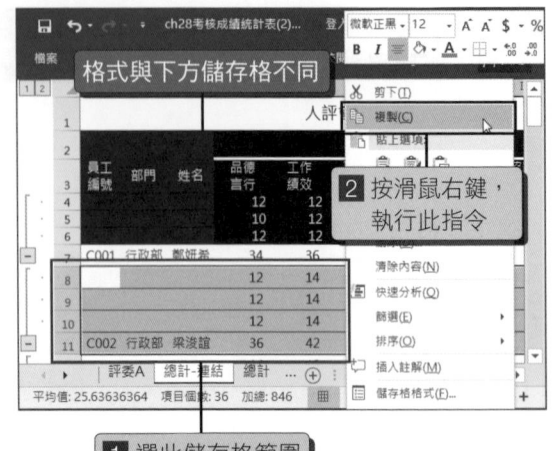

16 選取將整列 4:7 儲存格範圍，按滑鼠右鍵開啟快顯功能表，執行「設定格式」指令。

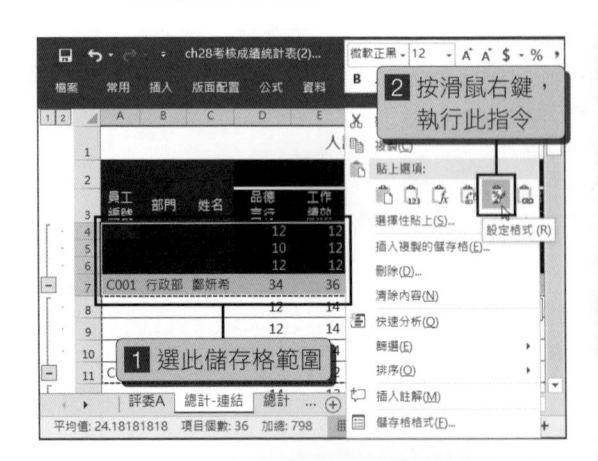

17 最後再設定版面配置，即可完成人評會成績統計明細表。

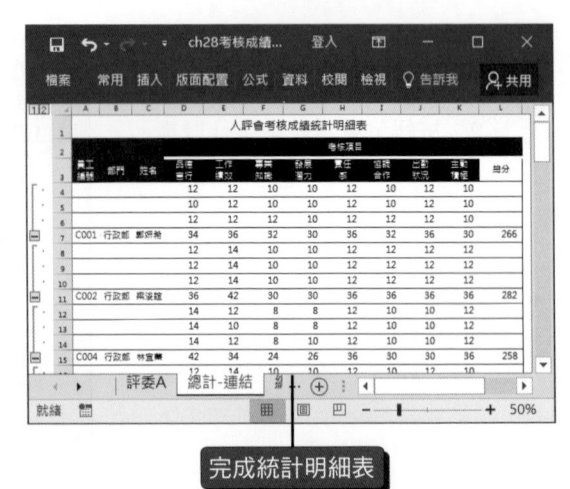

範例檔案：PART 2\ch29. 各部門考核成績排行榜

單元 29 各部門考核成績排行榜

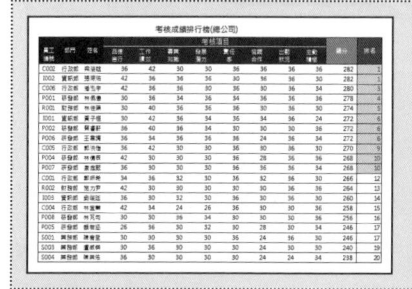

統計完員工的成績後，不妨將考核成績排名，一方面可以快速看出員工成績的好壞，另一方面可以藉此獎勵優秀員工或激勵表現待加強的員工。

範例步驟

1. 請開啟「Excel 範例檔」資料夾中的「ch29 各部門考核成績排行榜(1).xlsx」，切換到「總排名」工作表。選取 M4 儲存格，切換到「公式」功能索引標籤，在「函數程式庫」功能區中，執行「插入函數」指令。

2. 由於在各類函數中找不到 RANK 函數，因此在「搜尋函數」空白處中輸入文字「排名」，按「開始」鈕。

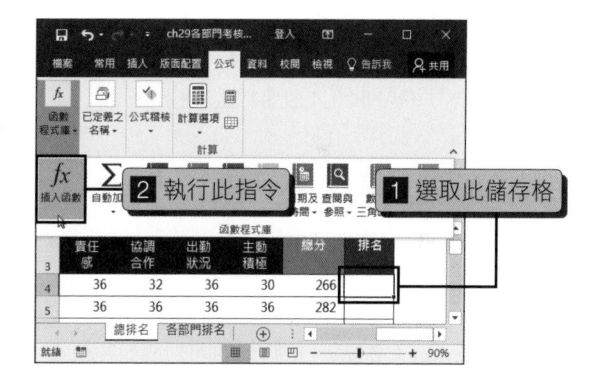

225

PART 2 Excel 財務試算

3 在「選取函數」中出現建議的函數，選擇「RANK」函數，按「確定」鈕。

4 開啟 RANK「函數引數」對話方塊，在引數 Number 處，選取 L4 儲存格；引數 Ref 處，選取 L4:L26 儲存格範圍，並按下鍵盤上【F4】鍵，使儲存格範圍變成絕對位置，按「確定」鈕。完整公式為「=RANK (L4,$L$4:$L$26)」

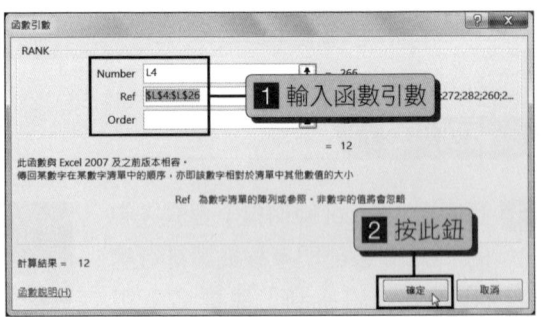

操作MEMO　RANK 函數

說明： 傳回數字在數列中的排名。
語法： RANK（number,ref,[order]）
引數： ・Number（必要）。要找出其排名的數字或儲存格。
　　　・Ref（必要）。指數列的陣列或參照位置。
　　　・Order（選用）。指定排列數值方式的數字。

---

5 接著將 M4 儲存格公式拖曳向下複製到 M26 儲存格，此時會自動將排名完成。選取 M4:M26 儲存格，切換到「常用」功能索引標籤，在「樣式」功能區中，按下「設定格式化條件」清單鈕，選擇在「頂端 / 底端項目規則」項下，執行「最後 10 個項目」指令。

單元 29　各部門考核成績排行榜

6 開啟「最後 10 個項目」對話方塊，使用預設的規則，按下「確定」鈕。

按此鈕

7 排名前 10 名的員工都有醒目提醒。

前 10 名有醒目提醒

8 如果要做成排行榜，當然是要依照名次作為順序列表。選取 A3:M26 儲存格範圍，切換到「資料」功能索引標籤，在「排序與篩選」功能區中，執行「排序」指令。

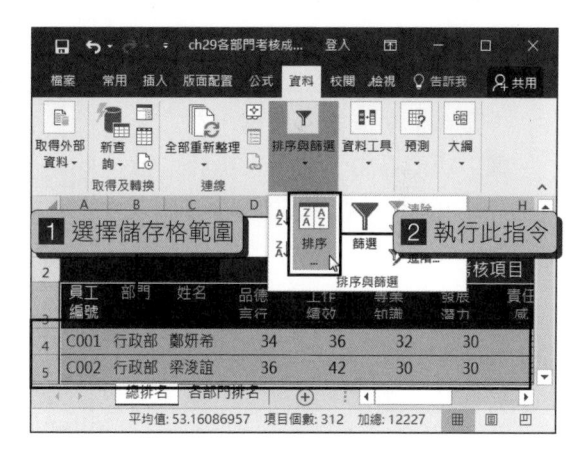

1 選擇儲存格範圍　　2 執行此指令

9 開啟「排序」對話方塊，設定排序方式依照「排名」的值，由「最小到最大」排序條件，按「確定」鈕。

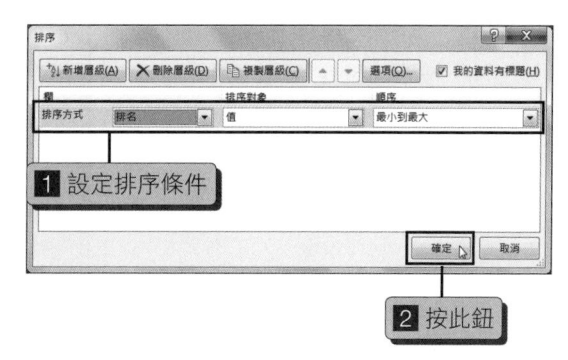

1 設定排序條件

2 按此鈕

227

10 工作表資料依照排名順序重新排序。

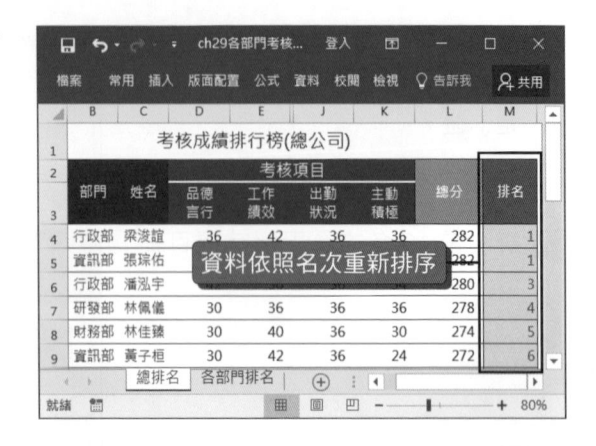

資料依照名次重新排序

11 如果想要知道各部門的第一名是誰,只要在不同的部門員工公式中,使用不同的 Ref 引數範圍。請切換到「各部門排名」工作表,本工作表資料是依照「部門」及「員工編號」順序排列,選取 A3:L26 儲存格範圍,切換到「資料」功能索引標籤,在「大綱」功能區中,執行「小計」指令。

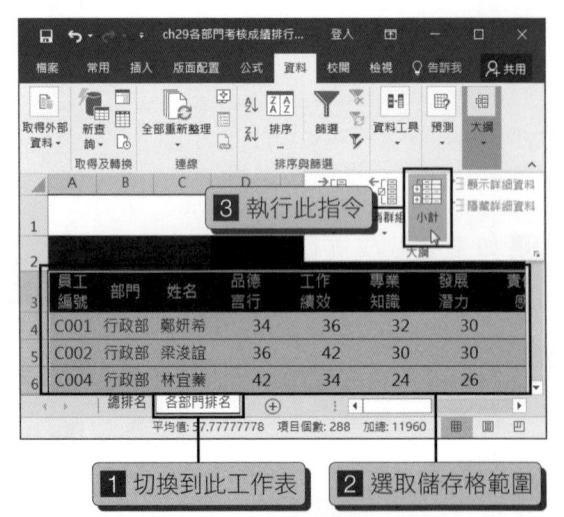

1 切換到此工作表　2 選取儲存格範圍　3 執行此指令

12 開啟「小計」對話方塊,「分組小計欄位」選擇「部門」;「使用函數」選擇「平均值」;「新增小計欄位」勾選全部考核項目及「總分」,按下「確定」。

1 設定小計條件　2 按此鈕

單元 29　各部門考核成績排行榜

13 工作表依照部門別有明顯的區隔。選取 M4 儲存格，切換到「公式」功能索引標籤，在「函數程式庫」功能區中，按下「其他函數」清單鈕，選擇在「統計」項下，執行「RANK.EQ」函數。

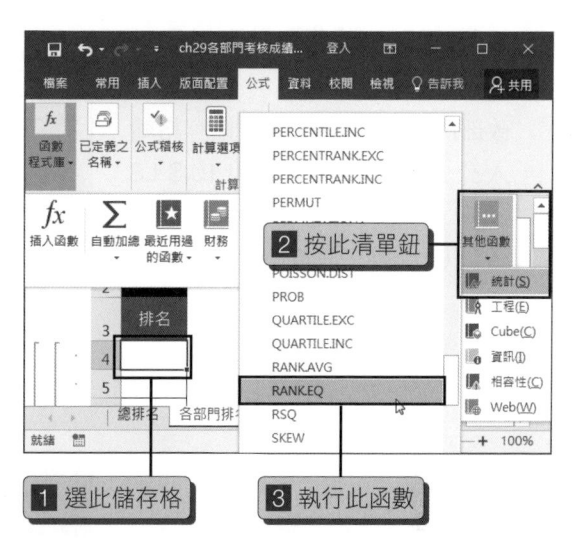

14 開啟 RANK.EQ「函數引數」對話方塊，在引數 Number 處，選取 L4 儲存格；引數 Ref 處，選取 L4:L8 儲存格範圍，並按下鍵盤上【F4】鍵，使儲存格範圍變成絕對位置，按「確定」鈕。完整公式為「=RANK.EQ(L4,$L$4:$L$8)」。

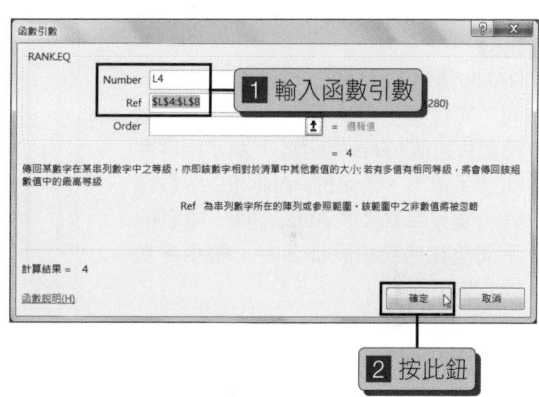

操作MEMO　RANK.EQ 函數

說明：傳回數字在數列中的排名。
語法：RANK.EQ（number,ref,[order]）
引數：・Number（必要）。要找出其排名的數字或儲存格。
　　　・Ref（必要）。指數列的陣列或參照位置。
　　　・Order（選用）。指定排列數值方式的數字。

15 將 M4 儲存格公式「=RANK.EQ(L4,$L$4:$L$8)」複製到所有行政部門員工；選取 M10 儲存格輸入公式為「=RANK.EQ(L10,$L$10:$L$12)」，並複製到資訊部員工；以此類推…完成所有的公式。

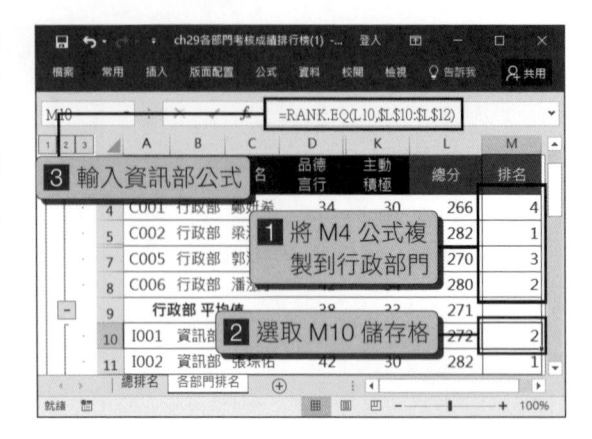

16 完成所有公式後，每個員工在該部門的排名一清二楚。

TIPS

RANK函數和RANK.EQ函數有什麼不同？其實是一樣的函數，只是RANK函數是舊版Excel的函數，為了相容性而被保留下。新版的RANK.EQ函數還有一個兄弟RANK.AVG函數，兩者的不同是在遇到相同排名時，顯示名次的方式不同。

17 各部門的榜首也可以使用格式化條件凸顯出來。選取 M4:M31 儲存格，切換到「常用」功能索引標籤，在「樣式」功能區中，按下「設定格式化條件」清單鈕，選擇在「頂端/底端項目規則」項下，執行「最後 10 個項目」指令。

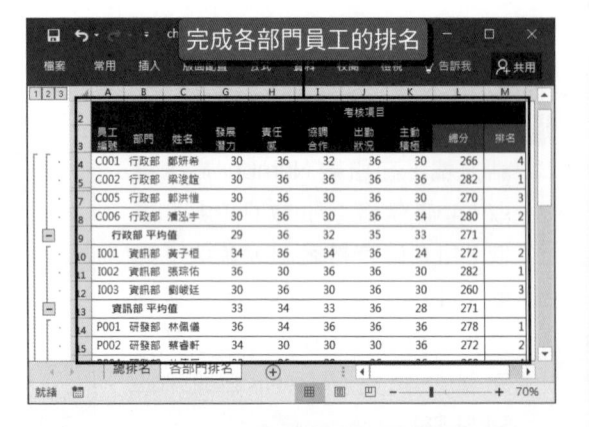

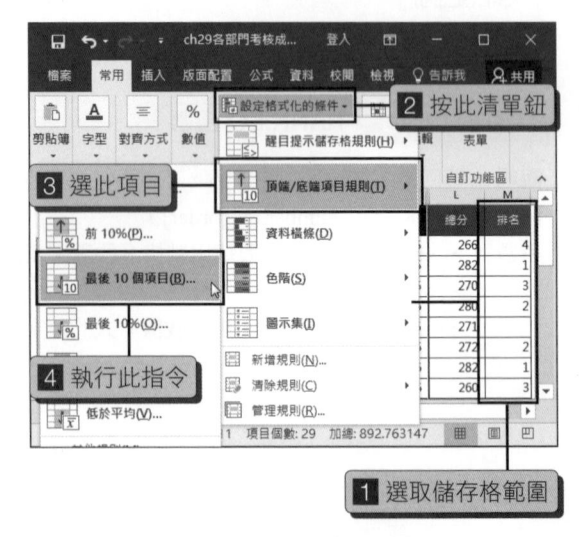

單元 29　各部門考核成績排行榜

18 開啟「最後 10 個項目」對話方塊，只要格式化排在最後「1」名的儲存格，選擇不同的儲存格樣式，按下「確定」鈕。

1 只要一名

2 選擇樣式後按「確定」鈕

19 各部門的第一名都被明顯標示。接著按下「階層 2」的按鈕，看看有什麼事。

按此鈕

各部門的第一名明顯標示

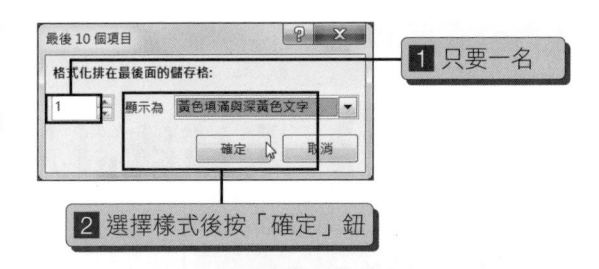

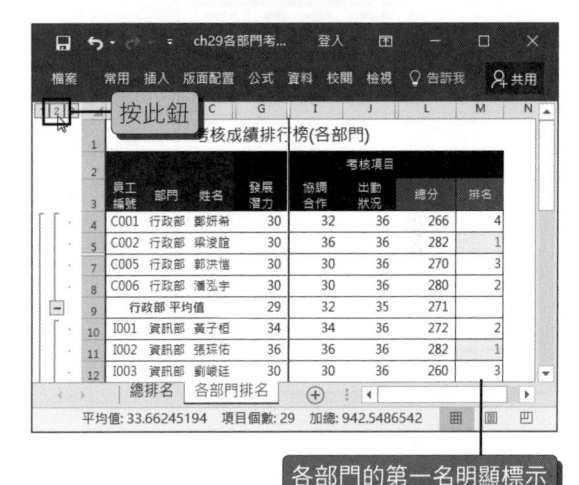

20 將各部門的明細資料隱藏起來，僅顯示部門的平均分數。至於要如何設定排名公式呢？既然只有 5 個部門，那就自己手動排名吧！

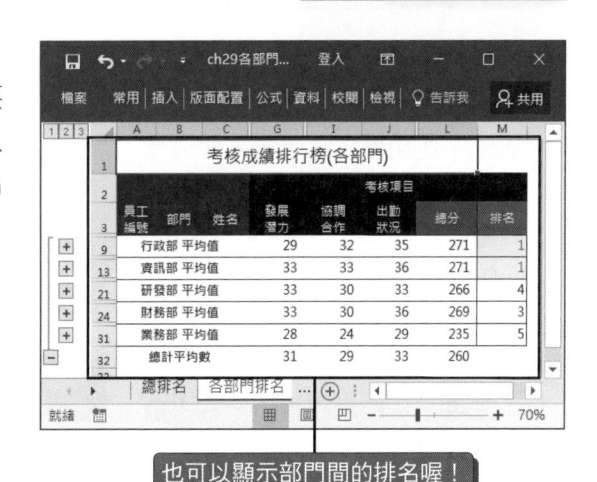

也可以顯示部門間的排名喔！

231

PART 2　Excel 財務試算

範例檔案：PART 2\ch30. 業績統計月報表

單元 30　業績統計月報表

本範例主要針對業務人員的月銷售業績進行統計，是計算月業績獎金的基礎。對於有多種類型產品的公司而言，不同的產品毛利率都不盡相同，主力商品可提供公司較多的獲利，當然也鼓勵業務人員多銷售主力商品。因此不同類型商品可以計算業績的比例也有所差異。

範例步驟

1. 首先開啟「Excel 範例檔」資料夾中的「ch30業績月報表(1).xlsx」，並切換工作表到「業績準則」工作表，依序在 A3：D3 儲存格輸入「0.1」、「0.2」、「0.4」、「0.5」四個數值。

2. 選取 A3；D3 儲存格，切換到「常用」功能索引標籤，在「數值」功能區中，按下 % 「百分比樣式」功能鈕。

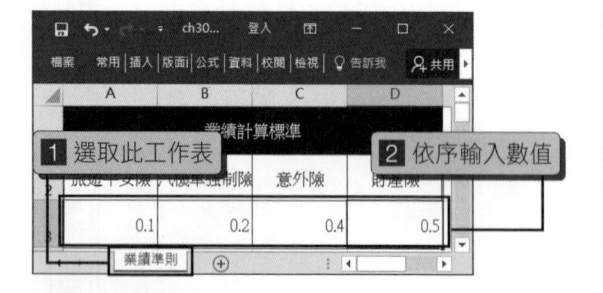

232

3 數值變成百分比樣式。

TIPS

如果上述步驟2的順序顛倒一下，先選取A3：D3儲存格後，按下「百分比樣式」功能鈕，這時候輸入的數值就要改成「10」、「20」、「40」、「50」四個數值囉！

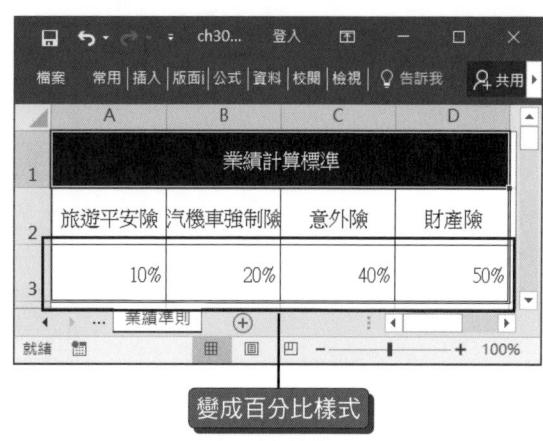

變成百分比樣式

4 接著切換到「業績月報表」工作表，選取 G3 儲存格，切換到「公式」功能索引標籤，在「函數程式庫」功能區中，按下「數學與三角函數」清單鈕，執行插入「SUMPRODUCT」函數。

1 切換到此工作表　2 選此儲存格　3 按此清單鈕　4 執行此指令

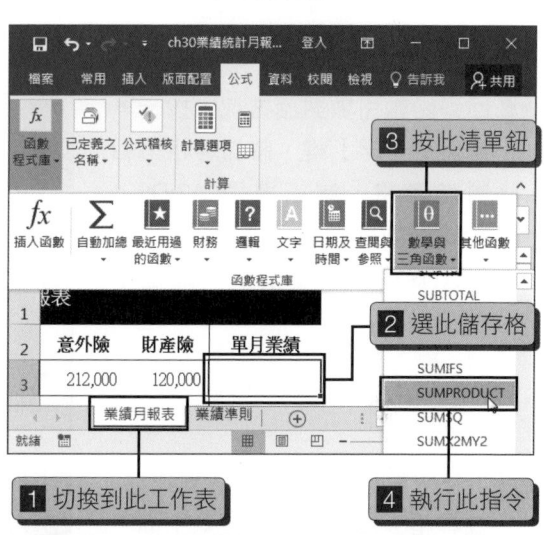

5 開啟 SUMPRODUCT「函數引數」對話方塊，將游標移到 Array1 引數的空白處，選取 C3:F3 儲存格。按下 Array2 引數右方的摺疊鈕。

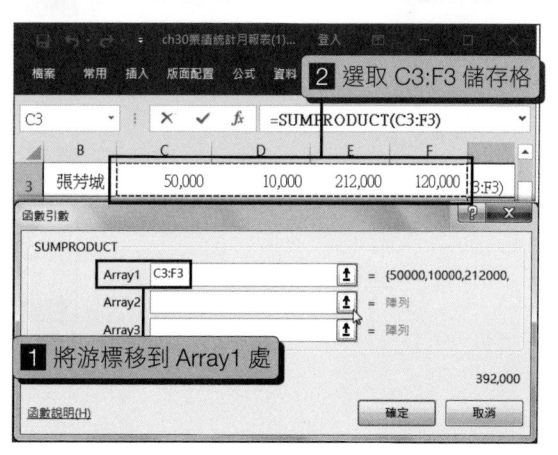

1 將游標移到 Array1 處　2 選取 C3:F3 儲存格

6 切換到「業績準則」工作表，選取 A3:D3 儲存格，按下 ![] 「展開」鈕。

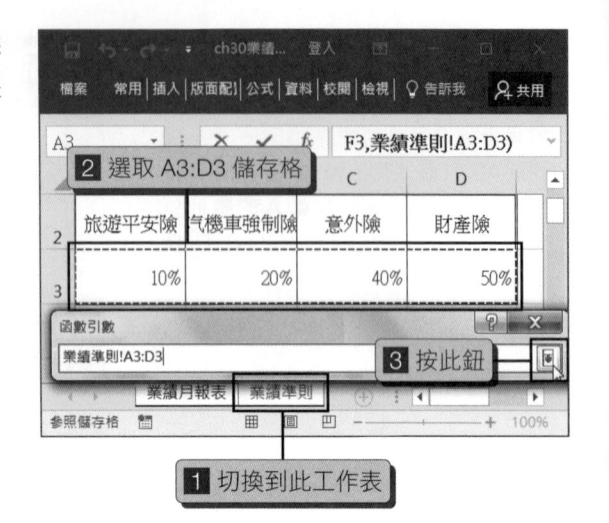

7 回到函數引數對話方塊，按一下鍵盤的【F4】鍵，將儲存格由相對儲存格「業績準則!A3:D3」變成絕對儲存格「業績準則!$A$3:$D$3」，然後按下「確定」鈕。

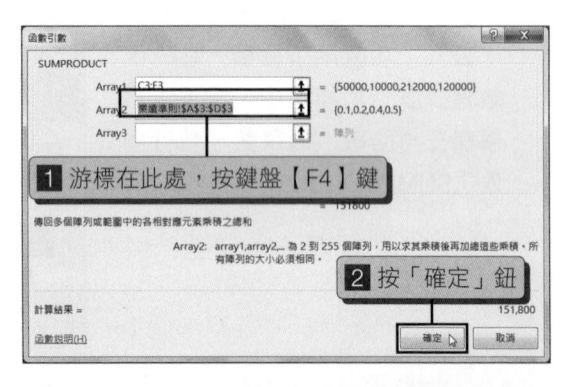

8 計算出當月的業績。接著選取 G3 儲存格，按住「填滿控點」向下拖曳，將公式複製到 G12 儲存格。

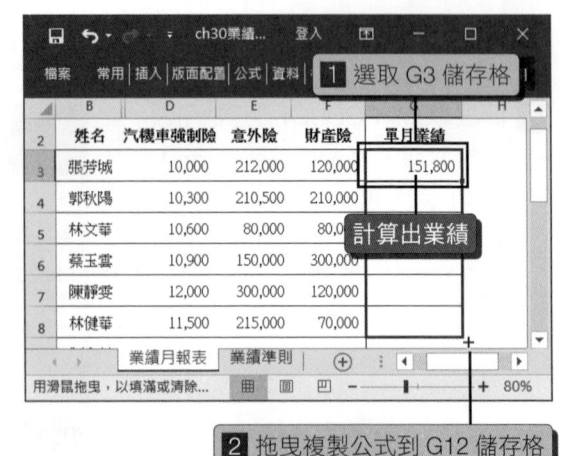

單元 30　業績統計月報表

9 放開滑鼠就完成所有人員的業績計算。接著計算本月總業績，選取 G13 儲存格，按下資料編輯列上的 *fx*「插入函數」鈕。

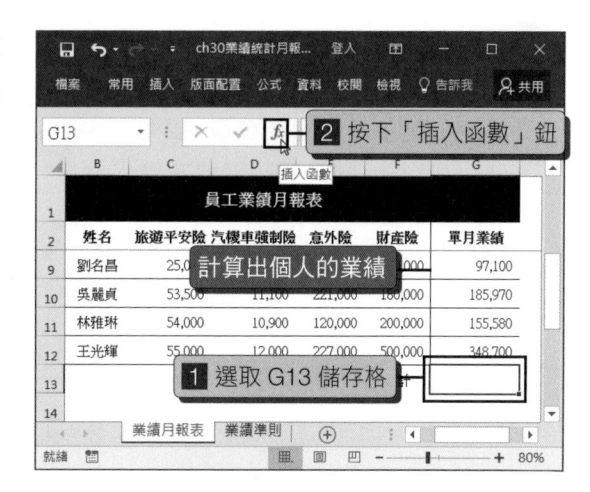

10 開啟「插入函數」對話方塊，在「最近使用過函數」類別中，選擇常用的「SUM」加總函數，按下「確定」鈕。

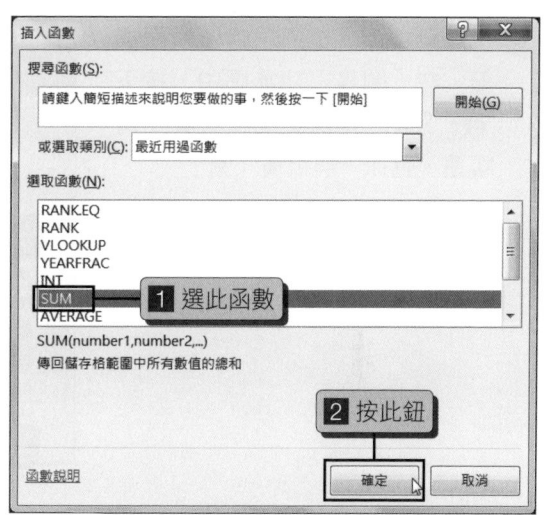

11 開啟 SUM「函數引數」對話方塊，自動選取 G3:G12 儲存格範圍，確認無誤後，按下「確定」鈕。完整公式為「=SUM(G3:G12)」。

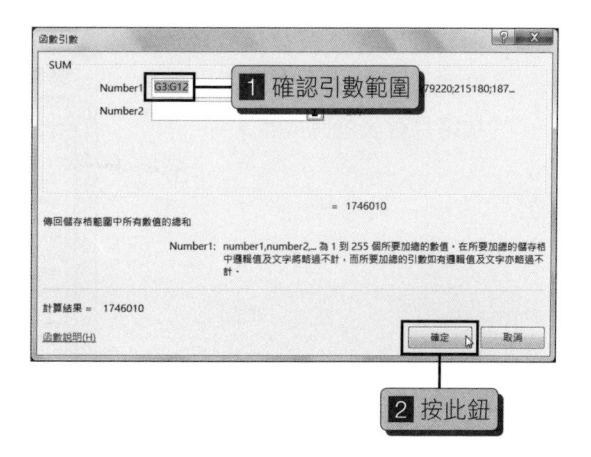

235

PART 2 Excel 財務試算

12 接著要繪製單月業績圖，先選取 B2：B12 儲存格，按住鍵盤【Ctrl】鍵不放，繼續選取 G2：G12 儲存格，同時放開滑鼠左鍵及【Ctrl】鍵，完成選取不相鄰儲存格。

① 選取 B2：B12 儲存格範圍
② 按住【Ctrl】鍵，繼續選取 G2：G12 儲存格範圍

計算出總業績

13 接著切換到「插入」功能索引標籤，在「圖表」功能區中，按下「插入直條圖或橫條圖」清單鈕，選擇「群組橫條圖」。

① 按此清單鈕
② 選此圖形

出現預覽圖型

14 單月業績比較圖就自動完成，將圖表到拖曳 A14 儲存格位置，最後調整圖表區的寬度，圖文並茂的業績月報表就完成了。

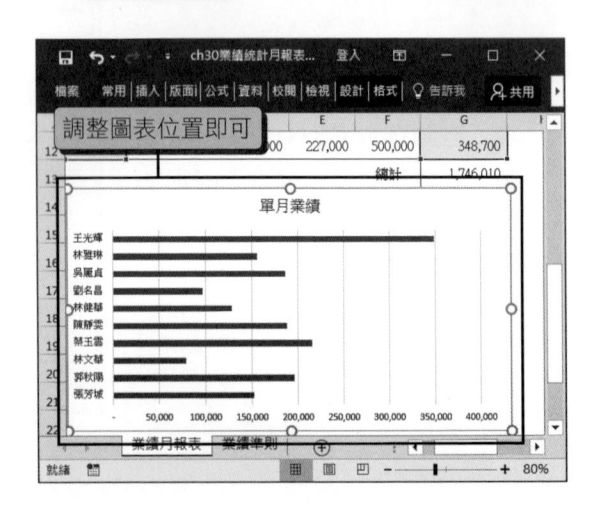

調整圖表位置即可

236

單元 31　業績統計年度報表

範例檔案：PART 2\ch31. 業績統計年度報表

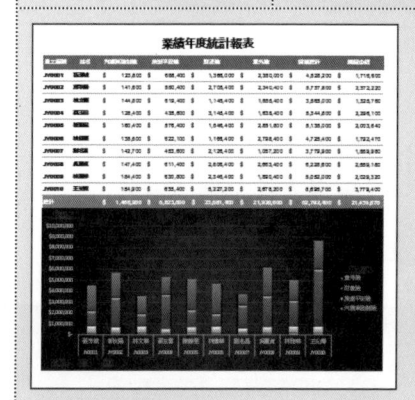

員工為了公司打拼一整年，業績資料庫累積幾千、幾萬筆的銷售資料，該是算總帳的時候。有些人習慣使用製作完成的月報表或季報表進行合併彙算，但是受限於格式及排序，要注意的細節可不少，所以還是使用樞紐分析表來進行較為簡便。

範例步驟

1. 請開啟「Excel 範例檔」資料夾中的「ch31 業績統計年度報表 (1).xlsx」，選取「統計季報表」工作表標籤，按滑鼠右鍵開啟快顯功能表，執行「移動或複製」指令，利用已經設定好版面配置的季報表，修改成年度報表。

2 開啟「移動或複製」對話方塊，勾選「建立複本」後，按「確定」鈕。

3 為了避免和季報表搞混，因此要將新增工作表的標籤名稱、表頭名稱以及樞紐分析表名稱修改成「年度統計報表」。先選取新增的工作表標籤，按滑鼠右鍵開啟快顯功能表，執行「重新命名」指令。

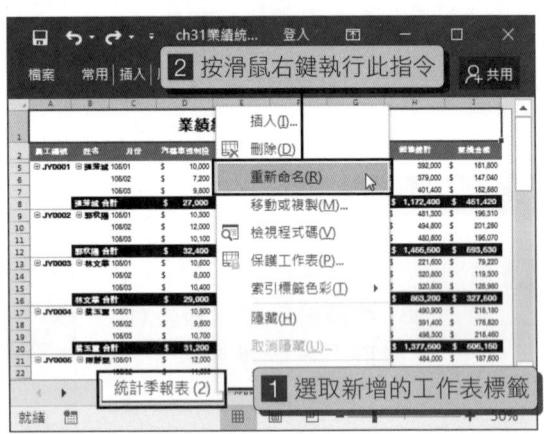

4 標籤文字將被反白選取，直接輸入文字「年度統計報表」，輸入完畢直接選取任何儲存格即完成輸入。選取 A1 儲存格，變更表頭名稱為「業績年度統計報表」。

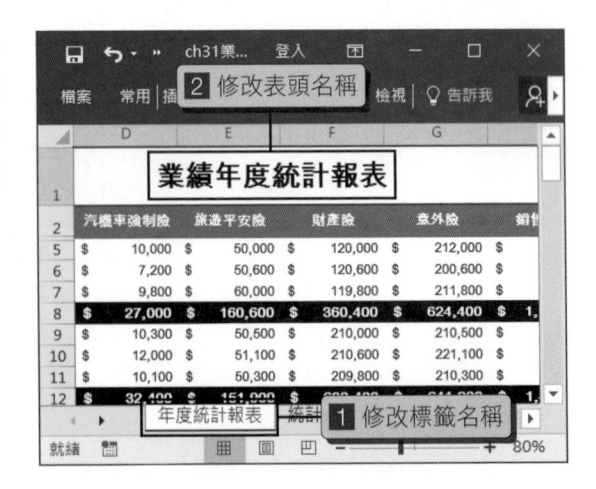

單元 31　業績統計年度報表

5 接著切換到「樞紐分析表\分析」功能索引標籤，按下「樞紐分析表」清單鈕，在樞紐分析表名稱處，輸入新名稱「年度統計報表」。

6 在銷售明細表中新增了許多資料，在進行年度報表作業時，一定要先確認樞紐分析表的資料來源是最新版本。首先選取樞紐分析表中的儲存格，繼續「樞紐分析表工具\分析」功能索引標籤，切換到「資料」功能區中，按下「重新整理」清單鈕，執行「全部重新整理」指令。

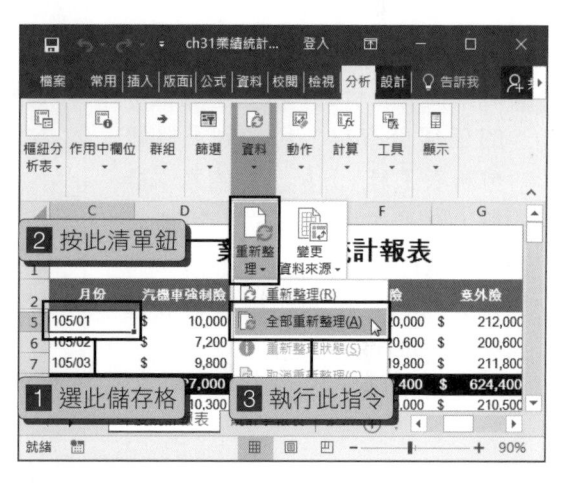

7 選取整列 2:5，按滑鼠右鍵開啟快顯功能表，執行「取消隱藏」指令，重新顯示樞紐分析表的欄位標題。

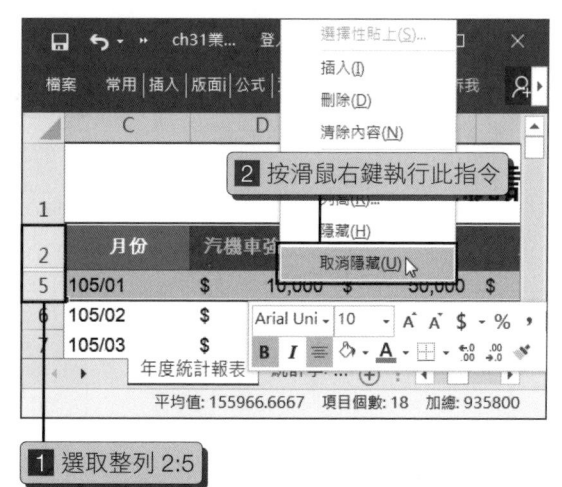

8 按下「銷售月份」的篩選鈕，執行「清除"銷售月份"的篩選」指令，或勾選「(全選)」後，按下「確定」鈕皆可清除篩選。

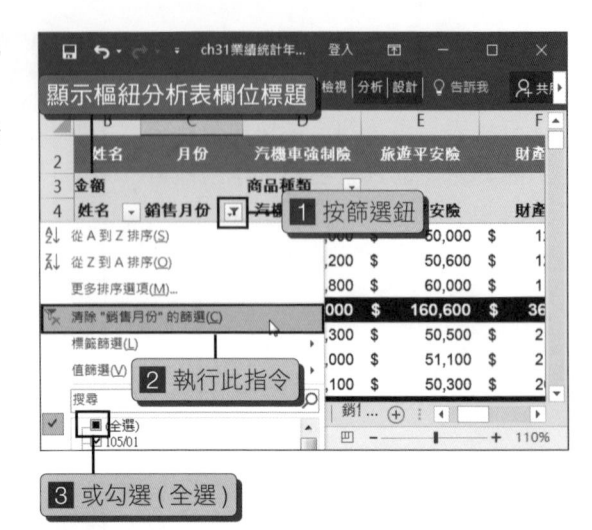

1 按篩選鈕
2 執行此指令
3 或勾選(全選)

9 選擇樞紐分析表「姓名」欄位中的任何儲存格，切換到「樞紐分析表工具\分析」功能索引標籤，在「作用中欄位」功能區中，執行「摺疊欄位」指令，將個人每個月份的明細資料收起來，僅顯示年度總計。

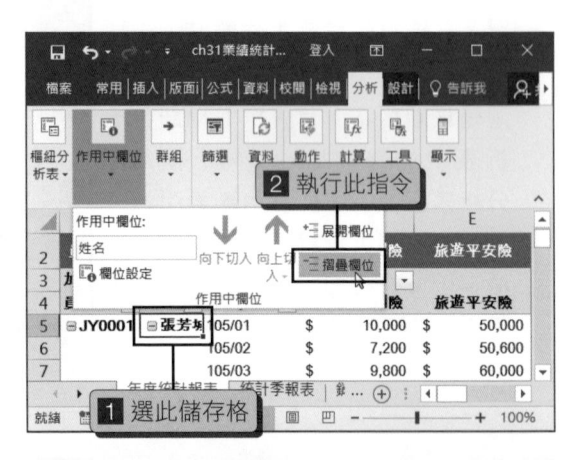

1 選此儲存格
2 執行此指令

10 個人的明細資料都被收起來，於是「銷售月份」整欄變成空白。選取整欄 C，按滑鼠右鍵開啟快顯功能表，執行「隱藏」指令。

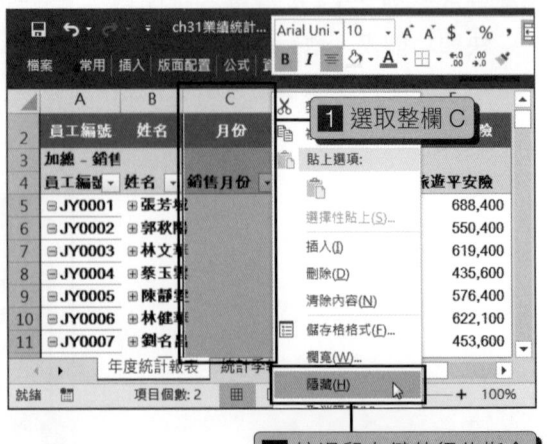

1 選取整欄 C
2 按滑鼠右鍵執行此指令

單元 31　業績統計年度報表

11 由於最後一個欄位「業績金額」不是樞紐分析表中的欄位,因此當樞紐分析表內容有異動時,「業績金額」欄位下的格式不會跟著變動。選取 I16 儲存格,修改業績金額公式「=IF(H17="","",SUMPRODUCT(D17:G17, 業績準則 !$A$3:$D$3))」,並將公式複製到上方及下方的儲存格,不論是否顯示明細資料,業績金額的數值都能自動計算,而不影響美觀。

12 重新設定 I15 的儲存格格式,接著選取整列 3:4,按滑鼠右鍵開啟快顯功能表,執行「隱藏」指令,重新將樞紐分析表欄位標題隱藏起來。

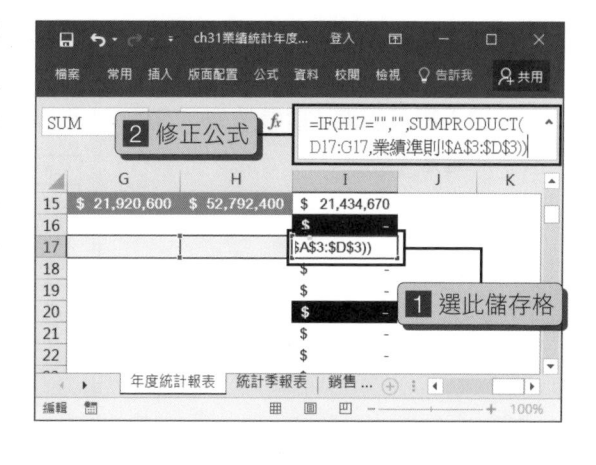

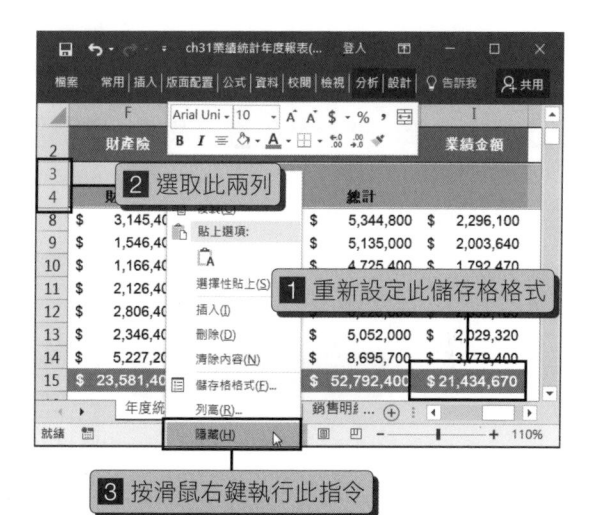

13 員工編號和姓名前方都有 ➕「摺疊」和 ➕「展開」的符號鈕,看起來不是很美觀。不妨切換到「樞紐分析表工具 \ 分析」功能索引標籤,按下「樞紐分析表」清單鈕,在「選項」項下,執行「選項」指令。

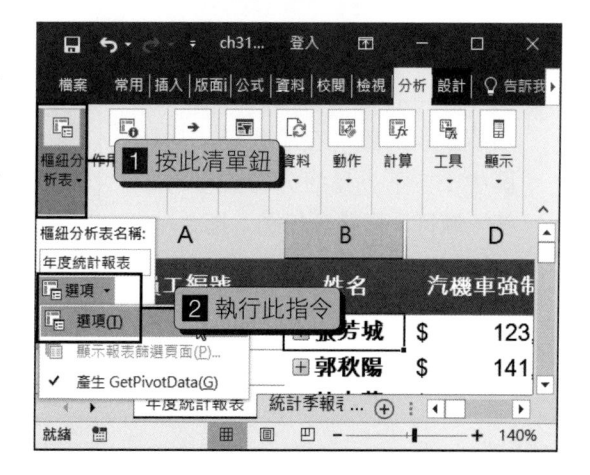

14 出現「樞紐分析表選項」對話方塊，切換到「顯示」標籤，取消勾選「顯示展開 / 摺疊按鈕」，按下「確定」鈕。

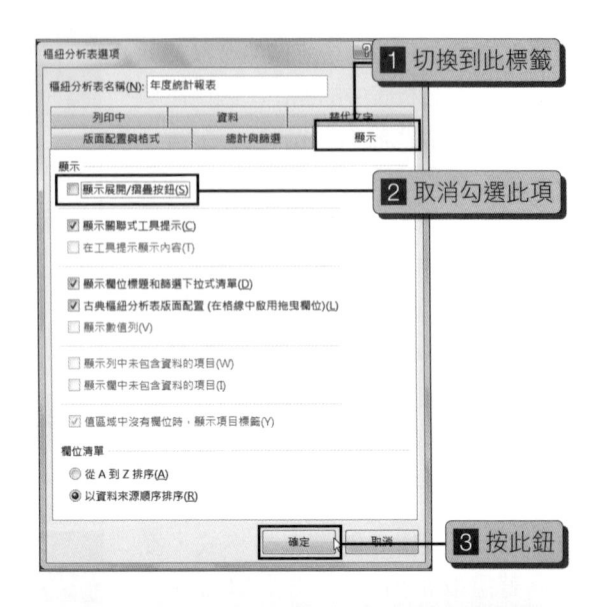

15 再略微統一儲存格的格式及樣式，使工作表看起來一點都不像樞紐分析表。

16 再來加上一張美美的業績圖，更能增加可看性。切換到「插入」功能索引標籤，在「圖表」功能區中，按下「樞紐分析圖」清單鈕，執行「樞紐分析圖」指令。

單元 31 業績統計年度報表

17 開啟「插入圖表」對話方塊，選擇「直條圖」類別中的「堆疊直條圖」，按下「確定」鈕。

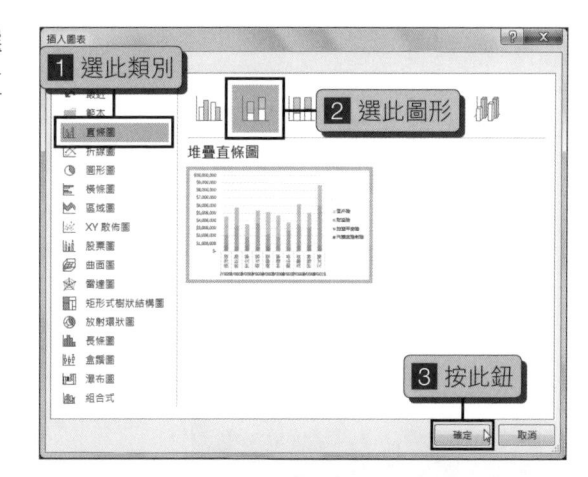

18 調整樞紐分析圖的大小與表格同寬，並移動圖形位置到表格下方。接著修改圖形樣式，切換到「樞紐分析圖工具 \ 設計」功能索引標籤，按下「圖形樣式」清單鈕，選擇「樣式 8」。

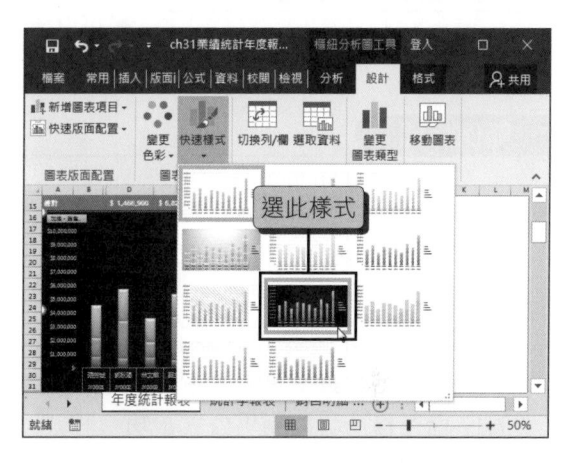

19 最後按下「變更色彩」清單鈕，選擇「色彩豐富的調色盤 3」，讓資料數列更醒目。

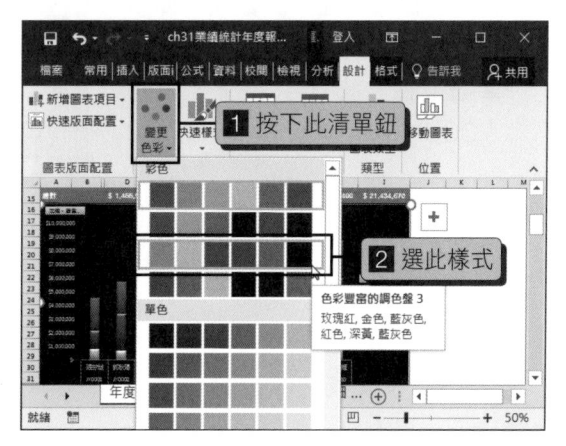

243

PART 2　Excel 財務試算

範例檔案：PART 2\ch32. 年終業績分紅計算圖表

單元 32　年終業績分紅計算圖表

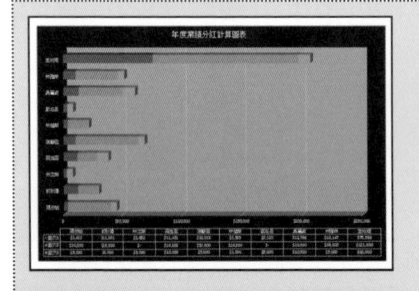

年終獎金和員工一整年的業績相關，當然也和員工的各品項的工作表現考核相關，因此整年度累計業績到達規定的標準，會加發年度的業績獎金；而考核成績也會依照不同等第，給予適當的獎勵；銷售額的排名也是可以列為參考的範疇，雖然業績比例的不同，但是不同的產品的開發，都可以增加客源及公司獲利，也是要給予讚賞。

範例步驟

1 首先計算各種不同商品銷售額排行榜的排名獎金。請開啟「Excel 範例檔」資料夾中的「ch32 年終業績分紅計算圖表 (1).xlsx」，切換到「排名獎金」工作表。選取 H17 儲存格，切換到「公式」功能索引標籤，在「函數程式庫」功能區中，按下「其它函數」清單鈕，在「統計」項下，執行「COUNTIF」指令。

244

單元 32　年終業績分紅計算圖表

2 開啟 COUNTIF「函數引數」對話方塊，在 Range 引數中選取「C17:F17」儲存格，並按下鍵盤【F4】鍵 3 次，使儲存格位置變成「$C17:$F17」絕對位置；在 Criteria 引數中輸入「1」，表示只統計得到第一名的次數，按下「確定」鈕。

3 統計出次數後，還要乘上每次冠軍可得的獎金「36,800」元。將游標移到資料編輯列中 COUNTIF 函數後方，先輸入「*」乘號，再選取獎金儲存格「H15」，並按下鍵盤【F4】鍵盤，使參照位置變更為「$H$15」，以方便複製公式到其它儲存格。完整公式為「=COUNTIF($C17:$F17,1)*$H$15」。

4 選取 H17 儲存格，將公式複製到 I17 儲存格，選取 I17 儲存格修改 COUNTIF 函數公式的第 2 個引數為「2」，修改後公式為「=COUNTIF($C17:$F17,2) *I$15」，表示統計亞軍的次數。將 H17:I17 公式複製到下方儲存格範圍。

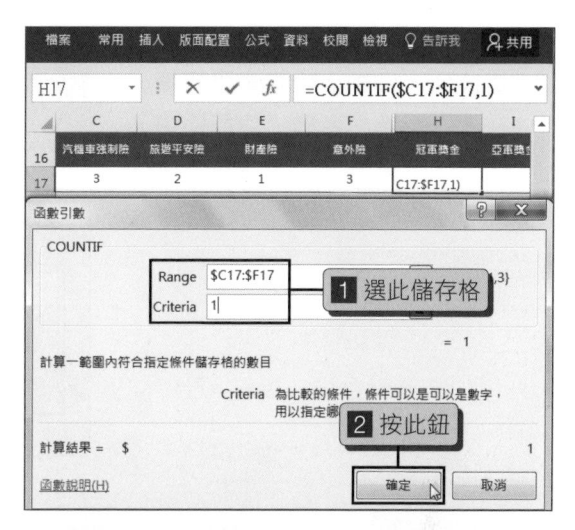

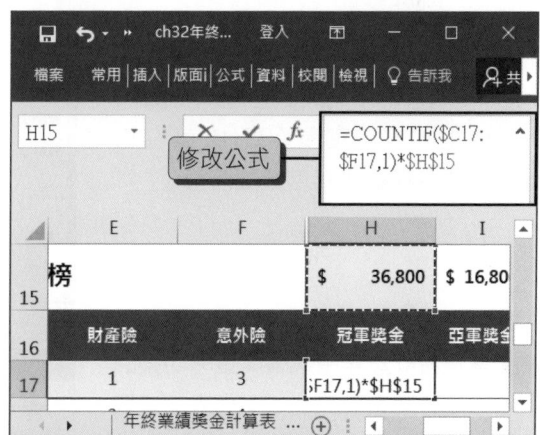

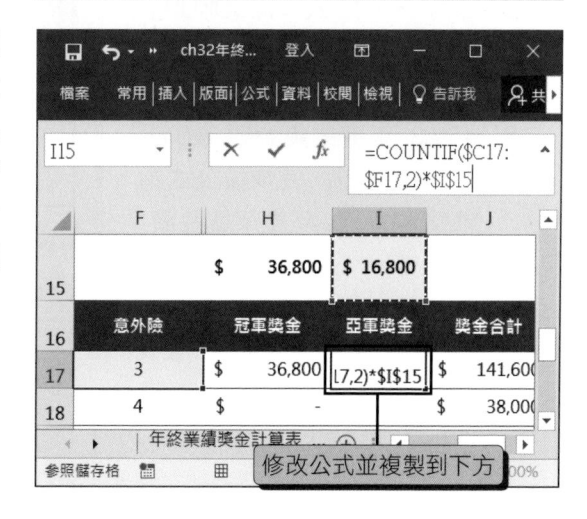

245

5 接著選取 A17:J26 儲存格範圍，切換到「公式」功能索引標籤，在「已定義之名稱」功能區中，按下「定義名稱」清單鈕，執行「定義名稱」指令。

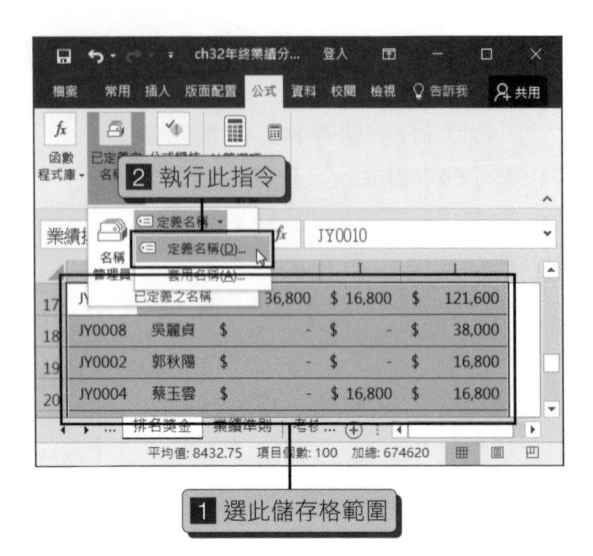

6 輸入名稱「業績排名獎金」，確認參照範圍後，按下「確定」鈕。依相同方法定義 A3:H12 儲存格範圍名稱為「年度業績金額」。

7 緊接著計算年中業績獎金。切換回「年終獎金計算表」工作表，選取 C3 儲存格，插入「VLOOKUP」函數，在 VLOOKUP「函數引數」對話方塊中，輸入 4 個引數分別為「A3, 年度業績金額, 8, 0」，按下「確定」鈕。完成後公式為「=VLOOKUP(A3, 年度業績金額, 8, 0)」。

單元 32　年終業績分紅計算圖表

8 但是參照出來的「1,716,600」年度的業績總額，而不是業績獎金，因此要以業績總額為搜尋值，參照業績獎金標準，計算出業績獎金。將游標插入點移到資料編輯列「VLOOKUP」函數的 V 字前方，輸入「H」，此時會出現 H 開頭的函數，將游標移到「HLOOKUP」上方，按滑鼠 2 下以選擇「HLOOKUP」函數鈕。

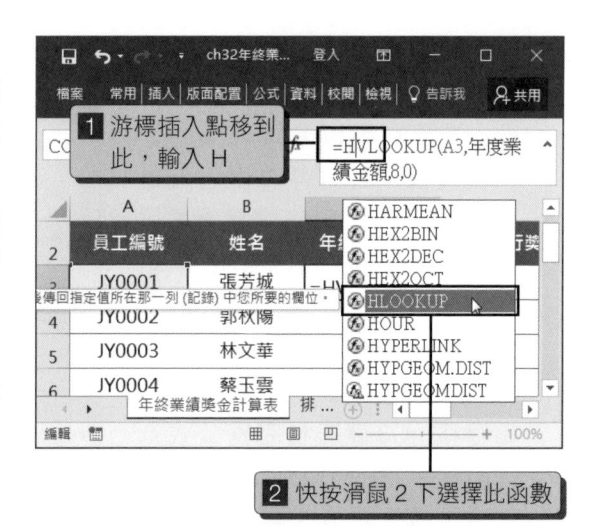

1 游標插入點移到此，輸入 H

2 快按滑鼠 2 下選擇此函數

9 在「VLOOKUP」函數前方會出現「HLOOKUP(」字樣，將游標插入點移到文字中間任意位置，按下「插入函數」鈕，開啟 HLOOKUP「函數引數」對話方塊。

2 按此鈕

1 將游標差點移到 HLOOKUP 文字中間任意位置

10 在 HLOOKUP「函數引數」對話方塊中，第 1 個引數會自動顯示「VLOOKUP(A3, 年度業績金額,8,0)」，分別輸入第 2 及第 3 個引數為「年終準則」和「2」，第 4 個引數省略，按下「確定」鈕。完成後公式為「=HLOOKUP(VLOOKUP(A3, 年度業績金額,8,0), 年終準則,2)」。

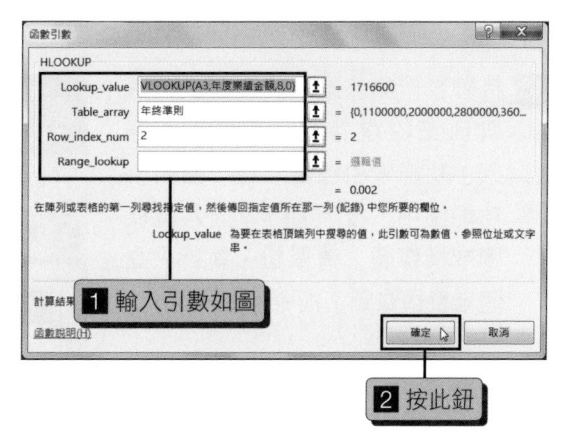

1 輸入引數如圖

2 按此鈕

247

11 但是這裡參照出來的不是業績獎金，只是業績總額的分紅比例，還要在乘以業績總額才是業績獎金。因此將游標插入點移到上一步驟的公式最後方，輸入「*VLOOKUP(A3,年度業績金額,8,0)」，按下鍵盤【Enter】鍵完成年終業績獎金的公式。將 C3 儲存格公式複製到下方儲存格。C3 儲存格完整公式為「=HLOOKUP(VLOOKUP(A3,年度業績金額,8,0),年終準則,2)*VLOOKUP(A3,年度業績金額,8,0)」

12 輸入完複雜的年終業績獎金後，直接在 D3 儲存格輸入排行獎金公式「=VLOOKUP(A3,業績排行獎金,10,0)」；在 E3 儲存格輸入考績獎金公式「=VLOOKUP(A3,考績獎金,5,0)」，將 D3:E3 儲存格公式複製到下方儲存格。

13 接著製作年終業績獎金圖表。選取 B2:E12 儲存格，切換到「插入」功能索引標籤，在「圖表」功能區中，按下 「插入直條圖或橫條圖」清單鈕，執行「立體堆疊橫條圖」指令。

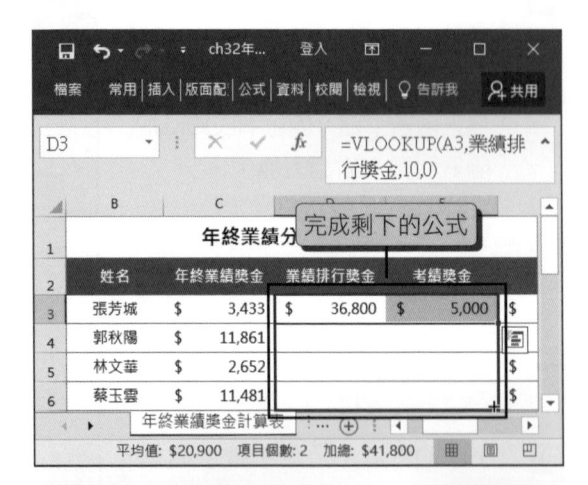

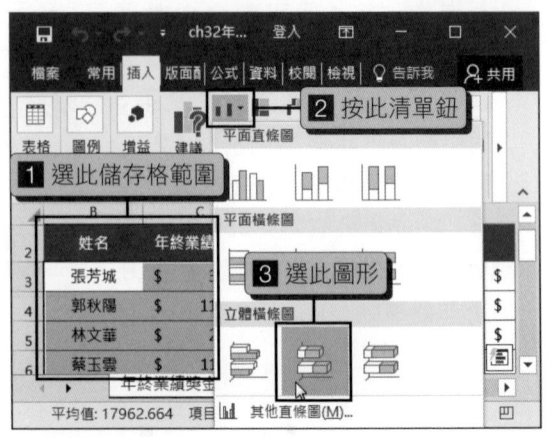

單元 32　年終業績分紅計算圖表

14 出現橫條圖，直接切換到「圖表工具\設計」功能索引標籤，在「位置」功能區中，執行「移動圖表」指令。

15 開啟「移動圖表」對話方塊，選擇「新工作表」，並於空白處輸入工作表名稱「年終業績獎金圖表」，按「確定」鈕。

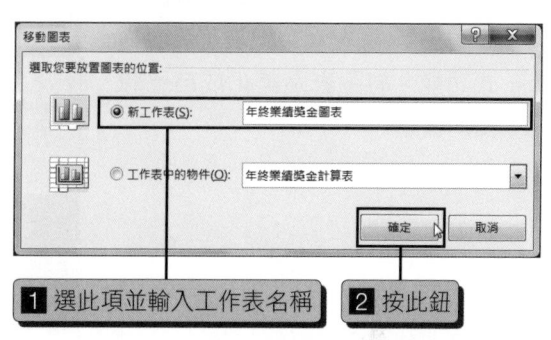

16 圖表移到新的工作表，在「圖表版面配置」功能區中，按下「快速版面配置」清單鈕，選擇「版面配置 5」。

249

17 選取圖表標題文字方塊，按滑鼠右鍵開啟快顯功能表，執行「編輯文字」指令。

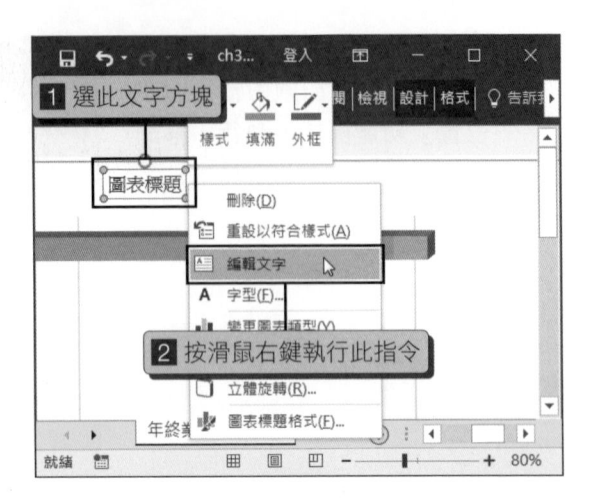

18 輸入標題名稱「年度業績分紅計算圖表」，最後利用圖表工具的格式功能，將圖表區美化成自己想要的樣式。

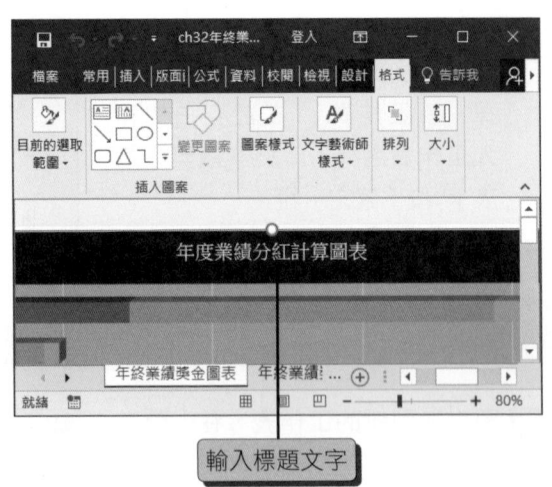

> 範例檔案：PART 2\ch33. 員工薪資異動記錄表

單元 33 員工薪資異動記錄表

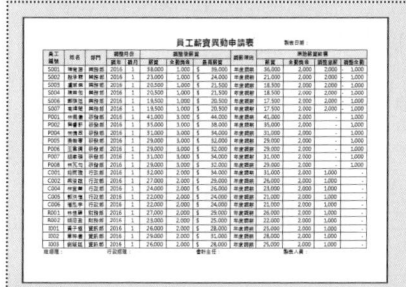

員工不可能一進公司就不再調整薪資，隨著年資的增加、職務的變動、法令的修正，都有可能讓薪資有所異動，因此完整的調薪記錄，也就是員工努力工作的辛酸史。員工要調整薪資，會計人員總不能打開電腦說調就調，毫無依據。首先要先做員工薪資異動申請表，送交主管核准，才能變更。

範例步驟

1. 請開啟「Excel 範例檔」資料夾中的「ch33 員工薪資異動記錄表(1).xlsx」，切換到「薪資異動記錄表」工作表。遇到長長的工作表資料，當移到下方儲存格時，只看到一堆數字，沒有標題欄的輔助，還真不知道資料所代表的意義。先選取列2上的儲存格，切換到「檢視」功能索引標籤，在「視窗」功能區中，按下「凍結窗格」清單鈕，先執行「凍結頂端列」指令，將標題列凍結在工作表的最上方。

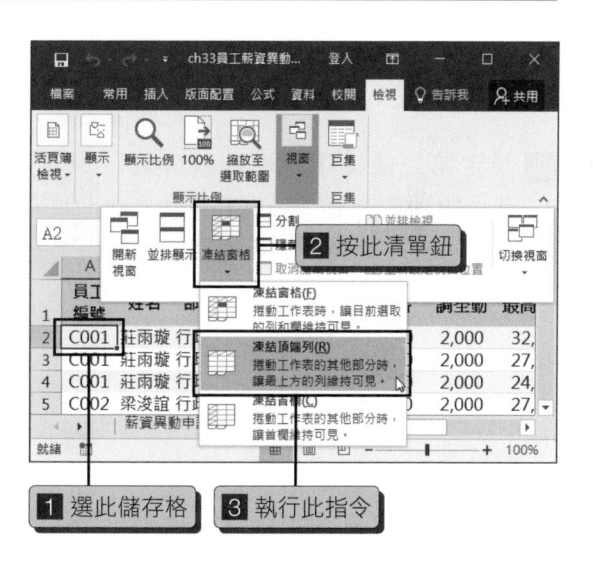

251

2 當資料捲軸到下方時,標題列還是乖乖的待在最上方等待視察。由於要使用 VLOOKUP 函數參照最新的薪資記錄,因此要先將薪資記錄重新排序,讓同一名員工的薪資記錄,最新的資料都排在最上方。切換到「資料」功能索引標籤,在「排序與篩選」功能區中,執行「排序」指令。

3 開啟「排序」對話方塊,設定第一個排序條件依照「員工編號」的「值」,由「A 到 Z」排序,設定完後按「新增層級」鈕。

4 設定第二個排序條件依照「調年」的「值」,由「最大到最小」排序,設定完後按「新增層級」鈕。

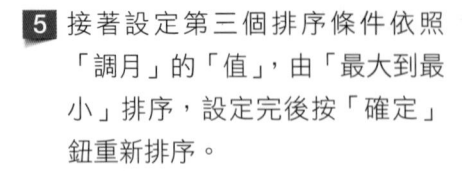

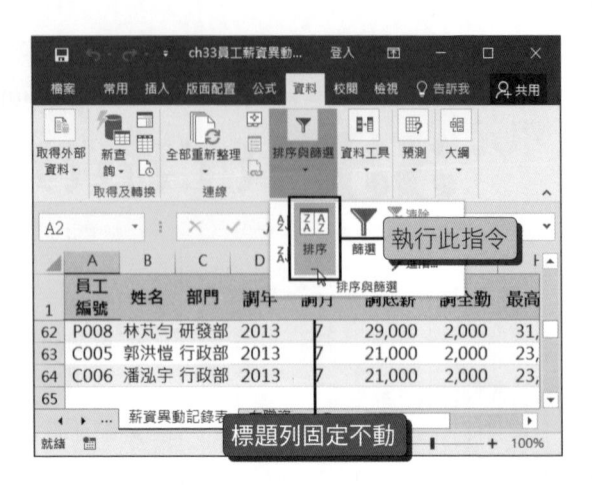

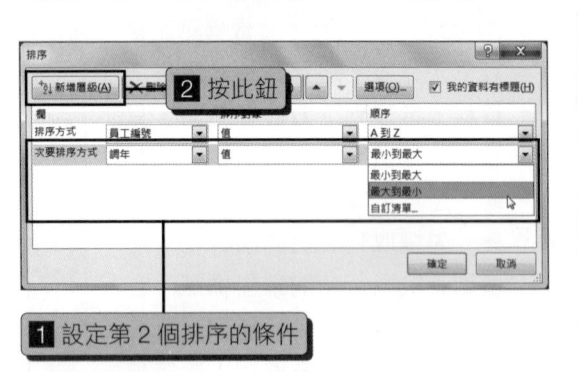

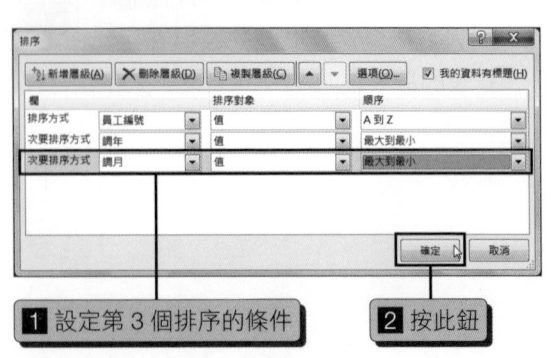

5 接著設定第三個排序條件依照「調月」的「值」,由「最大到最小」排序,設定完後按「確定」鈕重新排序。

單元 33　員工薪資異動記錄表

6 工作表資料依照指定的方式重新排序。

7 調薪記錄保持最新的狀態後，接著就要製作薪資異動表。請切換到「薪資異動申請表」工作表，選取 D4 儲存格，再次 4 切換到「檢視」功能索引標籤，在「視窗」功能區中，按下「凍結窗格」清單鈕，執行「凍結窗格」指令，如此一來，標題欄和標題列都會乖乖的不動。

8 選取 J4 儲存格，切換到「公式」功能索引標籤，在「函數資料庫」功能區中，按下「查閱與參照」清單鈕，執行「VLOOKUP」函數，查詢員工原本的薪資結構。

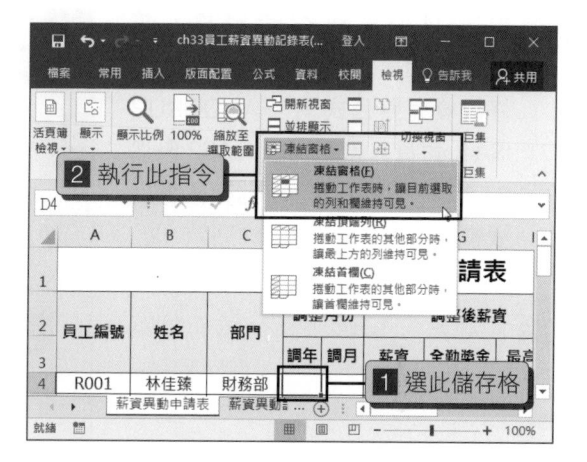

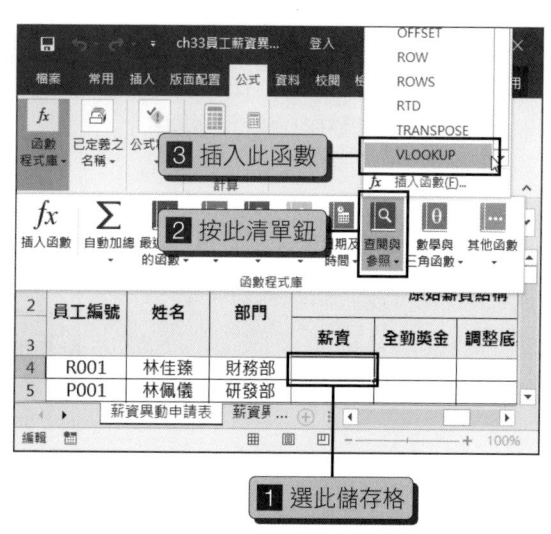

253

9 開啟 VLOOKUP「函數引數」對話方塊，設定 VLOOKUP 函數引數，第 1 個引數為「$A4」；第 2 個引數「薪資異動記錄表!$A$2:$H$64」；第 1 個引數為「6」；第 4 個引數為「0」，按下「確定」鈕。

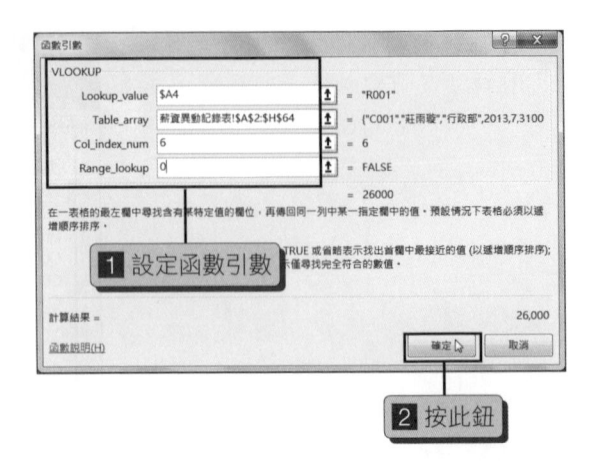

10 複製 J4 公式到 K4 儲存格，並將原公式第 3 個引數改成「7」，修改後完整公式為「=VLOOKUP($A4, 薪資異動記錄表!$A$2:$H$64,7,0)」。選取 J4:K4 儲存格將公式複製到下方儲存格。

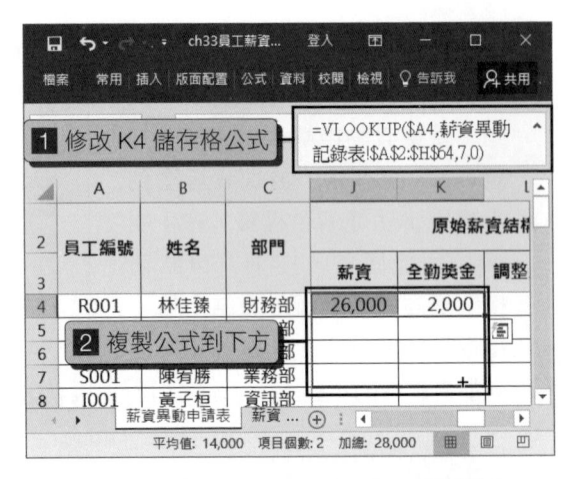

11 選取 A4:K26 儲存格，切換到「資料」功能索引標籤，在「排序與篩選」功能區中，執行「排序」指令。

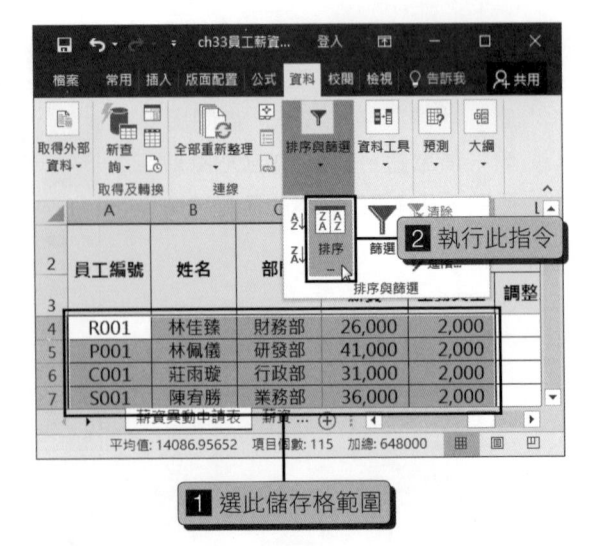

254

單元 33　員工薪資異動記錄表

12 開啟「排序」對話方塊，由於選取範圍沒有標題列，因此選擇依「欄 C」（部門）來排序，順序處選擇「自訂清單」。

13 開啟「自訂清單」對話方塊，在「清單項目」中先輸入「業務部」，按鍵盤【Enter】鍵，將游標移到下一行，繼續輸入下一個項目「研發部」，依序將「行政部」、「財務部」和「資訊部」輸入完畢，按下「新增」鈕。

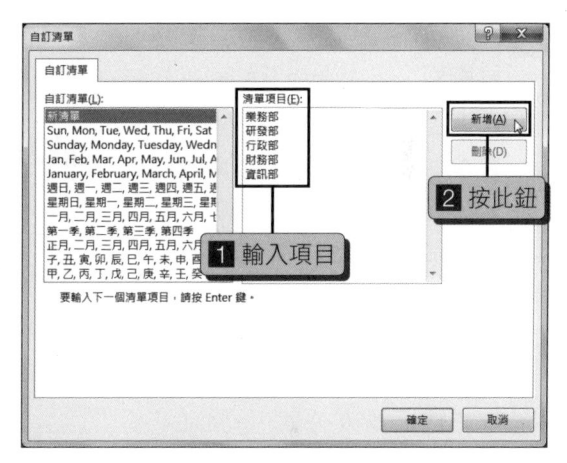

14 「自訂清單」窗格中出現剛輸入的清單項目。選擇新的項目清單，按下「確定」鈕。

255

15 回到「排序」對話方塊,排序條件設定完成後,按「確定」鈕即可。

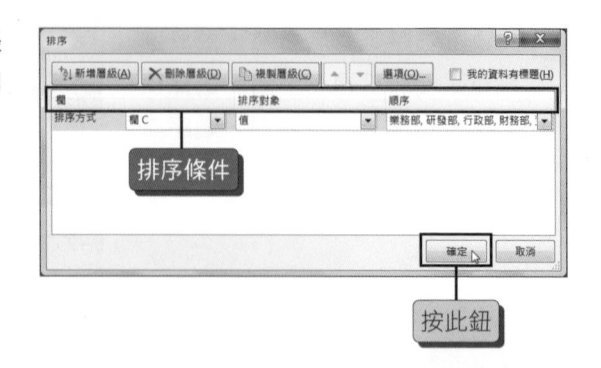

16 假設 2015 年公司因應政策及公司獲利,決定從 2016 年元月份起調整薪資結構,業務部門底薪增加 2000 元、全勤獎金減少 1000 元;研發部門的員工全勤獎金增加 1000 元;其他部門底薪增加 1000 元。依照上述條件分別在不同部門員工薪資上輸入調整值,分別在 F4、G4 和 H4 儲存格中,輸入公式「=J4+L4」、「=K4+M4」和「=F4+G4」,並在 D4、E4 和 I4 儲存格中,輸入文字「2016」、「1」和「年度調薪」,請參考「ch33 員工薪資異動記錄表 (2).xlsx」。接著選取 A4:I26 儲存格範圍,按滑鼠右鍵開啟快顯功能表,執行「複製」指令。

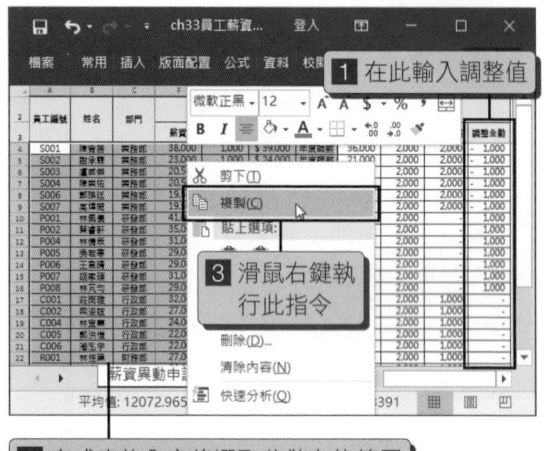

17 切換到「薪資異動記錄表」工作表,選取 A65 儲存格,切換到「常用」功能索引標籤,在「剪貼簿」功能區中,按下「貼上」清單鈕,執行「貼上值」指令。

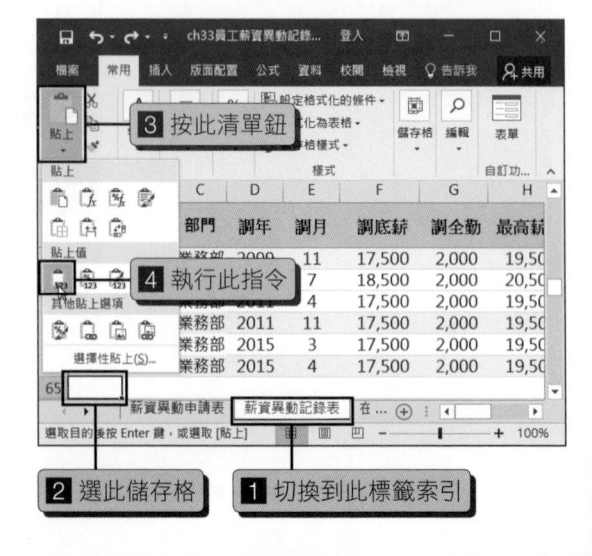

單元 33　員工薪資異動記錄表

18 新增的資料還不急著重新排序，要等生效日之後，再執行排序工作，否則計算薪資時，可能會參照到錯誤的資料。

員工編號	姓名	部門	調年	調月	調底薪	調全勤
S006	鄭強廷	業務部	2015	3	17,500	2,000
高煒閎	業務部	2015	4	17,500	2,000
S001	陳宥勝	業務部	2016	1	38,000	1,000
S002	謝承霖	業務部	2016	1	23,000	1,000
S003	盧威傑	業務部	2016	1	20,500	1,000
S004	陳崇佑	業務部	2016	1	20,500	1,000
S006	鄭強廷	業務部	2016	1	19,500	1,000
S007	高煒閎	業務部	2016	1	19,500	1,000
P001	林佩儀	研發部	2016	1	41,000	3,000
P002	蔡睿軒	研發部	2016	1	35,000	3,000

新增調薪記錄

257

PART 2　Excel 財務試算

> 範例檔案：PART 2\ch34. 員工薪資計算表

單元 34　員工薪資計算表

員工薪資表中除了本薪之外，加項獎金就是全勤獎金、業績獎金以及一些補助項目，如伙食費、交通津貼…等。而全勤獎金與請假以及遲到相關，直接影響本薪減項的計算。代扣的項目包括勞、健保以及所得稅，有些公司設有福利委員會或工會，還要被代扣福委會的福利金，工會的會費…等。薪資總額扣除掉代扣項目的金額，就是該支付給員工的實際薪資。

範例步驟

1 參照薪資資料之前，一定要先將調薪記錄最新的資料排在前面。請開啟「Excel 範例檔」資料夾中的「ch34 員工薪資計算表 (1).xlsx」，先到「薪資異動記錄表」工作表，切換到「資料」功能索引標籤，在「排序與篩選」功能區中，執行「排序」指令，依照「員工編號」由 A 到 Z；「調年」從最大到最小；「調月」從最大到最小的排序方式重新排序，按下「確定」鈕。

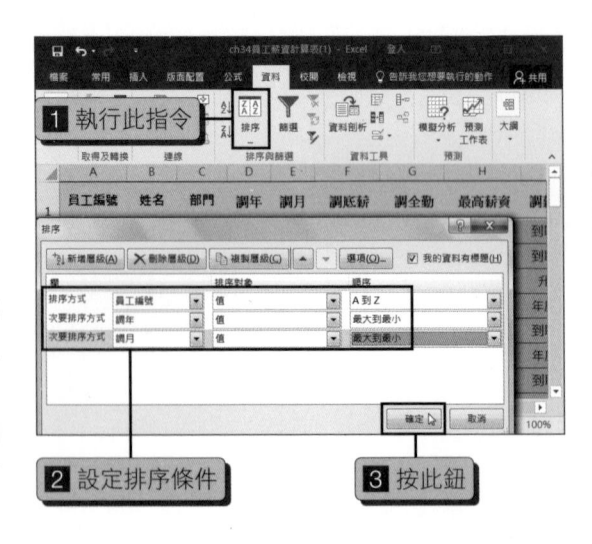

1 執行此指令
2 設定排序條件
3 按此鈕

258

單元 34　員工薪資計算表

2 切換回「薪資計算表」工作表，選取 E3 儲存格，輸入公式「=VLOOKUP(B3, 調薪記錄 ,6,0)」。

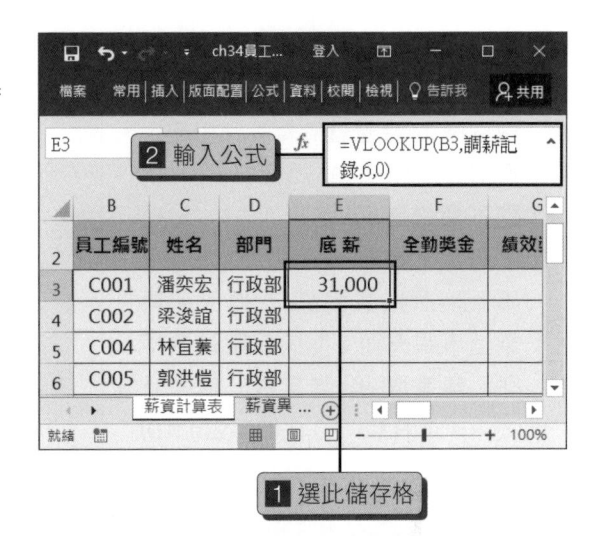

3 全勤獎金的計算有一點複雜，首先要先判斷每個員工的該月是否可以獲得全勤獎金，如果不可以就顯示 0 值，如果可以則要參照該名員工全勤獎金的金額。假設遲到 10 分鐘內，沒有請事病假，則可以得到全勤獎金。接著選取 F3 儲存格，輸入完整公式「=IF(IF(P3+Q3=0,0,1)+IF(R3<=10,0,1)=0,VLOOKUP(B3, 調薪記錄 ,7,0),0)」。

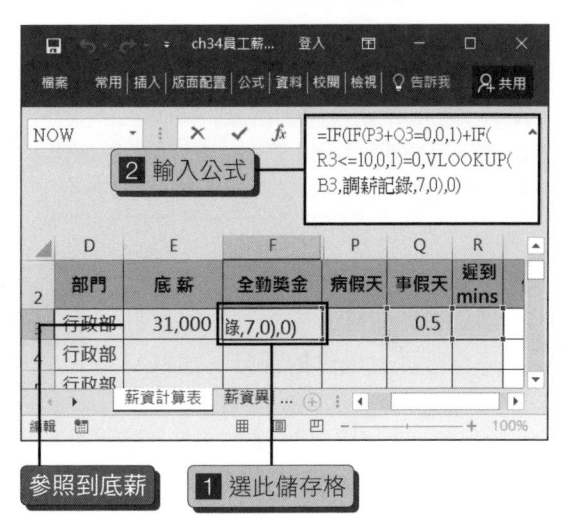

公式說明

計算全勤獎金的公式可分成 4 個部分：
A. 如果事病假加起來等於 0，就顯示 0 值，否則就顯示 1 值。公式為「IF（P3+Q3=0,0,1）」
B. 如果遲到小於或等於 10，就顯示 0 值，否則就顯示 1 值。公式為「IF（R3<=10,0,1）」
C. 參照全勤獎金公式為「VLOOKUP（B3, 調薪記錄 ,7,0）」
D. 最後就是判定如果 A+B=0，則顯示全勤獎金；若 A+B ≠ 0，則顯示 0。

259

PART 2 Excel 財務試算

4 績效獎金則沒有一定的公式，就依照實際給付的金額輸入（沒有則省略）。接著就計算請假扣款，假設請假扣款的規定如下：遲到不超過 20 分鐘則不扣，超過的分鐘，則每分鐘扣 10 元；請事假則是以底薪除以 30 天，再乘上事假天數；而病假則是給半薪。請選取 H3 儲存格，輸入公式「= IF(R3<=20,0,(R3-20)*10)+ROUND(E3/30*(P3/2+Q3) ,0)」。

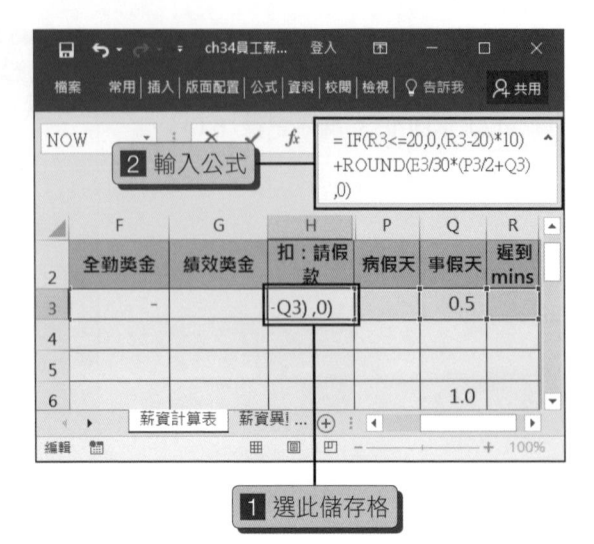

公式說明

A. 遲到使用 IF 函數判斷是否超時 R3<=20，若無則不扣薪 0；否則扣（R3-20）*10

B. 事病假底薪除以 30 天（E3/30），天數病假 + 事假（P3/2+Q3），由於薪資金額必須為整數，因此加上 ROUND 函數四捨五入到整數位。

5 由於自行提撥退休金為免稅，必須要從薪資總額中扣除。接著計算自行提撥退休的部分，選取 I3 儲存格，輸入公式「=VLOOKUP($C3, 自行提撥表 ,7,0)*VLOOKUP($C3, 自行提撥表 ,8,0)」。

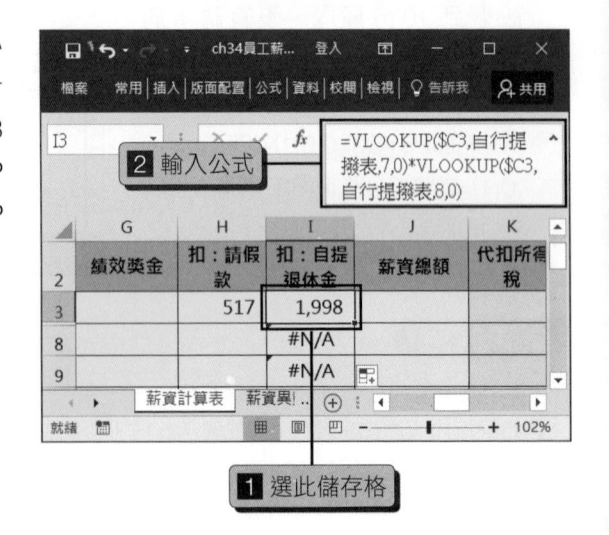

單元 34　員工薪資計算表

6 但不是每個員工都自願提撥，所以參照自行提撥表時，可能找不到相符合的員工姓名，因此使用 IFNA 函數避免出現錯誤值，修改公式為「=IFNA(VLOOKUP($C3,自行提撥表,7,0)*VLOOKUP($C3,自行提撥表,8,0),0)」。

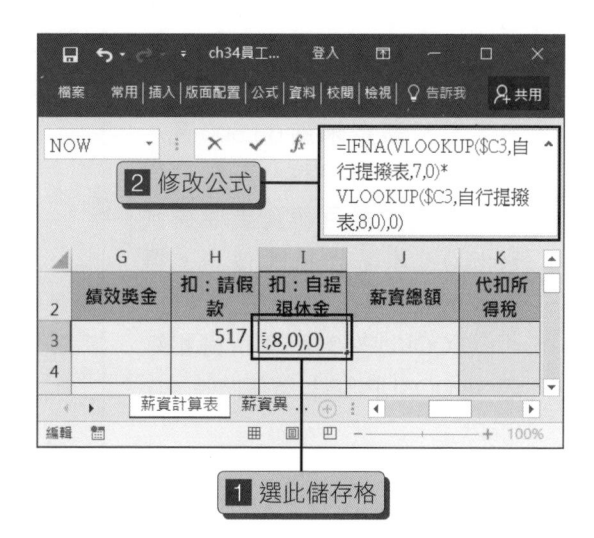

操作 MEMO　　IFNA 函數

說明： 如果公式傳回 #N\A 錯誤值，就傳回指定的值，否則傳回公式的結果。
語法： IFNA（value, value_if_na）
引數：
・Value（必要）。檢查此引數是否有 #N\A 錯誤值。
・Value_if_na（必要）。若是 #N\A 錯誤值時要傳回的值。

7 最後計算薪資總額，也就是不含代扣費用，實際作為申報所得稅的金額。選取 J4 儲存格，輸入公式「=E3+F3+G3-H3-I3」，最後將薪資公式複製到下方儲存格並在小計列加上自動加總的公式。

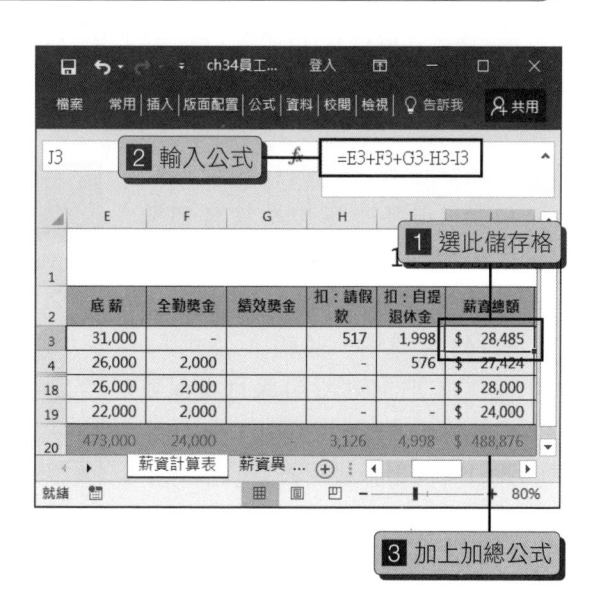

261

8 再來計算代扣所得稅的金額。依據薪資所得扣繳表，原則上單身者單月薪資未滿 68,500 元，不需要代扣所得稅，而有一位扶養親屬的單月薪資更要達到 75,500，才需代扣所得稅。選取 K3 儲存格，輸入完整公式「=VLOOKUP(J3, 薪資所得扣繳表,VLOOKUP($B3, 調薪記錄,10,0)+2)」

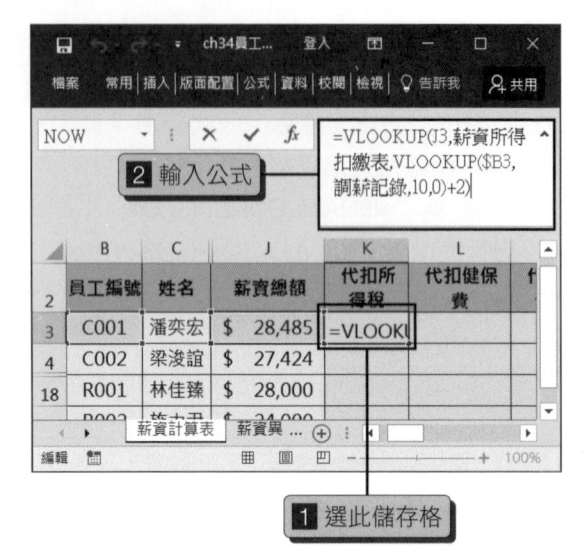

公式說明

代扣所得稅公式主要分成兩個 VLOOKUP 函數：
A. 依據員工編號參照調薪記錄中，該員工扶養的人數「VLOOKUP($B3, 調薪記錄,10,0)」
B. 再依據薪資總額去參照薪資所得扣繳表中，應扣繳的金額「VLOOKUP (J3, 薪資所得扣繳表, 扶養人數+2)」。

雖然兩個都是 VLOOKUP 函數，但是員工編號要找到完全符合的資料，因此第 4 個引數要設定為 0（FALSE），薪資總額則可省略。

9 代扣勞保費公式與代扣健保費相似，但是勞保沒有扶養親屬或眷屬人數的問題，所以先介紹計算代扣勞保費。請選取 M3 儲存格，並輸入公式「= VLOOKUP(INDEX(勞保月投保薪資,MATCH($E3, 勞保月投保薪資,1)+1), 勞保級距表,2,0)」。

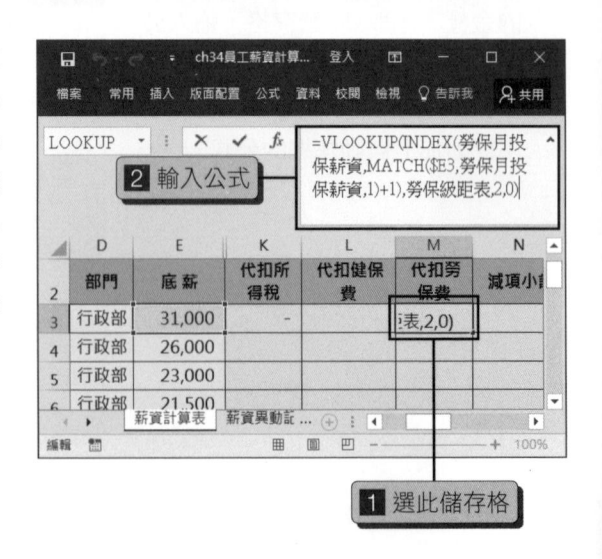

單元 34　員工薪資計算表

公式說明

由於勞健保費是依照投保金額為計算基準，因此要依照底薪去參照月投保金額，但投保金額不得低於實際薪資。

A. 先用 MATCH 找到月投保金額中，最接近底薪的投保金額所代表的儲存格列號 MATCH（$E3, 勞保月投保薪資 ,1），參照出在第 9 列。
B. 再使用 INDEX 函數，找出月投保金額中，最接近列號的下一列，所代表的金額。INDEX（勞保月投保薪資 ,MATCH（$E3, 勞保月投保薪資 ,1）+1），參照出月投保金額為 31,800 元。
C. 最後使用 VLOOKUP 函數從勞保級距表中找到第 2 欄對應的員工負擔的勞保費。

10 然後計算代扣健保費的金額。選取 L3 儲存格，輸入完整公式「=VLOOKUP(INDEX(健保月投保薪資 ,MATCH($E3, 健保月投保薪資 ,1)+1), 健保級距表 ,VLOOKUP($B3, 調薪記錄 ,11,0)+2,0))」。

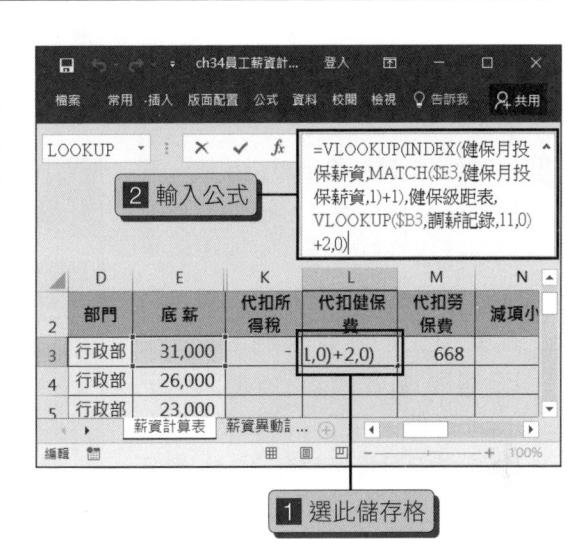

公式說明

A. 先參照到健保每月投保薪資，公式為「INDEX（健保月投保薪資 ,MATCH（$E3, 健保月投保薪資 ,1）+1）」，參照出月投保金額也是 31,800 元。
B. 接著依照員工編號參照調薪記錄中，健保眷保的人數。公式為「VLOOKUP（$B3, 調薪記錄 ,11,0）」，參照出來是 3 人，但是健保級距表中，眷口數 3 人的健保費在第 5 欄，因此要依「眷口數 +2」才是要參照的欄數。
C. 最後依照每月的投保薪資，參照健保級距表中，應負擔的健保金額，「=VLOOKUP（31800, 健保級距表 ,3+2,0）」。

263

PART 2 Excel 財務試算

11 最後計算減項金額小計。選取 N3 儲存格，執行「自動加總」指令，加總範圍「K3:M3」儲存格，使公式為「=SUM(K3:M3)」，並將 K3:N3 儲存格範圍所有公式複製到下方儲存格。

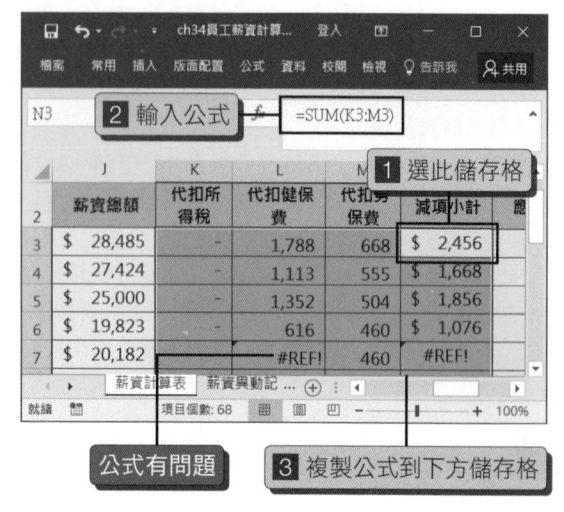

12 注意到 L7 儲存格出現錯誤值，原因是該名員工有 4 名健保眷屬，但現行法令只需收 3 名眷保的費用，超過的眷口數則不計費，因此要加上 IF 函數來判定。修改 L3 儲存格公式為「=VLOOKUP(INDEX(健保月投保薪資,MATCH($E3,健保月投保薪資,1)+1),健保級距表,IF(VLOOKUP($B3,調薪記錄,11,0)+2>3,5,VLOOKUP($B3,調薪記錄,11,0)+2),0)」，將公式重新複製到下方儲存格，L7 儲存格則正常運算。

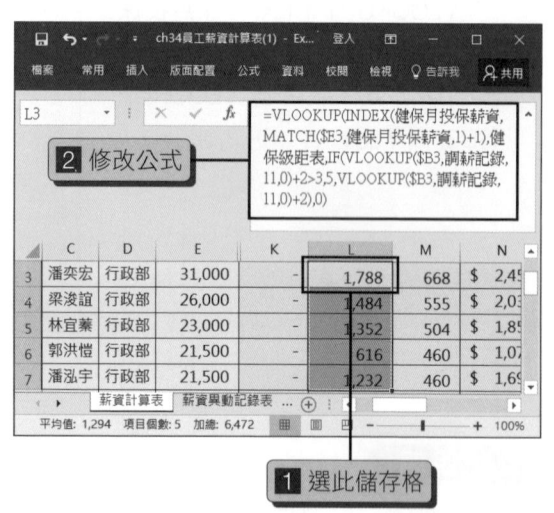

公式說明

使用 IF 函數判斷眷口數「VLOOKUP（$B7,調薪記錄,11,0)」若大於 3，則只要顯示數值「5」；否則就顯示「VLOOKUP（$B7,調薪記錄,11,0)+2」的值。修改眷口數該部分公式為「IF（VLOOKUP（$B7,調薪記錄,11,0)>3,5,VLOOKUP（$B7,調薪記錄,11,0)+2)」。

13 該給的、該扣的都算好了,剩下就是應付薪資。選取 O3 儲存格,輸入公式「=J3-N3」計算出應付薪資。最後將所有公式複製到下方儲存格,並在最後一列加上小計的公式即完成員工薪資計算表。

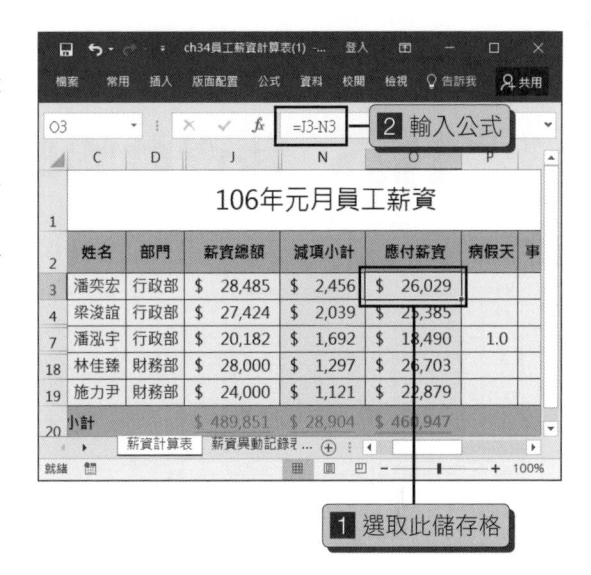

PART 2　Excel 財務試算

範例檔案：PART 2\ch35. 薪資轉帳明細表

單元 35　薪資轉帳明細表

薪資計算完成之後，就要準備發薪水囉！現在絕大部分的公司都採取薪資轉帳，有些銀行會有專屬的轉帳系統，會計人員只要登打後，就可以列印轉帳明細表，連同媒體檔一併交由銀行人員處理。部分銀行可以接受自行製作的轉帳明細表，不管哪一種，都需要列印 2 份，一份交由銀行進行轉帳，一份則由銀行蓋收執章後，由公司保存，若有帳務問題，才有核對的依據。

範例步驟

1. 要辦理薪資轉帳時，明細表中的數字都已經確認，為避免薪資金額因不確定因素，造成公式參照錯誤而變動，因此利用剪貼簿功能，將公式變成數值。請開啟「Excel 範例檔」資料夾中的「ch35 薪資轉帳明細表 (1).xlsx」，切換到「薪資計算表」工作表。選取 B3:C19 儲存格範圍，切換到「常用」功能索引標籤，在「剪貼簿」功能區中，執行「複製」指令。

1 選取儲存格範圍

2 執行此指令

單元 35　薪資轉帳明細表

2 切換回「薪資轉帳明細表」工作表，選取 C4 儲存格，在「剪貼簿」功能區中，執行「貼上」指令。

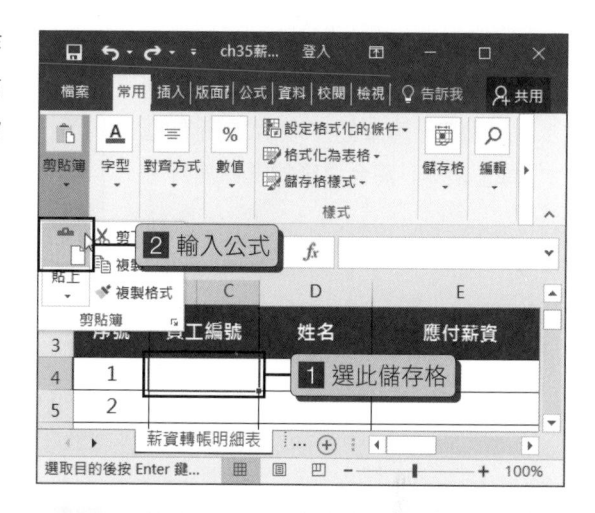

3 因為目的工作表中的「員工編號」欄位是由 2 欄合併而成，因此來源複製的 2 欄，就會被貼在「員工編號」。選取 C4:C17 儲存格範圍，直接拖曳選取的儲存格到 D4:D17 儲存格。

4 接著選取 B4:C17 儲存格範圍，在「對齊方式」功能區中，按下「跨欄置中」清單鈕，執行「合併同列儲存格」指令。

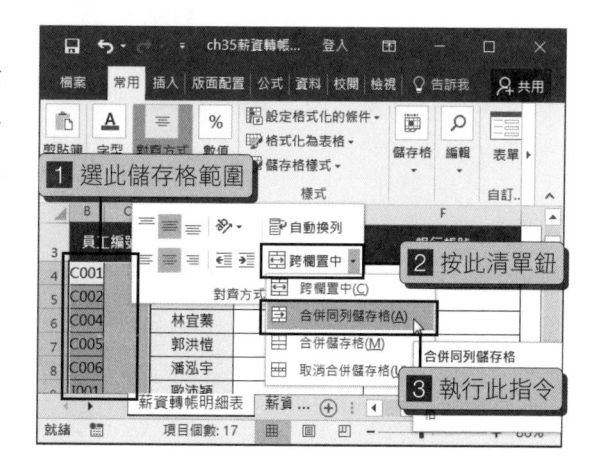

267

PART 2　Excel 財務試算

5 繼續選取 B4:C17 儲存格範圍，在「字型」功能區中，按下「框線」清單鈕，執行「所有框線」指令，將合併後的框線補齊。

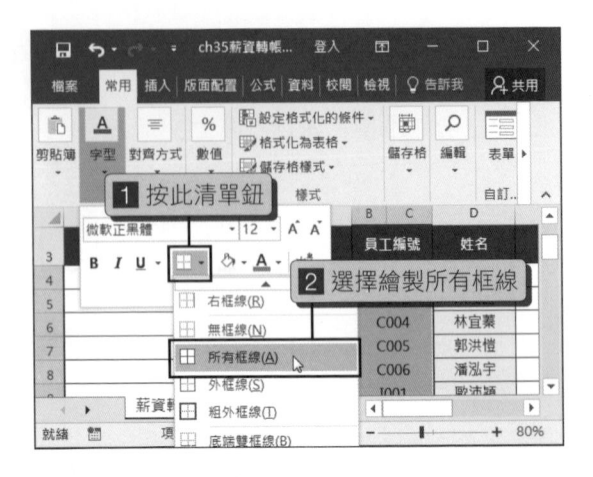

6 再切換到「薪資計算表」工作表，選取 O4:O17 儲存格範圍（應付薪資），按滑鼠右鍵開啟快顯功能表，執行「複製」指令。

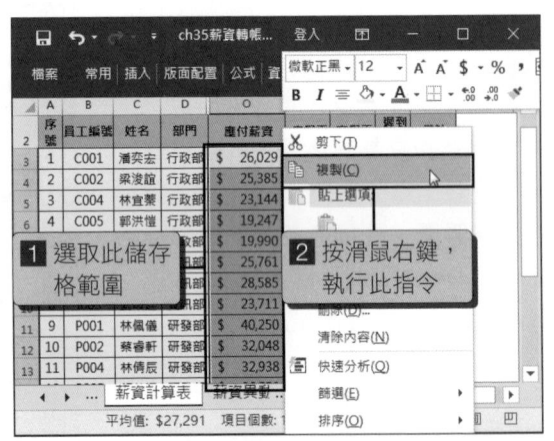

7 切換回「薪資轉帳明細表」工作表，選取 E4 儲存格，在「剪貼簿」功能區中，按下「貼上」清單鈕，執行 「貼上值與數字格式」指令。

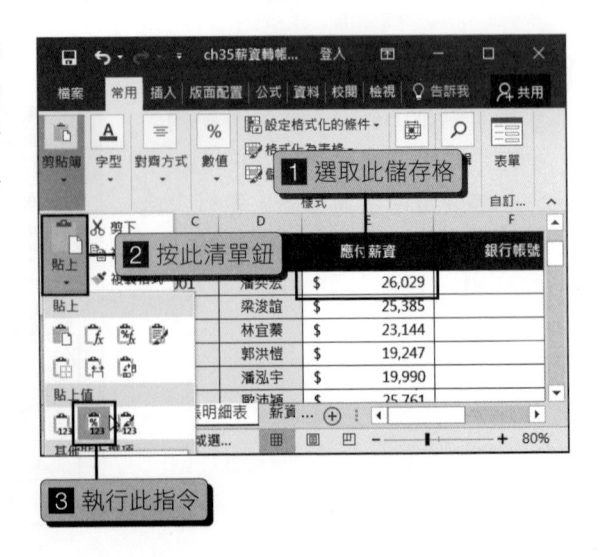

268

單元 35　薪資轉帳明細表

8 有了名字以及薪資，接下來只要有銀行帳號就可以轉帳。大部份的銀行帳號都是「0」開頭，因此要針對銀行帳號設計專屬的儲存格格式，以免 Excel 自動將 0 值取消。請選取 F3 儲存格，先輸入公式「=VLOOKUP(B4, 薪資異動記錄,12,0)」，依照員工編號參照薪資異動記錄中的銀行帳號。

9 接著依照薪資月份，自動顯示轉帳日期，假設發薪日為 10 號。選取 F2 儲存格，切換到「公式」功能索引標籤，在「函數程式庫」功能區中，按下「日期及時間」清單鈕，執行插入「DATE」函數。

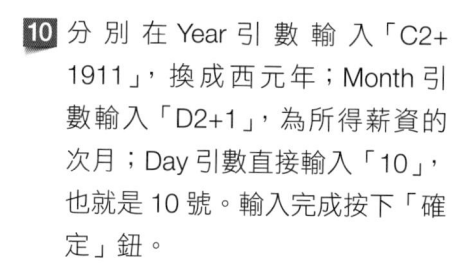

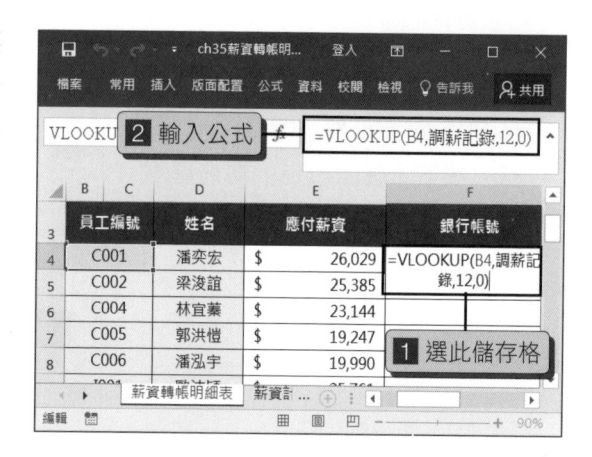

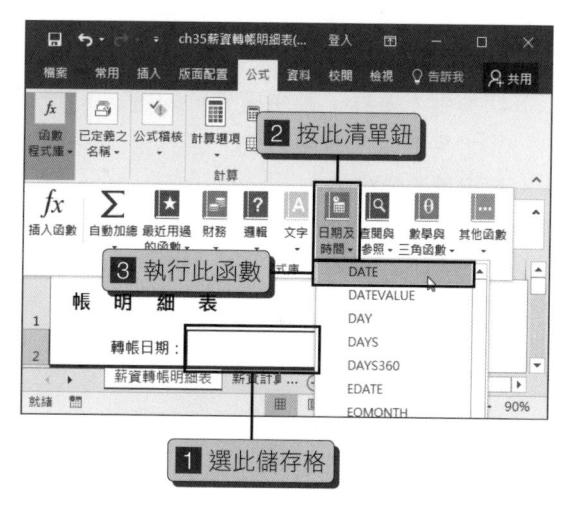

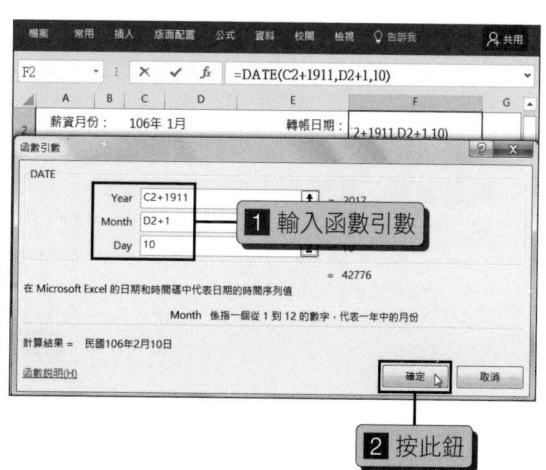

10 分別在 Year 引數輸入「C2+1911」，換成西元年；Month 引數輸入「D2+1」，為所得薪資的次月；Day 引數直接輸入「10」，也就是 10 號。輸入完成按下「確定」鈕。

269

PART 2　Excel 財務試算

11 轉帳明細表內容已經完成，接著就要設定列印時的版面配置。切換到「版面配置」功能索引標籤，按下「版面設定」功能區右下方的 ⌐ 展開鈕。

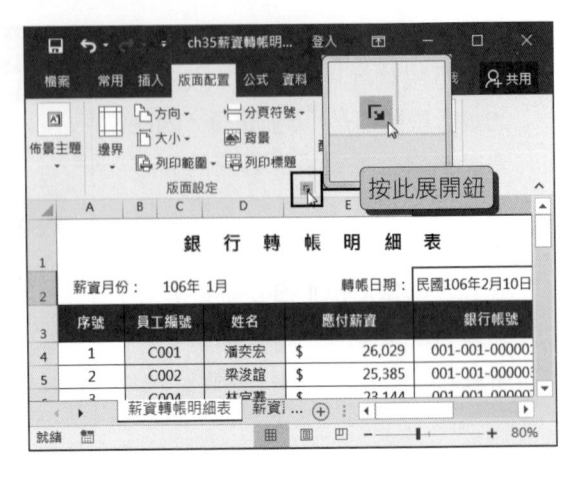

12 開啟「版面設定」對話方塊，先切換到「邊界」索引標籤，勾選「水平置中」置中方式，邊界則採用標準樣式。

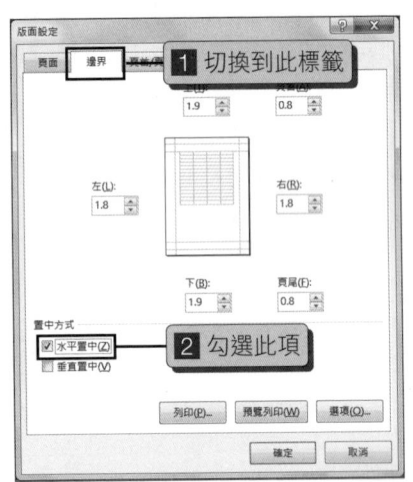

13 切換到「頁首 / 頁尾」索引標籤，先在頁尾中選擇「密件，2016/12/9, 第 1 頁」項目，為求慎重起見，再按下「自訂頁尾」鈕，增加顯示總頁數。

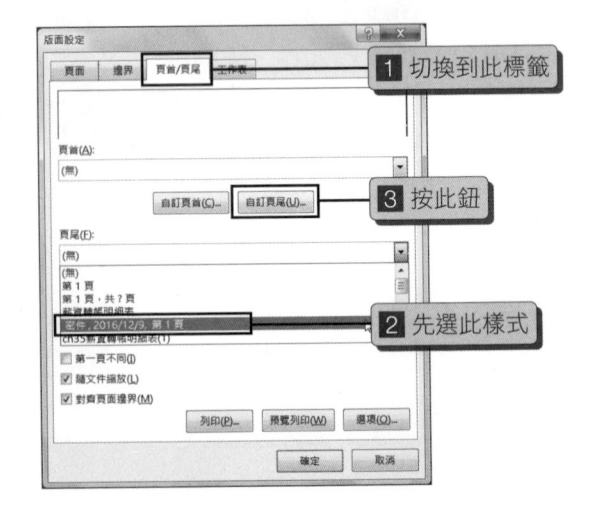

單元 35　薪資轉帳明細表

14 在「第 &[頁碼] 頁」後方，再加上「, 共 &[總頁數] 頁」字樣，其中 [總頁數] 只要按上方「插入頁數」功能鈕即可加入，輸入完成後，按「確定」鈕即可。

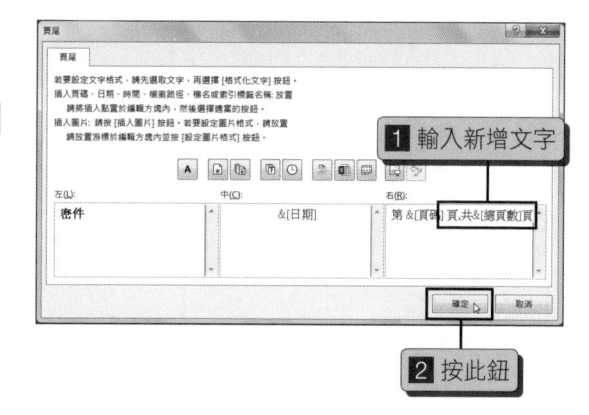

1 輸入新增文字
2 按此鈕

15 最後切換到「工作表」索引標籤，設定跨頁標題列 $1:$3（本範例為跨頁可省略），勾選「儲存格單色列印」列印選項，按下「預覽列印」鈕。

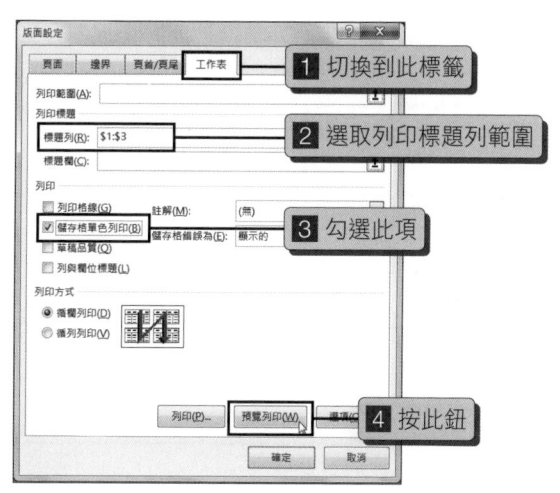

1 切換到此標籤
2 選取列印標題列範圍
3 勾選此項
4 按此鈕

16 自動切換到「檔案」功能視窗下的「列印」標籤項下，選擇列印份數「2」份，最後按下「列印」鈕。

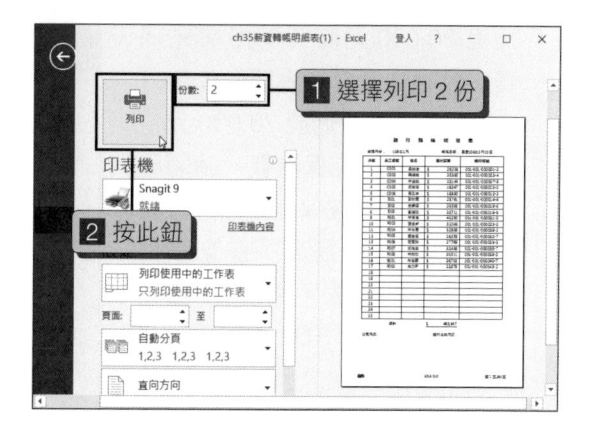

1 選擇列印 2 份
2 按此鈕

271

單元 36　健保補充保費計算表

自從二代健保上路之後，補充保費的問題真的讓人頭疼，光了解哪些狀況需要扣繳補充保費就令人霧煞煞，更何況「全年累計超過投保金額 4 倍部分的獎金」的紀錄和計算問題，更讓人傷透腦筋。因此就針對獎金這個部分來處理吧！

範例步驟

1 依照規定補充保險費單次給付未達者 20,000 元時，不扣補充保費；但逾當月投保金額四倍部分之獎金不論是否低於 20,000 元，須全額計收補充保險費。請開啟範例檔「ch36 健保補充保費計算表 (1).xlsx」，切換到「補充保費計算表」工作表，選取 E3 儲存格，輸入公式「=D3*4」，計算 4 倍投保金額。

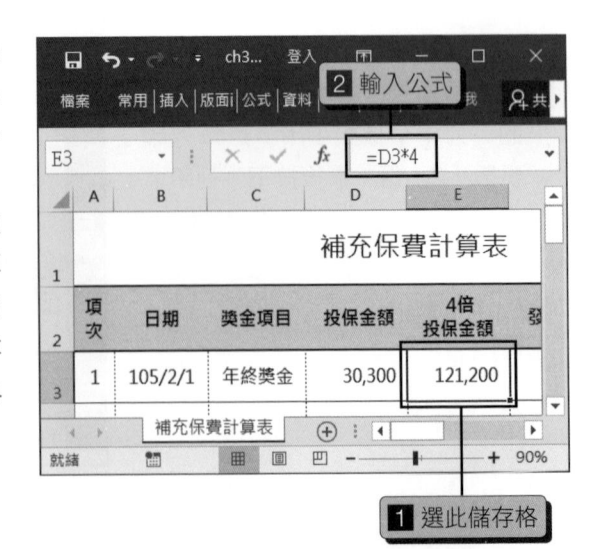

單元 36　健保補充保費計算表

2 選取 G3 儲存格，輸入公式「=F3」；再選 G4 儲存格，輸入公式「=G3+F4」計算累計獎金金額。

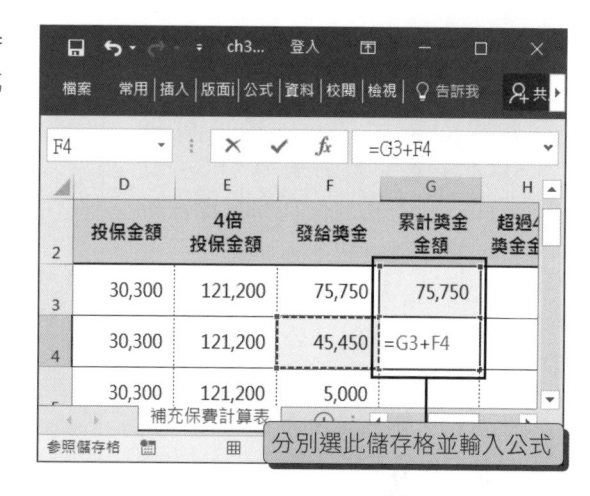

3 選取 H3 儲存格，輸入公式「=IF(G3-E3<0,0,G3-E3)」，計算累計獎金超過 4 倍月投保金額的差異數，當差異數為負數時，則以「0」值顯示。

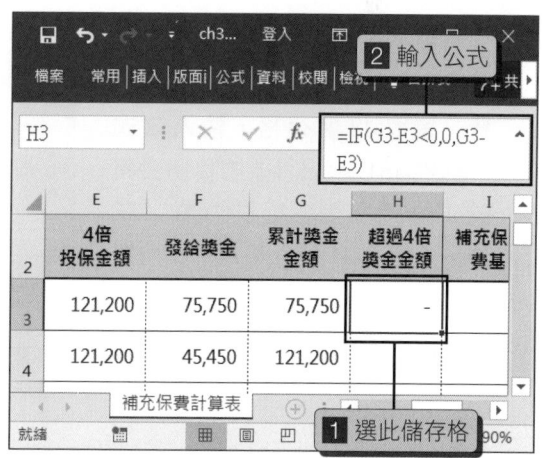

4 選取 I3 儲存格，切換到「公式」功能索引標籤，在「函數程式庫」功能區中，按下「自動加總」清單鈕，執行插入「最小值」函數，計算補充保費基數。

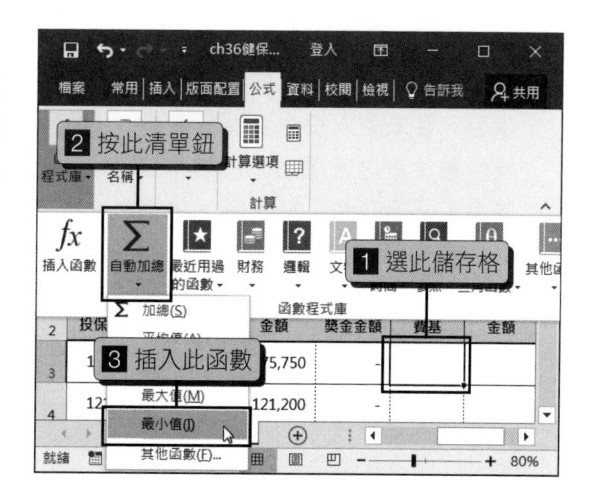

273

5 MIN 函數自動出現引數「D3:H3」，先按下鍵盤【Del】鍵，將預設引數刪除；再按下鍵盤【Ctrl】鍵，分別選取「F3」及「H3」儲存格，作為 MIN 函數新的引數；最後按下資料編輯列上的 ✓「輸入」鈕。完整公式為「=MIN(F3,H3)」，公式的意思是在「發給獎金」及「超過 4 倍獎金金額」兩者之間取最小值，作為補充保費基數。

6 依照補充保費基數乘上目前補充保費費率，計算應扣繳的補充保費。選取 J3 儲存格，輸入公式「=I3*$J$1」，記得要將目前費率的 J1 儲存格變成絕對位置。(或是另外定義 J1 儲存格為「目前費率」範圍名稱）

7 獎金指所得稅法規定的薪資所得項目，且未列入投保金額計算之具獎勵性質之各項給予，如年終獎金、三節獎金、紅利等。像補助性質的結婚補助、教育補助費、旅遊補助、喪葬補助、學分補助、醫療補助、保險費補助、交際費、差旅費、差旅津貼、慰問金、補償費等…，則不列入扣繳補充保險費獎金項目。

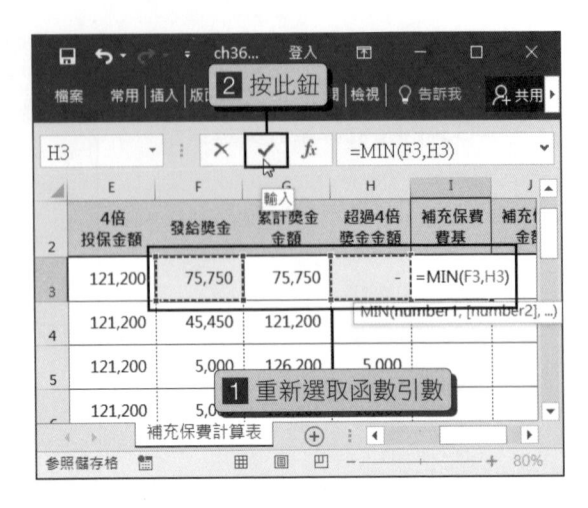

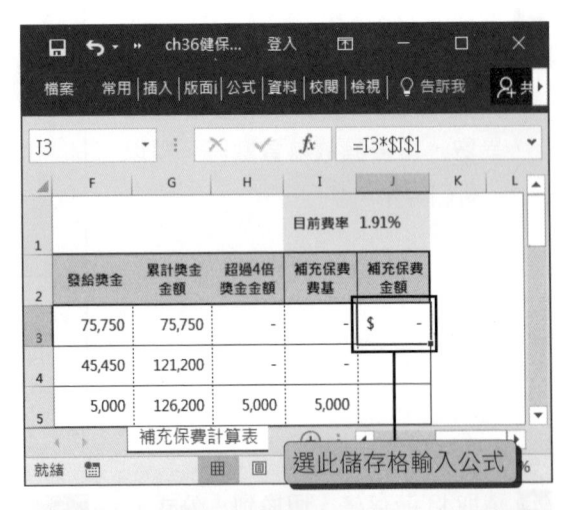

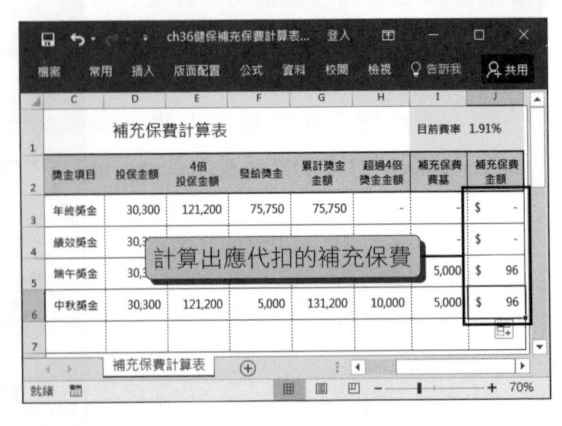

單元 36　健保補充保費計算表

8 補充保費計算表看似方便，但是公司要管理的不只一人，此時可以利用計算表公式加以發揚光大。請開啟範例檔「ch36 健保補充保費計算表 (2).xlsx」，切換到「補充保費記錄表」工作表，已經利用小計功能加上計算表公式，製作成補充保費記錄表，假設公司加發秋節獎金，若要新增資料，請先切換到「資料」功能索引標籤，在「大綱」功能區中，執行「小計」指令。

9 開啟「小計」對話方塊，按下「全部移除」鈕，取消小計功能。

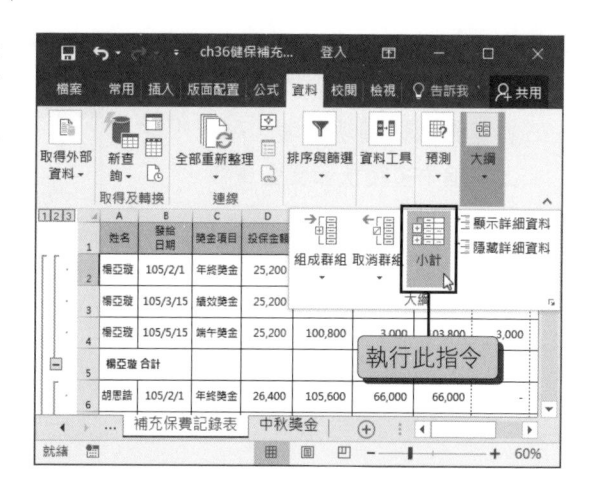

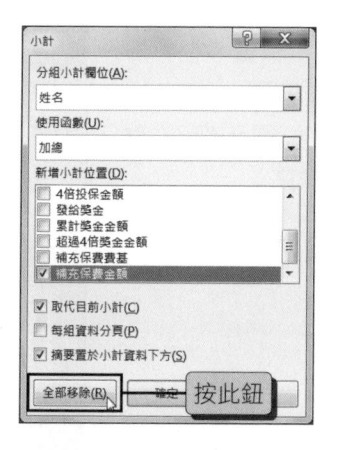

10 切換到「中秋獎金」工作表，選取 A2:F5 儲存格範圍，切換到「常用」功能索引標籤，在「剪貼簿」功能區中，按下「複製」清單鈕，執行「複製」指令。

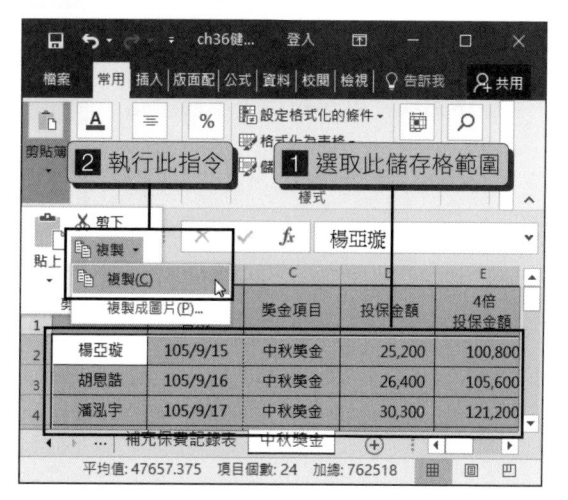

275

11 在切換回「補充保費記錄表」工作表，選取 A14 儲存格，按滑鼠右鍵開啟快顯功能表，執行「貼上」指令複製秋節獎金資料。

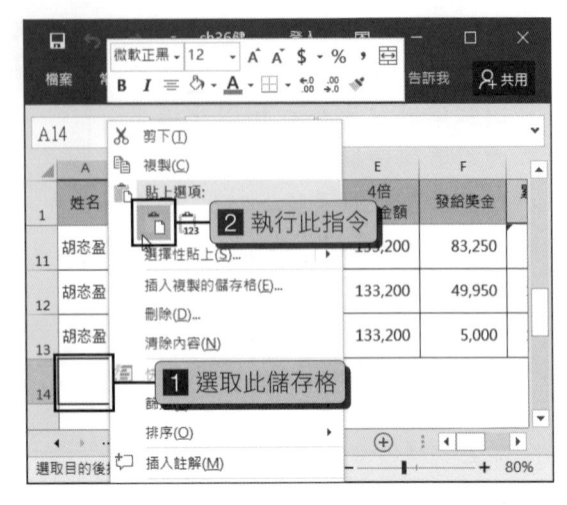

12 接著選取 A1 儲存格，切換到「資料」功能索引標籤，在「排序與篩選」功能區中，按下「從 A 到 Z 排序」圖示鈕。(也就是依姓名重新排序)

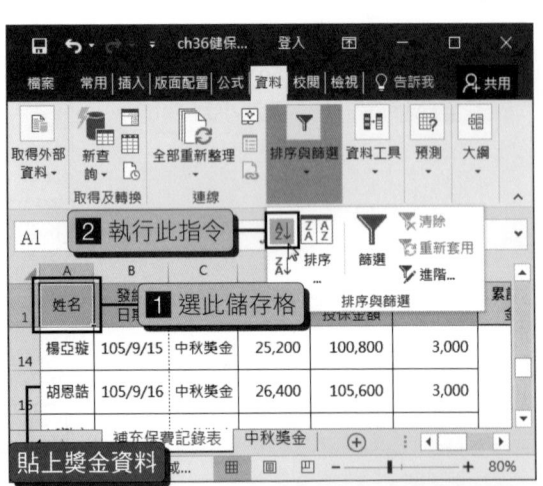

13 所有獎金資料依照「姓名」重新排序完成。再次執行「小計」指令。

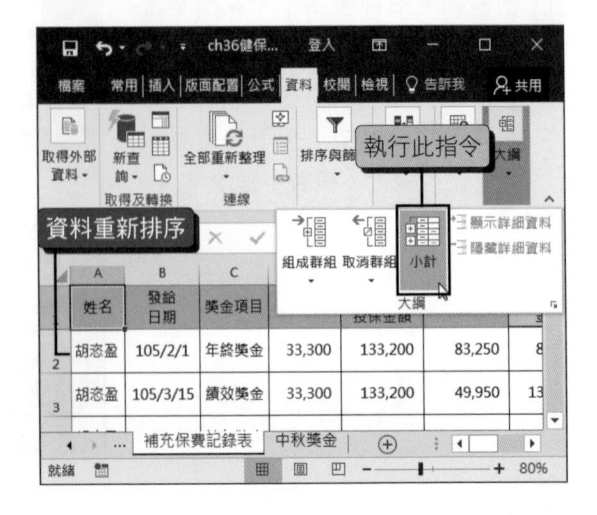

14 開啟「小計」對話方塊，新增小數位置中勾選「發給獎金」，按下「確定」鈕。

15 重新計算小計欄位。由於新增資料沒有套用公式，因此選取 G4:J4 儲存格範圍，使用拖曳的方式複製公式到下一列。

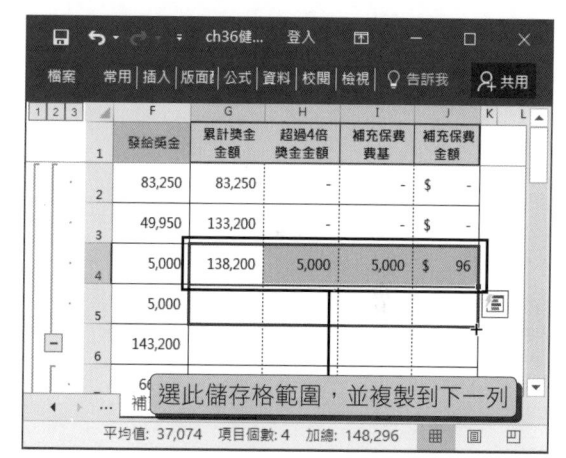

16 最上方一位員工的資料及公式都已經齊全。選取 G2:J6 儲存格範圍，使用拖曳的方式，複製公式到下方其它員工的儲存格。

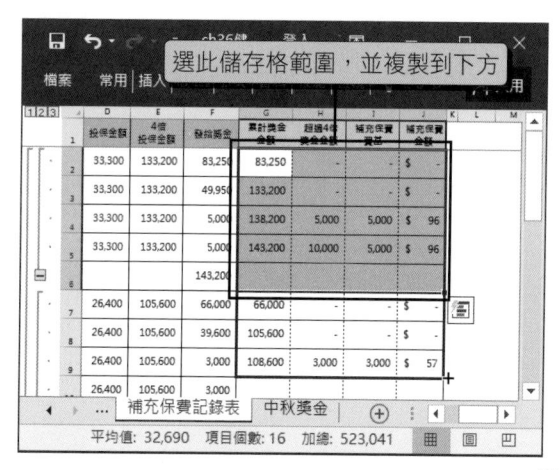

277

17 所有員工的補充保費資料都已經計算完成，最後在整理一下儲存格格式即可。

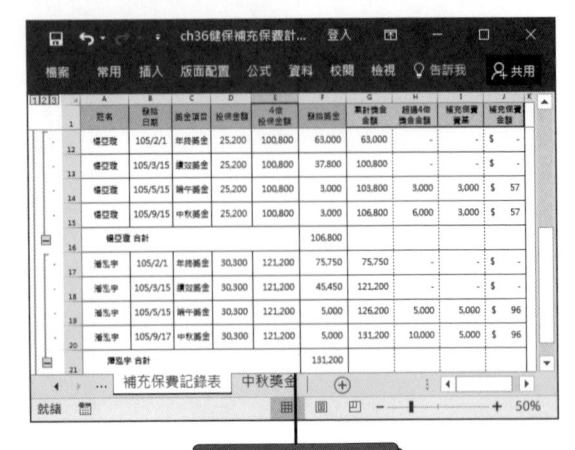

補充保費計算完成

單元 37 應收帳款月報表

範例檔案：PART 2\ch37.應收帳款月報表

單元 37 應收帳款月報表

製造、銷售貨品之後，就輪到應收帳款的管理，不妨建立應收帳款資料庫，以便隨時掌握帳款的狀況。利用應收帳管資料庫，可以製作各月份應收帳款明細表，了解該月份新增或減少應收帳款的情形。

範例步驟

1. 有些時候日期的格式會影響公式設定的複雜度，必要時要改變日期的顯示方式。請開啟「Excel 範例檔」資料夾中的「ch37 應收帳款月報表 (1).xlsx」，切換到「應收款資料」工作表，選取整欄 A:C，切換到「常用」功能索引標籤，在「儲存格」功能區中，按下「插入」清單鈕，執行「插入工作表欄」指令。

279

PART 2　Excel 財務試算

2 新增 3 欄，按下智慧標籤鈕，暫時選擇「格式同右」，只需要相同的填滿及框線格式，至於數值格式稍後再變更。

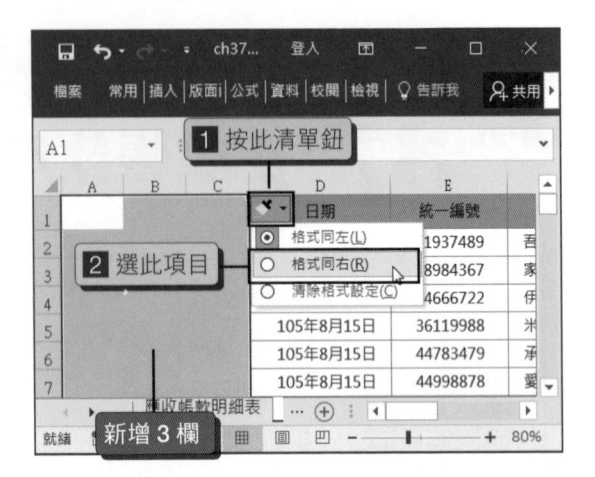

3 分別在 A1:C1 儲存格輸入「年」、「月」和「日」的標題文字。選取 C2 儲存格，切換到「公式」功能索引標籤，在「函數程式庫」功能區中，按下「日期及時間」清單鈕，執行「DAY」指令。

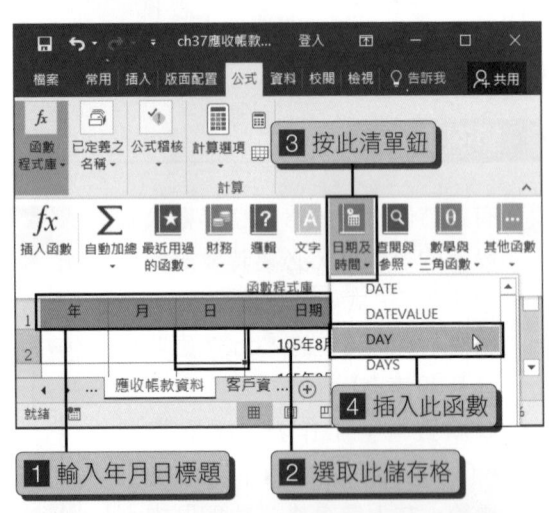

4 開啟 DAY「函數引數」對話方塊，在 Serial_number 引數中選取「D2」儲存格，按下「確定」鈕。完整公式為「=DAY(D2)」。

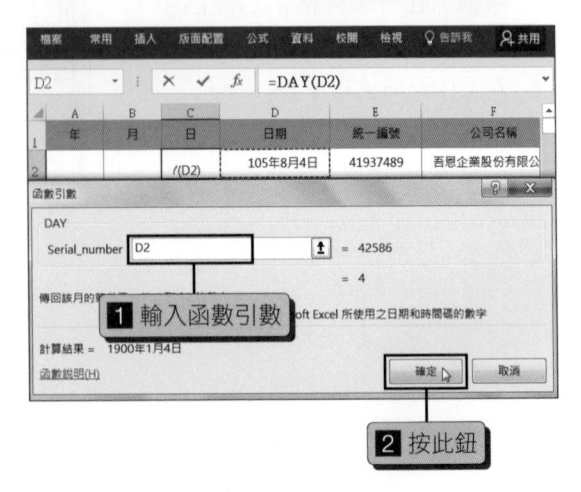

操作 MEMO　DAY 函數

說明： 傳回指定日期的日數。（日數為 1-31）
語法： DAY（serial_number）
引數： Serial_number（必要）。要傳回的指定日期。

5 選取 B2 儲存格，再次按下「日期及時間」清單鈕，執行「MONTH」指令。開啟 MONTH「函數引數」對話方塊，在 Serial_number 引數中一樣選取「D2」儲存格，按下「確定」鈕。完整公式為「=MONTH(D2)」。

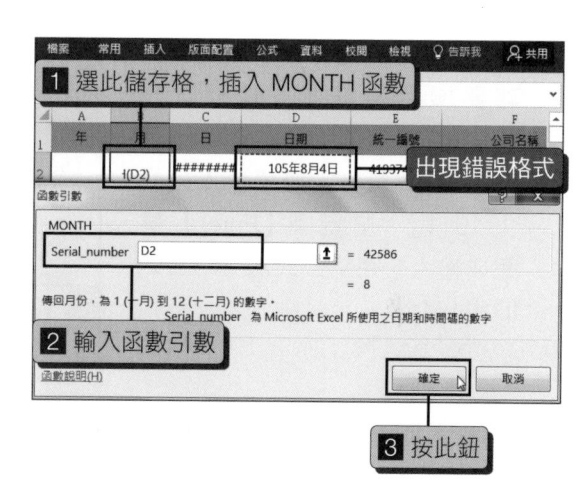

操作 MEMO　MONTH 函數

說明： 傳回指定日期的月份。（月份為 1-12）
語法： MONTH（serial_number）
引數： Serial_number（必要）。要傳回的指定日期。

6 選取 A2 儲存格，再次按下「日期及時間」清單鈕，執行「YEAR」指令。開啟 YEAR「函數引數」對話方塊，在 Serial_number 引數中仍然選取「D2」儲存格，按下「確定」鈕。完整公式為「=YEAR (D2)」。

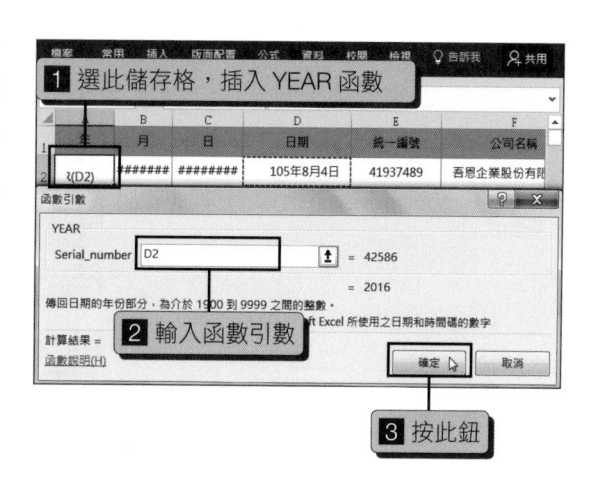

PART 2 Excel 財務試算

> **操作MEMO** **YEAR 函數**
>
> **說明：** 傳回指定日期的年份。（年份會傳回成 1900-9999 範圍內的整數）
> **語法：** YEAR（serial_number）
> **引數：** Serial_number（必要）。要傳回的指定日期。

7 但是 A1 儲存格會顯示西元年，若要顯示國曆年，就要減除「1911」。將游標插入點移到 YEAR 公式後方，繼續輸入公式「-1911」，按鍵盤【Enter】鍵完成輸入。完整公式為「=YEAR(D2)-1911」。

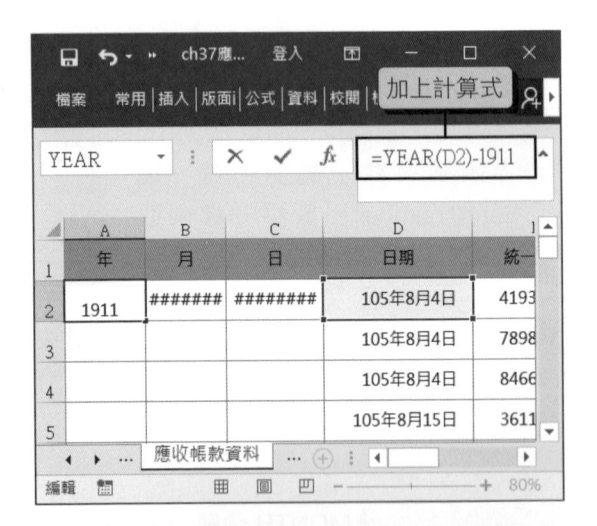

8 選取整欄 A:C，切換到「常用」功能索引標籤，按下「數值格式」的清單鈕，選擇「一般」數值格式。

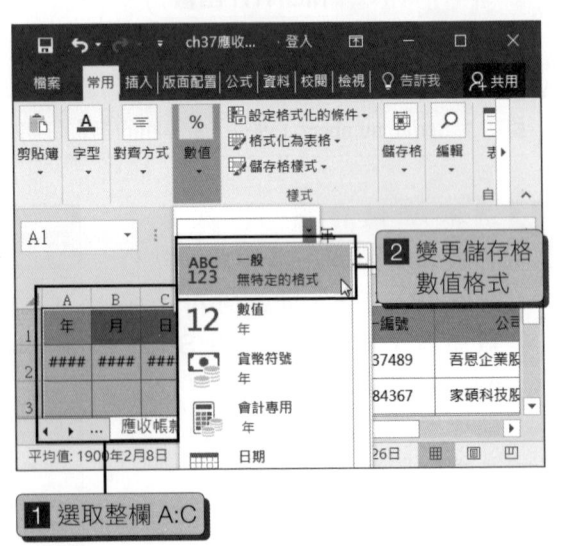

282

單元 37　應收帳款月報表

9 年月日可以正常顯示。選取 A2:C2 儲存格，使用拖曳方式複製公式到 A110:C110 儲存格範圍。由於儲存格內還是公式，為了讓往後能長久使用，必須將公式轉換成數值。選取 A2:C110，按滑鼠右鍵開啟快顯功能表，執行「複製」指令。

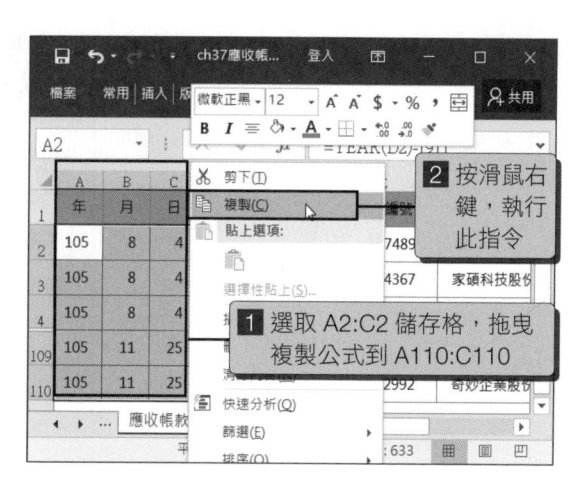

1 選取 A2:C2 儲存格，拖曳複製公式到 A110:C110

2 按滑鼠右鍵，執行此指令

10 重新選取 A2 儲存格，按滑鼠右鍵開啟快顯功能表，執行「貼上值」指令。

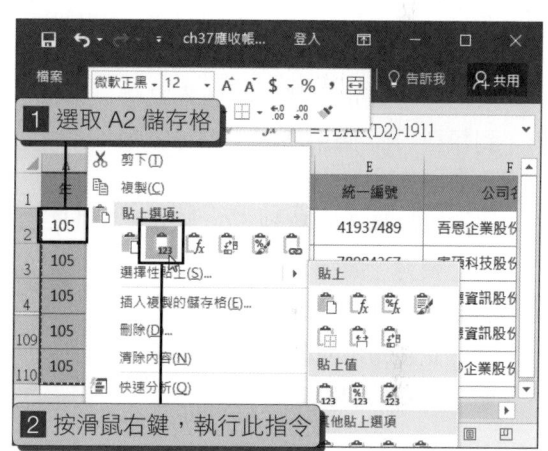

1 選取 A2 儲存格

2 按滑鼠右鍵，執行此指令

11 此時原日期欄 D 可以功成身退。選取整欄 D，切換到「常用」功能索引標籤，在「儲存格」功能區中，按下「刪除」清單鈕，執行「刪除工作表欄」指令。

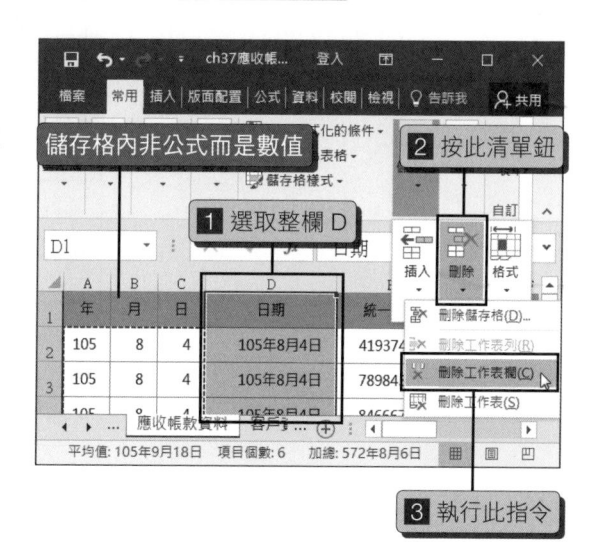

儲存格內非公式而是數值

1 選取整欄 D

2 按此清單鈕

3 執行此指令

283

PART 2　Excel 財務試算

12 切換到「應收帳款明細表」，選取 A2 儲存格，按滑鼠右鍵開啟快顯功能表，執行「儲存格格式」指令。

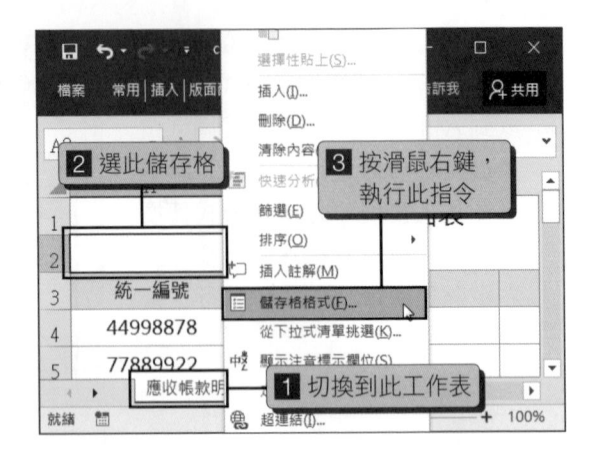

13 開啟「儲存格格式」對話方塊，切換到「數值」索引標籤，選擇「自訂」類別，將游標插入點移到類型「G/ 通用格式」前方，輸入新增文字「" 報表月份："」，然後將游標插入點移到「G/ 通用格式」後方，繼續輸入新增文字「" 月份 "」，輸入完按下「確定」鈕。完整的類型顯示為「" 報表月份："G/ 通用格式 " 月份 "」。

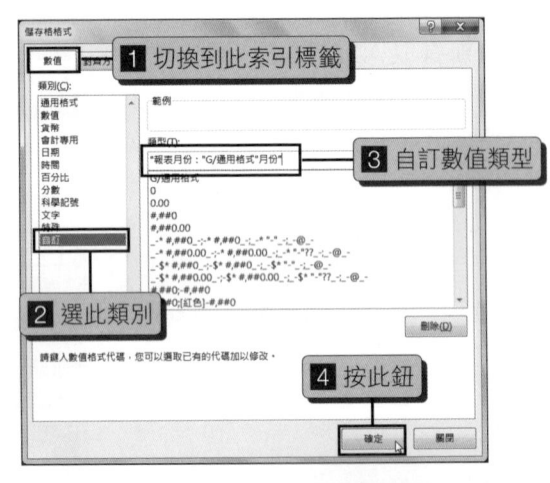

14 回到工作表，在 A2 儲存格輸入數字「9」，儲存格會顯示「報表月份：9 月份」。

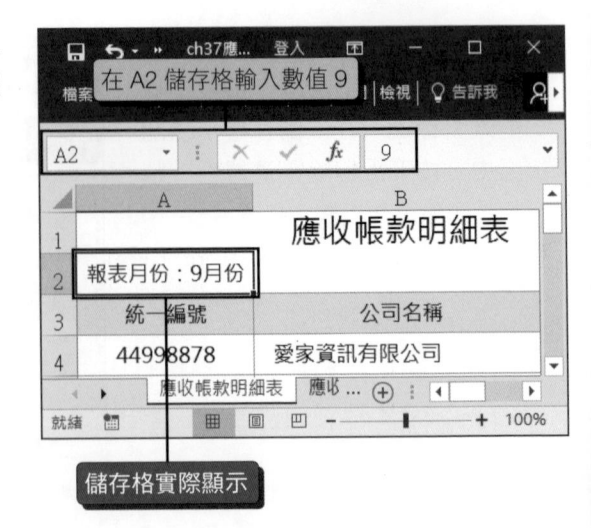

單元 37　應收帳款月報表

15 接著選取 C4 儲存格，切換到「公式」功能索引標籤，在「函數程式庫」功能區中，按下「數學與三角函數」清單鈕，執行插入「SUMIFS」函數。

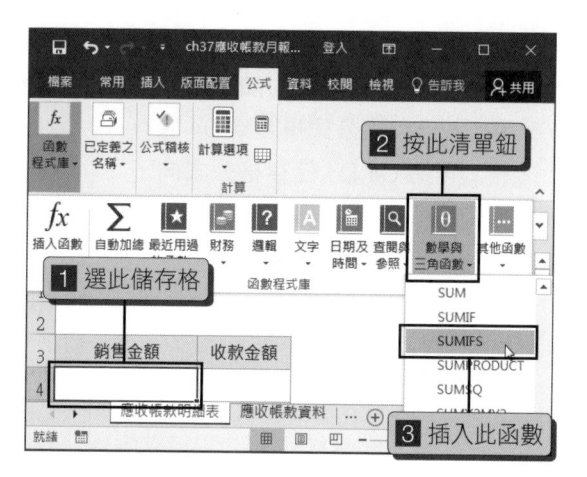

16 另外開啟 SUMIFS「函數引數」對話方塊。Sum_range 引數輸入「應收帳款資料!G:G」，Criteria_range1 引數輸入「應收帳款資料!$B:$B」，Criteria1 引數輸入「$A$2」，Criteria_range2 引數輸入「應收帳款資料!$D:$D」，Criteria2 引數輸入「$A4」，輸入完按下「確定」鈕。也就是在應收帳款資料中，找到符合指定月份及統一編號的銷售金額相加起來。完整公式為「=SUMIFS(應收帳款資料!G:G, 應收帳款資料!$B:$B,$A$2, 應收帳款資料!$D:$D,$A4)」

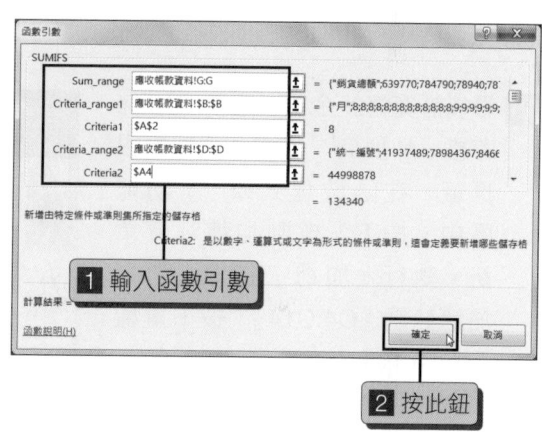

操作MEMO　SUMIFS 函數

說明：將範圍中符合多個準則的儲存格相加。

語法：SUMIFS（sum_range, criteria_range1, criteria1, [criteria_range2, criteria2], ...）

引數：
- Sum_range（必要）。要計算加總的儲存格範圍。
- Criteria_range1（必要）。第一個條件值的篩選範圍。
- Criteria1（必要）。第一個條件值。
- Criteria_range2, criteria2, …（選用）。其他篩選範圍及其相關條件。最多允許 127 組範圍 / 準則。

17 C4 儲存格出現 0 值，不是公式有誤，而是沒有相關的加總數值。將 C4 儲存格公式複製到 D4 儲存格，再將 C4:D4 儲存格公式向下複製到 C14:D14 儲存格範圍。

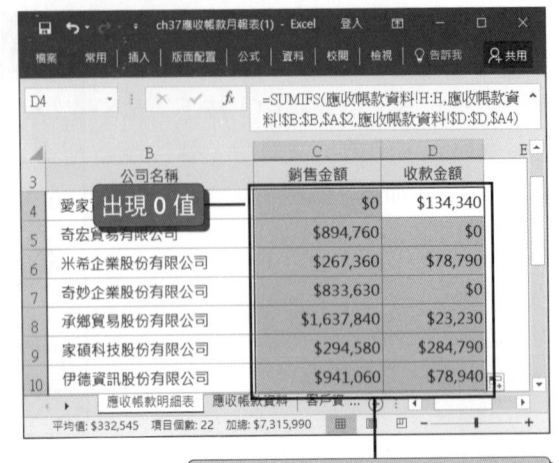

將 C4 儲存格公式向下和向右複製

18 最後計算總計金額。選取 C15 儲存格，切換到「公式」功能索引標籤，在函數程式庫「」功能區中，按下「自動加總」清單鈕，執行「加總」指令，選取加總範圍「C4:C14」，按下鍵盤【Enter】鍵。

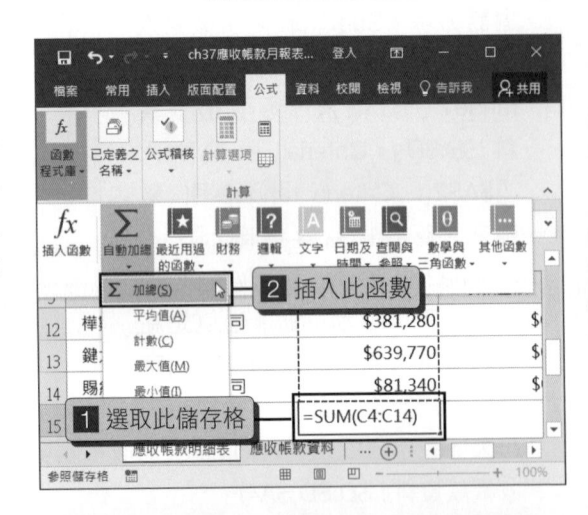

1 選取此儲存格
2 插入此函數

19 再將 C15 儲存格公式複製到 D15 儲存格即完成應收帳款月報表。

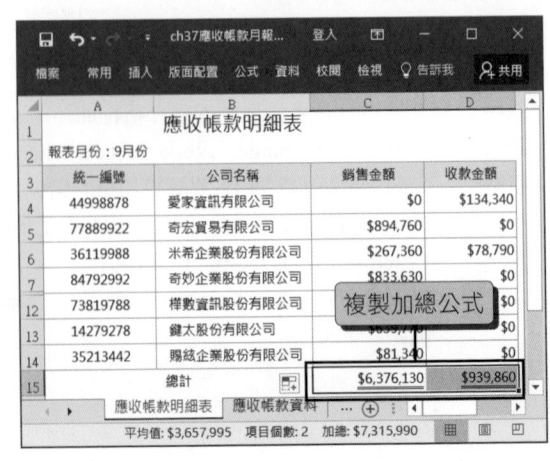

複製加總公式

單元 38　應收帳款對帳單

範例檔案：PART 2\ch38. 應收帳款對帳單

單元 38　應收帳款對帳單

當應收資料庫建立後，除了可以製作利用資料庫的內容，每個月製作應收帳款對帳單寄發給客戶，確保應收帳款正確無誤，也順便提醒客戶還有多少帳款尚未付清。

範例步驟

1. 請開啟「Excel 範例檔」資料夾中的「ch38 應收帳款對帳單 (1).xlsx」，選擇「應收帳款資料」工作表，切換到「插入」功能索引標籤，在「表格」功能區中，執行「樞紐分析表」指令。

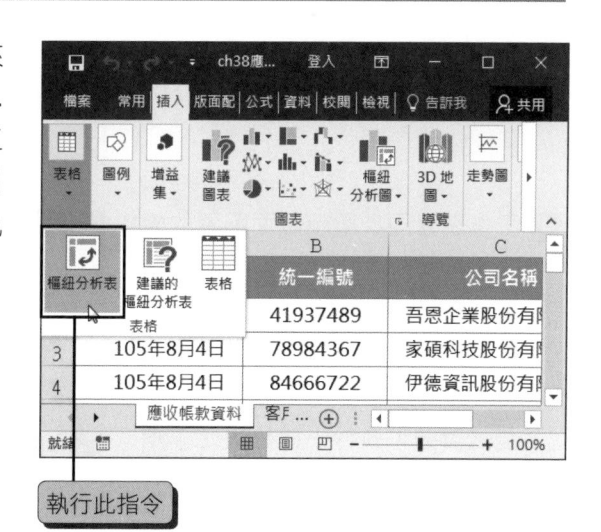

執行此指令

2 開啟「建立樞紐分析表」對話方塊，設定內容使用預設值，按「確定」鈕。

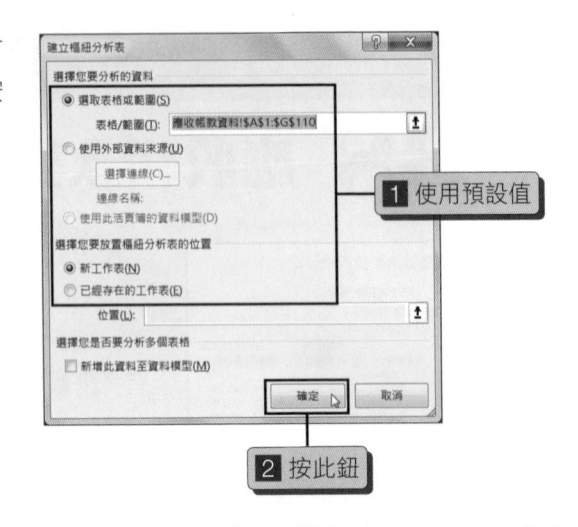

3 開啟新工作表包含空白的樞紐分析表及「樞紐分析表欄位」工作窗格。使用拖曳的方式將「日期」欄位拖到「列」區域。

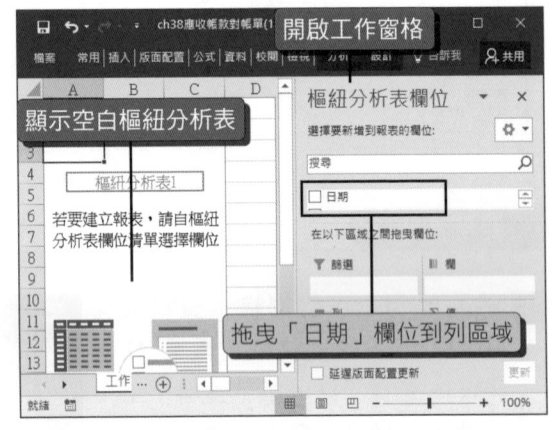

4 工作表會同步顯示版面配置的變化。接著將「統一編號」欄位拖曳到「篩選」區域；「銷貨總額」拖曳到「Σ 值」區域。按下「計數 - 銷貨總額」欄位名稱旁的功能清單鈕，執行「欄位設定」指令。

單元 38　應收帳款對帳單

5 開啟「值欄位設定」對話方塊。選擇「加總」計算類型，按下「數值格式」鈕變更數值格式。

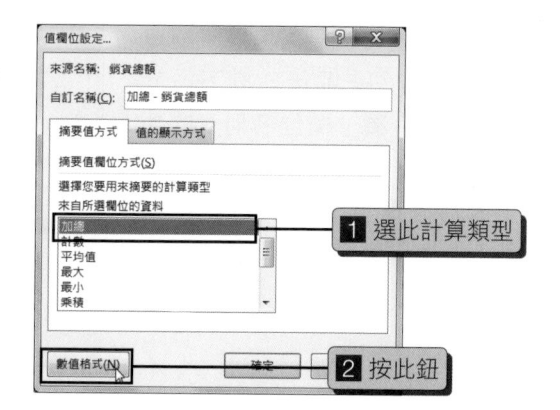

6 另外開啟「儲存格格式」對話方塊，選取「會計專用」類別，設定格式為「0」小數位數，符號顯示為「$」，按下「確定」鈕。

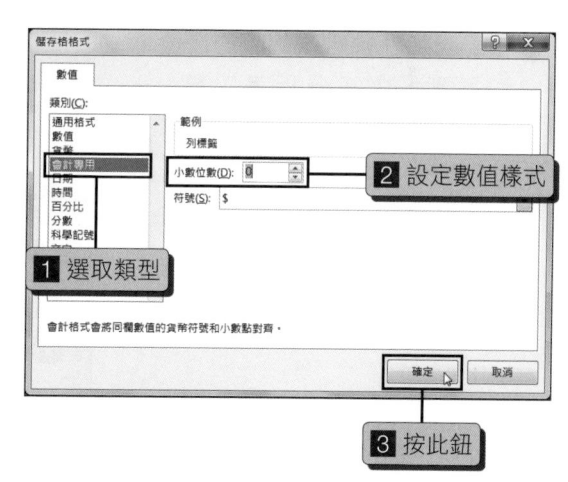

7 回到「值欄位設定」對話方塊，輸入自訂名稱「應收帳款」，按下「確定」鈕。

8 依相同方式將「已付金額」拖曳到「Σ值」區域後，按下「計數-已付金額」欄位名稱旁的功能清單鈕，執行「欄位設定」指令，同樣選擇「加總」計算類型，並變更數值格式，最後輸入自訂名稱「已付帳款」，按下「確定」鈕。

9 接著增加應收帳款餘額的欄位，切換到「樞紐分析表工具\分析」功能索引標籤，在「計算」功能區中，按下「欄位、項目和集」清單鈕，執行「計算欄位」指令。

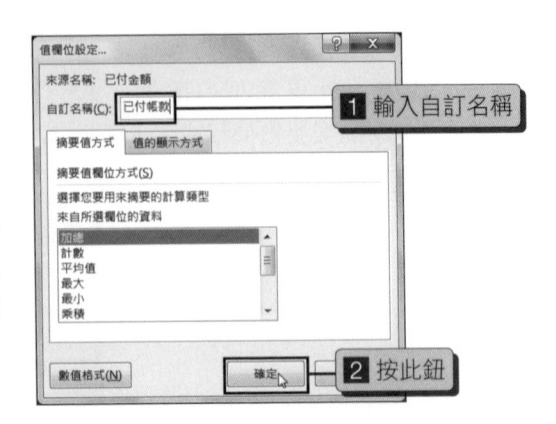

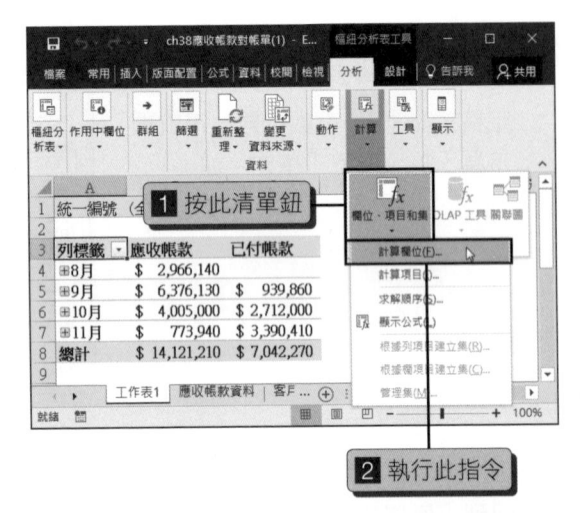

10 開啟「插入計算欄位」對話方塊，輸入名稱「帳單餘額」及公式「=銷貨總額-已付金額」，按下「新增」鈕新增欄位名稱後，再按「確定」鈕。

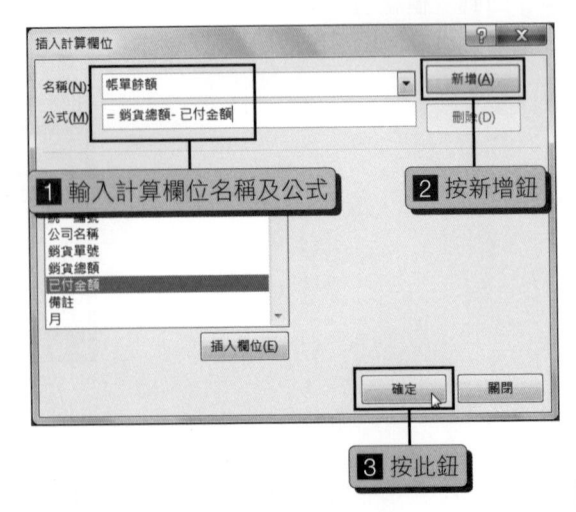

單元 38　應收帳款對帳單

11 回到工作表選擇「加總 - 帳單餘額」欄位標題，在「作用中欄位」功能區中，執行「欄位設定」指令。

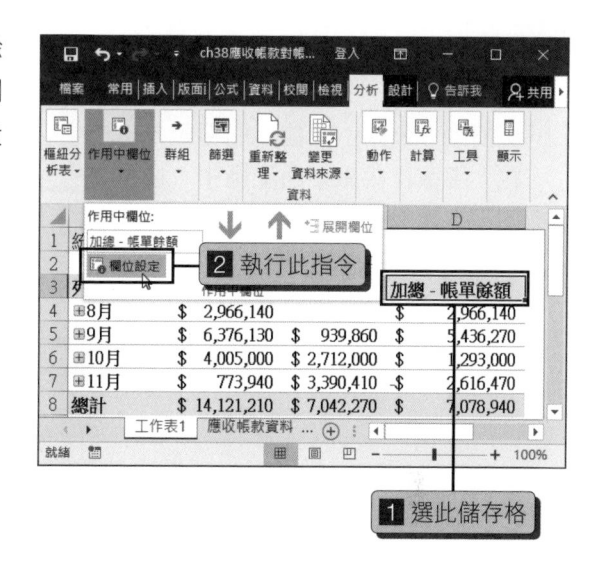

12 開啟「值欄位設定」對話方塊，輸入自訂名稱「應收帳款餘額」，確認計算類型和數值格式後，按「確定」鈕。

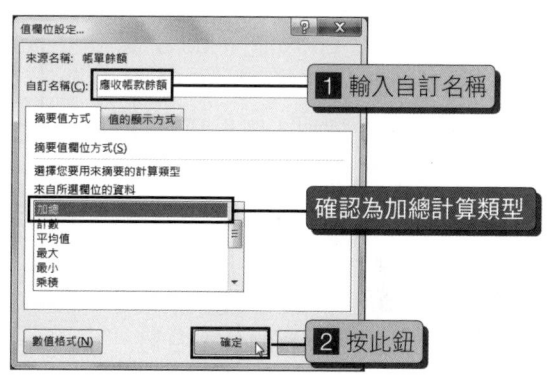

13 先將工作表標籤重新命名為「對帳單」，選取整列 1:3，按滑鼠右鍵開啟快顯功能表，執行「插入」指令。

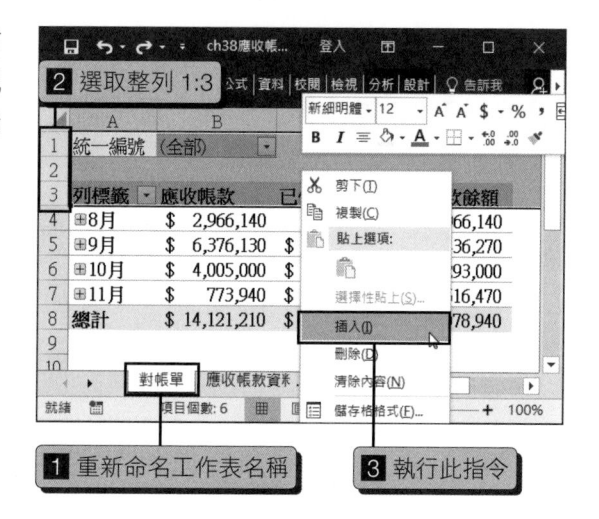

291

PART 2　Excel 財務試算

14 新增 3 列空白列，輸入公司名稱及報表名稱。選取 B3 儲存格，切換到「公式」功能索引標籤，在「函數程式庫」功能區中，按下「查閱與參照」清單鈕，執行「VLOOKUP」指令。

15 開啟 VLOOKUP「函數引數」對話方塊，在 Lookup_value 引數中選取「B4」儲存格，在 Table_array 引數中選取「客戶資料表!A1:C12」儲存格範圍，在 Col_index_num 引數中輸入「3」，最後在 Rrange_lookup 引數中輸入「0」，按下「確定」鈕。就是找到統一編號所代表的公司名稱。完整公式為「=VLOOKUP(B4,客戶資料表!A1:C12,3,0)」。

16 回到工作表中，按下「統一編號」欄位標題旁的篩選鈕，選擇其中的統一編號，按「確定」鈕。

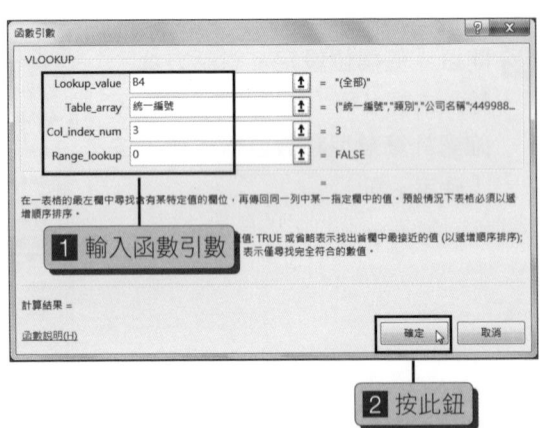

292

單元 38　應收帳款對帳單

17 客戶名稱中會顯示對應的公司名稱。接著選取 D5 儲存格，按下「日期與時間」清單鈕，執行「NOW」指令。

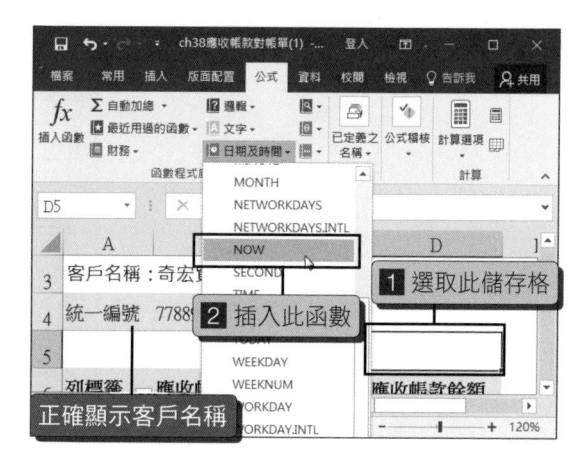

18 開啟 NOW「函數引數」對話方塊，由於此函數不需要隱數，直接按下「確定」鈕。

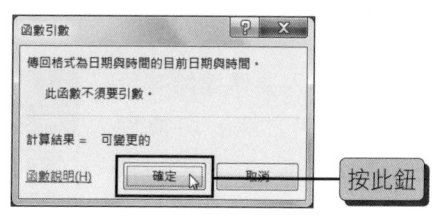

操作MEMO　NOW 函數

說明： 傳回目前日期和時間的序列值。
語法： NOW ( )
　　　　NOW 函數語法沒有任何引數

19 日期處會顯示電腦系統當天的日期。切換到「插入」功能索引標籤，在「圖例」功能區中，按下「圖案」清單鈕，執行「文字方塊」指令。

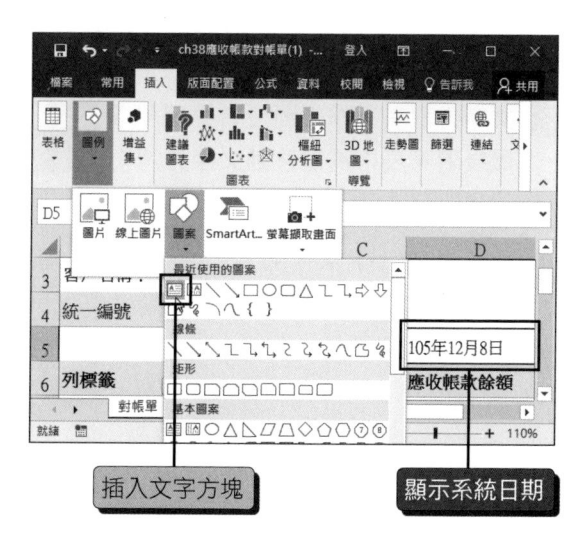

293

20 在報表下方拖曳繪製出文字方塊。

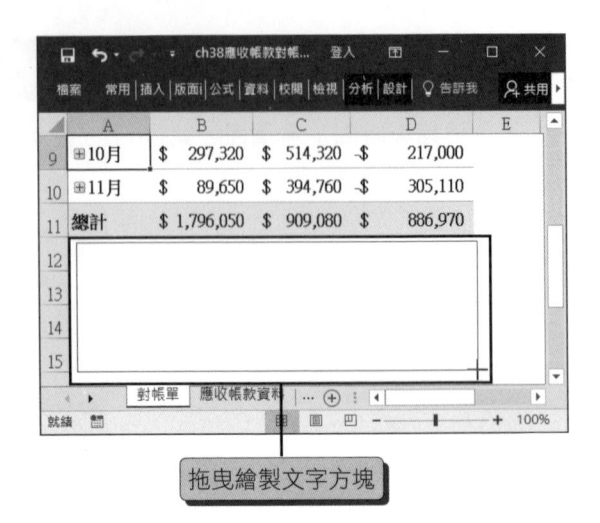

拖曳繪製文字方塊

21 在文字方塊中輸入要傳達給客戶訊息。選取文字方塊，切換到「繪圖工具\設計」功能索引標籤，在「圖案樣式」功能區中，按下「圖案外框」清單鈕，執行「無外框」指令。

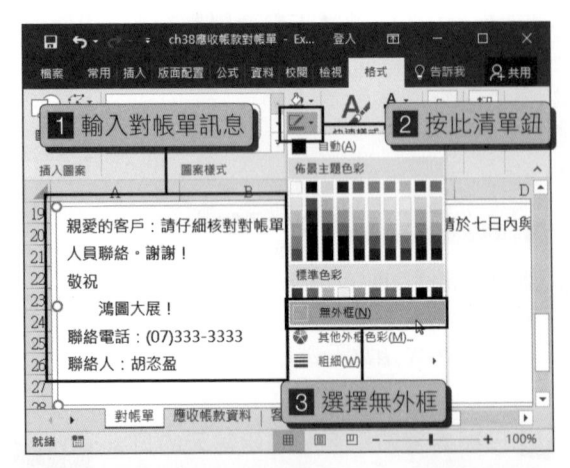

1 輸入對帳單訊息
2 按此清單鈕
3 選擇無外框

22 文字方塊與工作表間沒有界線。最後隨著表格長短移動文字方塊位置即可。

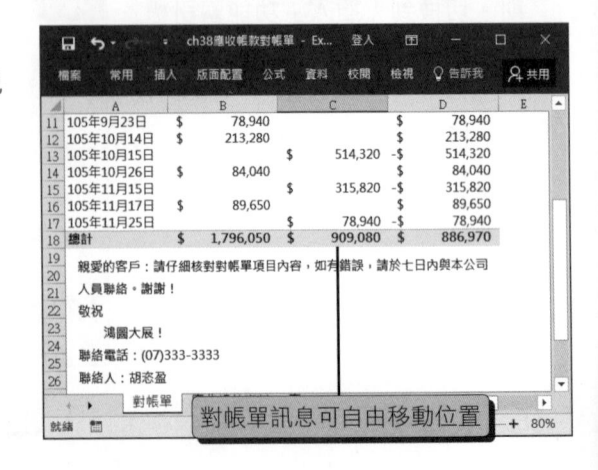

對帳單訊息可自由移動位置

單元 39　應收票據分析表

範例檔案：PART 2\ch39. 應收票據分析表

單元 39　應收票據分析表

應收票據的主要來源為公司提供勞務或商品予買方，買方所開立需於特定日期或時間內，無條件支付一定金額的票據。良好的票據控管，可有效提高公司資金的運轉。

範例步驟

1 收到客戶的票據時，第一步就是記錄客戶名稱、票據號碼、金額、票據到期日等等資料，待票據到期日一到，則拿至銀行兌現，並核銷票據紀錄。往來銀行也提供代收票據服務，可以將近期就要到期的票據先交由銀行保管，就不用擔心票據過期未兌現的問題。請開啟「Excel 範例檔」資料夾中的「ch39 應收票據分析表 (1).xlsx」，選取 E5: E26 儲存格範圍，切換到「公式」功能索引標籤，在「已定義之名稱」功能區中，執行「從選取範圍建立」指令。

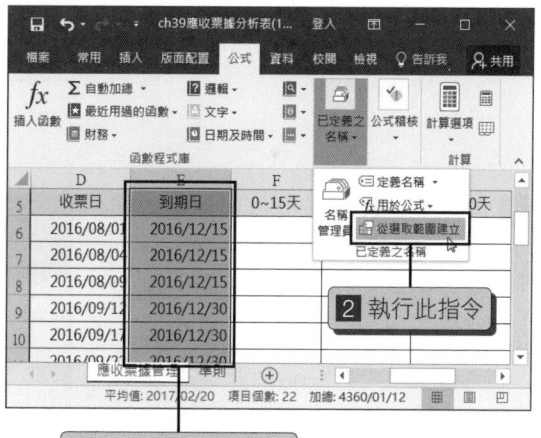

295

2 開啟「以選取範圍建立名稱」對話方塊，勾選「頂端列」，按「確定」鈕建立範圍名稱。

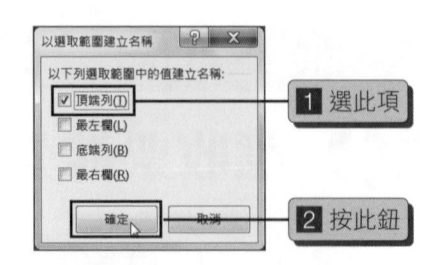

3 還有另一種方法也可以建立範圍名稱，選取 C6:C26 儲存格，將游標插入點移到資料編輯列上的方塊名稱，直接輸入「應收票據金額」，按下鍵盤上的【Enter】鍵完成輸入及建立範圍名稱。

4 等一下要計算目前日期與應收票據到期日之間的天數，因此要設定系統日期，才能隨時保持最新的票齡分析。選取 J3 儲存格，先輸入文字「=n」，此時會出現 N 開頭的函數，選擇「NOW」函數，快按滑鼠左鍵 2 下插入函數。

5 儲存格內僅顯示函數「NOW(」，未開啟函數引數對話方塊，此時只需將游標插入點移到函數名稱位置，按下資料編輯列上的 ƒx「函數引數」圖示鈕，就會開啟 NOW「函數引數」對話方塊，由於此函數不需要引數，直接按「確定」鈕。

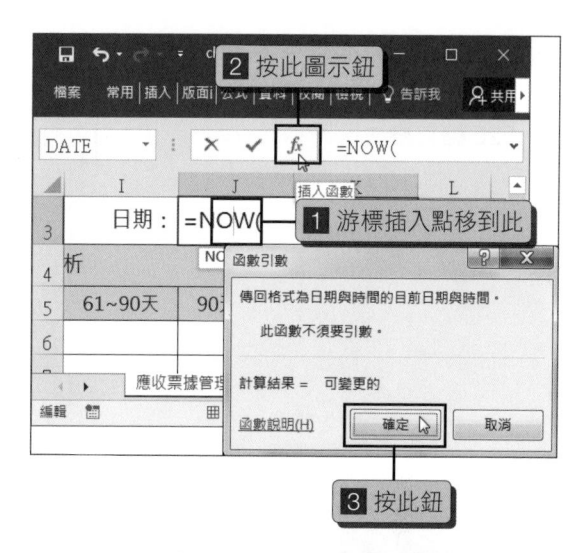

6 重頭戲來了，要輸入不同票齡顯示應收票據金額的公式。選取 F6 儲存格，輸入公式「=IF(到期日 ="","",IF(到期日 -$J$3<=15, 應收票據金額 ,""))」，按下鍵盤【Enter】鍵完成輸入。

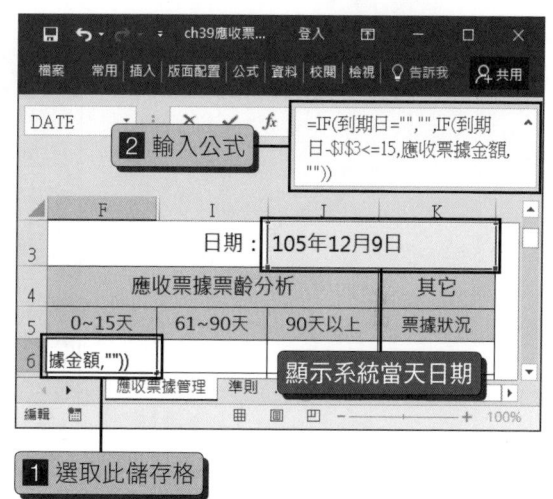

公式說明

公式主要說如果「到期日」是「""」(""表示空白)，儲存格中則顯示「""」，如果有輸入資料，則計算「到期日 -$J$3」是否小於等於 15」；如果計算結果小於等於 15 天，則顯示「應收票據金額」，如果大於 15，則顯示「""」。

7 F6 儲存格顯示應收票據金額，使用拖曳的方式，將公式複製到 F26 儲存格。

將公式複製到下方儲存格

未顯示金額的欄位，表示票期超過 15 天

8 請重複上述步驟，依照下表在相對應的欄位，輸入其它天數的公式。

依照天數輸入公式

天數	儲存格	公式
16~30	G6	=IF(到期日 ="","",IF(AND(到期日 -$J$3>15, 到期日 -$J$3<=30), 應收票據金額 ,""))
31~60	H6	=IF(到期日 ="","",IF(AND(到期日 -$J$3>30, 到期日 -$J$3<=60), 應收票據金額 ,""))
61~90	I6	=IF(到期日 ="","",IF(AND(到期日 -$J$3>60, 到期日 -$J$3<=90), 應收票據金額 ,""))
90 以上	J6	=IF(到期日 ="","",IF(到期日 -$J$3>90, 應收票據金額 ,""))

單元 39　應收票據分析表

9. 接著利用下拉式清單，快速輸入票據狀況。選取 K6 儲存格，切換到「資料」功能索引標籤，在「資料工具」功能區中，按下「資料驗證」清單鈕，執行「資料驗證」指令。

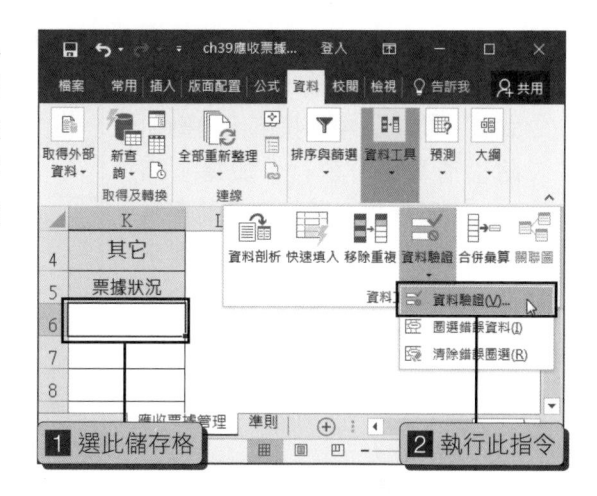

10. 開啟「資料驗證」對話方塊，在「設定」標籤中設定資料驗證準則。在「儲存格內允許」選項中，按下拉清單鈕選擇「清單」，將游標插入點移到「來源」處，直接輸入「未兌現,代收中,已兌現」三個選項，選項和選項之間用「,」分隔，最後按下「確定」鈕設定完成。

11. 回到工作表中，K6 儲存格出現下拉式清單鈕。將儲存格驗證準則，使用拖曳的方式複製到下方儲存格。

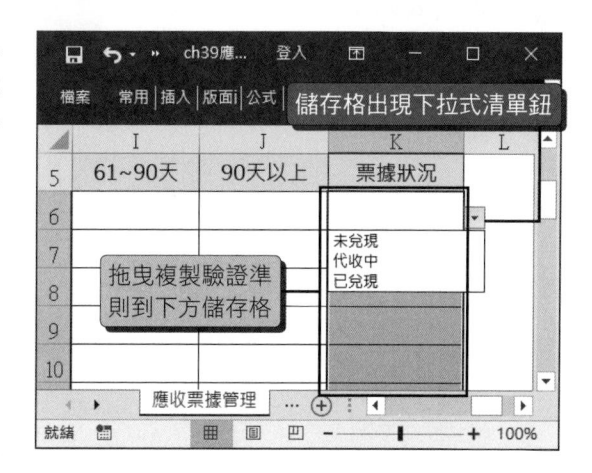

12 選取 C27 儲存格，切換到「公式」功能索引標籤，在「函數程式庫」功能區中，按下「自動加總」清單鈕，執行「加總」指令，由於票據金額已定義範圍為名稱，所以預設的加總範圍顯示為「應收票據金額」，按下鍵盤【Enter】鍵完成公式。

13 接著選取 F27 儲存格，切換到「常用」功能索引標籤，在「儲存格」功能區中，按下「自動加總」清單鈕，執行「加總」指令。選取要加總的儲存格範圍 F6:F26，選取完按下鍵盤【Enter】鍵完成公式。

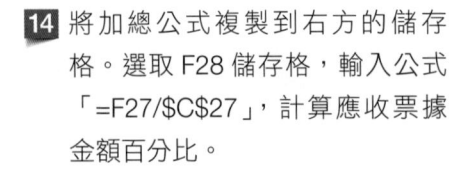

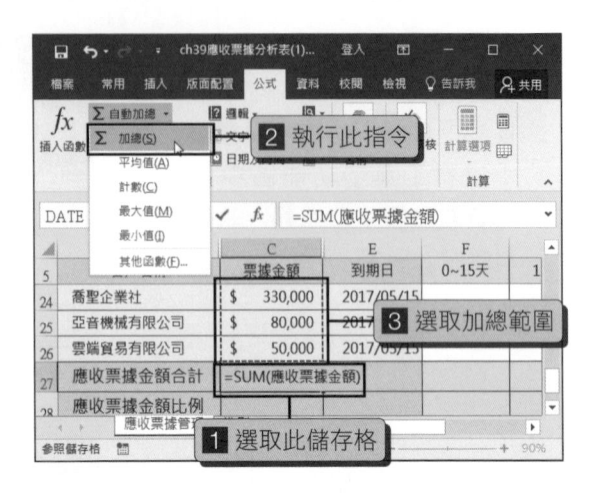

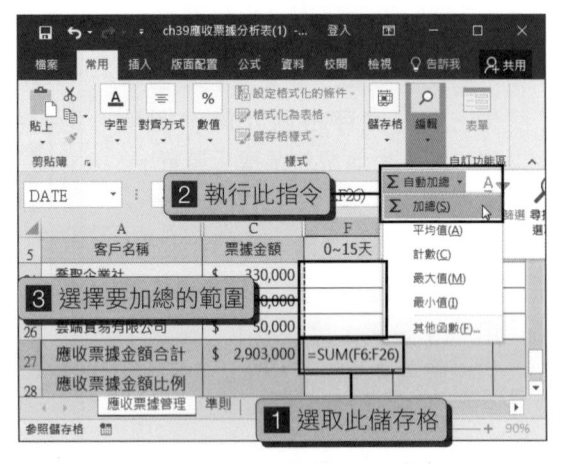

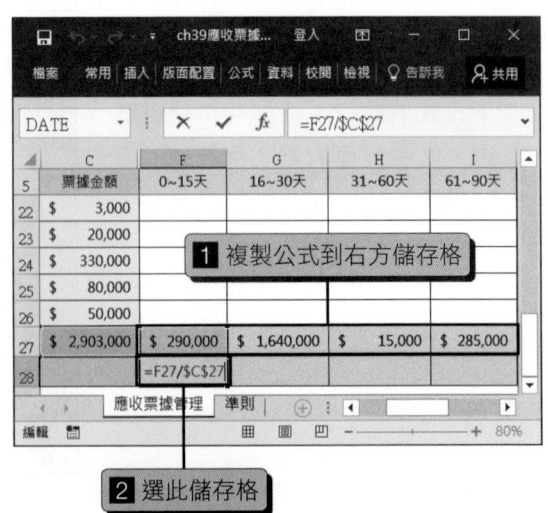

14 將加總公式複製到右方的儲存格。選取 F28 儲存格，輸入公式「=F27/$C$27」，計算應收票據金額百分比。

單元 39　應收票據分析表

15 將「應收票據金額百分比」公式複製到右方儲存格，完成應收票據分析表。

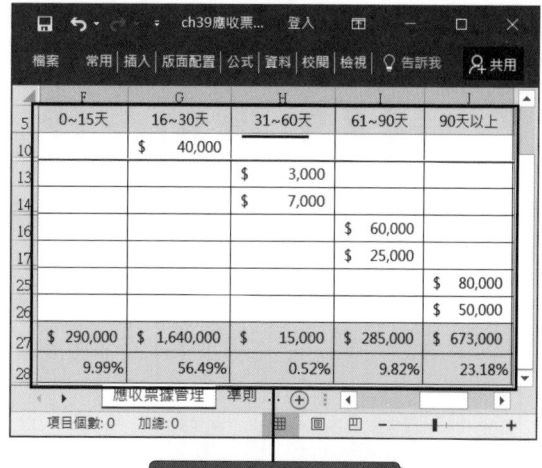

	0~15天	16~30天	31~60天	61~90天	90天以上
10		$ 40,000			
13			$ 3,000		
14			$ 7,000		
16				$ 60,000	
17				$ 25,000	
25					$ 80,000
26					$ 50,000
27	$ 290,000	$ 1,640,000	$ 15,000	$ 285,000	$ 673,000
28	9.99%	56.49%	0.52%	9.82%	23.18%

完成應收票據票齡分析

301

單元 40　進銷存貨管理表

範例檔案：PART 2\ch40. 進銷存貨管理表

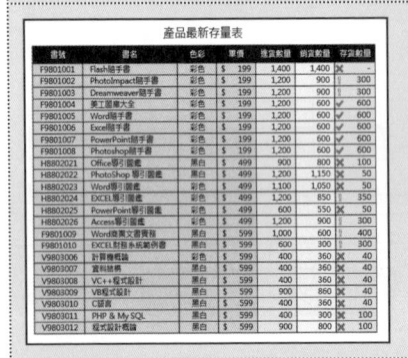

存貨管理近年來成為買賣業、製造業及流通業的大熱門，各企業針對內部的作業流程，紛紛減少庫存量，以即時的流通系統降低因庫存而產生的各種成本，如倉儲租金、倉儲管理費、滯銷的報廢成本…等。在整體經濟環境不佳的情況下，控制存貨便是控制成本的良方，因為有效的成本控管而使企業具有更強的市場競爭性。

範例步驟

1. 首先要定義「產品資料庫」的範圍名稱。請開啟「Excel 範例檔」資料夾中的「ch40 進銷存貨管理表 (1).xlsx」，切換到「公式」功能索引標籤，在「已定義之名稱」功能區中，執行「名稱管理員」指令。

2. 開啟「名稱管理員」對話方塊，其中顯示本範例事先已定義的範圍名稱。按下「新增」鈕，新增「產品資料庫」的範圍名稱。

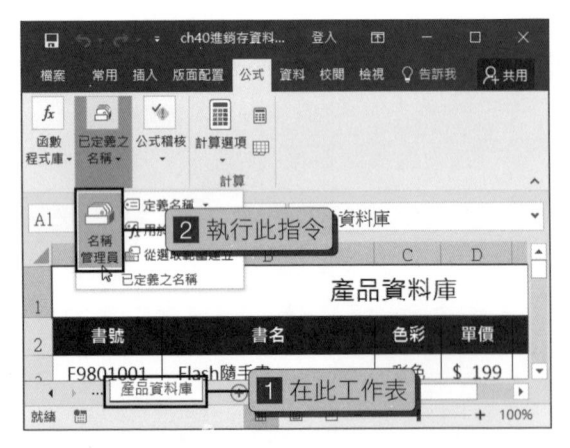

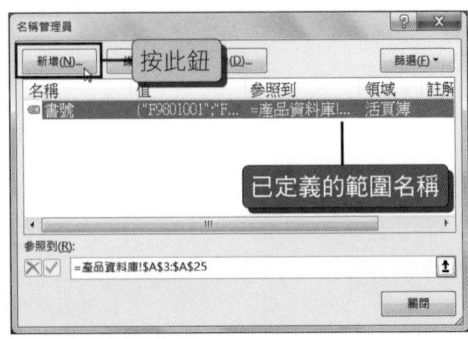

單元 40　進銷存貨管理表

3 另外開啟「新名稱」對話方塊，輸入名稱「產品資料庫」，按下參照到的 🔼「摺疊」鈕選擇參照範圍。

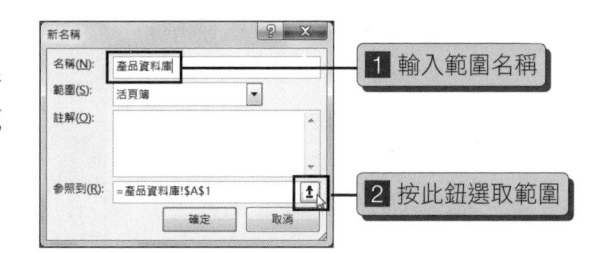

1 輸入範圍名稱

2 按此鈕選取範圍

4 選取 A3:D25 儲存格範圍後，按下 🔽「展開」鈕回到「新名稱」對話方塊。

2 按此鈕

1 選取 A3:D25 儲存格範圍

5 再次確認參照範圍後，按下「確定」鈕回到「名稱管理員」對話方塊。

按此鈕

6 「名稱管理員」對話方塊中，新增一筆範圍名稱，按下「關閉」鈕回到工作表。

新增一筆範圍名稱

按此鈕

303

7 定義完參照範圍後，切換到「銷貨異動資料庫」工作表，選擇 C2 儲存格，在「函數程式庫」功能區中，按下「查閱與參照」清單鈕，執行「VLOOKUP」函數。

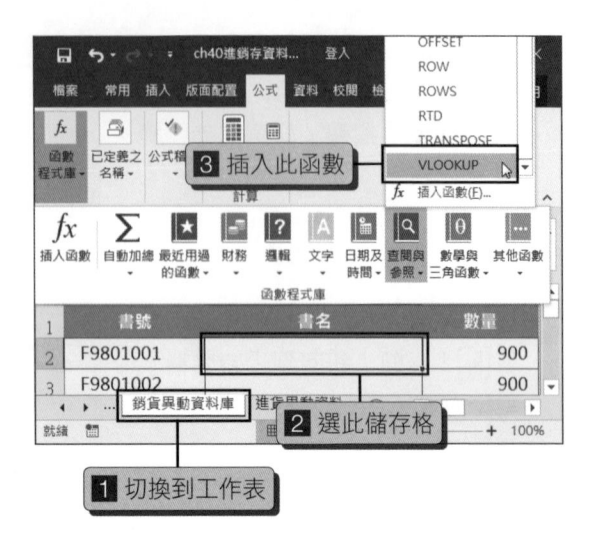

8 開啟 VLOOKUP「函數引數」對話方塊，在 Lookup_value 引數中選取 B2 儲存格；將游標插入點移到 Table_array 引數中，在「已定義之名稱」功能區中，按下「用於公式」清單鈕，執行「產品料庫」指令，插入範圍名稱。

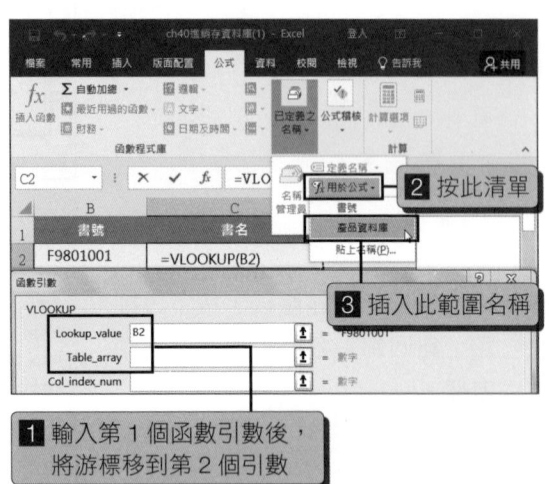

9 繼續在 Col_index_num 引數中輸入「2」；在 Range_lookup 引數數中輸入「0」，輸入完成按下「確定」鈕。完整公式為「=VLOOKUP(B2, 產品資料庫,2,0)」。

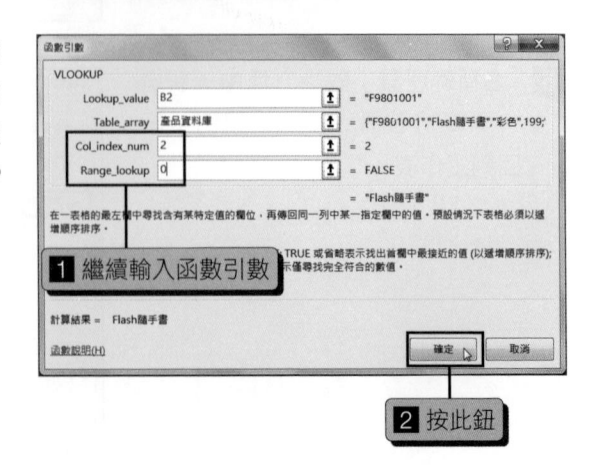

單元 40　進銷存貨管理表

10 書名欄位出現對應的書名。將 C2 儲存格公式到下方儲存格。

11 接著來到重頭戲，就是計算銷貨和進貨的數量，進而得知最新的庫存量。請切換到「最新存量表」工作表，選取 E3 儲存格，繼續在「函數程式庫」功能區中，按下「數學與三角函數」清單鈕，執行「SUMIF」指令。

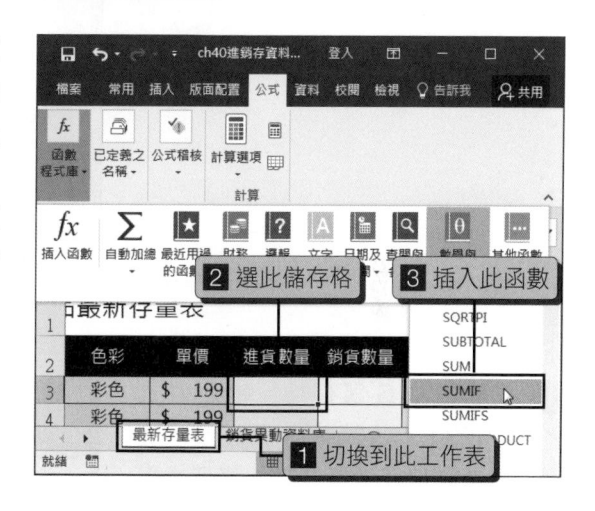

12 開啟 SUMIF「函數引數」對話方塊，在 Range 引數中選取「進貨異動資料庫 !B:D」範圍；Criteria 引數中輸入「A3」儲存格；Sum_range 引數中選取「進貨異動資料庫 !D:D」範圍，輸入完成按下「確定」鈕。完整公式為「=SUMIF(進貨異動資料庫 !B:D,A3, 進貨異動資料庫 !D:D)」。

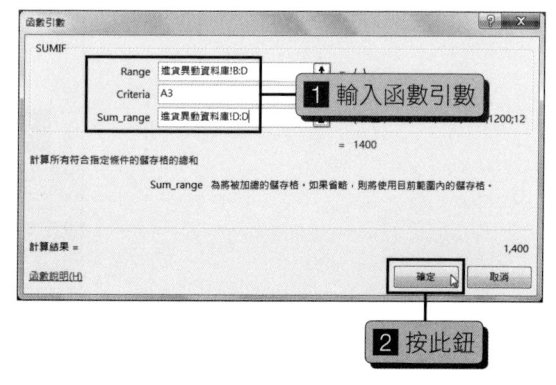

305

> **操作MEMO　SUMIF 函數**
>
> 說明： 計算所有符合條件的儲存格總和。
> 語法： SUMIF（range, criteria, [sum_range]）
> 引數： ・range（必要）。就是要進行條件篩選的儲存格範圍。範圍中的儲存格都必須是數字，或包含數字的名稱、陣列或參照位置。
> 　　　 ・criteria（必要）。符合要加總儲存格的條件。可能是數字、運算式或文字的形式。
> 　　　 ・sum_range（可省略）。要加總的儲存格範圍。如果省略此引數，Excel 會加總與套用準則相同的儲存格。

13 計算完進貨數量後，選取 F3 儲存格，輸入公式「=SUMIF(銷貨異動資料庫 !B:D,A3, 銷貨異動資料庫 !D:D)」計算銷貨數量。

14 接著選取 G 儲存格，輸入公式「=E3-F3」，計算存貨數量。最後選取 E3:G3 儲存格，將公式複製到下方儲存格。

單元 40　進銷存貨管理表

15 最新存量表已經完成，如果再加上提醒低庫存量的圖示就更棒。選取整欄 G，切換到「常用」功能索引標籤，在「樣式」功能區中，按下「設定格式化條件」清單鈕，選擇「圖示集指標」項下的「三符號（無框）」警示圖示。

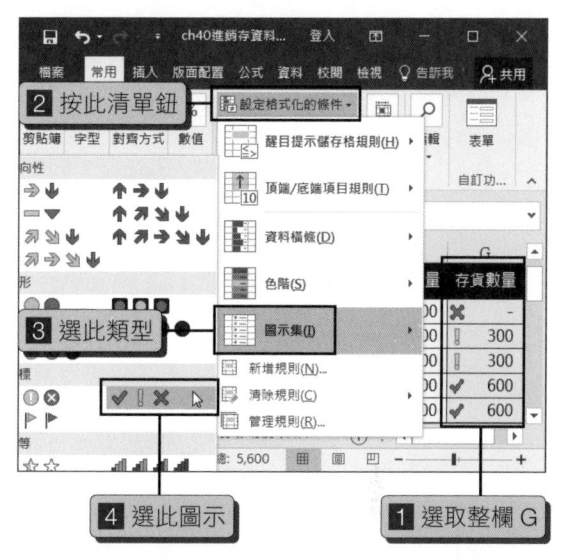

16 依照不同的庫存量，給不同的圖示提醒。

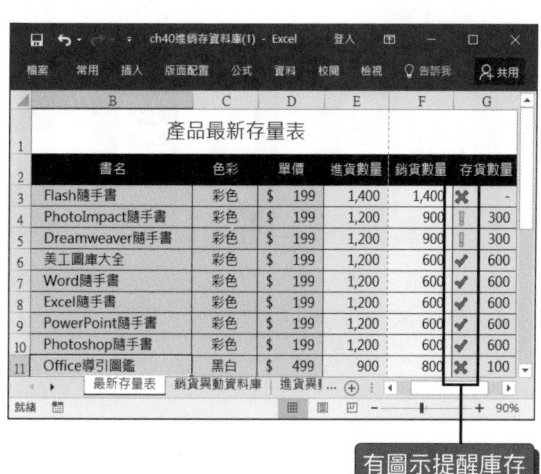

PART 3

PowerPoint 商務簡報

單元 41　公司簡介
單元 42　員工職前訓練手冊
單元 43　員工旅遊行程簡報
單元 44　公司員工相簿
單元 45　研發進度報告
單元 46　股東會議簡報
單元 47　創新行銷獎勵方案

PART 3　PowerPoint 商務簡報

> 範例檔案：PART 3\ch41. 公司簡介

單元 41　公司簡介

【完成投影片】

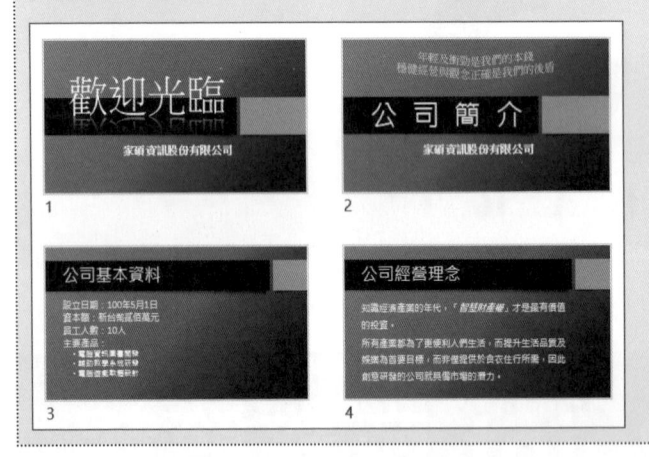

初次和客戶做簡報，為了讓客戶對公司有基本的了解，多數都是由公司簡介開始說明。由於是簡單的報告，只要針對公司的基本資料、營業項目、企業的理念及未來的展望這幾方面來著墨即可。

範例步驟

1 對於設計簡報的新手而言，什麼色彩規畫、版面規劃簡直是外星文，所以 PowerPoint 提供了預設的簡報範本供使用者選擇，使用者只要準備好要簡報的內容，就可以輕鬆完成。首先開啟 PowerPoint 程式，按下「柏林」範本圖示鈕，選擇此範本樣式。

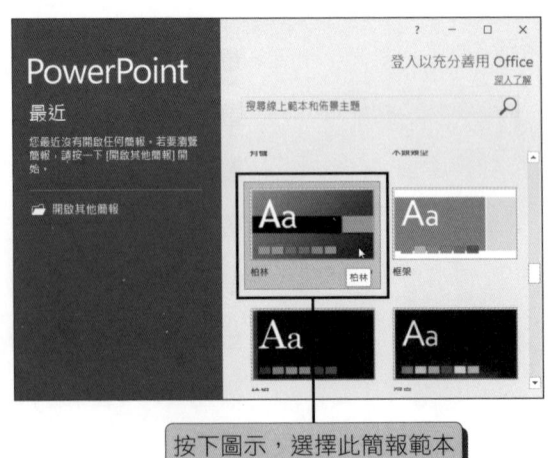

按下圖示，選擇此簡報範本

2 另外出現其他顏色配置供使用者選擇，選擇紫色配置，按下「建立」鈕開始建立新的簡報投影片。(如要忽略此步驟，在步驟 1 時，快按滑鼠 2 下選擇簡報範本即可)

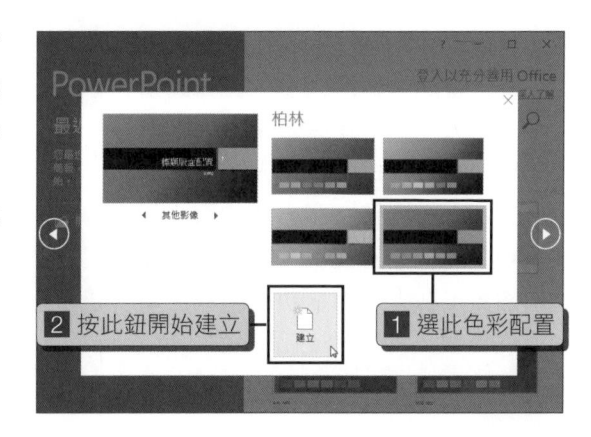

> 2 按此鈕開始建立
> 1 選此色彩配置

3 此時出現新的投影片，已經套用範本的樣式。按一下預設的標題文字方塊，此時會出現編輯文字游標，直接輸入文字「歡迎光臨」。

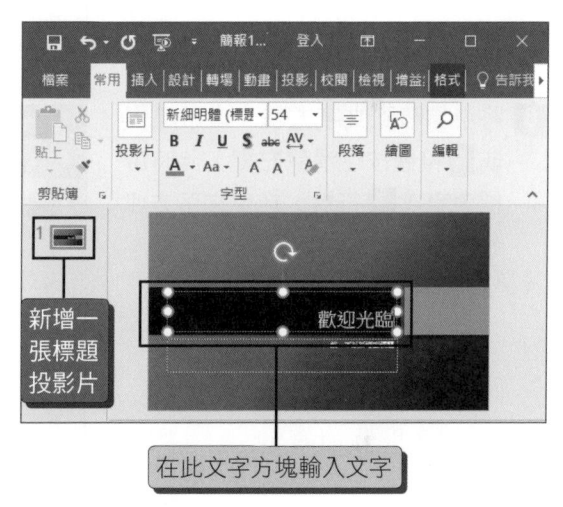

> 新增一張標題投影片
> 在此文字方塊輸入文字

4 輸入完成之後，切換到「繪圖工具 \ 格式」功能標籤，在「文字藝術師樣式」功能區中，按下 △ ▾「文字效果」清單鈕，在「轉換」樣式類別項下，選擇「矩形」樣式。

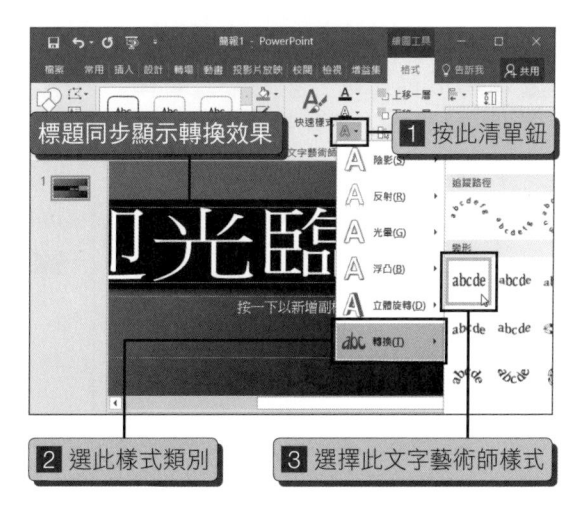

> 標題同步顯示轉換效果
> 1 按此清單鈕
> 2 選此樣式類別
> 3 選擇此文字藝術師樣式

PART 3　PowerPoint 商務簡報

5 標題文字轉換成文字藝術師格式，會隨著圖形大小，自動調整文字大小，不受設定字型大小影響。繼續選擇「歡迎光臨」文字方塊，先調整文字方塊的大小，切換到「繪圖工具\格式」功能標籤，在「大小」功能區域中輸入寬度「20」公分及高度「5」公分。

6 將游標移到文字方塊，當游標變成 ✥ 符號按住滑鼠左鍵，此時游標會變成 ✥ 符號，拖曳文字方塊到適當位置。

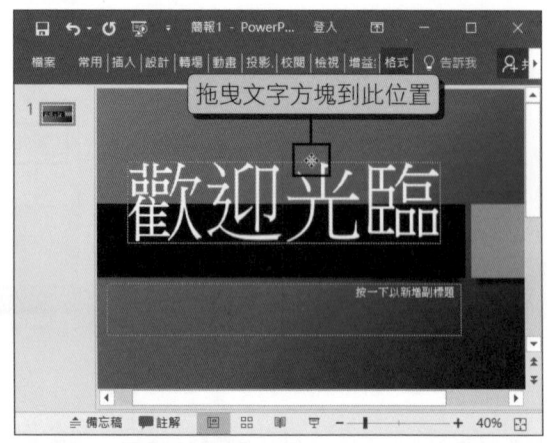

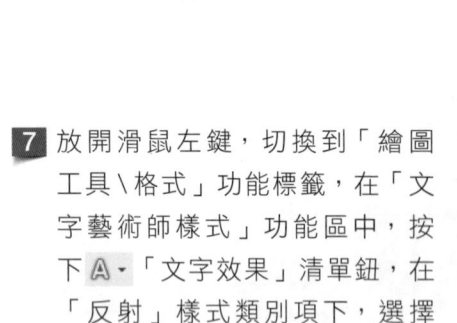

7 放開滑鼠左鍵，切換到「繪圖工具\格式」功能標籤，在「文字藝術師樣式」功能區中，按下 A▾「文字效果」清單鈕，在「反射」樣式類別項下，選擇「緊密反射：相連」樣式。

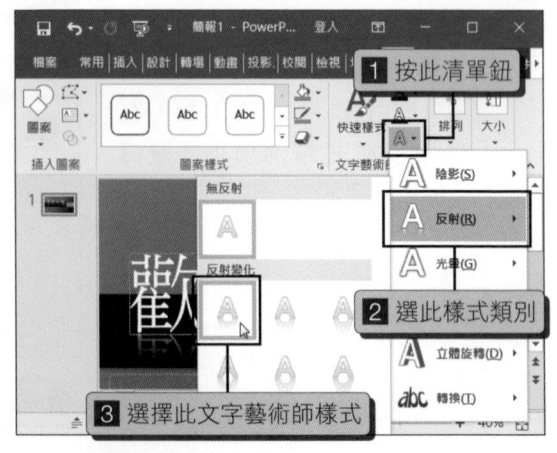

312

單元 41　公司簡介

8 按一下副標題文字方塊，輸入副標題文字公司名稱「家碩資訊股份有限公司」，輸入完成後，切換到「常用」功能標籤，在「字型」功能區中，按下「字型大小」清單鈕，選擇「40」。

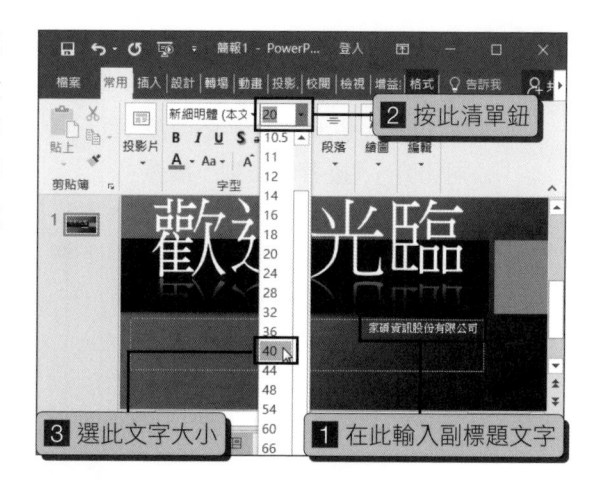

9 繼續設定副標題文字方塊，按下「字型」功能區中的 B 「粗體」及 S 「陰影」圖示鈕，凸顯公司名稱。接著按下段落字型功能區中的「對齊文字」清單鈕，選擇「中」的對齊方式，也就是垂直置中於文字方塊中。

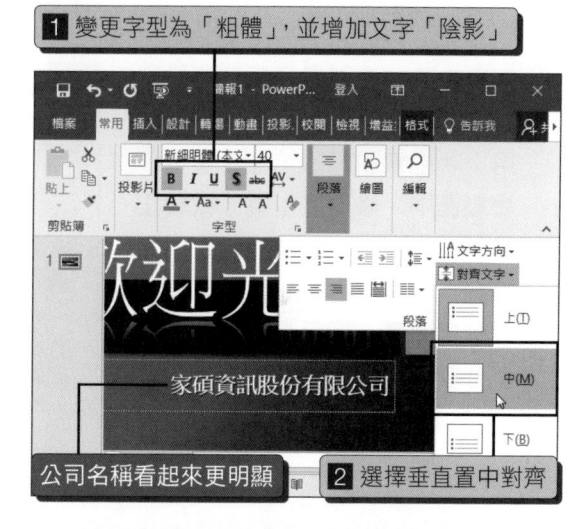

10 第一張投影片製作完成，接著第二張投影片若要套用第一張的版面配置，直接複製就好。在縮圖窗格中，選擇第一張投影片縮圖，按下滑鼠右鍵，開啟快顯功能表，執行「複製投影片」指令。

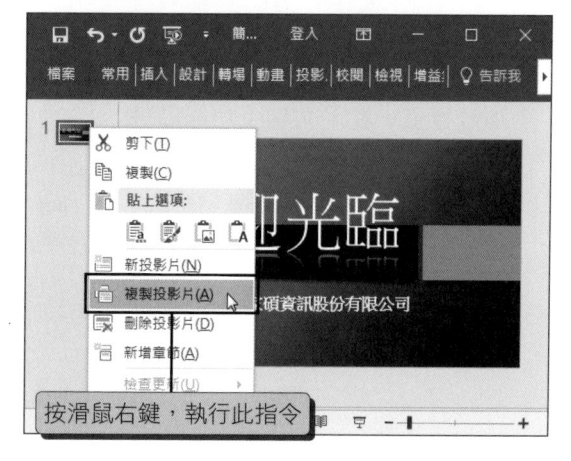

313

PART 3　PowerPoint 商務簡報

11 在縮圖窗格中，出現第二張投影片縮圖。在投影片 2 中，選擇標題文字方塊，將原有文字修改成「公司簡介」，接著切換到「繪圖工具\格式」功能標籤，在「文字藝術師樣式」功能區中，按下「快速樣式」清單鈕，執行「清除文字藝術師」指令。

12 拖曳文字方塊到黑色矩形背景圖形（預設位置），切換到常用「常用」功能索引標籤，在「字型」功能區中，修改字型為「微軟正黑體」、字型大小為「100」，最後在「段落」功能區中，按下「分散對齊」圖示鈕，將標題文字分散對齊於文字方塊中。

13 接著要插入新的文字方塊，增加公司精神口號。切換到「插入」功能標籤，在「文字」功能區域中，按下「文字方塊」清單鈕，選擇執行「水平文字方塊」指令。

314

單元 41　公司簡介

14 在標題文字方塊上方拖曳出新的文字方塊，大小不拘。

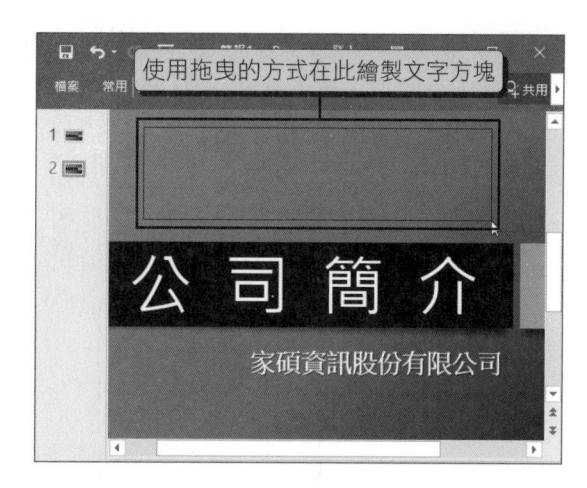

15 在新增的文字方塊中輸入文字內容，切換到「常用」功能索引標籤，在「段落」功能區中，並執行 ≡「置中」指令。(文字內容可參考範例資料夾「ch01 範例文字 .txt」，讀者可剪貼文字練習範例步驟)

16 輸入完文字內容後，切換到「繪圖工具 \ 格式」功能索引標籤，在「文字藝術師樣式」功能區中，按下「文字效果」清單鈕，在「轉換」樣式類別項下，選擇「> 形箭號：向下」樣式。

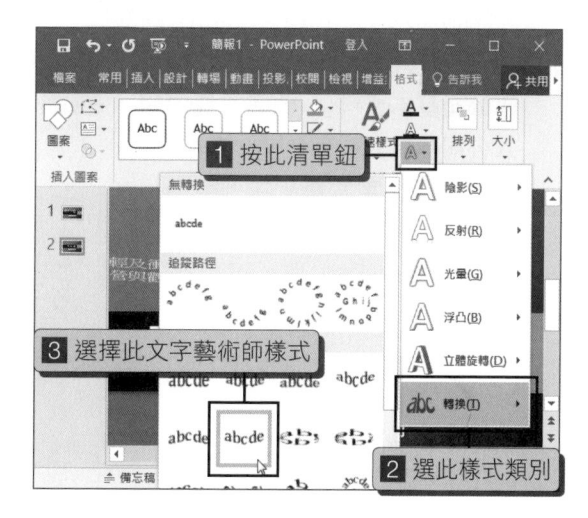

315

17 繼續修改文字方塊大小，在「大小」功能區中，輸入高度「4」公分，寬度「20」公分，完成第二張投影片。

18 第三張投影片開始要介紹公司基本資料，由於要輸入的文字比較多，因此投影片的版面配置也要做稍許的變更。切換到「常用」功能索引標籤，在「投影片」功能區中，按下「新增投影片」清單鈕，選擇新增「標題及內容」投影片。

19 先分別在標題文字方塊中輸入「公司基本資料」，內容方塊中輸入公司基本資料（參考文字檔）。選取標題文字方塊，在「字型」功能區中，修改字型為「微軟正黑體」、大小「60」。

單元 41　公司簡介

20 選取內容文字方塊，修改字型為「微軟正黑體」、大小「32」。接著改選取方塊內前四行文字，在「段落」功能區中，按下「項目符號」清單鈕，選擇「無」項目符號。

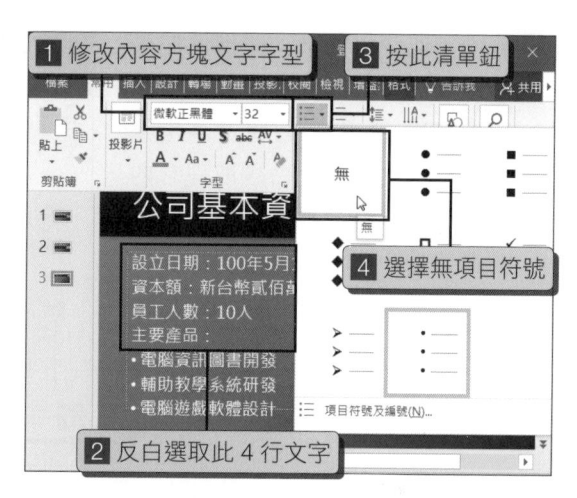

1 修改內容方塊文字字型
3 按此清單鈕
4 選擇無項目符號
2 反白選取此 4 行文字

21 產品文字前方增加了項目符號，為了讓文字看起來有層次感，繼續在「段落」功能區中，按下「增加清單階層」圖示鈕，增加產品文字的縮排效果，文字大小也自動變更為「28」。

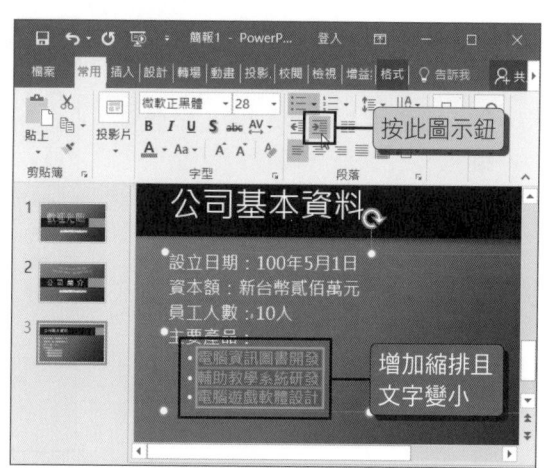

按此圖示鈕
增加縮排且文字變小

22 在投影片縮圖窗格中，選取第三張投影片縮圖，切換到「插入」功能索引標籤，在「投影片」功能區中，按下「新投影片」清單鈕，執行「複製選取的投影片」指令。

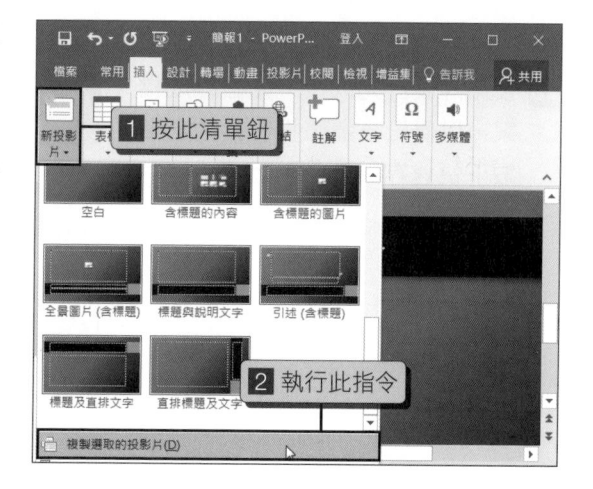

1 按此清單鈕
2 執行此指令

317

23 新增第四張投影片。選擇第四張投影片，將標題文字改成「公司經營理念」，內容方塊文字也修改成理念內容。反白選取理念內容中「智慧財產權」文字，將字型修改成「粗體」、「斜體」、「陰影」，並變更文字顏色為「黃色」。

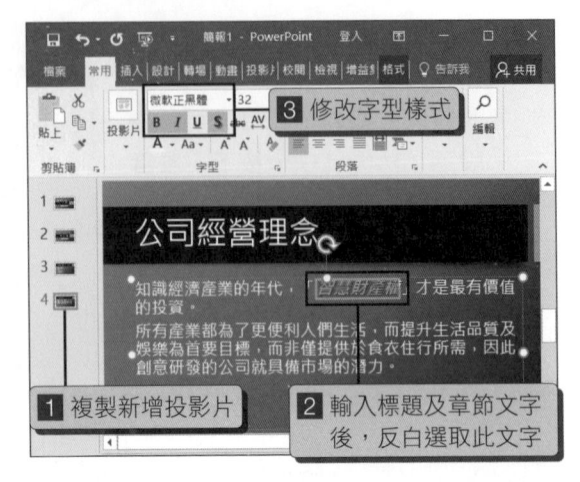

24 改選整個內容文字方塊，在「段落」功能區中，按下 ≡-「行距」清單鈕，選擇「1.5」倍高行距。

25 投影片設計完成後，先儲存成檔案，以便日後增修投影片內容。按下快速存取工具列上的「儲存檔案」鈕。

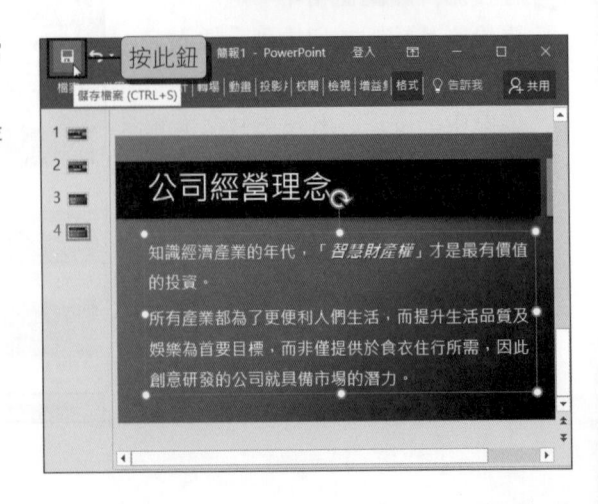

單元 41　公司簡介

26 自動切換到「檔案」功能視窗，並切換到「另存新檔」標籤項下，先選擇儲存檔案的位置，再選擇要儲存的資料夾。

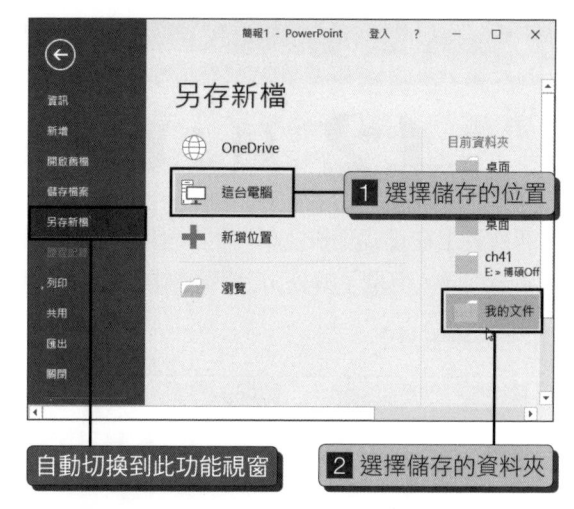

27 開啟「另存新檔」對話方塊，輸入檔案名稱後，按下「儲存」鈕即完成儲存檔案工作。

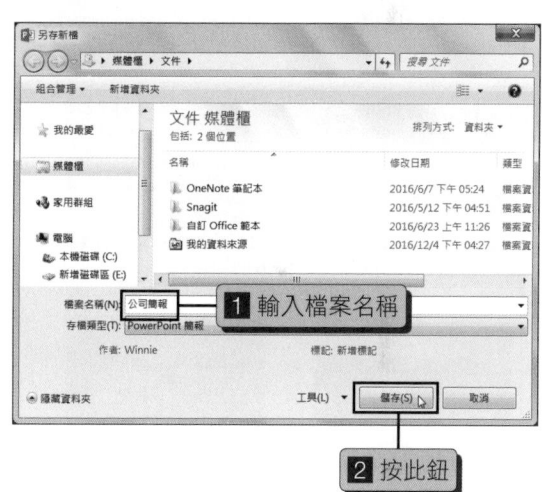

319

PART 3　PowerPoint 商務簡報

範例檔案：PART 3\ch42. 員工職前訓練手冊

單元 42　員工職前訓練手冊

新進員工在正式工作之前，通常都先接受職前訓練，雖然各行業所要接受的專業訓練不盡相同，但是了解公司上下班時間、出勤休假及計薪方式是最基本的職前訓練項目。

【完成投影片】

1　2　3　4
5　6　7　8
9　10　11　12

範例步驟

1 本章主要利用舊有簡報的設計概念，快速從 Word 大綱建立新的投影片，改造成為適合作為員工職前訓練的新簡報。開啟 PowerPoint 程式，執行「開啟其他簡報」指令，開啟已儲存的舊有簡報檔。

執行此指令

320

單元 42　員工職前訓練手冊

2 開啟「開啟舊檔」工作視窗，按下「瀏覽」圖示鈕，選擇要開啟的檔案位置。

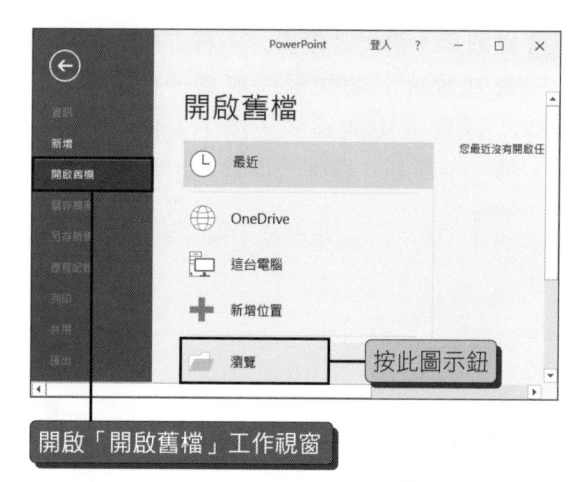

3 開啟「開啟」對話方塊，請選擇「PowerPoint 範例檔/ch42」資料夾中，開啟「員工職前訓練1.pptx」檔案，按下「開啟」鈕。

4 舊有的簡報為深藍色背景，如果想要變更背景顏色，首先要透過母片投影片修改背景色。切換到「檢視」功能索引標籤，在「母片檢視」功能區中，執行「投影片母片」指令，開啟投影片母片設計視窗。

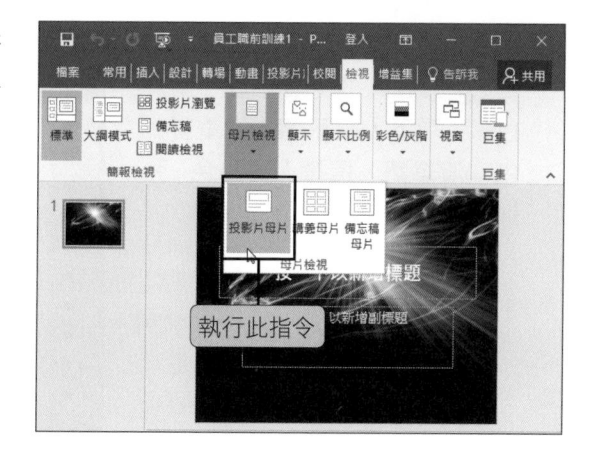

5 選取第1張母片投影片，在「投影片母片」功能索引標籤，在「背景」功能區中，按下「色彩」清單鈕，選擇「綠黃色」色彩配置。

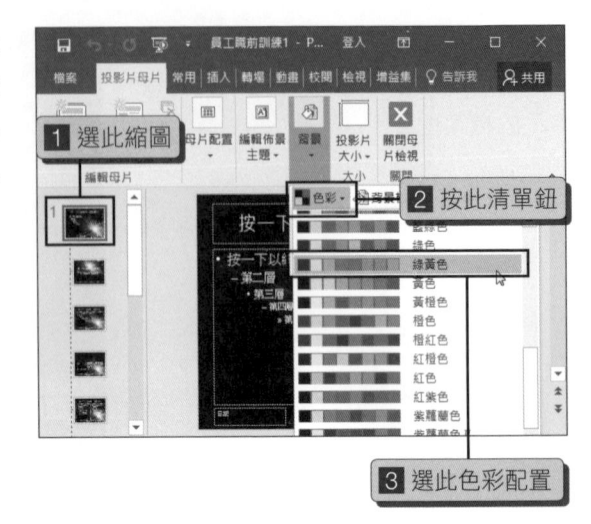

6 母片色彩並不會有任何改變，必需透過背景格式設定。按下「背景」功能區域右下角的展開鈕，開啟「背景格式」工作窗格進行設定。

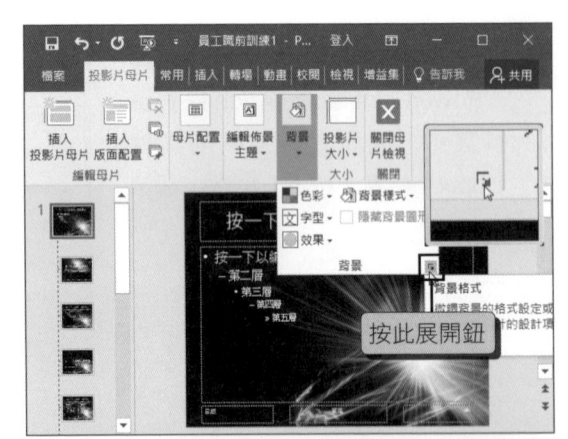

7 開啟「背景格式」工作窗格，點選「圖片」圖示鈕，在「圖片色彩」項下，按下「重新著色」清單鈕，選擇「亮綠色，強調色1淺色」色彩。

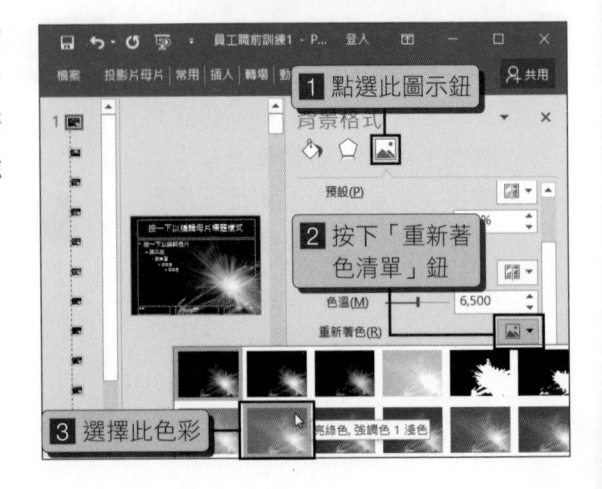

8 幾乎全部母片都自動變更背景顏色，但還是會有例外，只要按下「全部套用」鈕即可。按下「背景格式」右上方的圖示鈕，即可關閉工作窗格。

9 如果插入的圖案，還有其它的背景顏色，就會感覺與投影片格格不入，影響整體的效果。請選擇「PowerPoint 範例檔 /ch42」資料夾中，開啟「員工職前訓練 (2).pptx」檔案，繼續練習下面的步驟。選擇第一張投影片縮圖，選取白色雲朵狀的圖說文字圖案，切換到「」功能索引標籤，在「圖片工具\格式」功能區中，在「調整」功能區中，執行「移除背景」指令。

10 顯示「移除背景」功能標籤，並自動選取要留下圖案的範圍。當自動選取區的範圍小於圖案範圍時，可以拖曳選取區四周的控制點，放大選取區以涵蓋整個圖案。

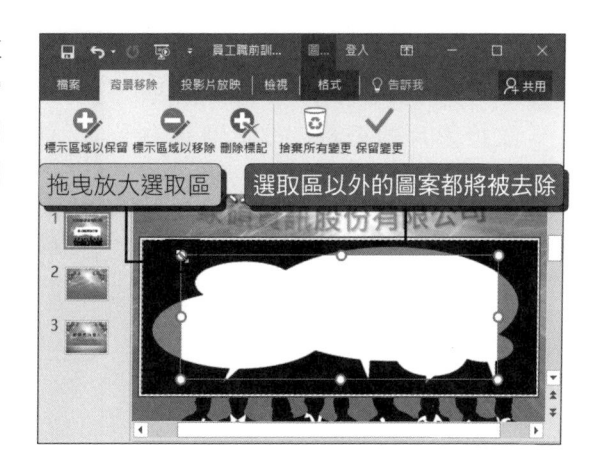

PART 3　PowerPoint 商務簡報

11 確定選取區範圍後，按下「保留變更」功能圖示鈕。

執行此指令

選取區涵蓋整個圖案

12 原本圖片的黑色背景被移除，只剩下白色的圖說文字圖案，這樣讓副標題的文字更明顯。

圖案的背景色去掉後，副標題更明顯

13 遇到多餘的投影片，只要先選取該投影片的縮圖，按下滑鼠右鍵，開啟快顯功能表，執行「刪除投影片」指令。

1 選此投影片

2 執行此指令

14 投影片縮圖中，可以看出多餘的投影片已經被刪除，空缺的投影片序號將自動被後面的投影片遞補。

投影片已被刪除

15 PowerPoint 可以直接匯入的文字檔，並製作成投影片，如果在 Word 中就已經設定大綱階層，PowerPoint 會主動編排順序及設定標題。請參考「PowerPoint 範例檔 /ch42/ 員工手冊 .docx」Word 文件檔案。

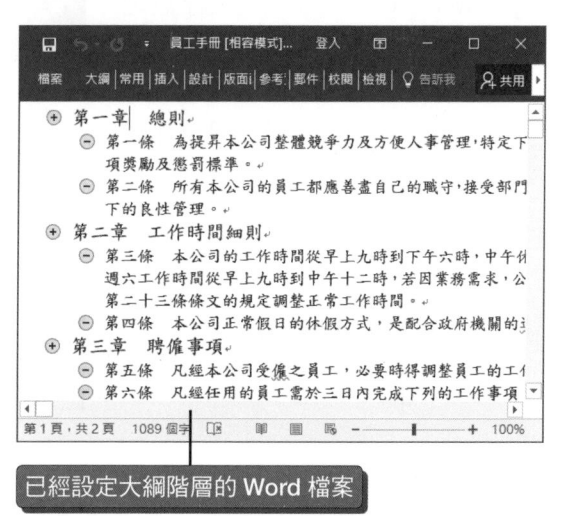

已經設定大綱階層的 Word 檔案

16 接下來就試著將 Word 檔案直接變成投影片。切換到「插入」功能索引標籤，在「新增投影片」功能區中，執行「從大綱插入投影片」指令。

執行此指令

PART 3　PowerPoint 商務簡報

17 開啟「插入大綱」對話方塊，選擇「ch42」資料夾，選取「員工手冊」檔案，按下「插入」鈕。

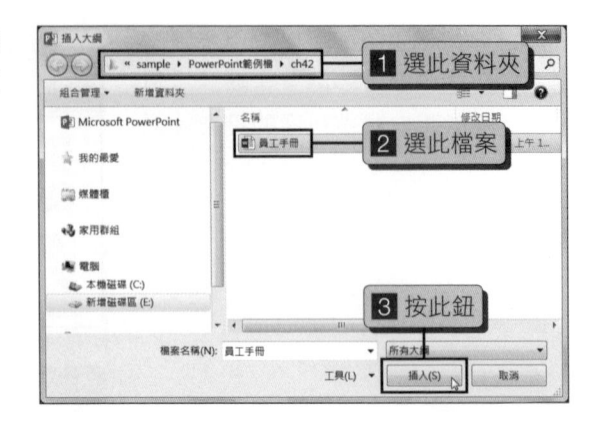

1 選此資料夾
2 選此檔案
3 按此鈕

18 PowerPoint 會將第一層文字設定成標題，並依據標題自動分頁，新增投影片。但是新增的投影片說起來只能算是草稿，只是節省輸入文字的時間，還必須逐張檢視修改。

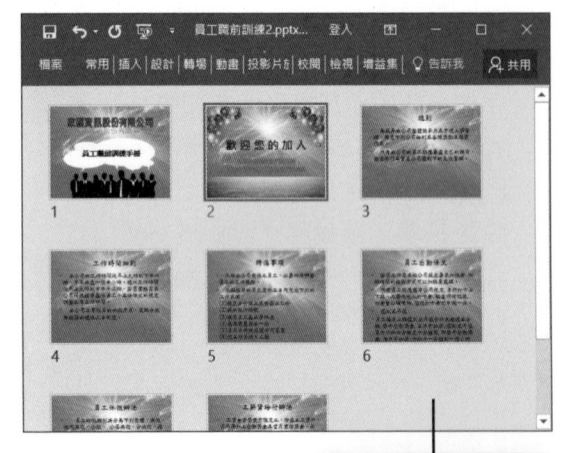

依照大綱新增投影片

19 新增的投影片沒有套用母片設定的字型。先選取第 3 張投影片，按住鍵盤【Shift】鍵，再點選第 8 張投影片，就可以一次選取 3~8 張新增的投影片。接著按下滑鼠右鍵，開啟快顯功能表，執行「重設投影片」指令。

新增的投影片沒有套用母片字型
1 選取新增的投影片
2 按滑鼠右鍵，執行此指令

326

20 重設後投影片重新套用母片設定的字型。選取第 5 張投影片,由於文字內容太多,已經超出文字方塊範圍。先將游標插入點移到文字方塊內任何位置,此時就會時出現智慧方塊,按下「自動調整選項」清單鈕,選擇「自動調整文字到版面配置區」選項。

21 PowerPoint 會自動縮小字型,讓所有內容都擠壓在文字方塊內。

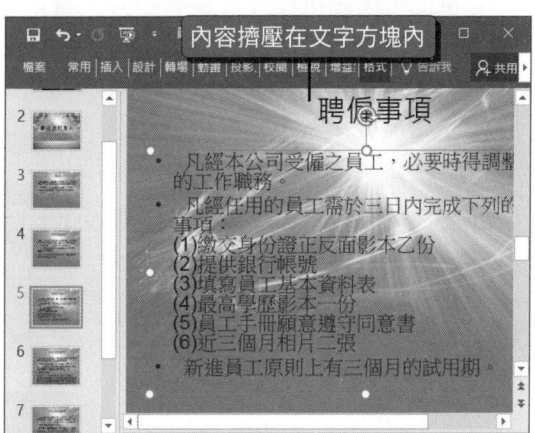

22 對於內容超過文字方塊範圍太多的處理方式又不相同。選取第 6 張投影片,一樣先將游標插入點移到文字方塊內任何位置,按下「自動調整選項」清單鈕,執行「分割兩張投影片間的文字」指令。

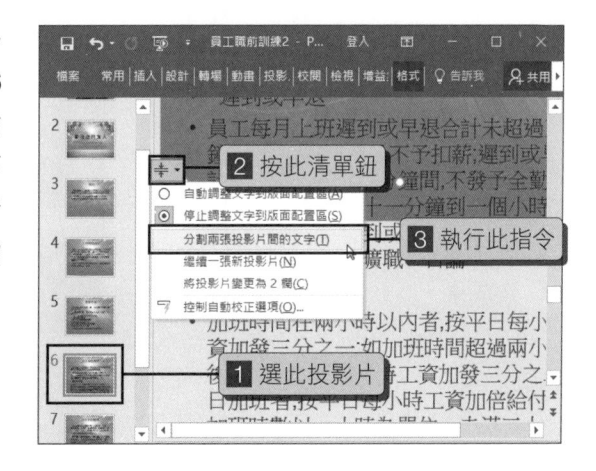

23 PowerPoint 會自動將超過的文字，搬移到新的投影片，而且標題文字不變。如果內容還是超過文字方塊，可以再執行一次「分割兩張投影片間的文字」指令，直到所有內容都有屬於自己的文字方塊。

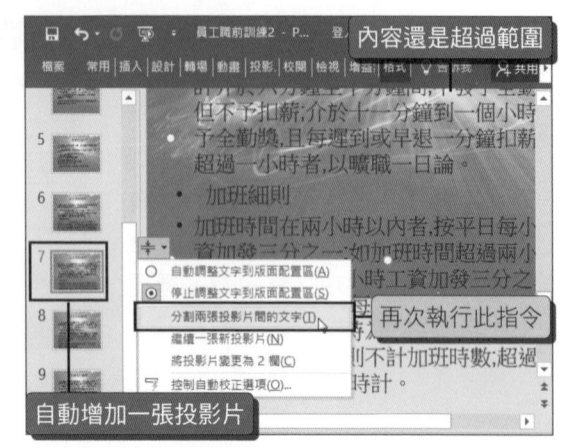

內容還是超過範圍
再次執行此指令
自動增加一張投影片

24 對於敘述性的文字，容易讓人眼花撩亂，因此可以改成條列的方式。將游標插入點移到要加上項目編號的文字前方，切換到「常用」功能索引標籤，在「段落」功能區中，按下 ≡▼「編號」清單鈕，選擇執行「加圈圈的數字」編號樣式。只要在下一點的文字前方，按下鍵盤【Enter】鍵，PowerPoint 就會自動編號。

1 將插入點移到此處
2 按此清單鈕
3 加上此項目編號
又自動增加一張投影片

25 對於條文內容的關鍵字，可以改用其他顏色或放大字型強調其重要性。最後複製歡迎投影片，修改成結尾投影片即可。按下快速存取工具列上的 ▽「從頭開始」圖示鈕，就可以觀看投影片的製作成果。

2 按此鈕
關鍵字可變化字型大小和顏色
1 設計結尾投影片

單元 43　員工旅遊行程簡報

範例檔案：PART 3\ch43. 員工旅遊行程簡報

單元 43　員工旅遊行程簡報

員工旅遊行程簡報想當然是由大量的圖片和文字為主，圖片可以讓增加對旅遊地點的興趣和印象，文字可以直接針對景點的歷史及人文背景搶先介紹，增進地理常識。

【完成投影片】

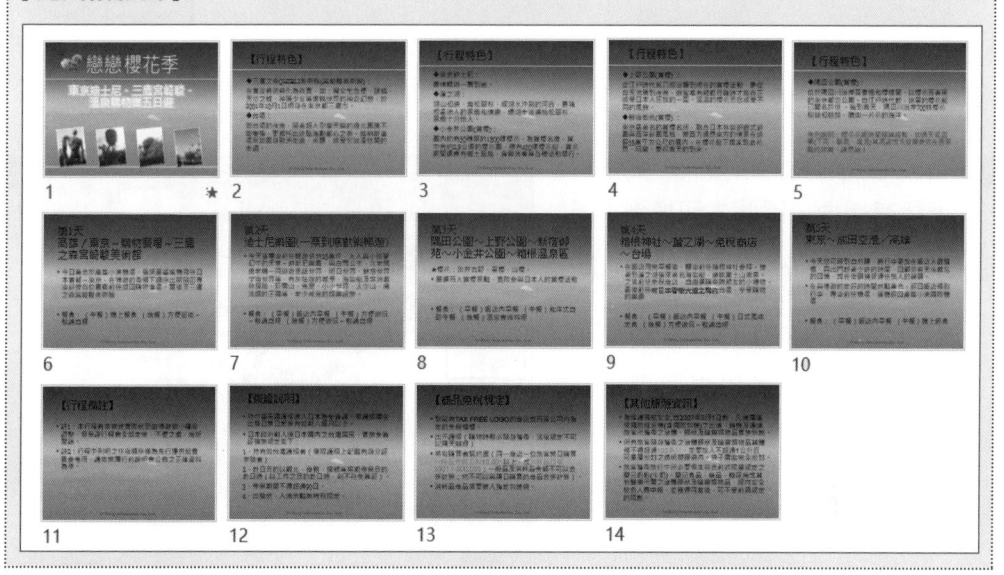

範例步驟

1 本章主要使用 PowerPoint 提供的圖片編輯功能，加上動畫的效果，增加圖片的變化性。由於簡報的對象是針對員工，版面設計上可以增加動畫效果，增加活潑生動的感覺。請開啟「PowerPoint 範例檔 /ch43」資料夾中，選擇「員工旅遊行程簡報 1.pptx」，選取第一張投影片，切換到「插入」功能索引標籤，在「影像」功能區中，執行插入「圖片」指令。

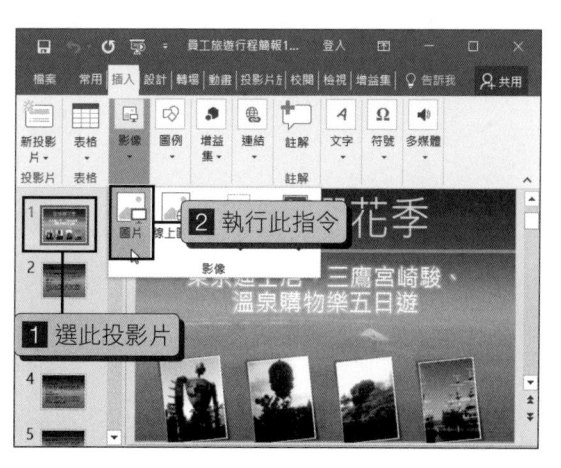

329

2. 開啟「插入圖片」對話方塊，選擇「PowerPoint 範例檔 /ch43」資料夾中，選擇「旅遊圖片 .jpg」圖片檔，按下「插入」鈕。

3. 由於插入的圖片檔太大，幾乎遮蓋所有版面，因此先切換到「圖片工具\格式」功能表標籤，在「大小」功能區中，按下「裁剪」清單鈕，執行「裁剪」指令。圖片四周會出現裁剪的游標，按住游標拖曳出裁剪範圍。

4. 剪裁範圍確定後，再按下「裁剪」清單鈕，執行「裁剪」指令。

單元 43　員工旅遊行程簡報

5 圖片依照指定範圍剪裁。除了四方型的剪裁形狀外，PowerPoint 還提供特殊圖案的剪裁形狀。再次按下「剪裁」清單鈕，在「剪裁成圖形」指令向下，選擇「愛心」圖形。

3 選此圖形

2 執行此指令

1 繼續選取剪裁後的圖形

6 圖片被剪裁成愛心形狀。繼續按下「大小」功能區域的展開鈕，開啟「設定圖片格式」工作窗格，對圖片做進一步的設定。

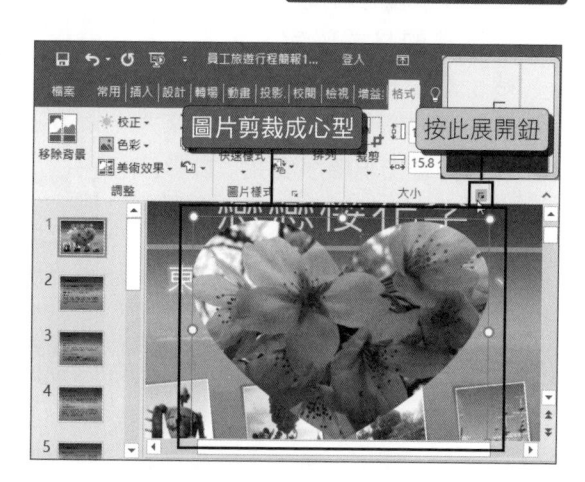

圖片剪裁成心型

按此展開鈕

7 在「設定圖片格式」工作窗格中，在鎖定長寬比的條件下，調整高度及寬度為「20%」，並設定旋轉角度為「-15°」，設定完成後拖曳心形圖片到標題前方。

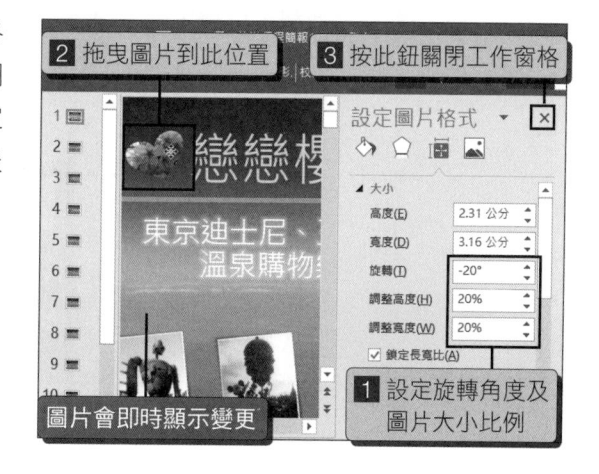

2 拖曳圖片到此位置

3 按此鈕關閉工作窗格

1 設定旋轉角度及圖片大小比例

圖片會即時顯示變更

331

8 接著幫圖片及標題設計一些動畫效果，增加投影片的活潑性。先選擇標題文字方塊，切換到「動畫」功能索引標籤，在「動畫樣式」樣式庫中，選擇「出現」進入樣式。

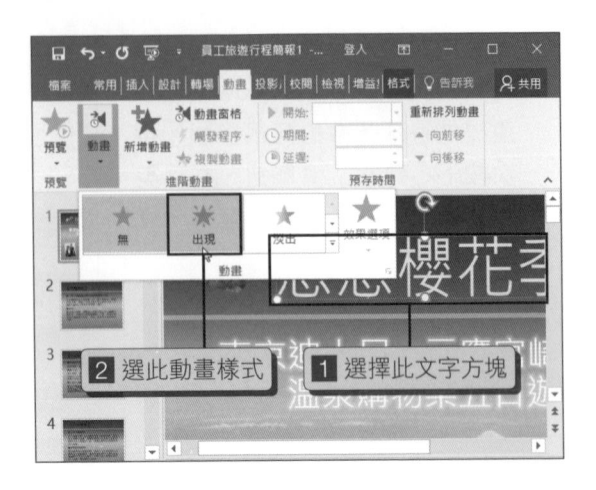

1 選擇此文字方塊
2 選此動畫樣式

9 此時在「預存時間」功能區會顯示動畫的格式設定，預設「開始」顯示動畫的方式為「按一下」，而有設定動畫樣式的文字方塊前方會出現順序編號，投影片縮圖也會出現動畫符號，表示此張投影片有設定動畫效果。

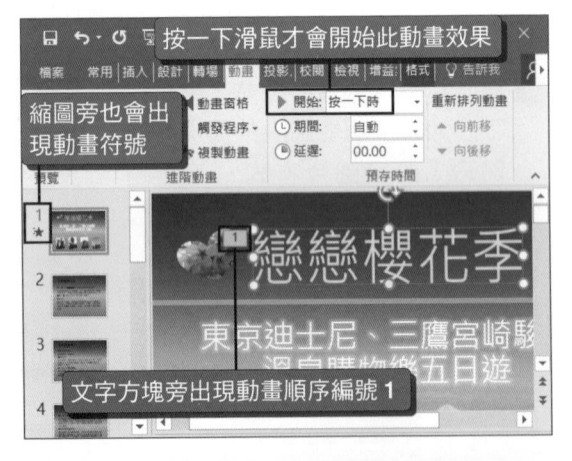

按一下滑鼠才會開始此動畫效果
縮圖旁也會出現動畫符號
文字方塊旁出現動畫順序編號 1

10 選擇愛心圖形，按下「動畫樣式」樣式庫」的 其他鈕，選擇「彈跳」樣式。

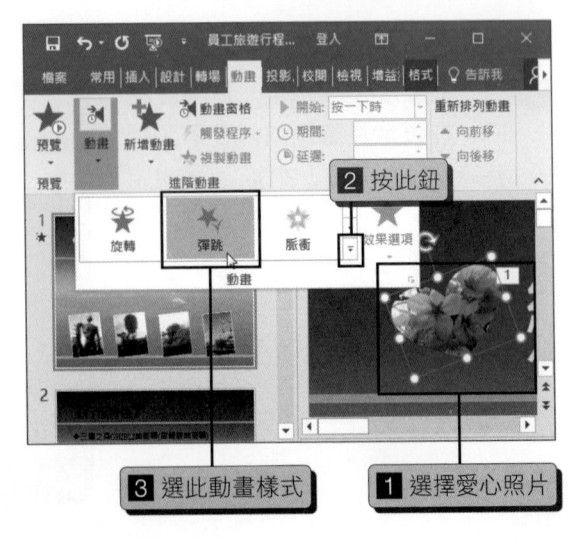

2 按此鈕
3 選此動畫樣式
1 選擇愛心照片

單元 43　員工旅遊行程簡報

11 此時心形圖片前方出現順序編號 2。按下開始：「按一下」旁的清單鈕，重新選擇「接續前動畫」顯示方式。

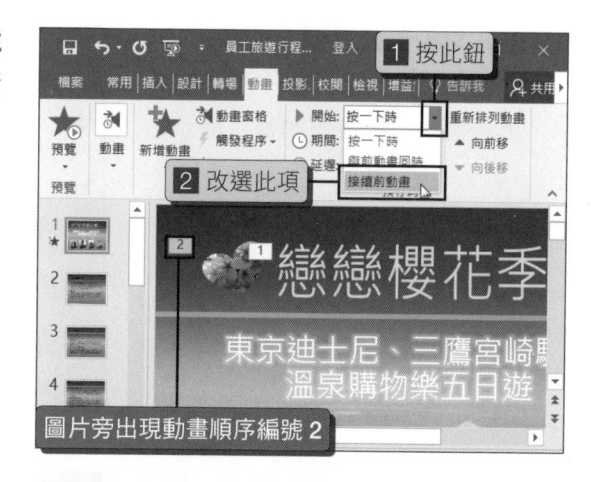

12 此時愛心圖案旁順序編號由 2 變成 1。按住鍵盤【Ctrl】鍵，同時選取下方四張圖片。

13 再次在「動畫樣式樣式庫」中，選擇「旋轉」動畫樣式。

333

14 圖片旁出現動畫順序編號 2，按下開始：「按一下」旁的清單鈕，重新選擇「接續前動畫」顯示方式。

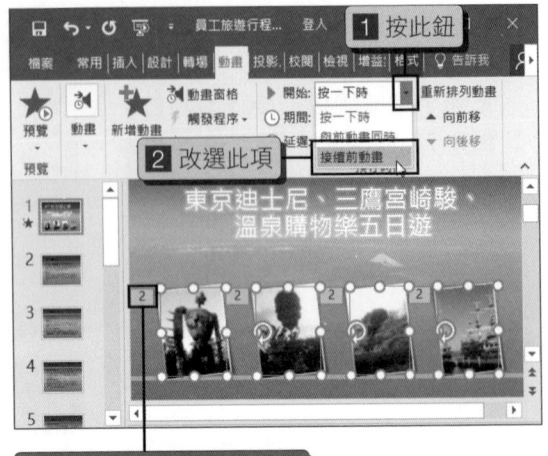

圖片旁出現動畫順序編號 2

15 此時 4 張圖片旁順序編號也由 2 變成 1。想要知道目前動畫設定的順序，除了從圖案前方的順序編號得知外，也可以在「進階動畫」功能區中，執行「動畫窗格」指令，開啟「動畫窗格」工作窗格，會顯示動畫設定的相關資料。

動畫順序也變成編號 1

開啟動畫窗格，顯示所有動畫的順序

16 選擇「標題 1：戀戀櫻花季」項目，按下「動畫窗格」工作窗格中的「播放來源」鈕。

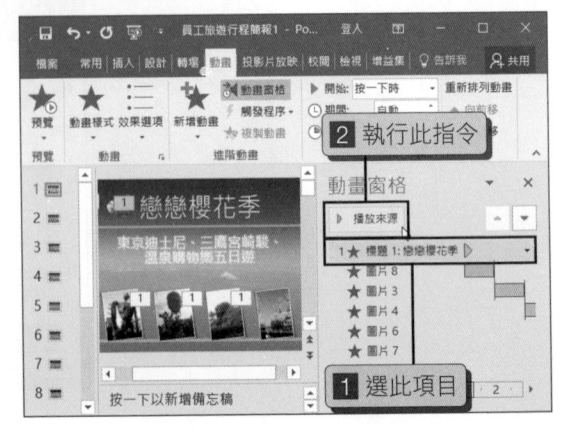

單元 43　員工旅遊行程簡報

17 此時編輯視窗則會開始播放動畫效果，而動畫窗格中則會顯示動畫的時間軸序列。

依照動畫順序，顯示時間軸序列

投影片逐一執行動畫效果

18 如果想要更換動畫順序，只要選取該圖片物件，再按 ▲ ▼ 上下箭頭調整順序即可。選取「圖片 8」物件，按下動畫窗格中的「往上」鈕。

2 按此鈕

1 選此項目

19 圖片 5 已經變更到第一順位，按下開始：「接續前動畫」清單鈕，重新選擇「按一下」方式。

改選此項

順序已經變更

335

PART 3　PowerPoint 商務簡報

20 選取「標題 1」物件，按下開始:「按一下」清單鈕，重新選擇「與前動畫同時」方式，最後再把文字方塊設定動畫效果。

21 請開啟「PowerPoint 範例檔 /ch43」資料夾中，選擇「員工旅遊行程簡報 2.pptx」，選取第 2 張投影片縮圖，切換到該投影片進行編輯，切換到「檢視」功能索引標籤，在「簡報檢視」功能區中，執行「備忘稿」指令，準備開始編輯備忘稿。

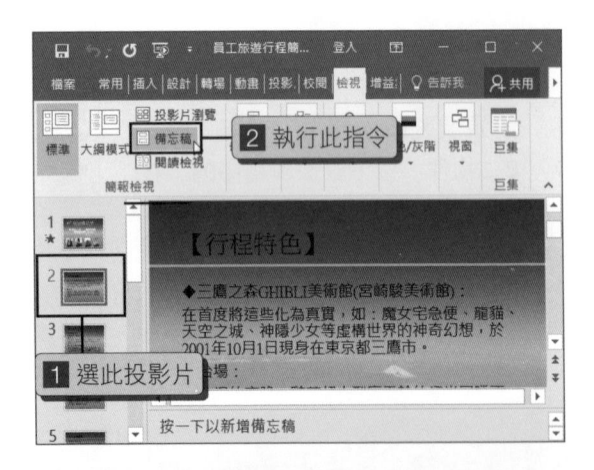

22 另外開啟 Word 程式，選擇「PowerPoint 範例檔 /ch43」資料夾中「員工行程簡報文字 .docx」文字檔，並在 Word 程式切換到「常用」功能索引標籤，在「編輯」功能區中，按下「選取」清單鈕，執行「全選」指令。

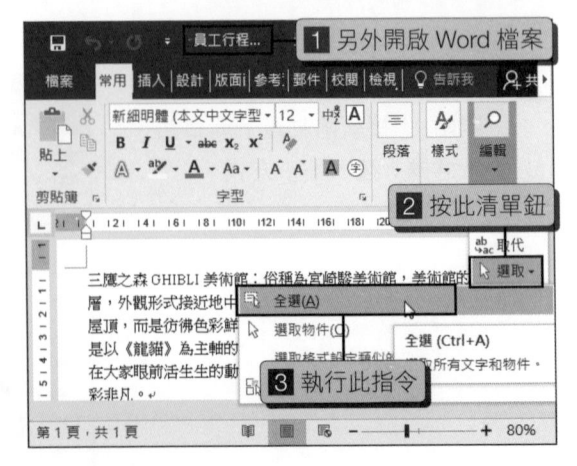

單元 43 員工旅遊行程簡報

23 此時 Word 文件中的文字都被選取，在「剪貼簿」功能區中，執行「複製」指令，將所有景點介紹文字複製到簡報檔。

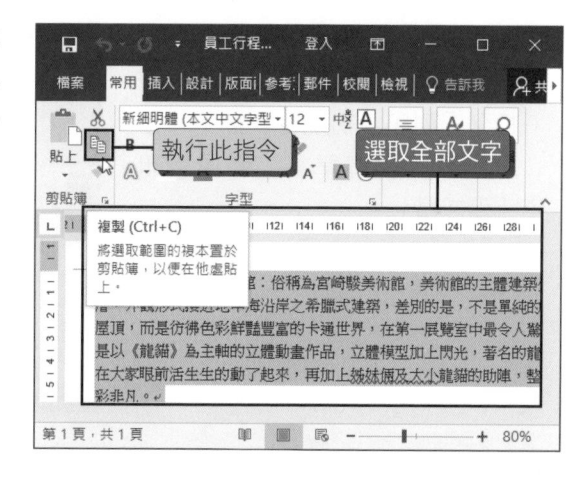

24 回到 PowerPoint 程式，將編輯插入點移到備忘稿位置，切換到「常用」功能索引標籤，在「剪貼簿」功能區中，執行「貼上」指令。

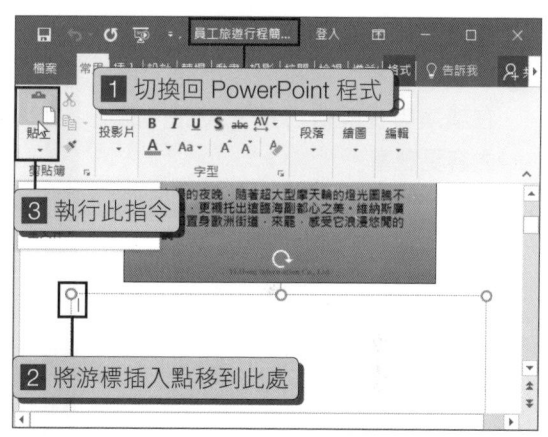

25 Word 文字複製到 PowerPoint 備忘稿中。按下垂直卷軸中的 ▲「前一張投影片」或 ▼「下一張投影片」鈕，切換到其他投影片繼續編輯備忘稿。或者切換到「檢視」功能索引標籤，在「簡報檢視」功能區中，執行「標準」指令，回到標準簡報檢視模式製作投影片。

337

26 備忘稿最主要是給講演者使用，按下「檔案」功能索引標籤，切換到「列印」功能區，按下「全頁投影片」清單鈕，選擇列印「備忘稿」。

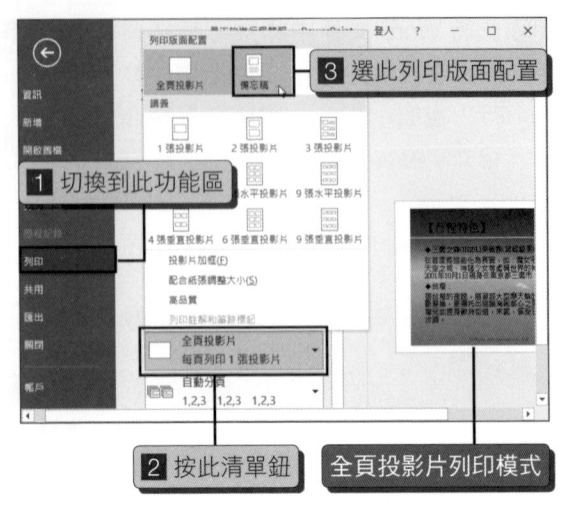

27 講演者可將備忘稿列印出來，可在講演時提醒自己補充資訊，讓內容更豐富。

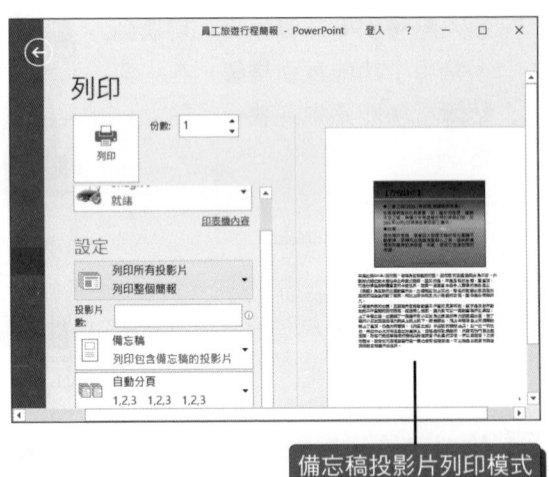

單元 44　公司員工相簿

範例檔案：PART 3\ch44. 公司員工相簿

單元 44　公司員工相簿

公司員工平常都有機會一起聚餐聊天、外出旅遊之類的活動，都會留下一些值得回憶的照片，不妨製作成「員工相簿」簡報檔留存。還可以將公司員工大頭照集合起來，在新進員工職前訓練時播放，可以讓新進員工更快熟悉其他同事。

【完成投影片】

範例步驟

1. 收集現有員工的照片，利用「新增相簿」的功能，製作成員工相簿簡報檔，提供給人事部門使用。開啟 PowerPoint 程式，先開啟空白簡報。切換到「插入」功能索引標籤，在「影像」功能區中，按下「相簿」清單鈕，執行「新增相簿」指令。

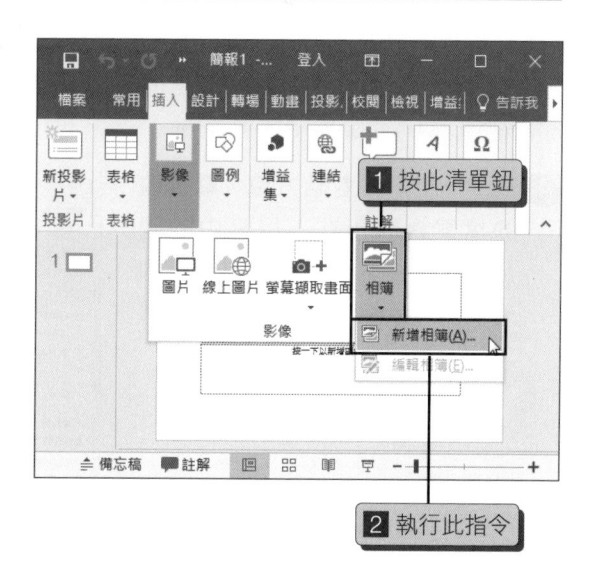

1 按此清單鈕

2 執行此指令

339

PART 3 PowerPoint 商務簡報

2 開啟「相簿」對話方塊，按下「檔案 / 磁碟片」插入鈕。

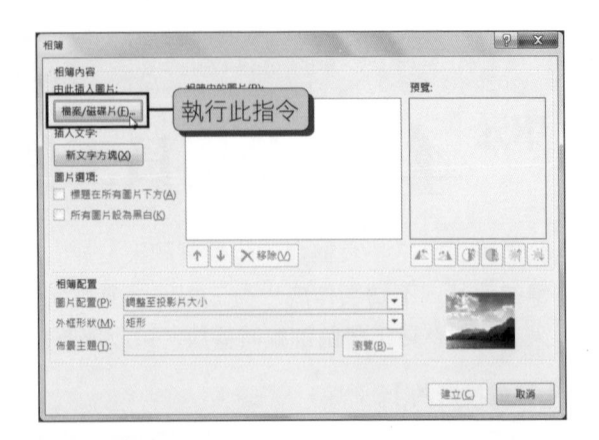

執行此指令

3 開啟「插入新圖片」對話方塊，請開啟「PowerPoint 範例檔 /ch43」資料夾中，選擇「PowerPoint 範例檔 /ch44/ 員工相簿」資料夾，按住鍵盤【Ctrl】選取「Leo01~Leo04」及「Peter01~Peter04」共 8 個圖檔，選取完按下「插入」鈕。

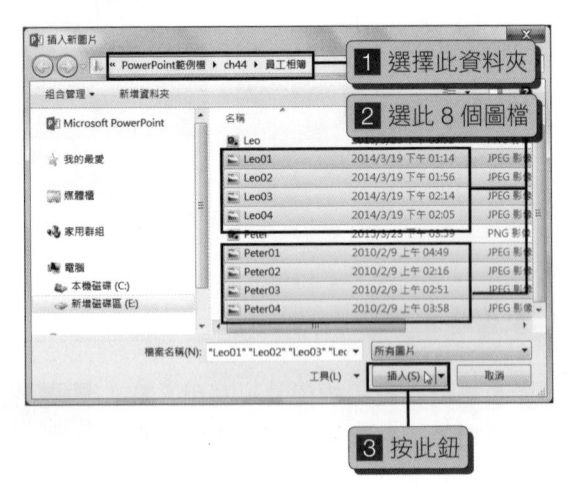

1 選擇此資料夾
2 選此 8 個圖檔
3 按此鈕

4 回到「相簿」對話方塊，剛選取的檔案會顯示在「相簿中的圖片」裡，按下「圖片配置」旁的清單鈕，選擇「四張投影片」選項。

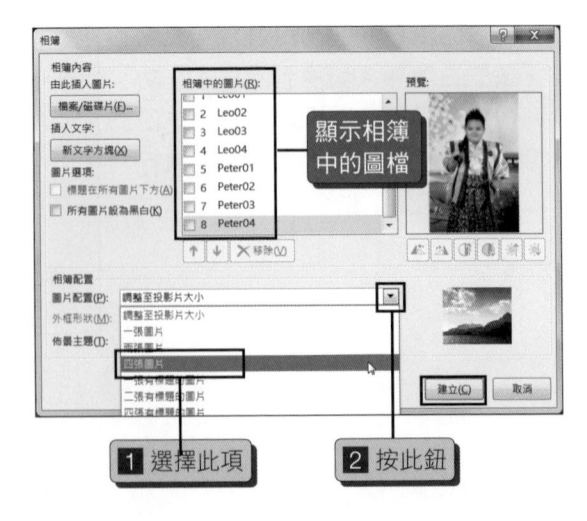

顯示相簿中的圖檔

1 選擇此項
2 按此鈕

340

5 此時相簿中的圖片會自動分成 2 張，如果照片分組出現錯誤，可以利用 ↑↓ 鈕調整圖片的順序。確認照片後，按下「建立」鈕。

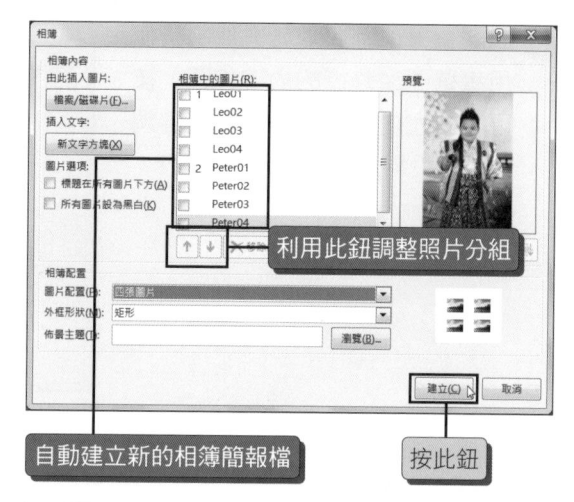

利用此鈕調整照片分組

自動建立新的相簿簡報檔　　按此鈕

6 PowerPoint 會另外開啟新的相簿檔案。首先切換到「檢視」功能索引標籤，在「母片檢視」功能區中，執行「投影片母片」指令。

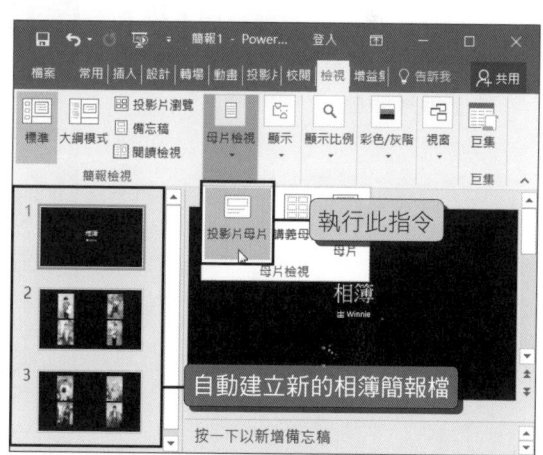

執行此指令

自動建立新的相簿簡報檔

7 自動切換到「投影片母片」功能索引標籤，在「大小」功能區中，按下「投影片大小」清單鈕，執行「標準 (4:3)」指令，將投影片變更成一般標準尺寸。

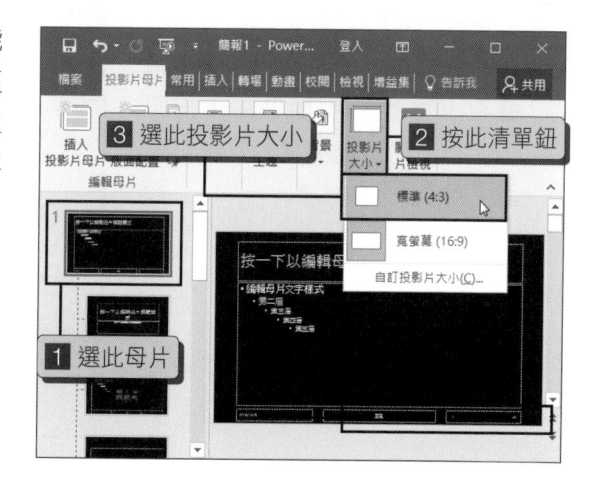

1 選此母片
2 按此清單鈕
3 選此投影片大小

PART 3　PowerPoint 商務簡報

8 此時會出現詢問對話方塊，請使用者選擇調整後的內容修正，按下「最大化」鈕，則會將內容調整到新投影片大小的最大範圍。

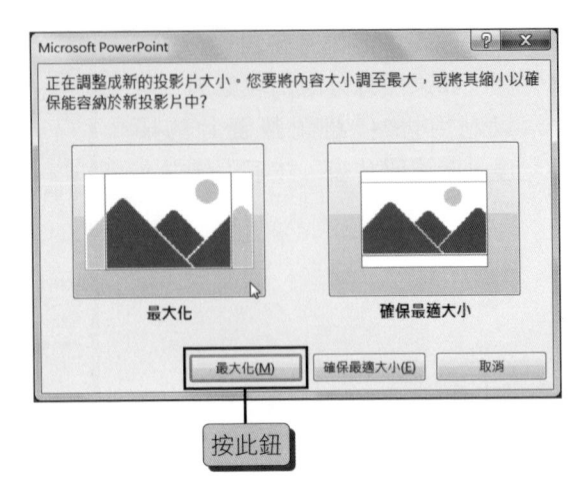

9 接著在「背景」功能區中，按下「色彩」清單鈕，選擇「紅橙色」佈景顏色。

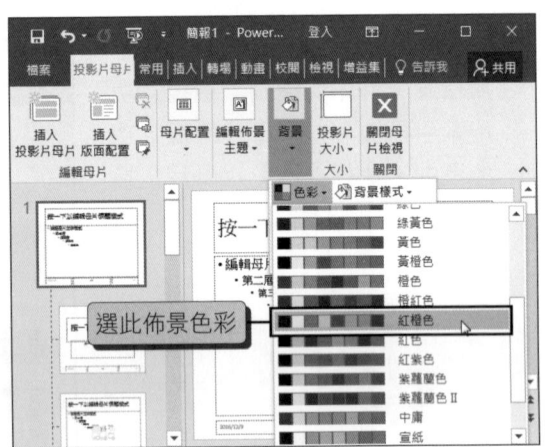

10 當預設的字型配置都不適合投影片的風格時，不妨自己設定。繼續在「背景」功能區中，按下「字型」清單鈕，執行「自訂字型」指令。

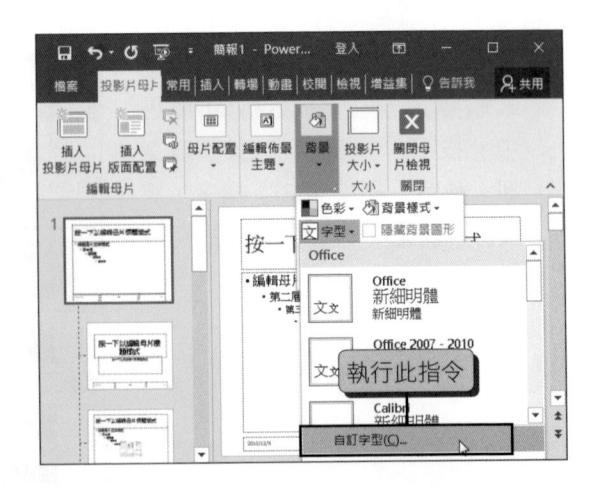

342

11 開啟「建立新的佈景主題字型」對話方塊,英文字型選擇「Brush Script MT」,中文字型還是以「微軟正黑體」為主,輸入自行設定的字型名稱「Photo」,按下「儲存」鈕。

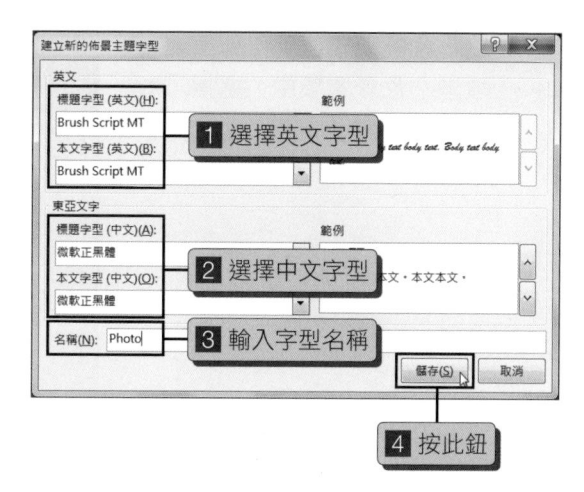

12 對於預設的投影片母片版面配置多達 11 種,但對於單純的相簿而言,不需要過多的版面配置,只需要標題母片和空白母片兩種。按住鍵盤【Shift】鍵,選取第 3 到 6 張的投影片母片,按滑鼠右鍵,開啟快顯功能表,執行「刪除版面配置」指令。

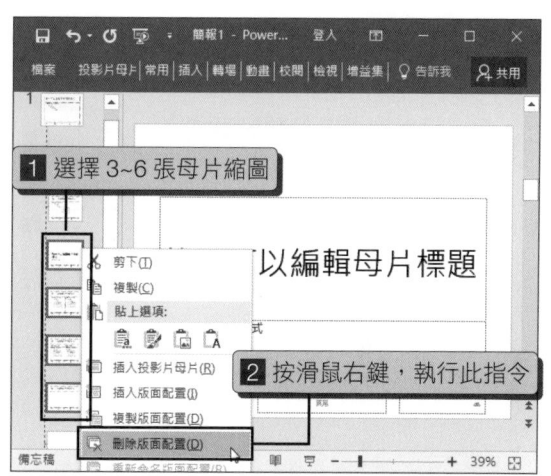

13 選取的投影片母片已經被刪除,下方的投影片會自動遞補,依相同方法將不需要的版面配置縮圖均刪除。選擇第 1 張佈景母片,按滑鼠右鍵,開啟快顯功能表,執行「背景格式」指令。

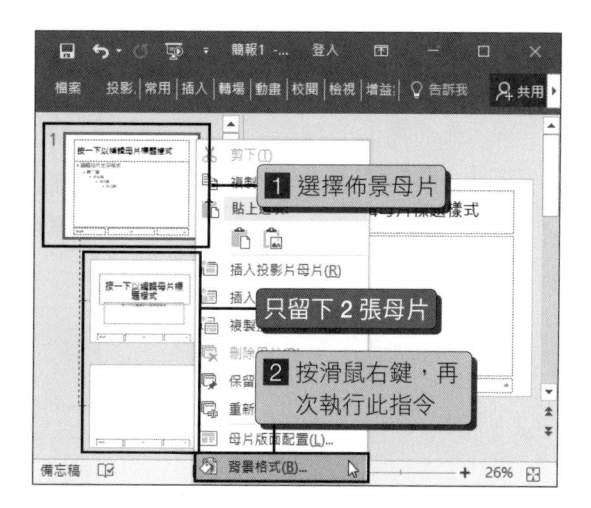

14 開啟「背景格式」工作窗格,在「填滿」色彩選項中,選擇「漸層填滿」,此時縮有母片會套用相同背景顏色。

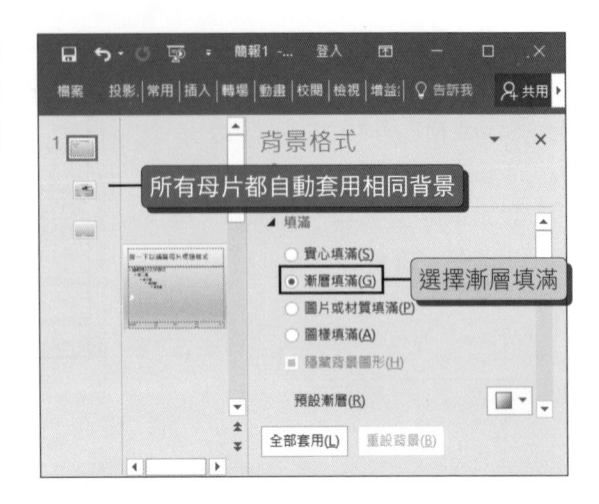

15 若對預設漸層顏色有意見,也可以按下 ▼「預設漸層」清單鈕,重新選擇其他預設漸層。

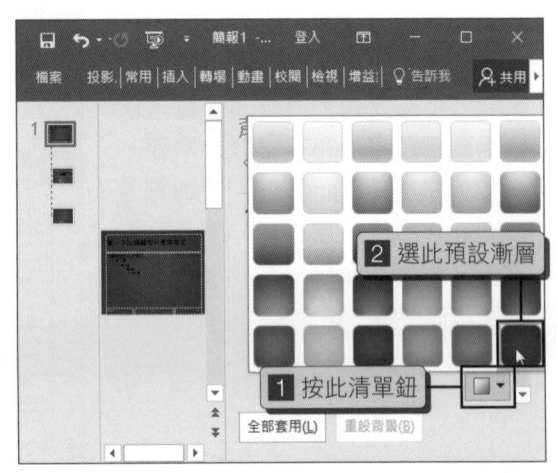

16 除了預設的漸層樣式,也可以自行調整設定。選擇第 2 張標題母片,先將漸層的類型變更成「線性」,再將漸層的角度變更成「90°」;接著選取第 1 個漸層停駐點,按下 ▼「色彩」清單鈕,變更第一個停駐點顏色為「金色, 輔色 2, 較深 25%」。

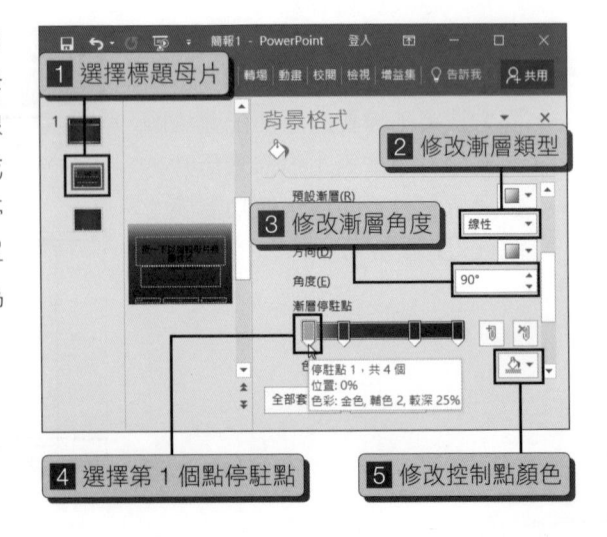

單元 44　公司員工相簿

17 選取第 2 個漸層停駐點，按下「移除漸層停駐點」鈕，將多餘停駐點刪除。

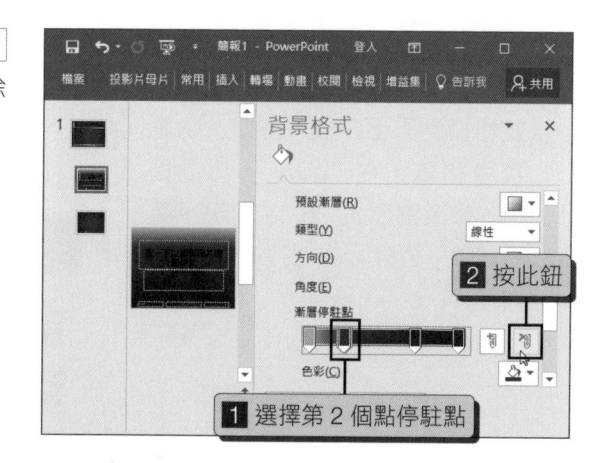

18 利用漸層色彩角度的不同，讓母片在色調相同的前提下，出現不一樣的變化。依相同方式自由變更第 3 張母片的背景顏色。

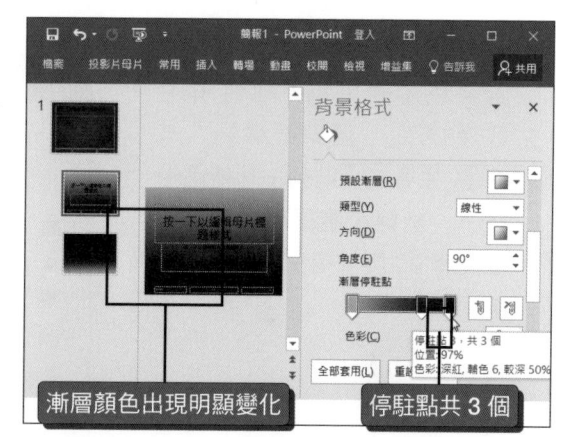

19 選擇第 3 張空白母片，切換到「插入」功能索引標籤，在「圖例」功能區中，按下「圖案」清單鈕，選擇插入「平行四邊形」指令，開始設計空白母片樣式。

345

PART 3　PowerPoint 商務簡報

20 在空白投影片編輯區中，使用拖曳方式繪製出平行四邊形，並切換到「土工具\格式」功能索引標籤，在「大小」功能區中，修改圖形高「6.3」公分、寬「10.9」公分。

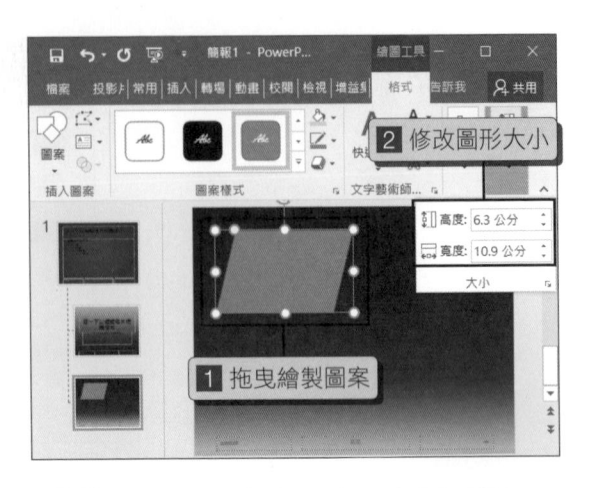

21 先在「圖案樣式」功能區中，將圖案色彩變更為「紅色 輔色1 較深25%」、圖案框線為「無框線」；接著在「排列」功能區中，按下「旋轉」清單鈕，執行「向左旋轉90度」指令，將圖案旋轉90度。

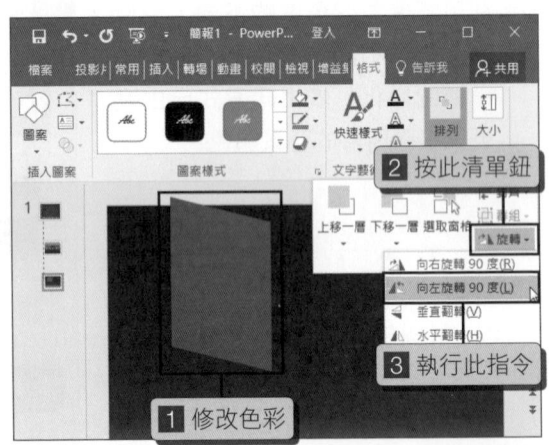

22 將圖案貼齊上邊界和左邊界，按住鍵盤【Ctrl】鍵，使用拖曳的方式，再複製一個圖案。選取新複製的圖案，在「排列」功能區中，按下「旋轉」清單鈕，執行「垂直翻轉」指令。

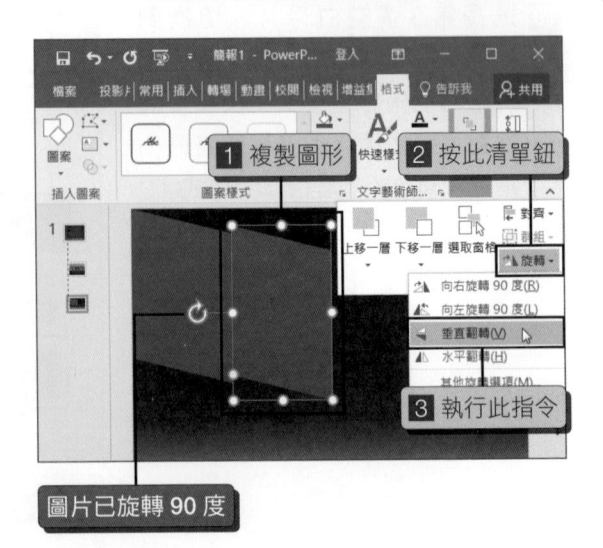

346

23 拖曳圖案貼齊原本的圖案，接著在「圖案樣式」功能區中，按下「圖案填滿」清單鈕，執行「其它填滿色彩」指令。

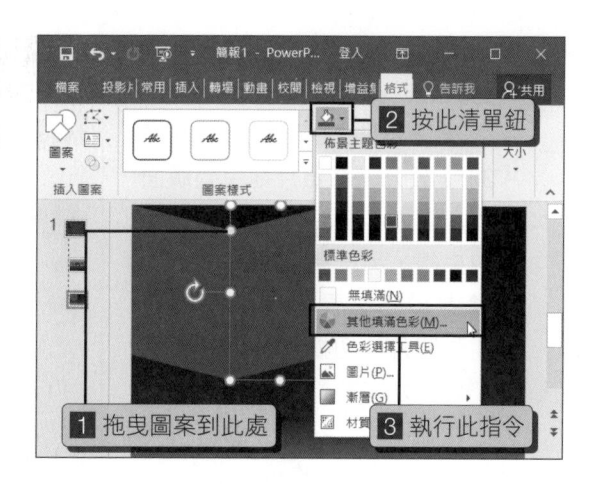

24 在「色彩」對話方塊中，輸入色彩數值紅色「139」、綠色「42」、藍色「15」，輸入完成按下「確定」鈕。

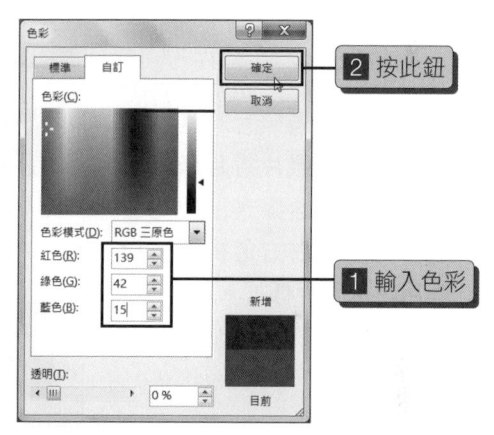

25 透過顏色的變化讓兩個並排的圖案看起來有立體感。同時複製兩個圖案並移到位置到貼齊右邊界及上邊界。完成母片基本樣式設計，切換到「投影片母片」功能索引標籤，在「關閉」功能區中，執行「關閉母片檢視」指令，回到投影片編輯視窗。

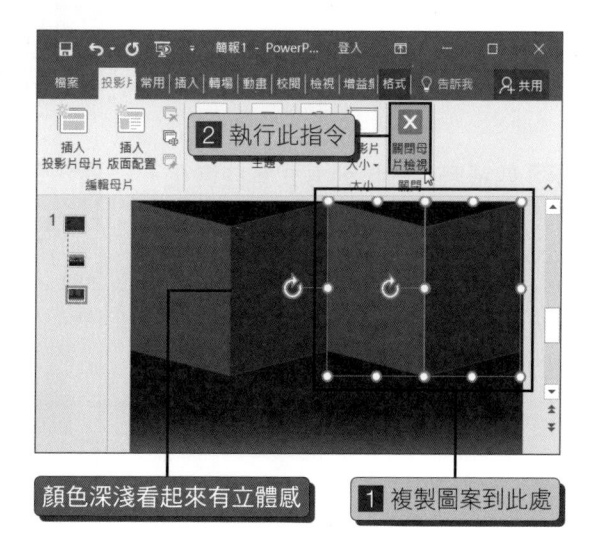

PART 3　PowerPoint 商務簡報

26 選擇第 2 張投影片，已經自動套用空白母片樣式。先個別調整照片大小高度「4.8」公分、寬度「3.2」公分，將照片拖曳到版面左下角區域，其中一張照片與貼齊中央線，另一張貼齊左邊界，其餘置於這 2 張中間，同時選取 4 張照片，切換到「圖片工具 \ 格式」功能索引標籤，在「排列」功能區中，按下「對齊」清單鈕，執行「水平均分」指令。

27 照片會以左右兩邊照片為基準，平均分配寬度。照片看起來有點擠，可以在「快速樣式」功能區中，執行「反射右方透視圖」指令，套用特殊照片樣式。

28 四張照片的排列方式有些變化，也增加照片間的間隔。再切換到「插入」功能索引標籤，在「圖例」功能區中，按下「圖案」清單鈕，執行插入「矩形」指令，增加一些版面的圖案。

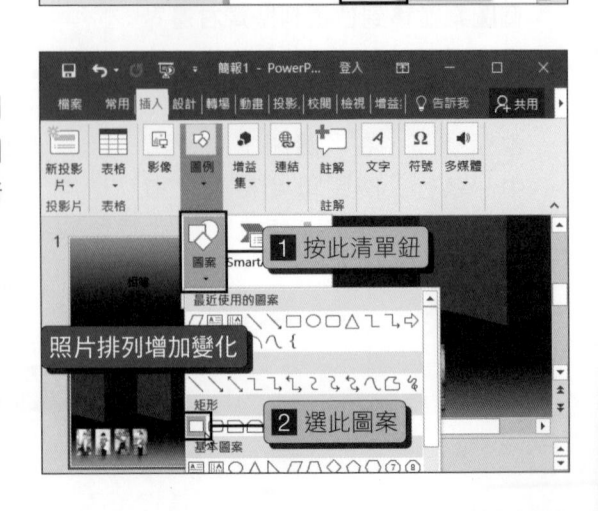

單元 44　公司員工相簿

29 拖曳繪製一個高「2.4」公分、寬「25.4」公分的矩形，設定圖案填滿色彩為「白色」、透明度「60%」，圖案框線「無線條」。

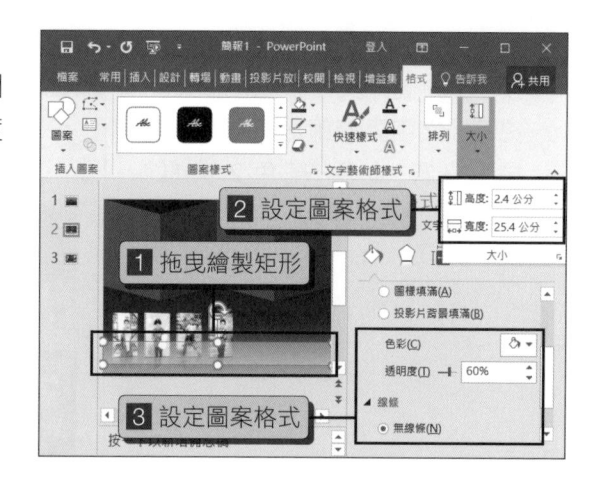

30 矩形圖案雖然設定透明度，還是會影響照片，因此將圖案移到最下方。切換到「繪圖工具\格式」功能索引標籤，在「排列」功能區中，按下「下移一層」清單鈕，執行「移到最下層」指令。

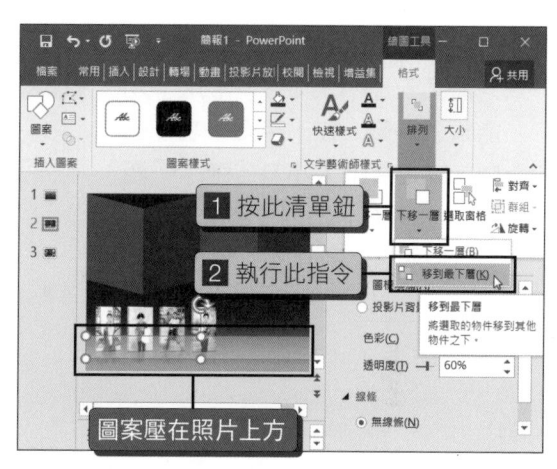

31 切換到「插入」功能索引標籤，在「圖例」功能區中，執行「圖片」指令，選擇「ch04/員工相簿」資料夾，選取「Leo.png」，修改照片為高「11.6」公分、寬「11.5」公分大小，並移動照片位置貼齊右邊界。

349

32 最後加上中英文名字就可以完成投影片，在「文字」功能區中，按下「文字藝術師」清單鈕，選擇「填滿：金色，輔色2; 外框：金色，輔色2」樣式。

33 在文字藝術師中輸入中文名字「潘奕宏」，切換到「常用」功能索引標籤，在「字型」功能區中，設定字型大小為「96」、「粗體」。接著在「繪圖」功能區中，執行插入「文字方塊」指令。

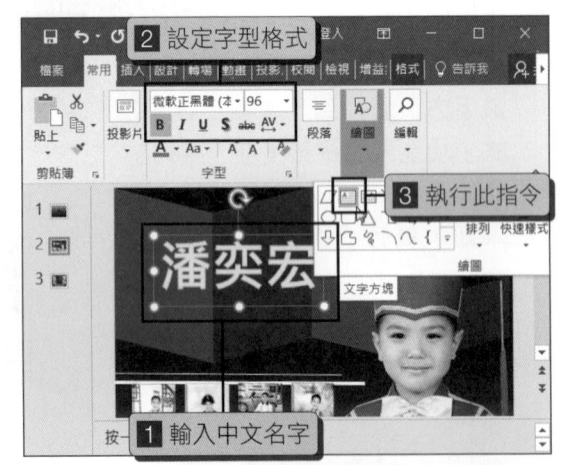

34 在文字方塊中輸入英中文名字「Leo Pan」，在「字型」功能區中，設定字型大小為「72」。最後稍微調整各物件的位置，就完成此張投影片。

35 別忘了！還可利用不同的圖案組合，設計相簿封面。

還可以變換物件位置

別忘了相簿封面

PART 3　PowerPoint 商務簡報

範例檔案：PART 3\ch45. 研發進度報告

單元 45　研發進度報告

【完成投影片】

研發新產品有一定的研究流程，根據研究流程可以掌握開發進度，每隔一段時間就必須針對研發進度對主管及相關部門做報告，好方便規畫其他後續相關事宜。

範例步驟

1 請開啟「PowerPoint 範例檔 /ch45」資料夾中，選擇「研發進度報告 1.pptx」，首先選取第 4 張投影片縮圖，切換到「插入」功能索引標籤，在「圖例」功能區中，執行「SmartArt 圖形」指令。

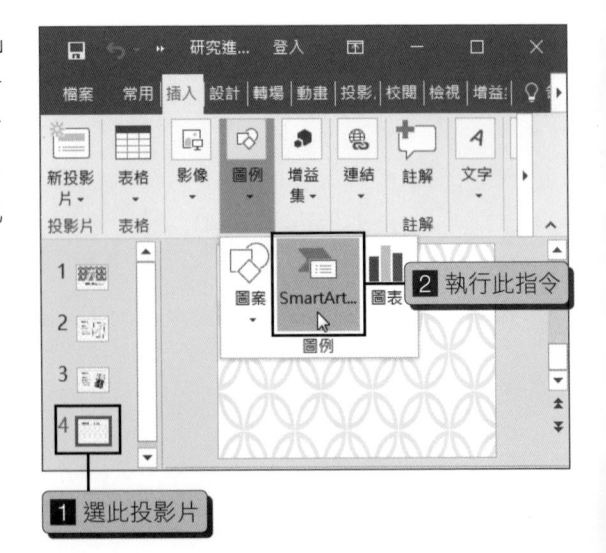

1 選此投影片
2 執行此指令

352

單元 45　研發進度報告

2 開啟「選擇 SmartArt 圖形」對話方塊，選擇「流程圖」類型中的「V 型箭號清單」樣式，按「確定」鈕。

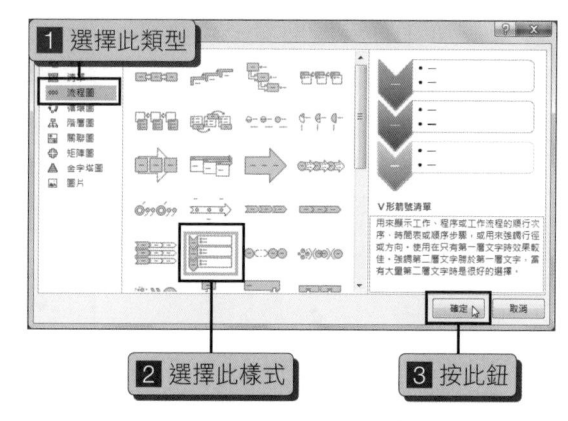

3 投影片中插入 SmartArt 圖形。直接箭號方塊和文字方塊中輸入文字，或按下圖形左外框中央的「展開文字窗格」鈕。

插入指定的 SmartArt 圖形

4 另外開啟文字窗格，窗格中的大綱階層與圖形內容相同。繼續輸入文字，輸入完畢後，按下「關閉」鈕結束文字窗格。

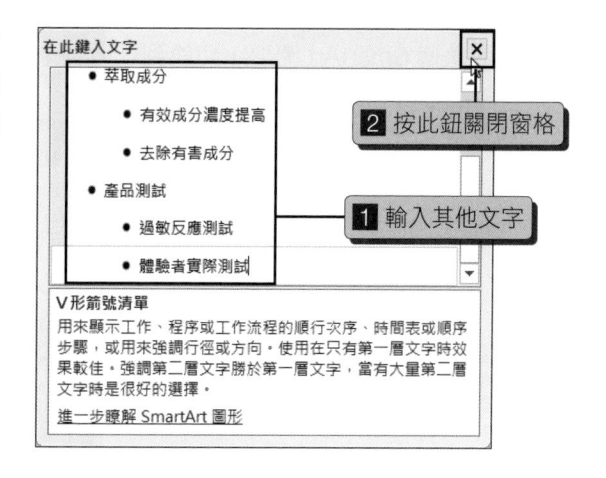

PART 3　PowerPoint 商務簡報

5 選擇第 3 個箭號圖案，切換到「SmartArt 工具 \ 設計」功能索引標籤，在「建立圖形」功能區中，按下「新增圖案」清單鈕，執行「新增後方圖案」指令。

6 在新增的第四個圖形中輸入文字。單一色系覺得單調的話，在「SmartArt 樣式」功能區中，按下「變更色彩」清單鈕，選擇「彩色 - 輔色」色彩樣式。

7 選取整個 SmartArt 圖形，切換到「SmartArt 工具 \ 格式」功能索引標籤，在「排列」功能區中，按下「群組」清單鈕，執行「取消群組」指令。

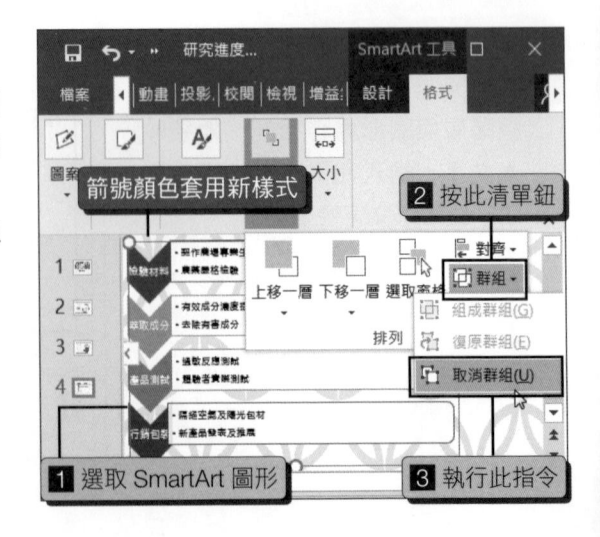

354

8. 按住鍵盤【Shift】鍵選取 4 個文字方塊，先切換到「常用」功能索引標籤，在「字型」功能區中，將文字大小修改成「20」；將游標移到調整文字方塊大小的控制點上。

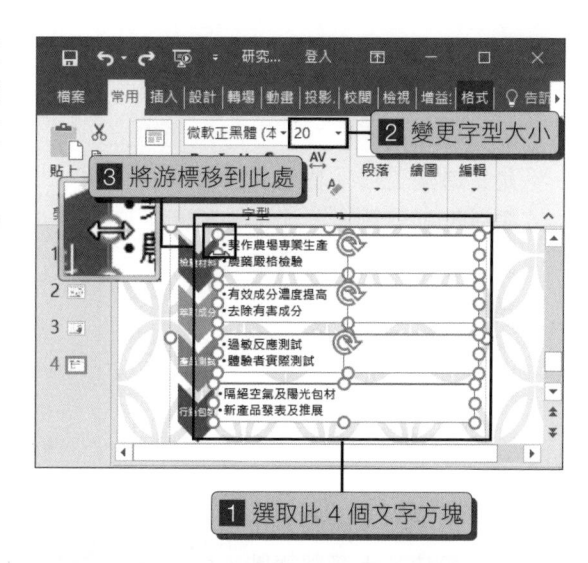

9. 按住滑鼠左鍵，使用拖曳的方式將文字方塊縮小，到適當寬度後放開滑鼠。

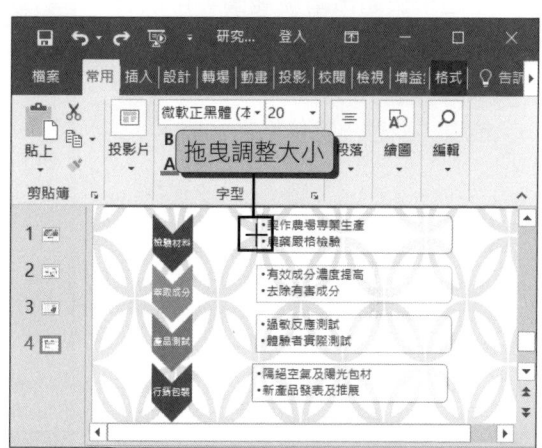

10. 同樣選取 4 個箭號圖案，先在「字型」功能區中，將文字大小修改成「28」，將游標移到調整箭號方塊大小的控制點，按住滑鼠左鍵，使用拖曳的方式將箭號方塊放大，到適當寬度後放開滑鼠。

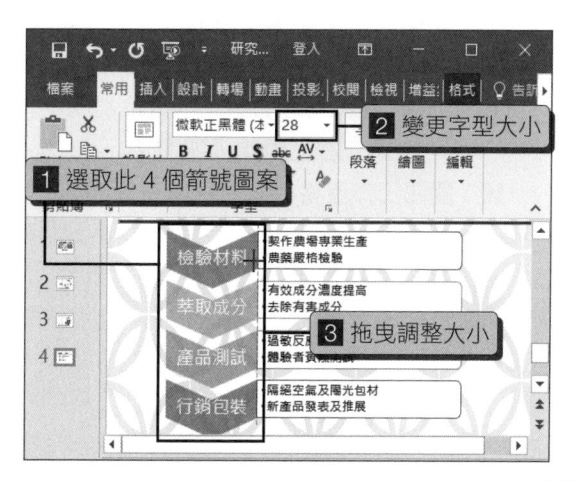

11 由於 SmartArt 圖形經過取消群組後,「SmartArt 圖形工具」的功能表標籤就不存在,取而代之的是「繪圖工具」功能表標籤。繼續選取箭號圖案,切換「繪圖工具\格式」此索引標籤,在「文字藝術師樣式」功能區中,按下「其他」樣式鈕,選擇「填滿-白色,外框-輔色2,強烈陰影-輔色2」樣式。

12 由於箭號方塊調整大小後,文字看起來快超出箭號範圍,可以調整文字位置。依舊是選取4個箭號方塊,按滑鼠右鍵開啟快顯功能表,執行「物件格式」指令。

13 此時會開啟「圖案格式」工作窗格,先選擇「文字選項」標籤,按下「文字方塊」圖示鈕,將下邊界調整成「0.6公分」。按下「圖案格式」右上角的「關閉」鈕,關閉工作窗格。

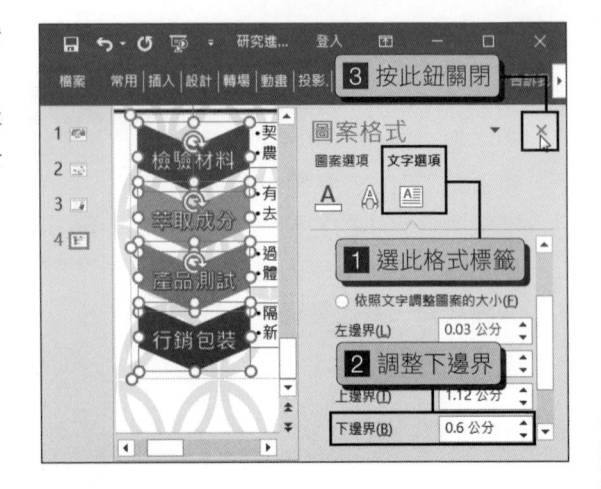

單元 45　研發進度報告

14 接著在空白處插入一些圖片裝飾。切換到「插入」索引標籤，在「影像」功能區中，執行「線上圖片」指令。

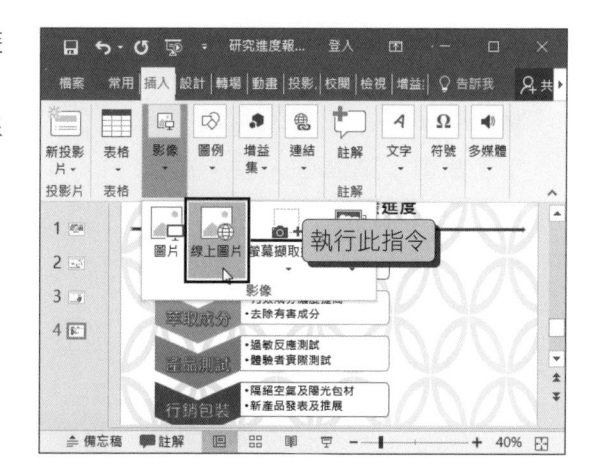

15 出現訊息方塊，提醒使用者須連線至網際網路，按下「確定」鈕。

16 開啟「插入圖片」對話方塊，輸入想要找尋圖片的關鍵字，例如「樹木」，按下 🔍「搜尋」鈕。

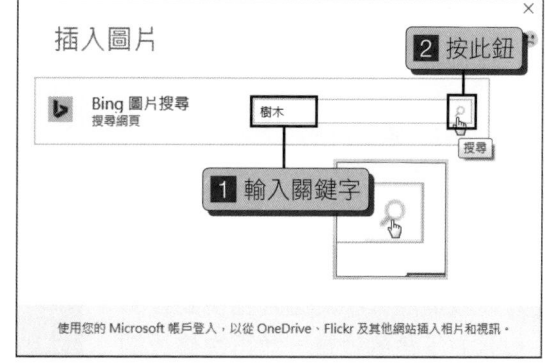

17 選擇要插入的圖片，按下「插入」鈕。使用線上圖片時，需要特別注意著作權及使用規範。

18 投影片中插入選擇的圖片。切換到「圖片工具\格式」功能索引標籤，在「大小」功能區中，按下「裁剪」清單鈕，在「長寬比」的裁剪類型下，選擇「3：5」圖片樣式。

19 此時會出現「3：5」圖片樣式的遮罩，按住圖片略為左右調整圖片位置，確認圖片位置後，再次按下「裁剪」清單鈕，執行「裁剪」指令。

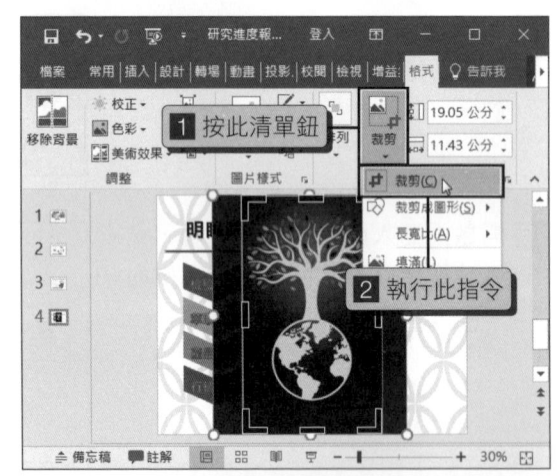

20 將裁剪過大小的圖片拖曳到投影片右下角的位置，並再次修改圖片大小。

單元 45　研發進度報告

21 接著設計放映投影片時，投影片之間轉場的動畫效果。選取第 1 張投影片縮圖，切換到「轉場」功能索引標籤，在「切換到此投影片」功能區中，按下「其他」鈕，開啟更多轉場動畫效果。

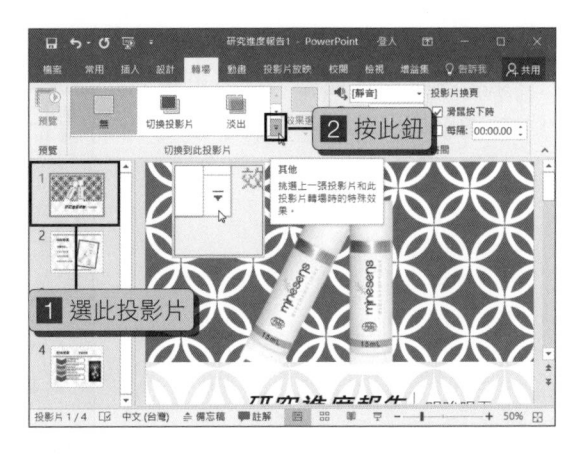

22 在眾多動畫效果中，選擇「窗簾」動畫效果。

23 投影片立即套用選取的動畫效果，並立刻預覽。切換到「轉場」功能索引標籤，在「預存時間」功能區中，執行「全部套用」指令，將所有投影片的轉場動畫，都套用相同效果。

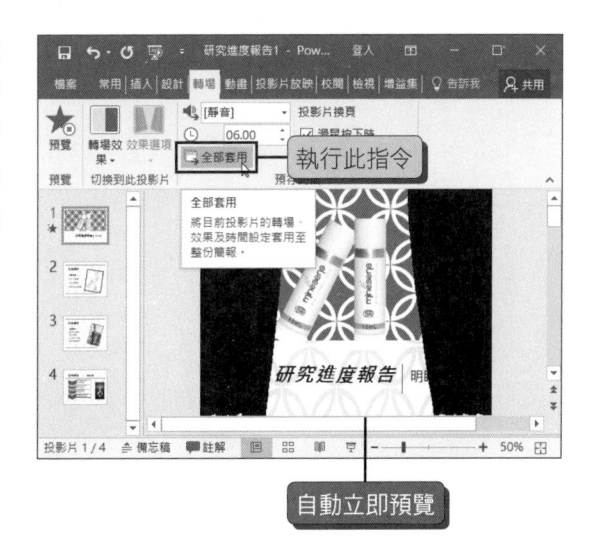

359

PART 3 PowerPoint 商務簡報

24 縮圖前方都出現動畫符號。選取第 2 張投影片縮圖,在「預覽」功能區中,執行「預覽」指令,立即預覽套用的動畫效果。

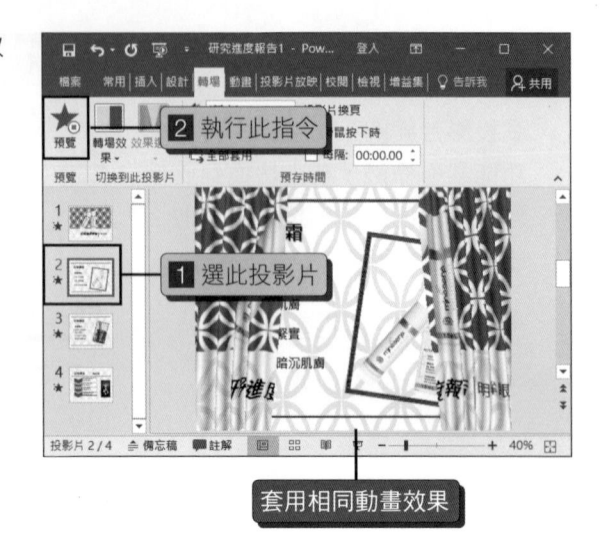

1 選此投影片
2 執行此指令
套用相同動畫效果

360

單元 46　股東會議簡報

範例檔案：PART 3\ch46. 股東會議簡報

單元 46　股東會議簡報

【完成投影片】

股東會議每年都要召開至少一次，每年不外乎要公告去年度的財務報表、討論盈餘分配及未來營運方向…等主題，因此股東會議簡報只要依循著這幾個主題，將相關資料檢附上去即可。

範例步驟

1 請開啟「PowerPoint 範例檔 /ch46」資料夾中，選擇「股東會議簡報 1.pptx」，首先插入以 Excel 檔案製作的損益表。選取第 3 張投影片縮圖，切換到「插入」功能索引標籤，在「文字」功能區中，執行「物件」指令。

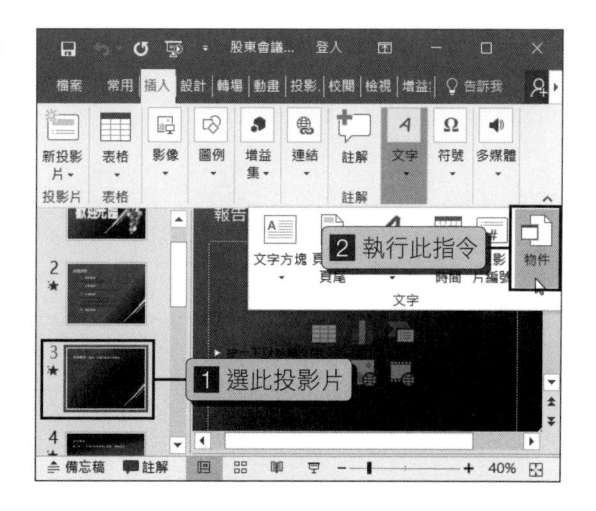

361

2 開啟「插入物件」對話方塊,選擇「由檔案建立」選項,按「瀏覽」鈕選取檔案。

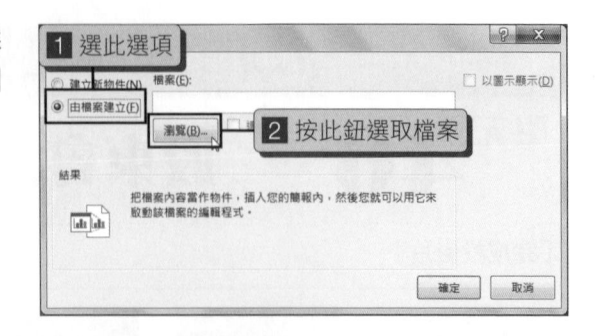

3 另外開啟「瀏覽」對話方塊,選擇「PowerPoint 範例檔 /ch46」資料夾中的「104 年損益表 .xlsx」檔案,在預覽檔案窗格中,確認選取「累計損益表」工作表,最後按下「確定」鈕。

4 回到「插入物件」對話方塊,顯示剛選擇的檔案,確認無誤後,按「確定」鈕。

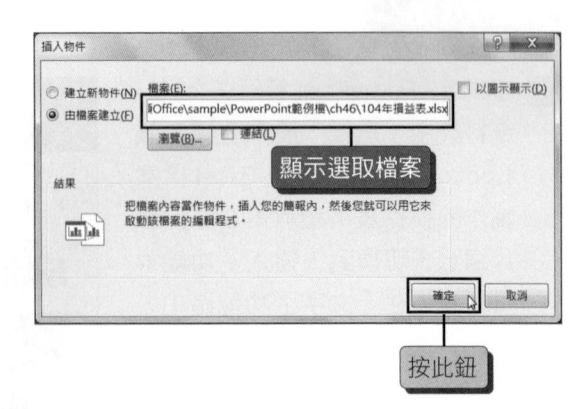

單元 46　股東會議簡報

5 投影片中插入 Excel 文件，將游標移到物件範圍內，快按左鍵滑鼠 2 下，編輯 Excel 檔案。

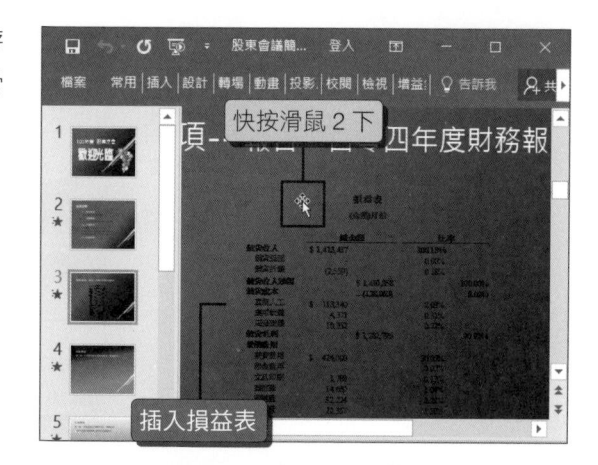

快按滑鼠 2 下

插入損益表

6 開啟 Excel 程式編輯模式，選取 A2 儲存格，刪除原有文字，重新輸入文字「104 年度」，完成編輯後，將游標移到非 Excel 物件範圍，按一下滑鼠左鍵，即可結束 Excel 程式編輯模式。

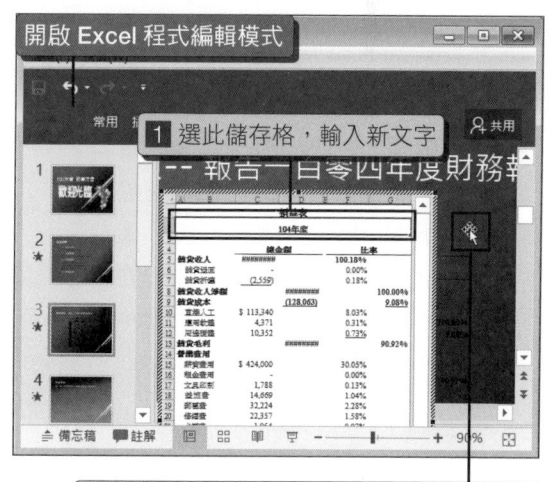

開啟 Excel 程式編輯模式

1 選此儲存格，輸入新文字

2 在此處按一下滑鼠左鍵，結束 Excel 程式

7 回到投影片編輯視窗，適當的調整 Excel 物件的大小，並移到適當的位置，也可加入圖片增加美觀。

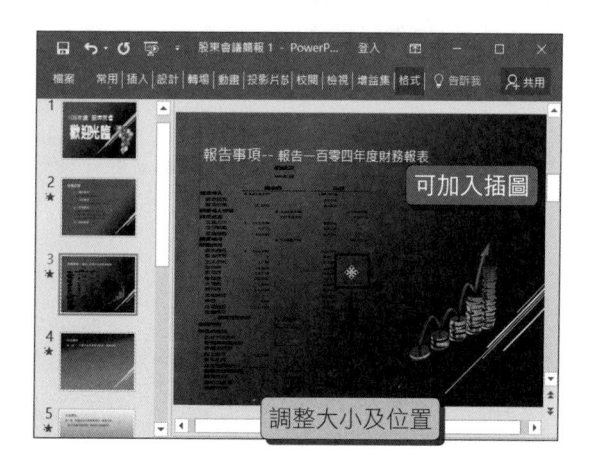

可加入插圖

調整大小及位置

363

PART 3　PowerPoint 商務簡報

8　除了可以插入 Excel 檔案外，也可以插入 Word 文件。選取第 4 張投影片縮圖，同樣切換到「插入」功能索引標籤物件，在「文字」功能區中，再次執行「物件」指令。

9　在「插入物件」對話方塊，選擇「由檔案建立」選項，按下「瀏覽」鈕。並在「瀏覽」對話方塊，選擇「PowerPoint 範例檔 / ch46」資料夾中的「104 年盈餘分配表 .docx」檔案，按「確定」鈕後，回到「插入物件」對話方塊，再按一次「確定」鈕，插入 Word 物件。

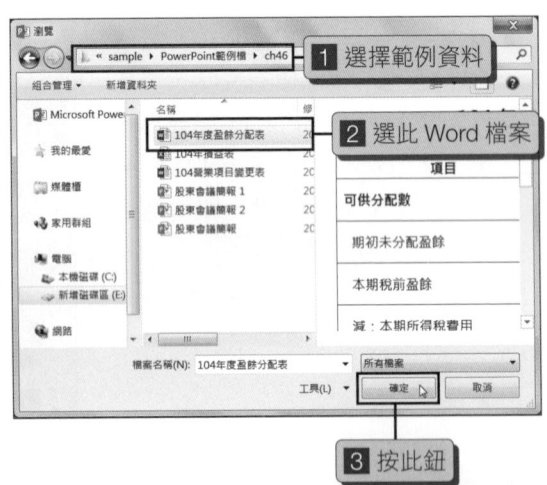

10　投影片中插入 Word 文件，將游標移到物件範圍內，快按左鍵滑鼠 2 下，編輯 Word 檔案。

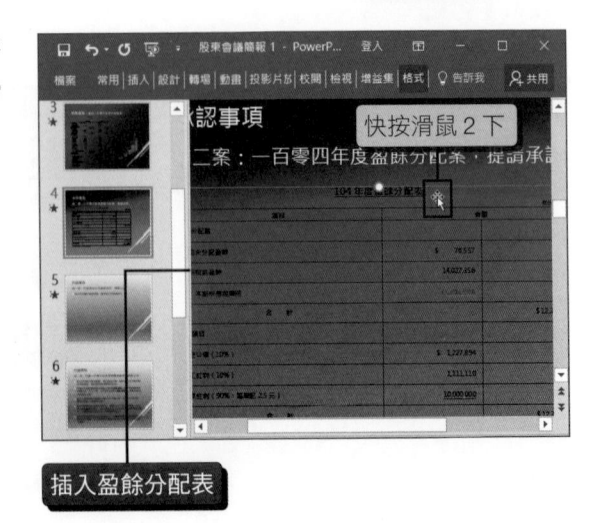

364

11 開啟 Word 程式編輯模式，選取 Word 文件中的表格範圍，切換到「常用」功能索引標籤，在「字型」功能區中，變更文字大小為「18」。

12 改選取表格標題列，繼續在「常用」功能索引標籤，切換到「段落」功能區中，按下「網底」清單鈕，選擇「黑色」網底。

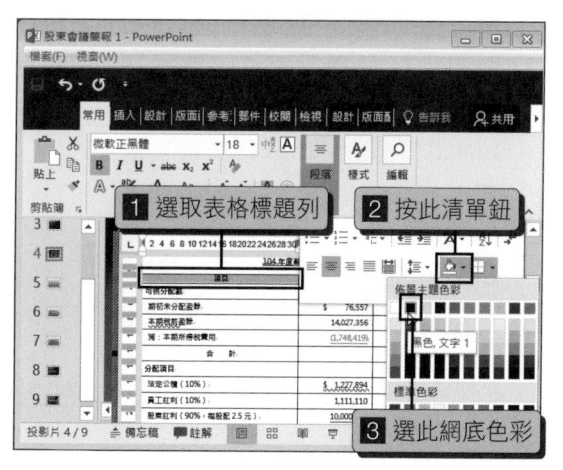

13 由於標題列列高太窄，可略為調整列高。將游標移到標題列下方，當游標變成 ⇕ 符號，按住滑鼠左鍵，向下拖曳調整列高。設計完畢後，將游標移到非 Word 物件範圍，按一下滑鼠左鍵，即可結束 Word 程式編輯模式。

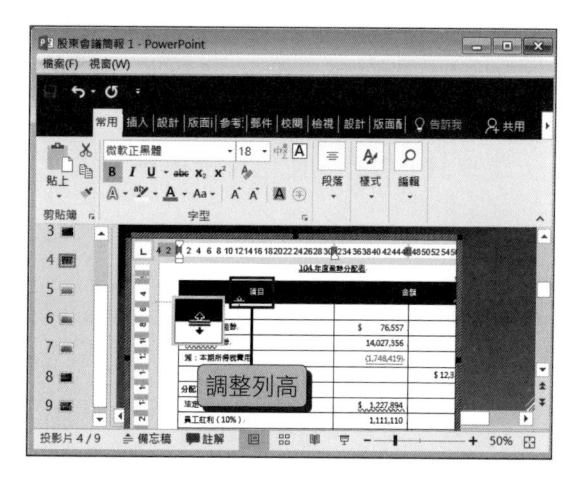

PART 3　PowerPoint 商務簡報

14 最後調整 Word 物件大小及位置即可。

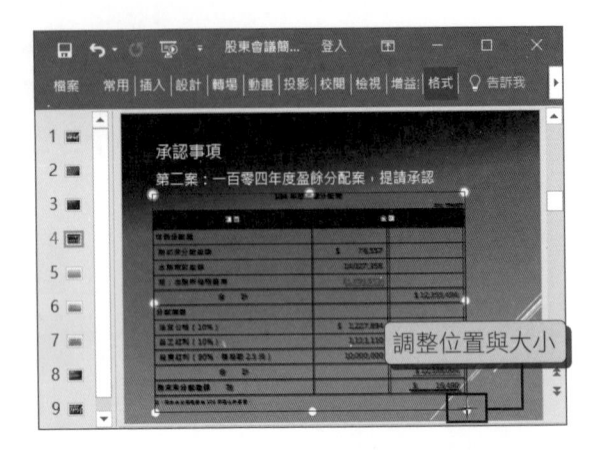

15 除了使用插入物件功能可以插入外部表格外，其實在 Office 軟體中，直接運用「剪貼簿」功能，就可以輕鬆插入表格。請選擇「PowerPoint 範例檔 /ch46」資料夾中，開啟「104 營業項目變更表 .docx」檔案。在 Word 程式中，選取表格範圍，切換到「常用」功能索引標籤，在「剪貼簿」功能區中，執行「複製」指令。

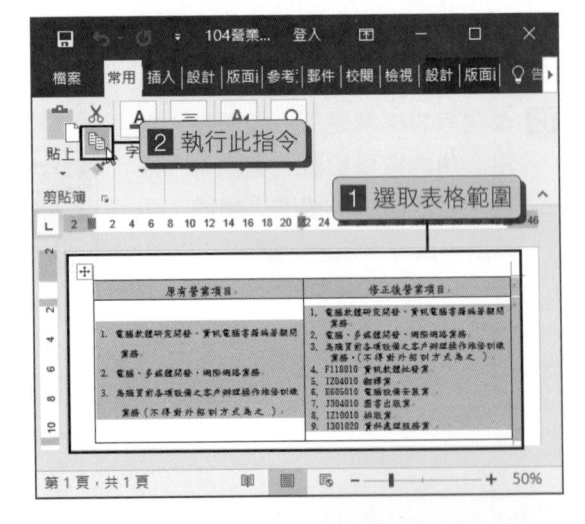

16 切換回「PowerPoint」程式，選取第 5 張投影片縮圖，切換到「常用」功能索引標籤，在「剪貼簿」功能區中，按下「貼上」清單鈕，執行「使用目前的樣式」指令。

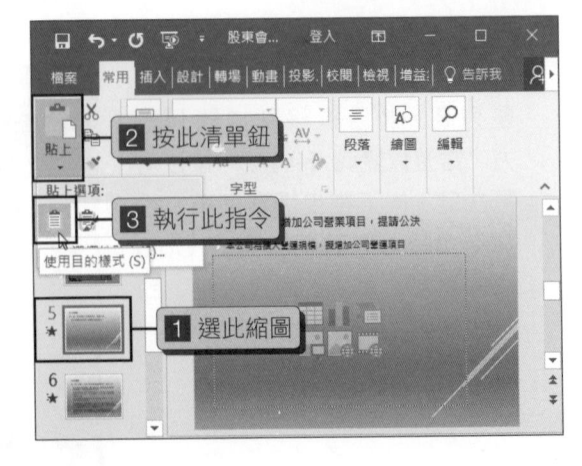

17 Word 文件中的表格貼到 PowerPoint 投影片中，選取整張表格範圍，在「字型」功能區中，先調整表格內文字大小為「18」，然後使用拖曳控制點的方式，調整表格大小。

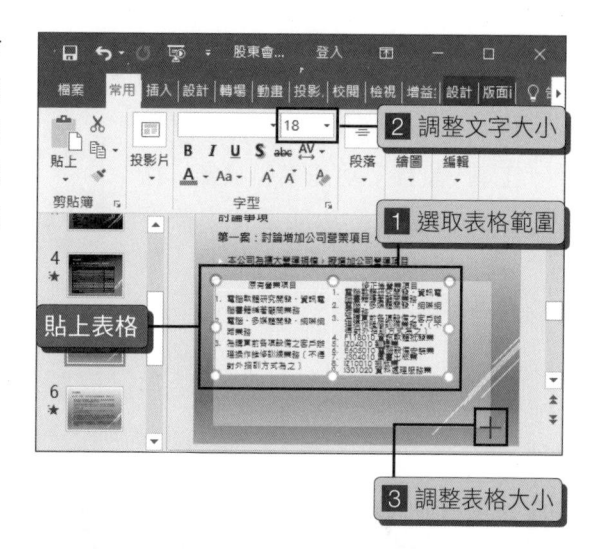

18 繼續選曲表格範圍，在「段落」功能區中，按下 ≡▼「行距」清單鈕，選擇「1」行距。

19 由於右邊表格中的文字較多，因此可以調整表格的欄寬，將游標移到兩欄中間，當游標變成 ←‖→ 符號，按住滑鼠左鍵，向左拖曳調整欄寬。

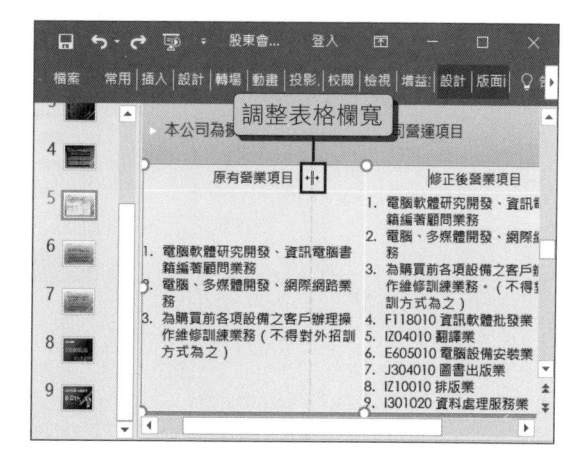

20 由於表格的底色會遮住投影片的圖案,可以取消底色。選取非標題列表格範圍,切換到「表格工具\設計」功能索引標籤,在「表格樣式」功能區中,按下 「網底」清單鈕,選擇「無填滿」樣式。

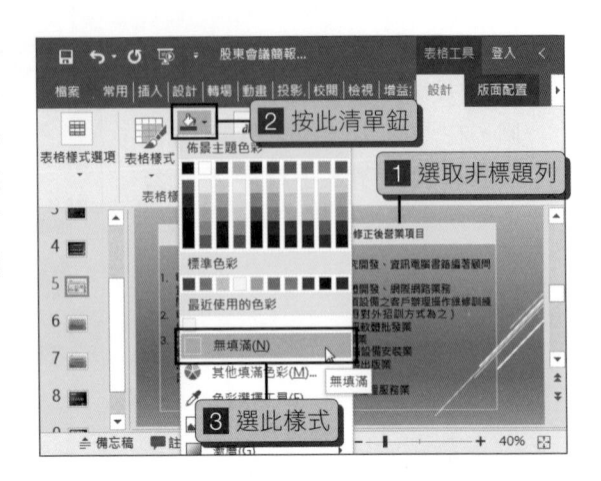

21 繼續選取非標題列表格範圍,按下「段落」功能區右下角的「展開」鈕。

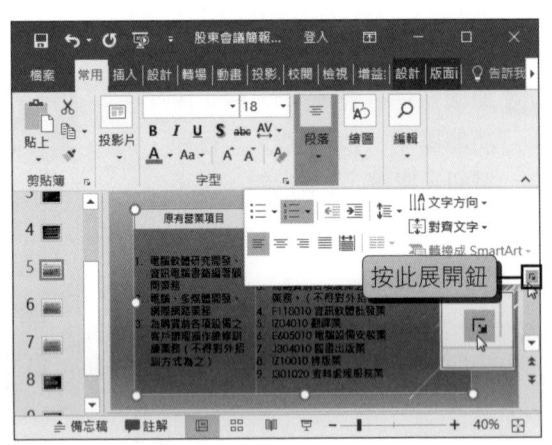

22 開啟「段落」對話方塊,在縮排「文字之前」設定縮排距離為「1.5 公分」,按下「確定」鈕。

單元 46　股東會議簡報

23 項目編號離表格框線增加了間距，看起來沒有壓迫感。最後調整表格的大小及位置即可。

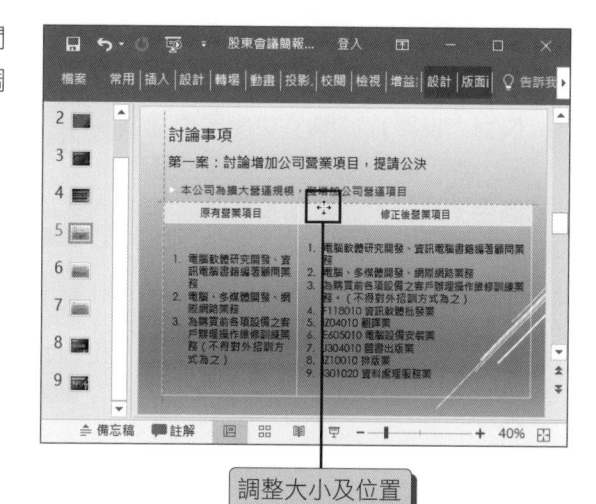

調整大小及位置

24 選取第 2 張投影片縮圖，選取報告事項中的第 1 點文字範圍，切換到「插入」功能索引標籤，在「連結」功能區中，執行「超連結」指令。

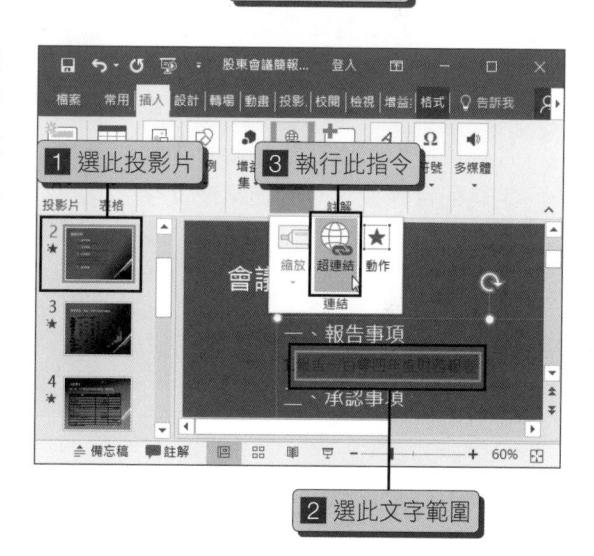

1 選此投影片
3 執行此指令
2 選此文字範圍

25 開啟「插入超連結」對話方塊，選擇連結至「這份文件中的位置」，選擇「第 3 張投影片」位置，按「確定」鈕。

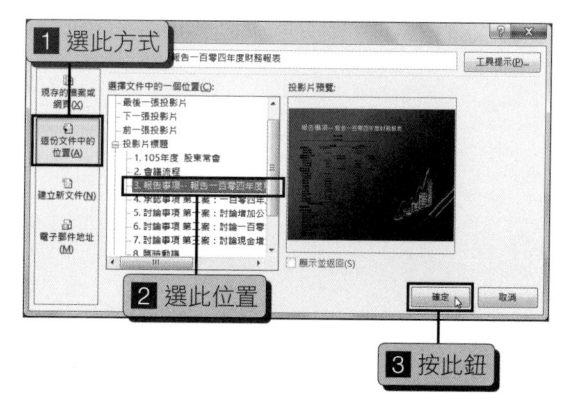

1 選此方式
2 選此位置
3 按此鈕

369

PART 3　PowerPoint 商務簡報

26 依相同方法設定其他超連結文字，想要看看設定的結果，請切換到「投影片放映」功能索引標籤，在「開始投影片放映」功能區中，執行「從目前投影片」指令。

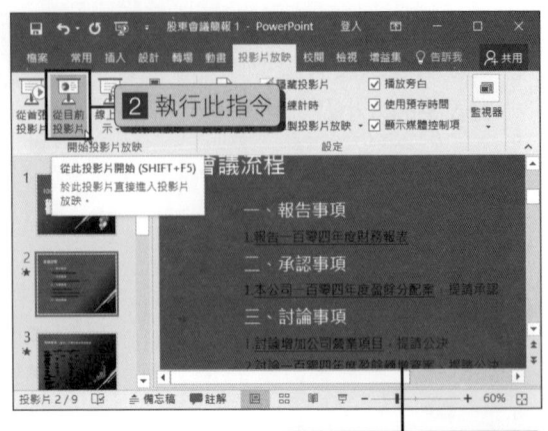

2 執行此指令

1 設定其他超連結文字

27 當游標移到設有超連結的文字上方，游標會變成 🖑 符號，按下超連結文字，可立即跳到指定投影片位置。也可以在各投影片中設定跳回目錄投影片的圖案或文字超連結。

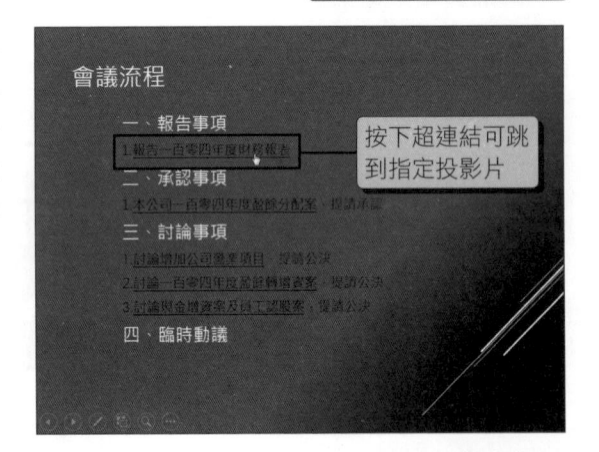

按下超連結可跳到指定投影片

370

單元 47　創新行銷獎勵方案

範例檔案：PART 3\ch47.創新行銷獎勵方案

單元 47　創新行銷獎勵方案

有許多銷售生活日用品的公司，都會以消費即是賺錢的方式吸引消費者加入會員，購買產品越多就可以賺取更多的紅利回饋，招集親朋好友一起團購也可增加額外的獎金，若是讓親友一起加入會員還可以抽取佣金。

【完成投影片】

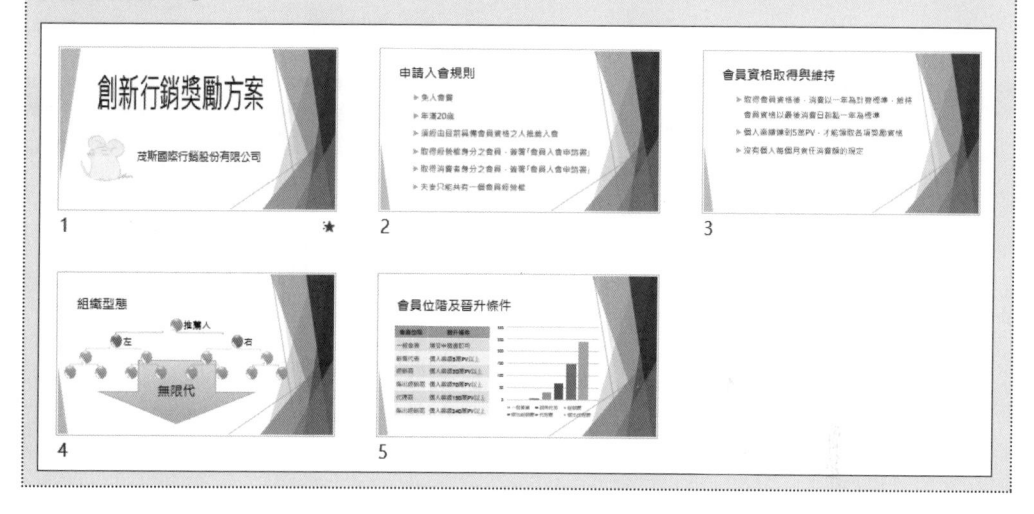

範例步驟

1 請選擇「PowerPoint 範例檔 /ch47」資料夾中，開啟「創新行銷獎勵方案 1.pptx」檔案。選取第一張投影片中的動物圖片，切換「動畫」功能索引標籤，在「進階動畫」功能區中，按下「新增動畫」清單鈕，執行「自訂路徑」指令。

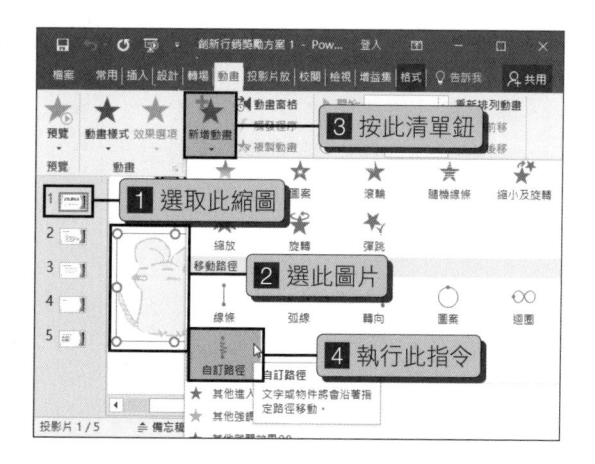

371

PART 3　PowerPoint 商務簡報

2　將游標移到投影片右下角位置，當按下滑鼠左鍵時，滑鼠會由小 ＋ 變成大 ＋ 符號，準備繪製移動路徑。

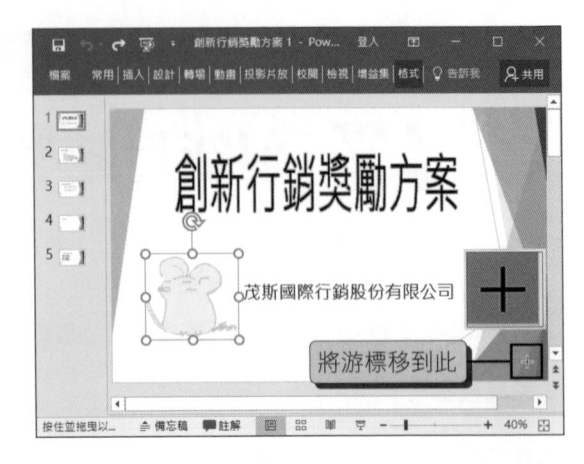

3　使用者若持續按住滑鼠可自由繪製路徑（曲線）；或是放開滑鼠（直線），每到轉折點按一下滑鼠則可繪製鋸齒狀路徑，到了終點時，快按滑鼠 2 下完成路徑。

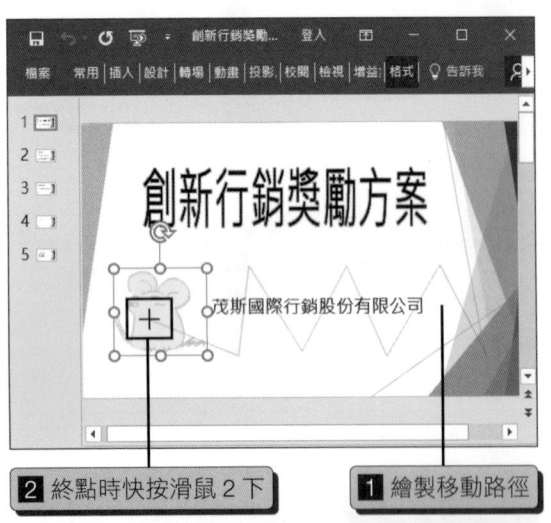

4　投影片會立即預覽動畫效果。在「預存時間」功能區中，「開始」處選擇「接續前動畫」，「期間」調整為「05.00」秒，讓動畫效果更明顯。

5 選擇第 4 張投影片縮圖，切換到「插入」功能索引標籤，在「圖例」功能區中，執行插入「SmartArt 圖形」指令。

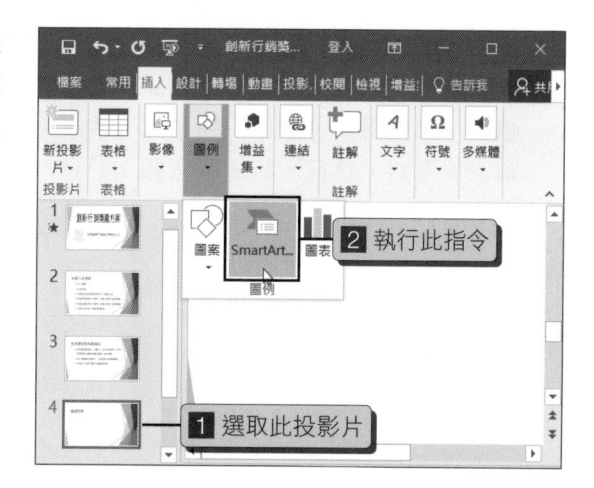

6 開啟「選擇 SmartArt 圖形」對話方塊，選擇「階層圖」類型中的「圖形圖片階層」樣式，按下「確定」鈕。

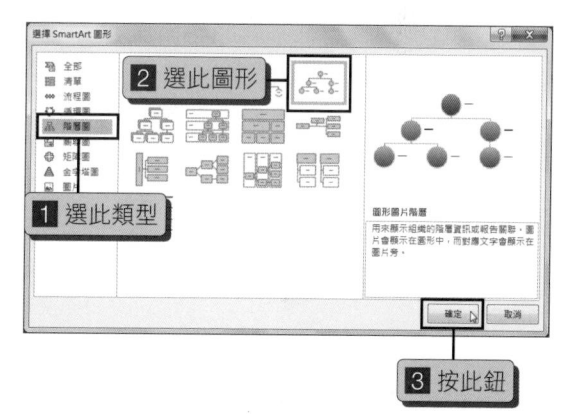

7 投影片中插入 SmartArt 圖形，先在前 2 個階層輸入文字，然後選取右下角的方塊，切換到「SmartArt 工具 \ 設計」功能索引標籤，在「建立圖形」功能區中，按下「新增圖案」清單鈕，執行「新增後方圖案」指令。

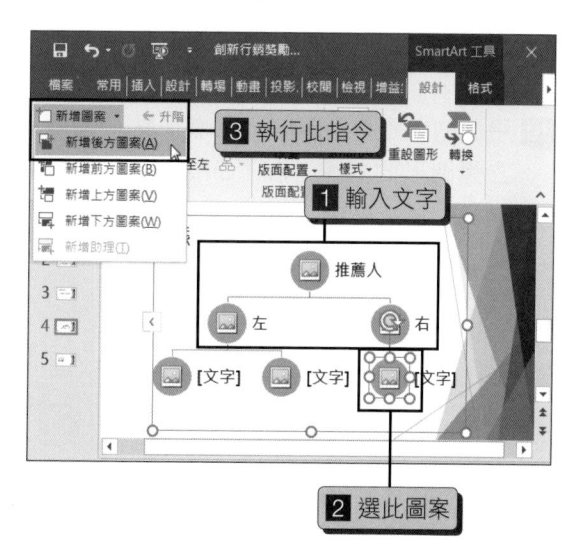

PART 3　PowerPoint 商務簡報

8. 新增一個第 3 階層圖案。接著選取新增的圖案，繼續在「建立圖形」功能區中，按下「新增圖案」清單鈕，執行「新增下方圖案」指令，新增第 4 階層圖案。

9. 陸續新增圖案，讓 4 層結構階層圖完整。選取整個 SmartArt 圖形，在「SmartArt 樣式」功能區中，按下「變更色彩」清單鈕，選擇「彩色範圍 輔色 4-5」色彩配置。

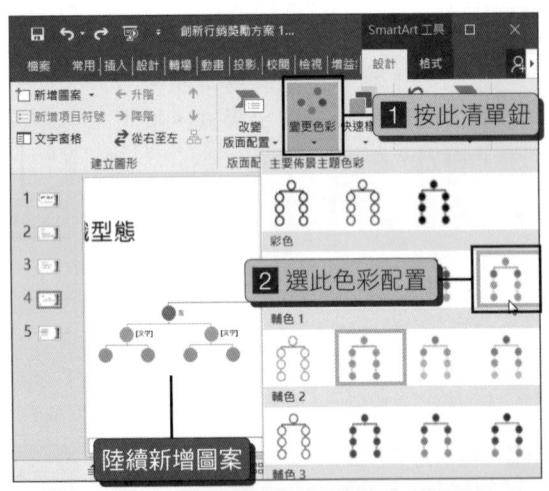

10. 平面的色彩有點乏味，來增加點立體圖形的感覺。在「SmartArt 樣式」功能區中，按下「快速樣式」清單鈕，選擇「光澤」樣式。

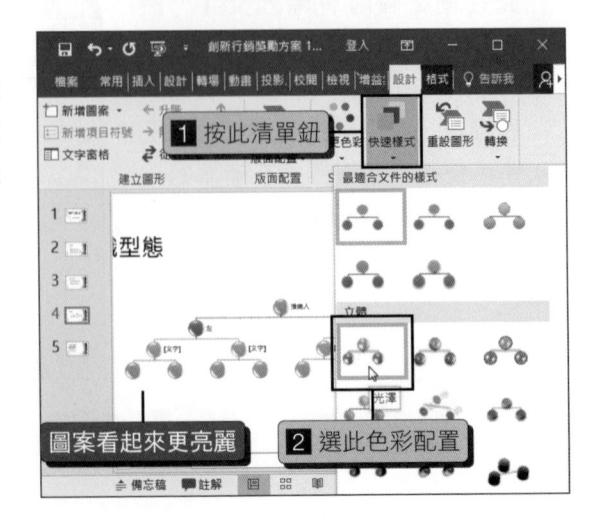

374

單元 47　創新行銷獎勵方案

11 接著要將 SmartArt 圖形變成一般繪圖圖案，以便後續修改。在「重設」功能區中，按下「轉換」清單鈕，執行「轉換成圖形」指令。

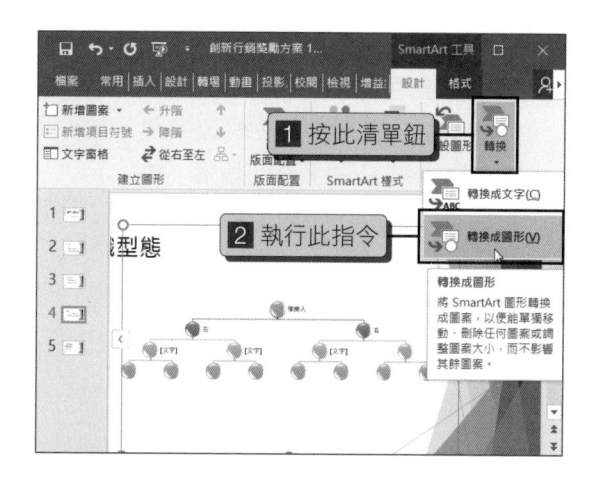

12 SmartArt 圖形轉換成一般繪圖圖案，接著切換到「繪圖工具\格式」功能索引標籤，在「插入圖案」功能區的圖案樣式庫中，選擇「向下問號」圖案。

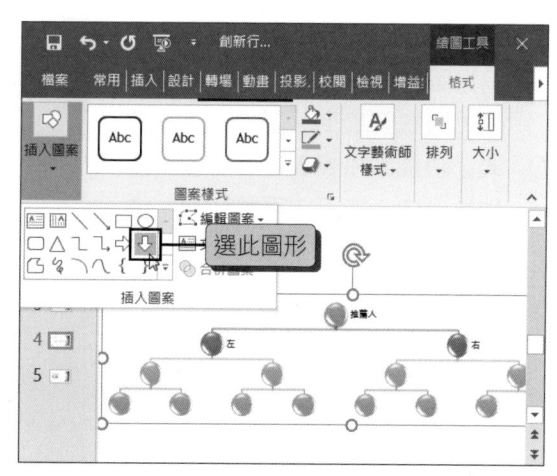

13 拖曳繪製出箭頭圖案，並按滑鼠右鍵開啟快顯功能表，執行「編輯文字」指令。

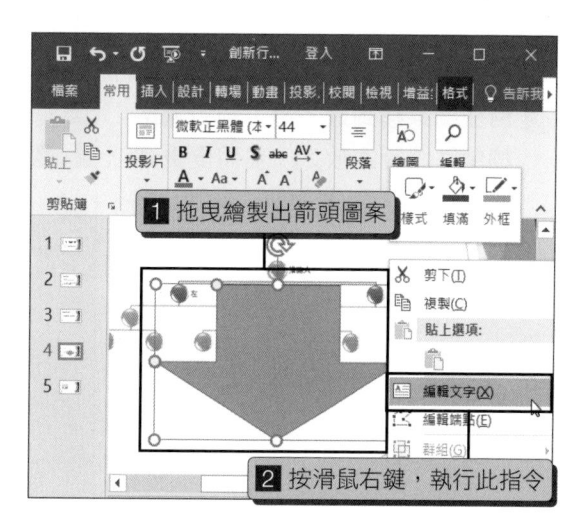

375

14 在箭頭中輸入文字「無限代」，切換到「常用」功能索引標籤，在「字型」功能區中，先修改字型大小為「44」；接著在「段落」功能區中，按下「行距」清單鈕，選擇「3.0」倍行距，讓文字接近圖案中央。

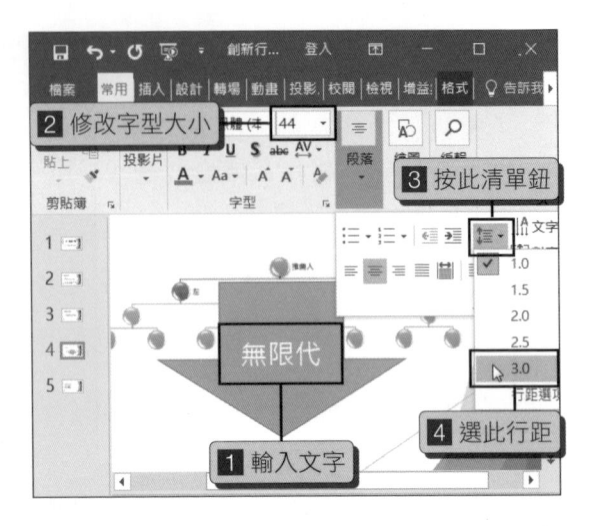

15 箭頭圖案會擋住原本 SmartArt 圖形，因此切換到「繪圖工具\格式」功能索引標籤，在「排列」功能區中，按下「下移一層」清單鈕，選擇執行「移到最下層」指令。

16 箭號圖案移到最下層，拖曳圖案控制點將圖案放大，並將變更圖案樣式為「輕微效果 - 綠色, 輔色 6」。

單元 47　創新行銷獎勵方案

17 選取第 5 張投影片縮圖，選取表格中最後一列，切換到「表格工具\版面配置」功能索引標籤，在「列與欄」功能區中，執行「插入下方列」指令。

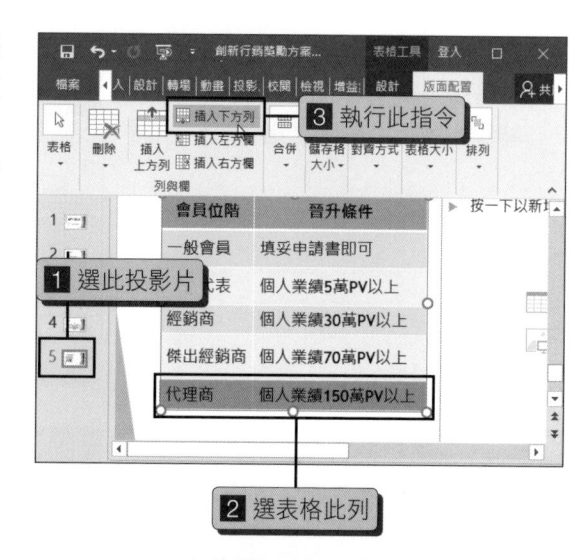

18 表格中新插入一列，在新增列輸入文字。接著要依據表格資料，製作成圖表，按下 「圖表」圖示鈕。

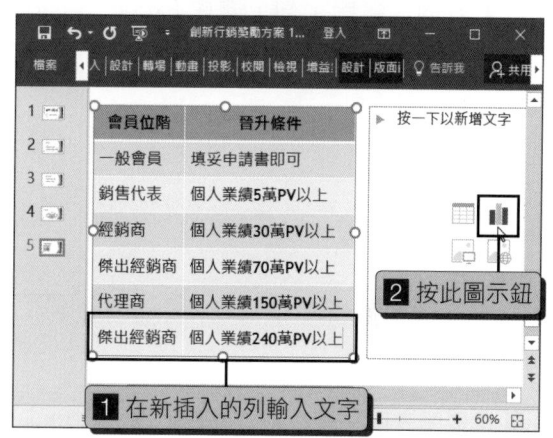

19 開啟「插入圖表」對話方塊，選擇「直條圖」類型中的「群組直條圖」，按「確定」鈕。

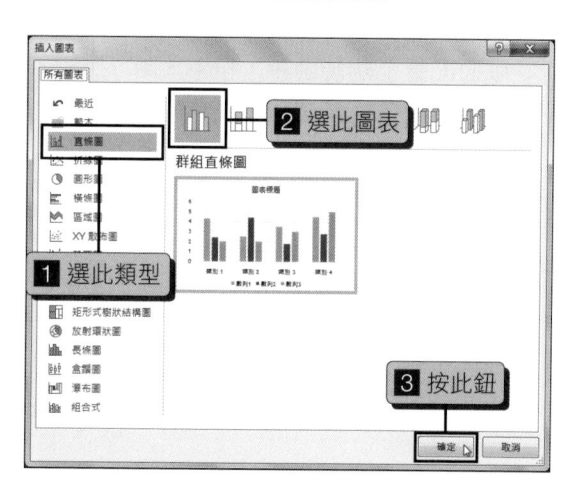

377

PART 3　PowerPoint 商務簡報

20 出預設的現 Excel 試算表，選取列 3~5，按滑鼠右鍵開啟快顯功能表，執行「刪除」指令。

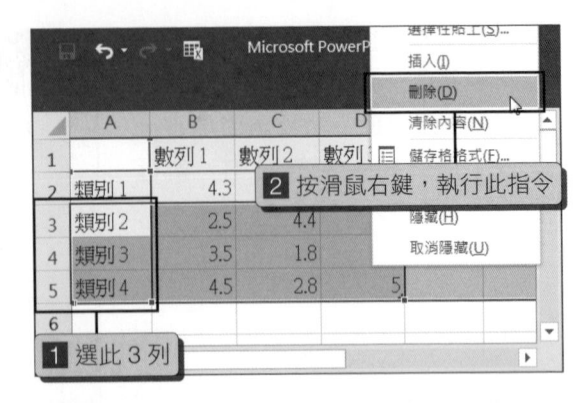

21 依據左邊表格內容，依序填入會員位階及晉升金額，圖表會即時更新預覽。輸入全部後，按下右上方的「關閉」鈕，關閉 Excel 試算表。

22 選取圖表區，切換到「圖表工具\設計」功能索引標籤，在「圖表版面配置」功能區中，按下「新增圖表項目」清單鈕，在「座標軸」項下，選擇取消「主水平」座標軸。

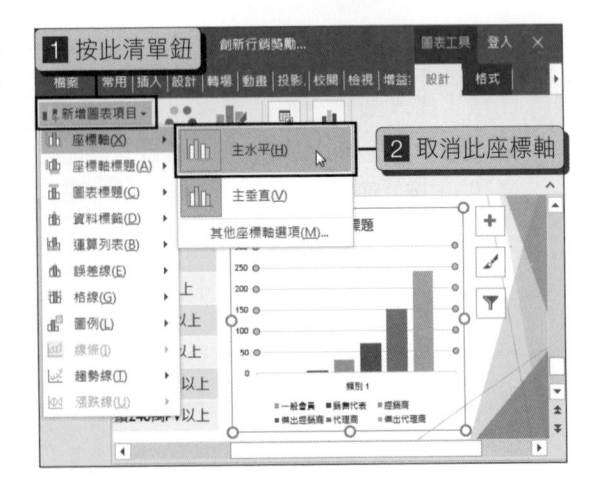

378

單元 47　創新行銷獎勵方案

23 繼續在「圖表版面配置」功能區中，按下「新增圖表項目」清單鈕，在「圖表標題」項下，選擇「無」圖表標題，使圖表區看起來更清爽。

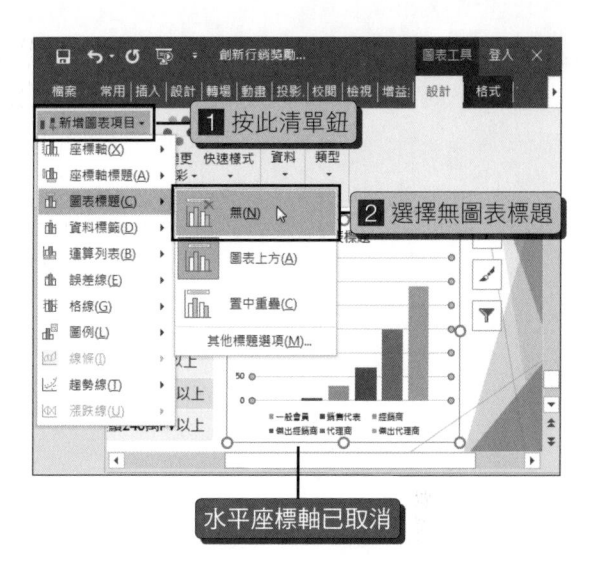

4
PART

Office 實用整合

單元 48　員工薪資明細表

單元 49　團購數量統計表

單元 50　宣傳廣告播放

PART 4　Office 實用整合

> 範例檔案：PART 4\ch48.員工薪資明細表

單元 48　員工薪資明細表

雖然現在公司發放薪水都是以轉帳的方式處理，但是薪資明細表還是要提供給員工，以便核對出缺勤及扣款的金額是否有誤。

範例步驟

1 雖然使用 Excel 也可以製作員工薪資明細表，但是效率還是比合併列印差一點，利用 Word 合併列印的功能，抓取 Excel 的薪資彙整表，可以在短時間製作數量較多員工薪資明細表。請開啟「Office 實用整合 /ch48」資料夾中，選擇「個人薪資明細表 .docx」，切換到「郵件」功能索引標籤，在「啟動合併列印」功能區中，按下「選取收件者」清單鈕，執行「使用現有清單」指令。

2 開啟「選取資料來源」對話方塊，開啟「Office 實用整合 /ch48」資料夾，選擇「薪資資料庫 .xlsx」，按下「開啟」鈕。

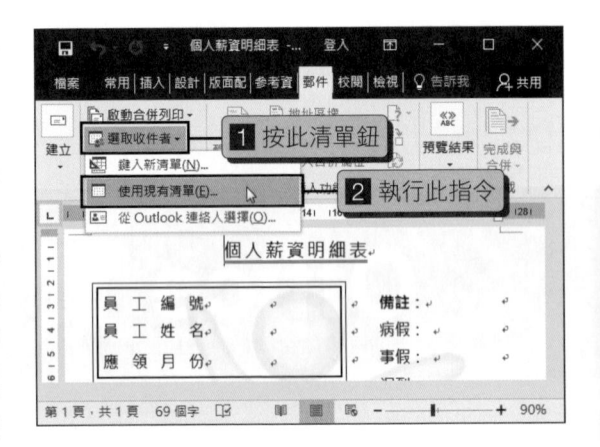

單元 48　員工薪資明細表

3 開啟「選取表格」對話方塊，選擇「薪資彙總表$」工作表名稱，按下「確定」鈕。

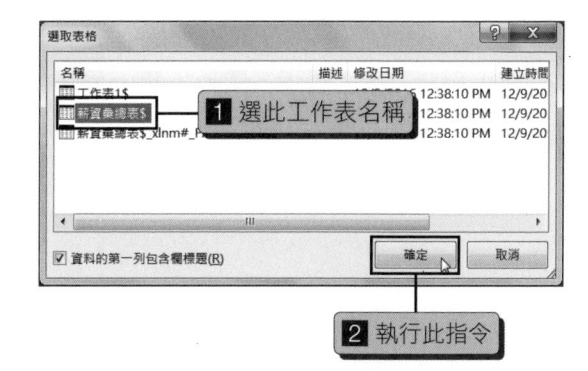

1 選此工作表名稱

2 執行此指令

4 將編輯插入點移到文件表格中的「員工編號」位置，切換到「郵件」功能索引標籤，在「書寫與插入功能變數」功能區中，按下「插入合併欄位」清單鈕，選擇插入「員工編號」欄位名稱。

2 按此清單鈕

3 插入此欄位名稱

1 編輯插入點移到此

5 將編輯插入點移到文件表格中的「員工姓名」位置，在「書寫與插入功能變數」功能區中，執行「插入合併欄位」指令。

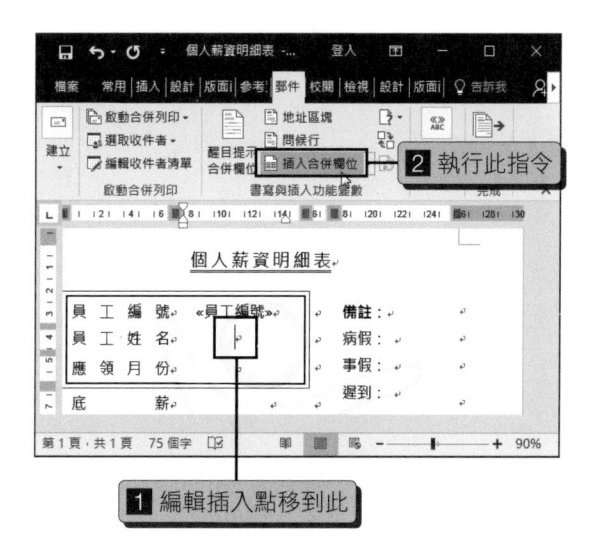

2 執行此指令

1 編輯插入點移到此

383

PART 4　Office 實用整合

6 此時會開啟「插入合併功能變數」對話方塊，選擇「姓名」欄位名稱，按「插入」鈕。按「關閉」鈕關閉對話方塊。

3 按此鈕關閉
1 選此項
2 按此鈕

7 陸續插入相對應的欄位名稱。接著要選擇列印月份的薪資資料，在「啟動合併列印」功能區中，執行「編輯收件者清單」指令。

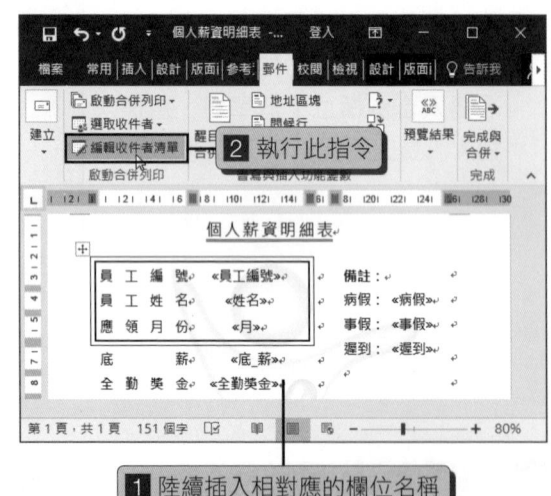

2 執行此指令
1 陸續插入相對應的欄位名稱

8 開啟「合併列印收件者」對話方塊，按下「篩選」鈕。

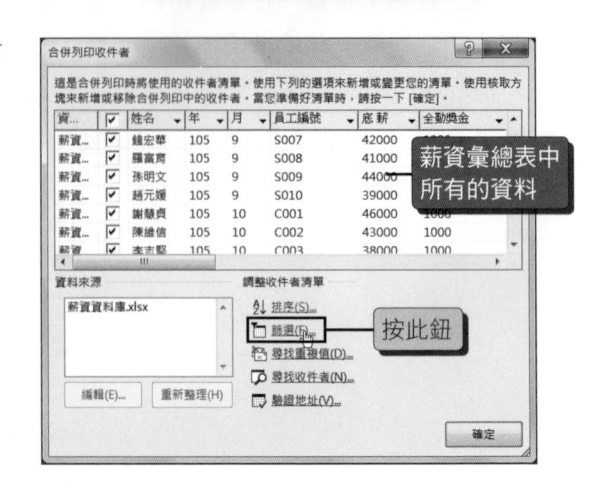

薪資彙總表中所有的資料

按此鈕

384

單元 48　員工薪資明細表

9 開啟「篩選與排序」對話方塊，選擇列印 105 年 12 月份的薪資明細。輸入第 1 個篩選條件欄位：「年」、邏輯比對：「等於」、比對值：「105」；輸入第 2 個篩選條件欄位：「月」、邏輯比對：「等於」、比對值：「12」，最後按下「確定」鈕。

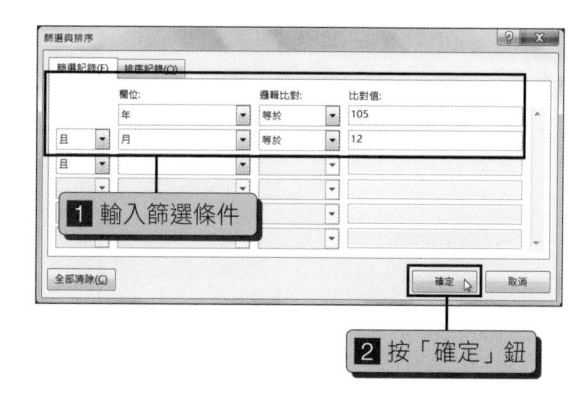

1 輸入篩選條件

2 按「確定」鈕

10 檢視篩選後的資料是否有誤，無誤則按下「確定」鈕。

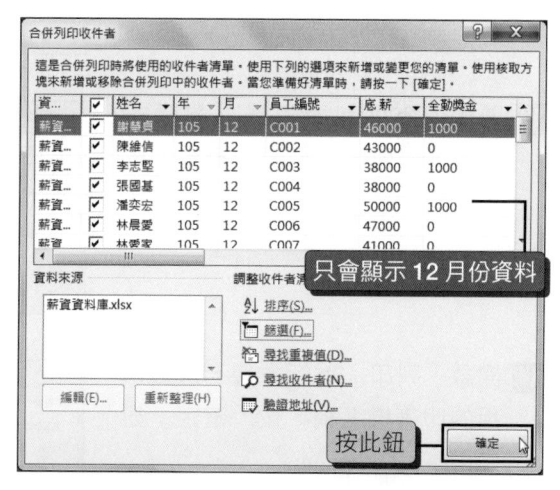

只會顯示 12 月份資料

按此鈕

11 回到文件編輯視窗，切換到「郵件」功能索引標籤，在「預覽結果」功能區中，可按下「預覽結果」鈕預覽合併的結果，搭配左右箭頭移動上、下一筆記錄，檢視合併資料。

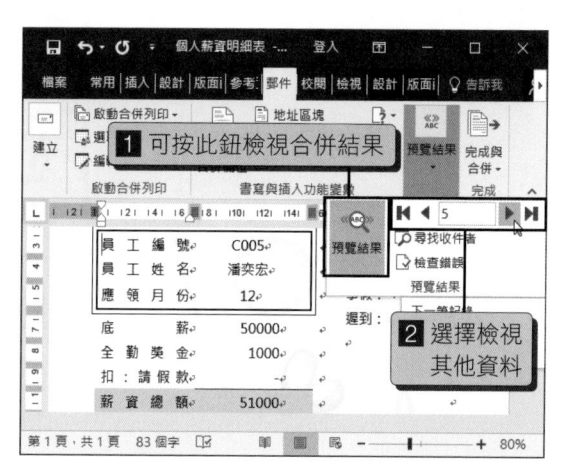

1 可按此鈕檢視合併結果

2 選擇檢視其他資料

385

12 接著在「完成與合併」功能區中，執行「列印文件」指令，直接列印合併文件。

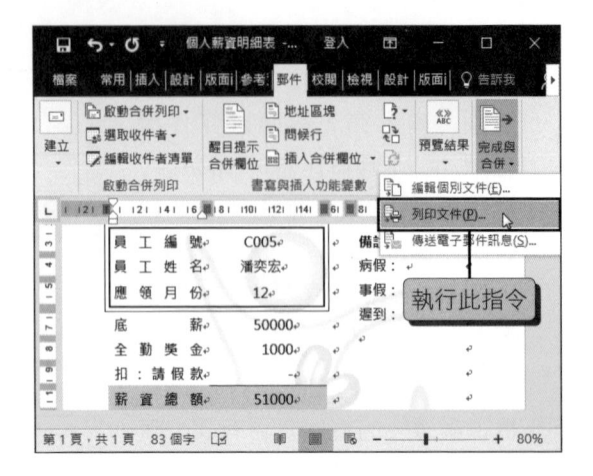

13 開啟「合併到印表機」對話方塊，選擇列印「全部」資料，按「確定」鈕。

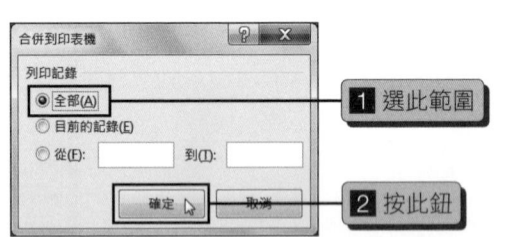

14 開啟「列印」對話方塊，選擇常用的印表機名稱，按「確定」鈕即可。

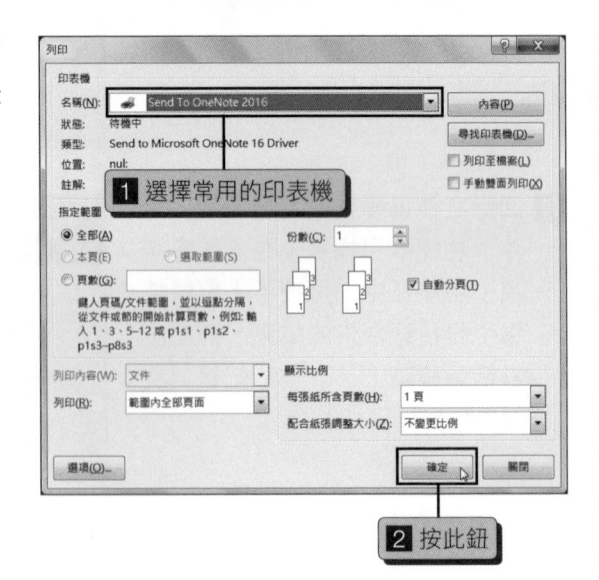

15 也可以在「完成與合併」功能區中，執行「編輯個別文件」指令，另外再合併一次全部資料到文件中，將每個月合併列印後的薪資明細表留存，多一份資料可供查核。

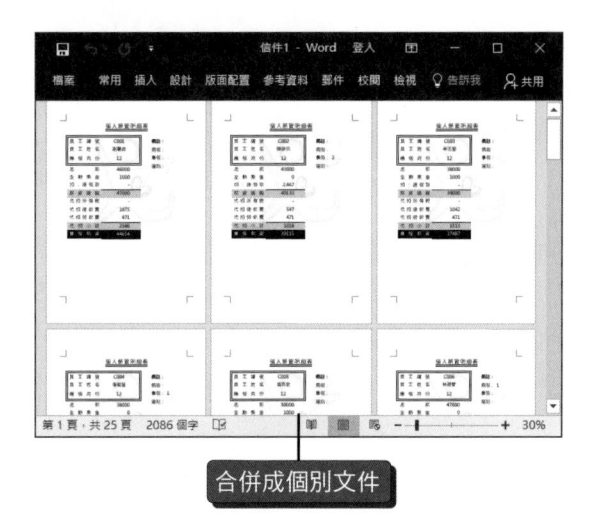

合併成個別文件

PART 4　Office 實用整合

範例檔案：PART 4\ch49. 團購數量統計表

單元 49　團購數量統計表

現在任何東西都流行團購，但是要登記和統計所有人的購買資料，對於團主來說可是一件需要耐心的工作。Google 很貼心的提供雲端表單功能，只要將設計好的表單儲存位置，傳送給好友們，讓好友們自行填寫要購買的數量、取貨方式…等相關資料，等時間一到再進行統計的工作，十分便利。

範例步驟

1 請先開啟網際網路輸入以下網址：「https://www.google.com/intl/zh-TW/forms/about/」，開啟 Google 表單網頁。按下「前往 Google 表單」鈕，開始設計表單。（在這之前必須先有 Google 帳號，若無，請依照網頁指示新增帳號）

2 開啟新表單設計網頁，將編輯插入點移到「無標題表單」處，輸入表單標題「團購數量登記表」，也就是表單的檔案名稱；將編輯插入點移到「表單說明」處輸入要與填表人說明的事項，可能是使用說明或產品介紹居均可。

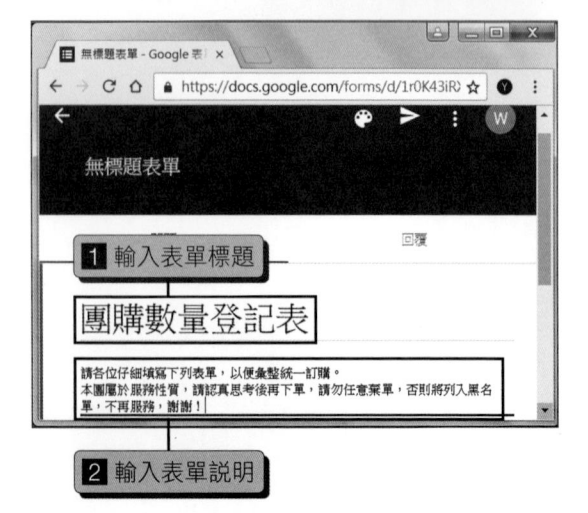

388

單元 49　團購數量統計表

3 接著開始設計表單內容。先輸入問題 1 題目為「FB 名稱」，題按下「單選按鈕」清單鈕，重新選擇題型。

4 選擇「簡答」題型。原則上 Google 會依據題目給予建議的題型，若無建議，則須在此處自行設定。

5 按住「必選」鈕向右滑動，將這個問題設為必填題。按下「其他設定」鈕，增加更多說明文字。

389

PART 4　Office 實用整合

6 選擇顯示「詳細介紹」選項,藉以增加說明文字區域。

7 輸入說明文字「請正確填寫,以免誤漏」。接著按下「新增問題」鈕,設計第二題。

8 輸入問題文字「抹草平安健康皂」,並新增說明文字「一個 50 元,滿五送一,限購 10 個,加贈的數量不用填寫,會自動加贈」。接著按下「插入圖片」鈕,插入產品圖片。

單元 49　團購數量統計表

9 按下「選擇要上傳的圖片」文字鈕。

10 開啟「開啟舊檔」對話方塊,選擇「Office 實用整合 /ch49」資料夾下的「平安皂 .jpg」圖檔,按下「開啟」鈕。

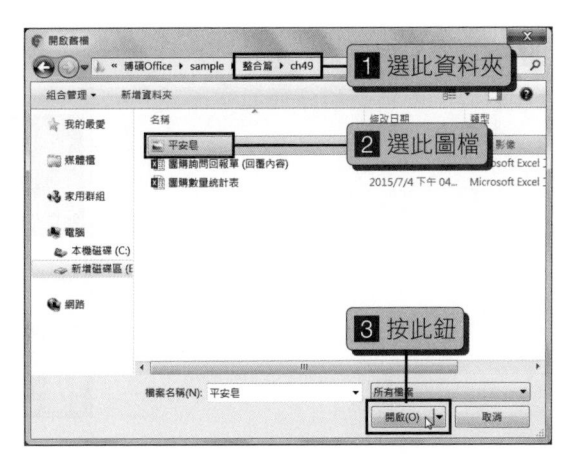

11 在選項 1 中輸入「1 個」,接著將游標移到下一行新增選項處,新增選項 2。依序新增 10 個選項。

PART 4　Office 實用整合

12 接著設計第三題，選擇「下拉式選單」題型，輸入題目為「取貨方式」，說明文字輸入「郵寄需另加 50 元郵資」。在第 1 選項中輸入「美在今生 SPA 館」、第 2 選項中輸入「家碩資訊社」、第 3 選項中輸入「郵寄」，最後也是設定為「必填」，完成第三題。

13 設計完登記表後，捲動到頂端，按下「傳送」鈕準備將表單公布出去。

14 傳送方式選擇使用「連結」方式，此時連結空白處會顯示檔案儲存的雲端網址，按下 🇫 「透過 Facebook 共用表單」圖示鈕。

392

單元 49　團購數量統計表

15 開啟 FB 網頁會自動將設定好圖片及連結，輸入分享文字後，選擇分享的隱私範圍後，按下「發佈到 Facebook」鈕。

16 當你的朋友按下連結後，自動連結到雲端表單，就可以開始填寫表單，填寫完畢後按下「提交」鈕，就會將資料傳回雲端資料庫。

393

PART 4　Office 實用整合

17 經過一段時間，陸陸續續收到回傳的表單後，開始要做統計的工作。再次進入 Google 表單網頁，將游標移到「團購數量登記表」上方，按一下滑鼠開啟表單。

按一下滑鼠開啟此表單

18 切換到「回覆」索引標籤，可看出目前有 8 筆回覆資料，下方還有圖表可顯示各問題的統計資訊。若要結束登記活動，則向左滑動「接受回應」鈕。

1 切換到此索引標籤

2 滑動此鈕結束活動

自動設計統計圖表

19 輸入結束活動的訊息文字。按下
➕ T49-01「建立試算表」鈕，進
行資料統計。

20 選擇「建立新試算表」項目，按
下「建立」鈕。

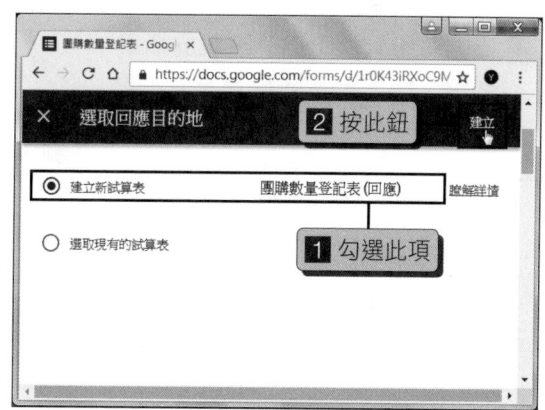

21 資料以 Google 試算表程式開啟，
使用者可以直接在此進行統計工
作，若不習慣使用介面，也可以
將檔案下載成 Excel 檔案，使用
Excel 統計。

22 在「檔案」索引標籤中，按「下載格式」清單鈕，選擇「Microsoft Excel(.xlsx)」檔案格式。

23 下方狀態列會出現已下載的檔案名稱，按下「團購數量登記(回覆).xlsx」檔案名稱，出現快顯功能表，選擇執行「開啟」指令即可開啟 Excel 檔案。

24 相關資料請開啟「Office 實用整合/ch49」資料夾，選擇「團購數量登記表(回覆).xlsx」，按下「啟用編輯」鈕，開始統計工作。

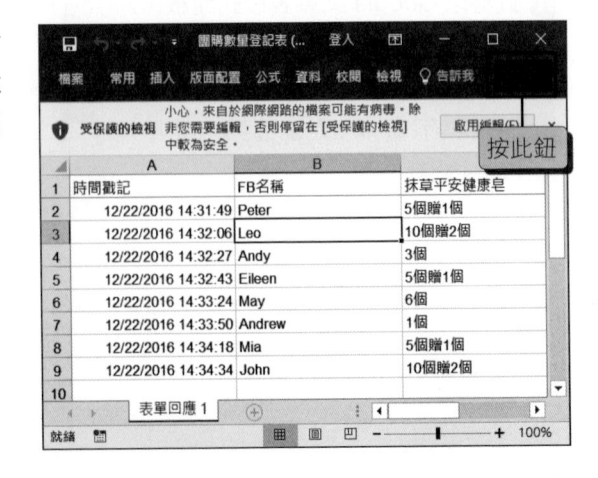

25 先在 E1 儲存格輸入「計價數量」標題文字，接著在 E2 儲存格輸入公式「=VALUE(LEFTB(C2,2))」，計算要計價的平安皂數量。

26 選取 F1 儲存格輸入「贈送數量」標題文字，接著在 F2 儲存格輸入公式「=INT(E2/5)」，計算要贈送的平安皂數量。

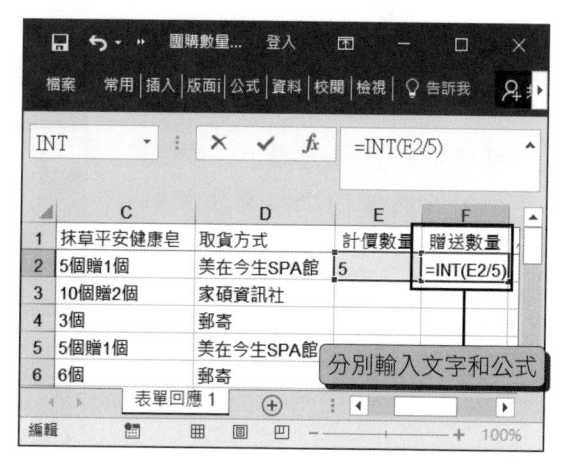

27 選取 G1 和 H1 儲存格輸入「小計金額」和「郵資」標題文字，接著分別在 G2 和 H2 儲存格輸入公式「=E2*50」和「=IF(D2=" 郵寄 ",50,0)」。

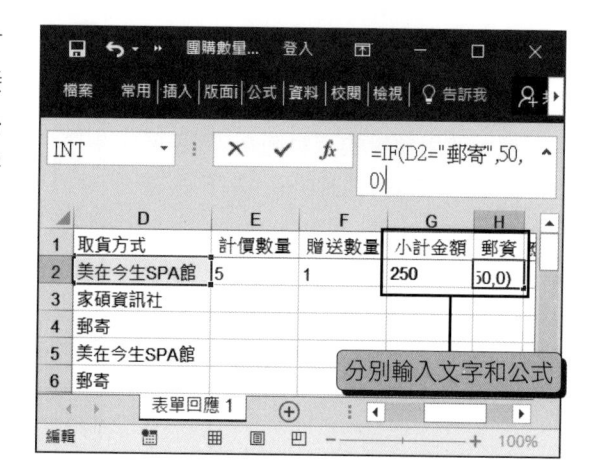

28 選取 I1 和 J1 儲存格輸入「應收金額」和「實際數量」標題文字，接著分別在 I2 和 J2 儲存格輸入公式「=G2+H2」和「=E2+F2」。最後選取 E2:J2 儲存格範圍，使用拖曳的方式，將公式複製到下方儲存格。

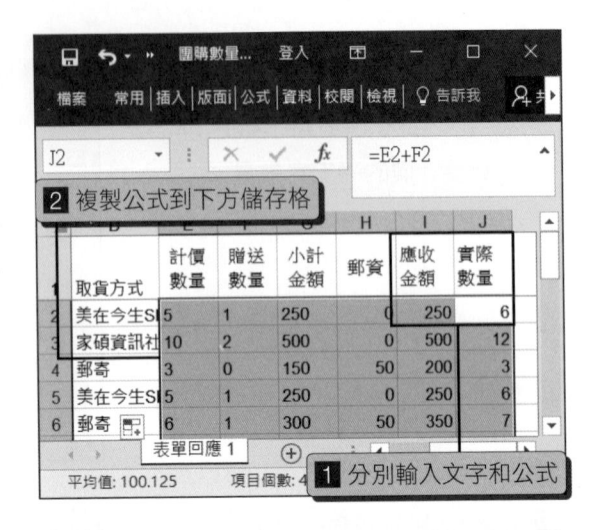

29 若要使用 Excel 進行統計工作，第一個想到的功能應該就是「樞紐分析表」。請延續上一步驟範例，或開啟「Office 實用整合/ch49」資料夾，選擇「團購數量登記表 1.xlsx」，切換到「插入」功能索引標籤，在「表格」功能區中，執行「樞紐分析表」指令。

30 開啟「建立樞紐分析表」對話方塊，使用預設的資料範圍「'表單回應 1'!$A$1:$J$9」，按下「確定」鈕。

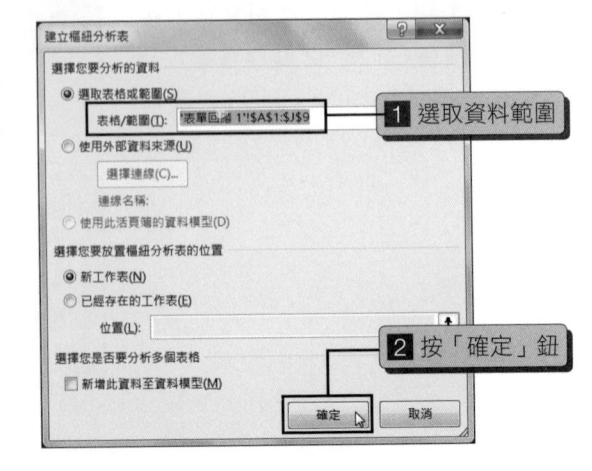

31 在「樞紐分析表欄位」工作窗格中，設定樞紐分析表版面配置方式為「列」區域為「取貨方式」和「FB名稱」；「Σ值」為「加總 - 應收金額」和「加總 - 實際數量」。編輯區立刻顯示統計結果，每個取貨點訂購數量和應收明細。

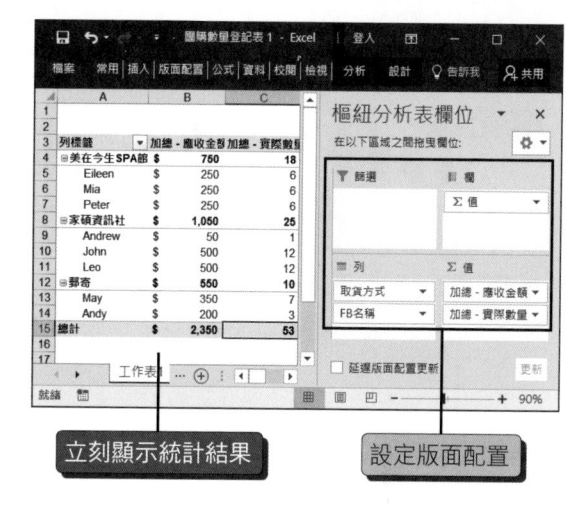

單元 50　宣傳廣告播放

範例檔案：PART 4\ch50. 宣傳廣告播放

以 PowerPoint 格式儲存的檔案，必須使用 PowerPoint 軟體才能開啟和播放，雖然現在的行動裝置大部分都會支援，但是還不是最普及的，如果將檔案儲存成用 Media Player 就可以播放的檔案格式，那麼幾乎就大小通吃。

範例步驟

1. 想要將多個簡報檔的投影片彙整成一個簡報檔，最大的困難就是母片的設計，首先想到的方法是插入物件就好了。請先開啟 PowerPoint 程式新增一個空白簡報，切換到「插入」功能索引標籤，在「文字」功能區中，執行插入「物件」指令。

2. 開啟「插入物件」對話方塊，選擇「由檔案建立」物件，按下「瀏覽」鈕，選擇「PowerPoint 範例檔 /ch41」資料夾的「公司簡介 .pptx」檔案，按「確定」鈕。

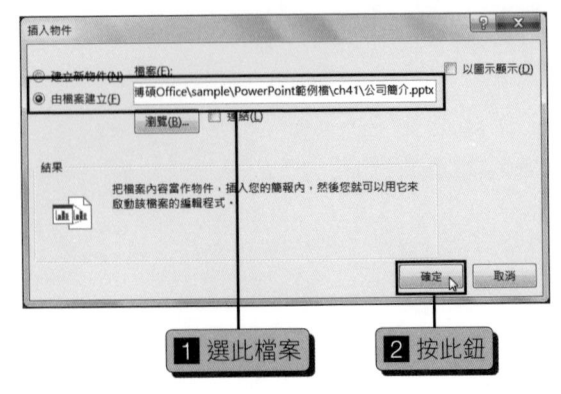

3 檔案以類似圖片型態的物件插入，若以 PowerPoint 播放，這一張投影片其實包含了整個檔案所有的投影片，但僅能顯示第一張。按住物件的控制點，將物件放大到與投影片版面相同大小。

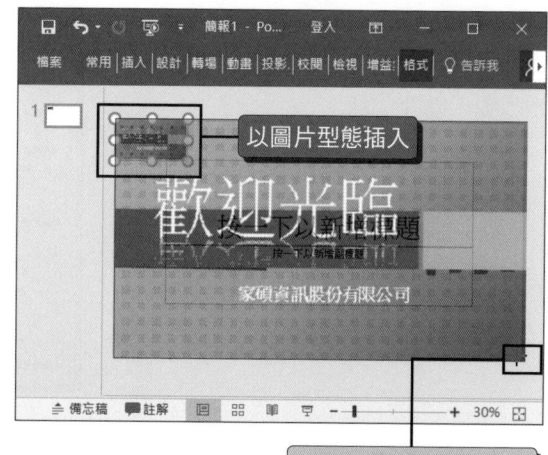

以圖片型態插入

拖曳放大到整張投影片

4 第二個想法就是用複製，將特定的投影片複製到新簡報檔，但是只能複製投影片上面的物件，並無法複製背景。如果是使用 PowerPoint 預設的佈景主題，還可以在新檔案中直接套用，但是自行設計的背景圖案，那可就有些麻煩。另外開啟「PowerPoint 範例檔 /ch43」資料夾中，「員工旅遊行程簡報 .pptx」檔案，直接切換到「設計」功能索引標籤，按下「佈景主題」功能區右下角的「其他」樣式清單鈕，執行「儲存目前的佈景主題」指令。

執行此指令

5 開啟「儲存目前的佈景主題」對話方塊，輸入檔案名稱「旅遊」，按「儲存」鈕。

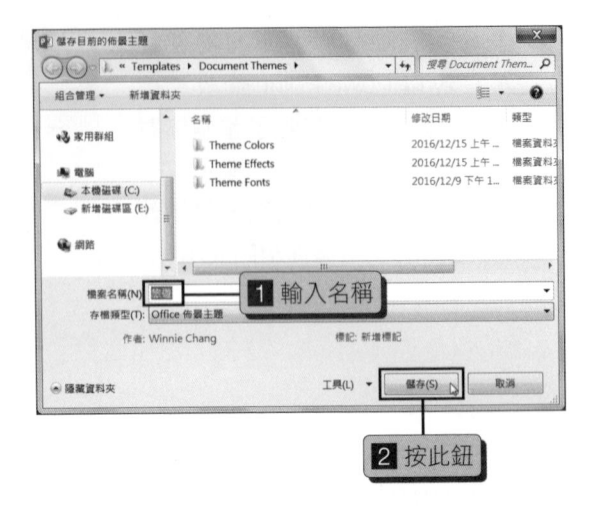

6 選擇第一張投影片縮圖，切換到「常用」功能索引標籤，在「剪貼簿」功能區中，執行「複製」指令。

7 接著切換到「檢視」功能索引標籤，在「視窗」功能區中，按下「切換視窗」清單鈕，選擇切換到「簡報 1」檔案編輯視窗。

單元 50　宣傳廣告播放

8 切換回「簡報 1」編輯視窗，不需要另外新增投影片，直接切換到「常用」功能索引標籤，在「剪貼簿」功能區中，執行「貼上」指令。

9 旅遊行程投影片中的物件被複製到新檔案，切換到「設計」功能索引標籤，選擇套用剛儲存的「旅遊」佈景主題。

10 依相同方法陸續複製其他檔案投影片到新簡報檔，但是一個檔案只能套用一個佈景主題？請選擇「Office 實用整合 /ch50」資料夾中，開啟「宣傳廣告播放 1.pptx」檔案，切換到「檢視」功能索引標籤，在「簡報檢視」功能區中，執行「投影片瀏覽」指令。

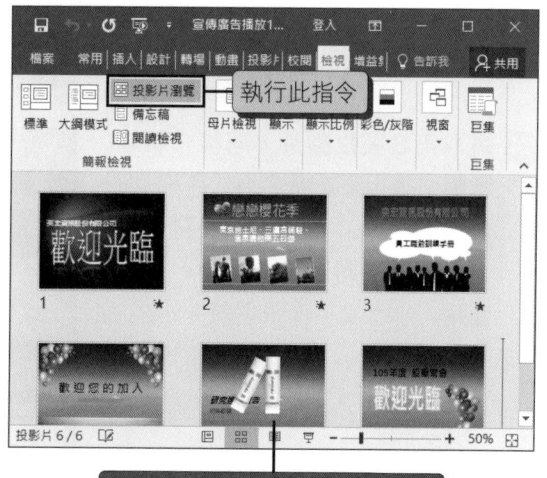

403

11 重新回到「標準」簡報檢視模式，選取第 2 張投影片，切換到「常用」功能索引標籤，在「投影片」功能區中，按下「章節」清單鈕，執行「新增章節」指令。

12 選取第 2 張上方的章節名稱「未命名的章節」，再次按下「章節」清單鈕，執行「重新命名章節」指令。

13 開啟「重新命名章節」對話方塊，輸入新章節名稱「旅遊」，按下「重新命名」鈕。

14 選取第 3 張投影片，同樣「新增章節」後，重新命名為「手冊」。切換到「設計」功能索引標籤，在「佈景主題」功能區中，選擇套用「小水滴」佈景主題。

單元50 宣傳廣告播放

15 依相同方法，新增章節並重新命名，就可以套用不同的佈景主題。

陸續套用不同佈景主題

16 請選擇「Office 實用整合 /ch50」資料夾中，開啟「宣傳廣告播放2.pptx」檔案，切換到「檔案」功能索引標籤，在「另存新檔」功能區中，選擇儲存到「這台電腦」的「我的文件」資料夾。

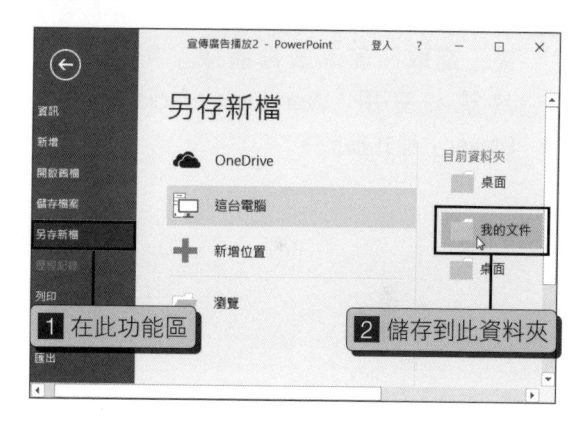

1 在此功能區　　2 儲存到此資料夾

17 開啟「另存新檔」對話方塊，按下「存檔類型」清單鈕，在眾多檔案類型中選擇「Mepg-4 視訊」類型。

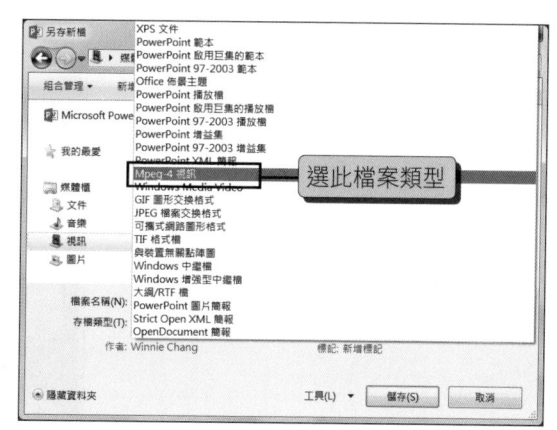

選此檔案類型

405

PART 4　Office 實用整合

18 接著改選儲存在「視訊」資料夾，輸入檔名「宣傳廣告播放」，按下「儲存」鈕，就可以去泡杯咖啡等儲存完成。

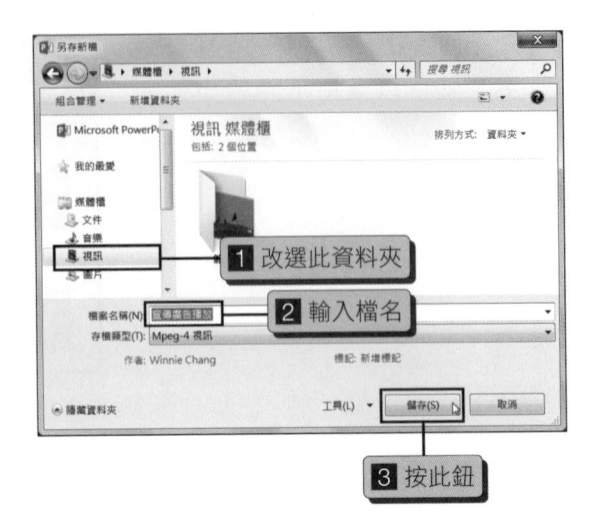

19 轉檔完成後，開啟「影片」資料夾，選取「宣傳廣告播放」影片檔，使用「Wondows Media Player」程式播放。

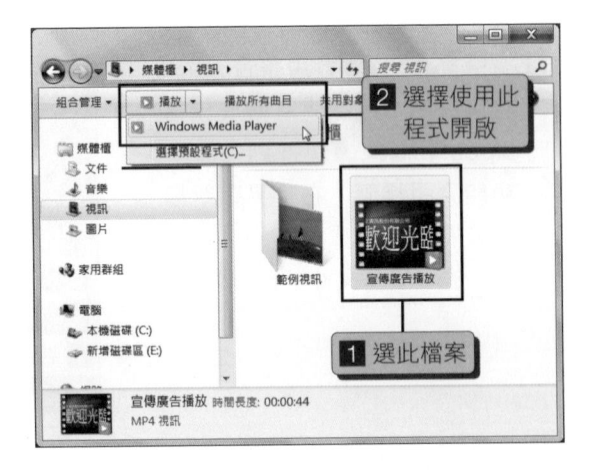

20 開始播放了！動畫效果也會播放喔！

406

NOTES

A

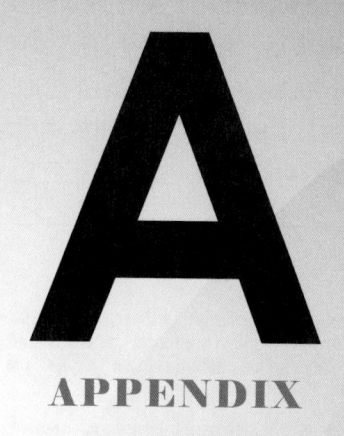

APPENDIX

實戰 ChatGPT 輔助 Excel 函數與實作應用

- A-1 　人工智慧的基礎
- A-2 　認識聊天機器人
- A-3 　ChatGPT 初體驗
- A-4 　ChatGPT 正確使用訣竅
- A-5 　ChatGPT 能給予 Excel 使用者什麼協助
- A-6 　利用 ChatGPT 輕鬆學習函數提示技巧
- A-7 　實戰 ChatGPT 函數提示的應用案例

PART A　實戰 ChatGPT 輔助 Excel 函數與實作應用

近年來最火紅的話題絕對離不開 ChatGPT AI 革命，ChatGPT 是由 OpenAI 所開發的一款基於生成式 AI 的免費聊天機器人，擁有強大的自然語言生成能力，可以根據上下文進行對話，並進行多種應用，包括客戶服務、銷售、產品行銷等。ChatGPT 技術是建立在深度學習（Deep Learning）和自然語言處理技術（Natural Language Processing, NLP）的基礎上。由於 ChatGPT 基於開放式網路的大量資料進行訓練，使其能夠產生高度精確、自然流暢的對話回應，與人進行互動。如下圖所示：

> ChatGPT是什麼

> ChatGPT 是一個由 OpenAI 開發的大型語言模型，基於 GPT-4 架構。它是通過大量的文本數據訓練而成，旨在理解和生成自然語言。ChatGPT 能夠回答問題、提供建議、幫助創作文本、解釋概念等，適用於多種語言環境。它可以在多個領域提供協助，包括寫作、程式編碼、翻譯、對話、學術研究等。
>
> 簡單來說，ChatGPT 是一個可以與人進行自然語言互動的 AI 工具，能夠理解問題並給出相應的回答或解決方案。

ChatGPT 能和人類以一般人的對話方式與使用者互動，例如提供建議、寫作輔助、寫程式、寫文章、寫信、寫論文、劇本小說…等，而且所回答的內容有模有樣，除了可以給予各種問題的建議，也可以幫忙寫作業或程式碼，例如下列二圖的回答內容：

> 請用C++寫九九乘法表的程式

> 以下是使用 C++ 撰寫的九九乘法表程式：

```cpp
#include <iostream>
using namespace std;

int main() {
    // 輸出九九乘法表
    for (int i = 1; i <= 9; ++i) {
        for (int j = 1; j <= 9; ++j) {
            cout << i << " x " << j << " = " << i * j << "\t";
        }
        cout << endl; // 每列結果後換行
    }
    return 0;
}
```

這段程式會輸出 1 到 9 的乘法表，使用兩個巢狀的 `for` 迴圈來逐行逐列計算並顯示乘積結果。

> 請簡介 Power BI

> Power BI 是由微軟開發的一套商業智慧 (Business Intelligence, BI) 工具，主要用於資料分析和視覺化展示。它允許用戶從各種數據來源收集、整合、分析和分享洞見，並通過互動式儀表板、報告和圖表幫助用戶更直觀地理解資料。
>
> 主要功能：
> 1. **資料連接**：支持從各種資料來源（例如 Excel、SQL 資料庫、雲端服務）導入資料。
> 2. **資料轉換與整理**：內建 Power Query，能夠輕鬆清理、轉換和結構化資料。
> 3. **視覺化**：提供豐富的圖表、地圖、儀表等視覺化工具，幫助用戶以視覺方式呈現資料洞見。
> 4. **即時更新**：儀表板可以連接即時資料來源，動態更新。
> 5. **分享與協作**：生成的報告可以方便地與團隊共享，並且支持跨設備查看（如手機、平板和電腦）。
>
> Power BI 常被用來幫助企業進行數據驅動的決策，讓用戶能夠深入了解業務運行狀況並發現潛在的問題與機會。

　　ChatGPT 之所以強大，是它背後難以數計的資料庫，任何食衣住行育樂的各種生活問題或學科都可以問 ChatGPT，而 ChatGPT 也會以類似人類會寫出來的文字，給予相當到位的回答，與 ChatGPT 互動是一種雙向學習的過程，在使用者獲得想要資訊內容文字的過程中，ChatGPT 也不斷在吸收與學習。ChatGPT 用途非常廣泛多元，根據國外報導，很多亞馬遜上店家和品牌紛紛轉向 ChatGPT，還可以幫助店家或品牌再進行網路行銷時為他們的產品生成吸引人的標題，和尋找宣傳方法，進而與廣大的目標受眾產生共鳴，從而提高客戶參與度和轉換率。

A-1　人工智慧的基礎

　　人工智慧（Artificial Intelligence, AI）的概念最早是由美國科學家 John McCarthy 於 1955 年提出，簡單地說，人工智慧就是由電腦所模擬或執行，具有類似人類智慧或思考的行為，例如推理、規劃、問題解決及學習等能力。微軟亞洲研究院曾經指出：「未來的電腦必須能夠看、聽、學，並能使用自然語言與人類進行交流。」

A-1-1 人工智慧的應用

AI 與電腦間的完美結合為現代產業帶來創新革命，應用領域不僅展現在機器人、物聯網（IOT）、自駕車、智慧服務等，甚至與數位行銷產業息息相關，根據美國最新研究機構的報告，2025 年人工智慧將會在行銷和銷售自動化方面，取得更人性化的表現，有 50％的消費者強烈希望在日常生活中使用 AI 和語音技術，其他還包括蘋果手機的 Siri、LINE 聊天機器人、垃圾信件自動分類、指紋辨識、自動翻譯、機場出入境的人臉辨識、機器人、智能醫生、健康監控、自動控制等，都是屬於 AI 與日常生活的經典案例。例如「聊天機器人」（Chatbot）漸漸成為廣泛運用的新科技，利用聊天機器人不僅能夠節省人力資源，還能依照消費者的需要來客製化服務，極有可能會是改變未來銷售及客服模式的利器。

TaxiGo 利用聊天機器人提供計程車秒回服務

A-1-2 人工智慧在自然語言的應用

電腦科學家通常將人類的語言稱為自然語言（Natural Language, NL），比如說中文、英文、日文、韓文、泰文等，這也使得自然語言處理（NLP）範圍非常廣泛，所謂 NLP 就是讓電腦擁有理解人類語言的能力，也就是一種藉由大量的文字資料搭配音訊數據，並透過複雜的數學聲學模型（Acoustic Model）及演算法來讓機器去認知、理解、分類並運用人類日常語言的技術。

本質上，語音辨識與自然語言處理的關係是密不可分的，不過機器要理解語言，是比語音辨識要困難許多，在自然語言處理領域中，首先要經過「斷詞」和「理解詞」的處理，辨識出來的結果還是要依據語意、文字聚類、文字摘要、關鍵詞分析、敏感用語、文法及大量標註的語料庫，透過深度學習來解析單詞或短句在段落中的使用方式，與透過大量文字（語料庫）的分析進行語言學習，才能正確的辨別與解碼（Decode），探索出詞彙之間的語意距離，進而了解其意與建立語言處理模型，最後才能有人機對話的可能，這樣的運作機制也讓 NLP 更貼近人類的學習模式。隨著深度學

習的進步，NLP 技術的應用領域已更為廣泛，機器能夠 24 小時不間斷工作且錯誤率極低的特性，企業對 NLP 的採用率更有顯著增長，包括電商、行銷、網路購物、訂閱經濟、電話客服、金融、智慧家電、醫療、旅遊、網路廣告等不同行業。

A-2 認識聊天機器人

人工智慧行銷從本世紀以來，一直都是店家或品牌尋求擴大影響力和與客戶互動的強大工具，過去企業為了與消費者互動，需聘請專人全天候在電話或通訊平台前待命，不僅耗費了人力成本，也無法妥善地處理龐大的客戶量與資訊，聊天機器人則是目前許多店家客服的創意新玩法，背後的核心技術即是以自然語言處理中的一種模型─ GPT 為主，利用電腦模擬與使用者互動對話，算是由對話或文字進行交談的電腦程式，並讓使用者體驗像與真人一樣的對話。聊天機器人能夠全天候地提供即時服務，與自設不同的流程來達到想要的目的，協助企業輕鬆獲取第一手消費者偏好資訊，有助於公司精準行銷、強化顧客體驗與個人化的服務。這對許多粉絲專頁的經營者或是想增加客戶名單的行銷人員來說，聊天機器人就相當適用。

AI 電話客服也是自然語言的應用之一
圖片來源：https://www.digiwin.com/tw/blog/5/index/2578.html

TIPS GPT 是「生成型預訓練變換模型（Generative Pre-trained Transformer）」的縮寫，是一種語言模型，可以執行非常複雜的任務，會根據輸入的問題自動生成答案，並具有編寫和除錯電腦程式的能力，如回覆問題、生成文章和程式碼，或者翻譯文章內容等。

A-2-1 聊天機器人的種類

例如以往店家或品牌進行行銷推廣時，必須大費周章取得使用者的電子郵件，不但耗費成本，而且郵件的開信率低，由於聊天機器人的應用方式多元、效果容易展現，可以直觀且方便的透過互動貼標來收集消費者第一方資料，直接幫你獲取客戶的資料，例如：姓名、性別、年齡…等臉書所允許的公開資料，驅動更具效力的消費者回饋。

臉書的聊天機器人就是一種自然語言的典型應用

聊天機器人共有兩種主要類型：一種是以工作目的為導向，這類聊天機器人是一種專注於執行一項功能的單一用途程式。例如 LINE 的自動訊息回覆，就是一種簡單型聊天機器人。

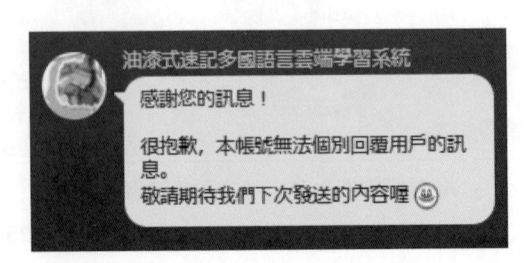

另外一種聊天機器人則是一種資料驅動的模式，能具備預測性的回答能力，這類聊天機器人，就如同 Apple 的 Siri 就是屬於這一種類型的聊天機器人。

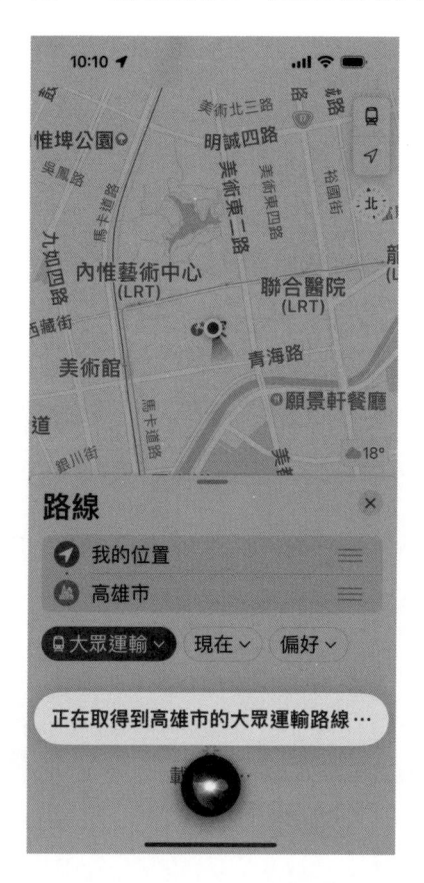

例如在臉書粉絲專頁或 LINE 常見有包含留言自動回覆、聊天或私訊互動等各種類型的機器人，其實這一類具備自然語言對話功能的聊天機器人也可以利用 NLP 分析方式進行打造，也就是說，聊天機器人是一種自動的問答系統，它會模仿人的語言習慣，也可以和你「正常聊天」，就像人與人的聊天互動，而 NLP 方式來讓聊天機器人可以根據訪客輸入的留言或私訊，以自動回覆的方式與訪客進行對話，也會成為企業豐富消費者體驗的強大工具。

A-3 ChatGPT 初體驗

從技術的角度來看，ChatGPT 是根據從網路上獲取的大量文字樣本進行機器人工智慧的訓練，不管你有什麼疑難雜症，你都可以詢問它。當你不斷以問答的方式和 ChatGPT 進行互動對話，聊天機器人就會根據你的問題進行相對應的回答，並提升這個 AI 的邏輯與智慧。

登入 ChatGPT 網站註冊的過程中雖然是全英文介面，但是註冊過後在與 ChatGPT 聊天機器人互動發問問題時，可以直接使用中文的方式來輸入，而且回答的內容的專業性也不失水平，甚至不亞於人類的回答內容。

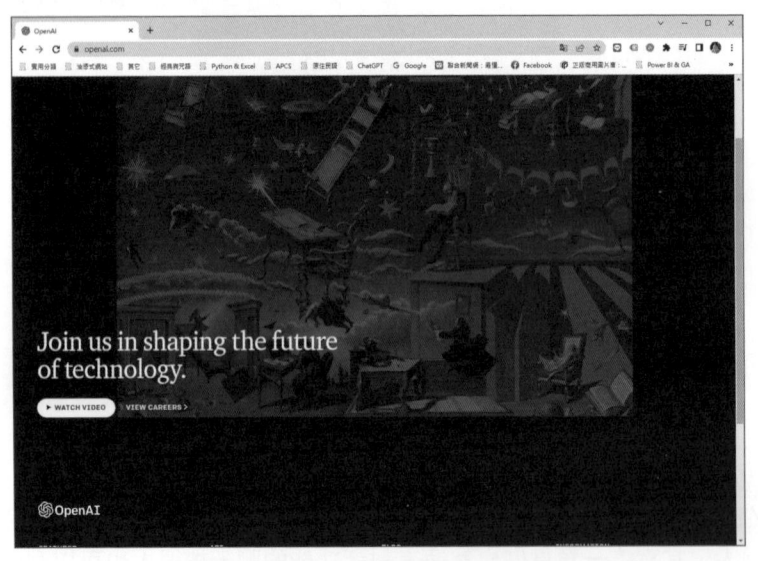

OpenAI 官網：https://openai.com/

目前 ChatGPT 可以辨識中文、英文、日文、西班牙…等多國語言，透過人性化的回應方式來回答各種問題。這些問題甚至含括了各種專業技術領域或學科的問題，可以說是樣樣精通的百科全書，不過 ChatGPT 的資料來源並非 100% 正確，在使用 ChatGPT 時所獲得的回答可能會有偏誤，為了讓得到的答案更準確，當使用 ChatGPT 回答問題時，應避免使用模糊的詞語或縮寫。「問對問題」不僅能夠幫助使用者獲得更好的回答，ChatGPT 也會藉此不斷精進優化，切記！清晰具體的提問才是與 ChatGPT 的最佳互動。如果需要深入知道更多的內容，除了盡量提供夠多的訊息，就是提供足夠的細節和上下文。

A-3　ChatGPT 初體驗

接下來將教您如何註冊一個免費的 ChatGPT 帳號，並讓您第一次與 AI 機器人對話。我們將說明如何以 Email 的方式來進行 ChatGPT 免費帳號的註冊，接著介紹如何與 ChatGPT 機器人對話，並請 ChatGPT 帶您代寫第一支程式，且教您如何複製程式碼，方便您日後的開發和應用。另外，如果您想嘗試使用其他 AI 機器人，我們也會教您如何使用其他機器人進行對話。最後，會示範如何登出 ChatGPT 帳號，以保證您的資料安全。

A-3-1　註冊免費 ChatGPT 帳號

本節將教您如何註冊一個免費的 ChatGPT 帳號，說明如何以 Email/Google 帳號 / Microsoft 帳號的方式來進行 ChatGPT 免費帳號的註冊。首先來示範如何註冊免費的 ChatGPT 帳號，請先登入 ChatGPT 官網（https://chat.openai.com/），登入後直接點選畫面中的「註冊」鈕申請 ChatGPT 帳號。

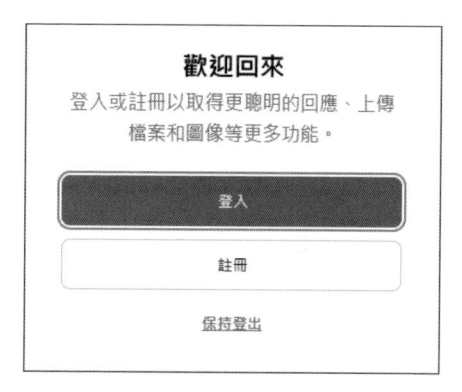

接著請輸入電子郵件帳號，如果已有 Google 帳號或是 Microsoft 帳號，也可以透過該帳號進行註冊登入。此處我們以輸入電子郵件帳號的方式來建立帳號，請在下圖視窗中間的文字輸入方塊中輸入要註冊的電子郵件，輸入完畢後，請接著按下「繼續」鈕。

417

PART A　實戰 ChatGPT 輔助 Excel 函數與實作應用

接著在註冊過程中系統會要求使用者輸入一組密碼作為這個帳號的註冊密碼。同時也會有確認電子郵件真實性的確認程序，及輸入註冊者的姓名等相關註冊流程。而如果是透過 Google 帳號或 Microsoft 帳戶快速註冊登入，那麼就會直接進入到下一步輸入姓名的畫面。

輸入完姓名後，再請接著按下「繼續」鈕，會要求輸入個人的電話號碼進行身分驗證，這是一個非常重要的步驟，如果沒有透過電話號碼來進行身分驗證，就沒有辦法使用 ChatGPT。請注意，輸入行動電話時，請直接輸入行動電話後面的數字，例如你的電話是「0931222888」，只要直接輸入「931222888」，輸入完畢，大概過幾秒後，各位就可以收到官方系統發送到指定號碼的簡訊，該簡訊會顯示 6 碼的數字。各位只要輸入手機所收到的 6 碼驗證碼後，就可以正式啟用 ChatGPT。登入 ChatGPT 之後，會看到類似下圖畫面：

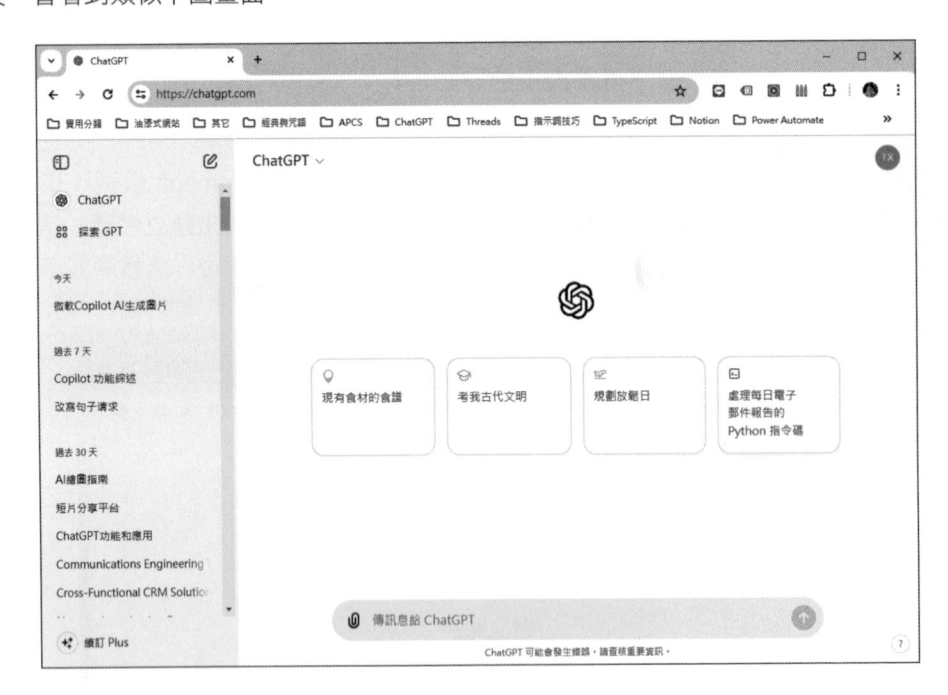

A-3-2　請 ChatGPT 代寫第一支程式

當我們登入 ChatGPT 之後，開始畫面會告訴你 ChatGPT 的使用方式，只要直接於畫面下方的對話框，輸入問題就可以和 AI 機器人輕鬆對話。

例如輸入提示（Prompt）詞：「請用 Python 寫九九乘法表的程式」，按下「Enter」鍵正式向 ChatGPT 機器人詢問，就可以得到類似下圖的回答：

提示詞

請用 Python 寫九九乘法表的程式

ChatGPT 回答

當然，這裡是一個用Python寫的九九乘法表的簡單程式：

```python
def print_multiplication_table():
    # 迴圈遍歷1到9的數字
    for i in range(1, 10):
        for j in range(1, 10):
            # 打印每一組乘積
            print(f"{i} x {j} = {i * j}", end="\t")
        # 每一行結束後換行
        print()

# 調用函數打印九九乘法表
print_multiplication_table()
```

你可以將這段程式碼拷貝並粘貼到你的Python編輯器中運行。這將會在控制台中打印出九九乘法表。每行表示一個數字與1到9相乘的結果。

A-3-3 複製 ChatGPT 幫忙寫的程式碼

如果要取得這支程式碼，還可以按下回答視窗右上角的「複製程式碼（如果是英文介面則是 Copy Code）」鈕，就可以將 ChatGPT 所幫忙撰寫的程式，複製貼上到 Python 的 IDLE 的程式碼編輯器去修改或執行（如果各位電腦系統有安裝過 Python 的 IDLE，下載網址為 https://www.python.org/downloads/），如下圖所示：

```
for i in range(1, 10):
    for j in range(1, 10):
        product = i * j
        print(f"{i} x {j} = {product}")
    print()
```

如果要將檔案儲存，可以直接執行 Python 的 IDLE 的「File/Save」或「File/Save As…」指令：

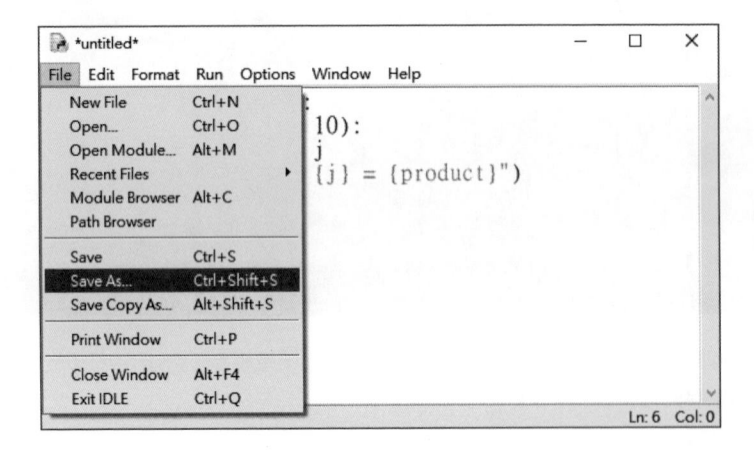

接著執行「Run/Run Module」指令來執行程式：

下圖為本程式的執行結果：

```
================ RESTART: C:/Users/User/Desktop/博碩_CGPT/範例檔/99table.py =======
=====
1 x 1 = 1
1 x 2 = 2
1 x 3 = 3
1 x 4 = 4
1 x 5 = 5
1 x 6 = 6
1 x 7 = 7
1 x 8 = 8
1 x 9 = 9

2 x 1 = 2
2 x 2 = 4
2 x 3 = 6
2 x 4 = 8
2 x 5 = 10
2 x 6 = 12
2 x 7 = 14
2 x 8 = 16
2 x 9 = 18

3 x 1 = 3
3 x 2 = 6
3 x 3 = 9
3 x 4 = 12
3 x 5 = 15
3 x 6 = 18
3 x 7 = 21
3 x 8 = 24
3 x 9 = 27

4 x 1 = 4
4 x 2 = 8
4 x 3 = 12
4 x 4 = 16
4 x 5 = 20
4 x 6 = 24
4 x 7 = 28
4 x 8 = 32
4 x 9 = 36
```

A-3-4　更換新的機器人

你可以藉由這種問答的方式，持續地去和 ChatGPT 對話。如果想要結束這個機器人改選其他新的機器人，則點選左側的「新交談（New Chat）」，就能重新回到起始畫面，並改用另外一個新的訓練模型，這個時候輸入同一個題目，可能得到的結果會不一樣。

PART A 實戰 ChatGPT 輔助 Excel 函數與實作應用

例如下圖中我們還是輸入「請用 Python 寫九九乘法表的程式」，並按下「Enter」鍵向 ChatGPT 機器人詢問，就可能得到不同的回答結果：

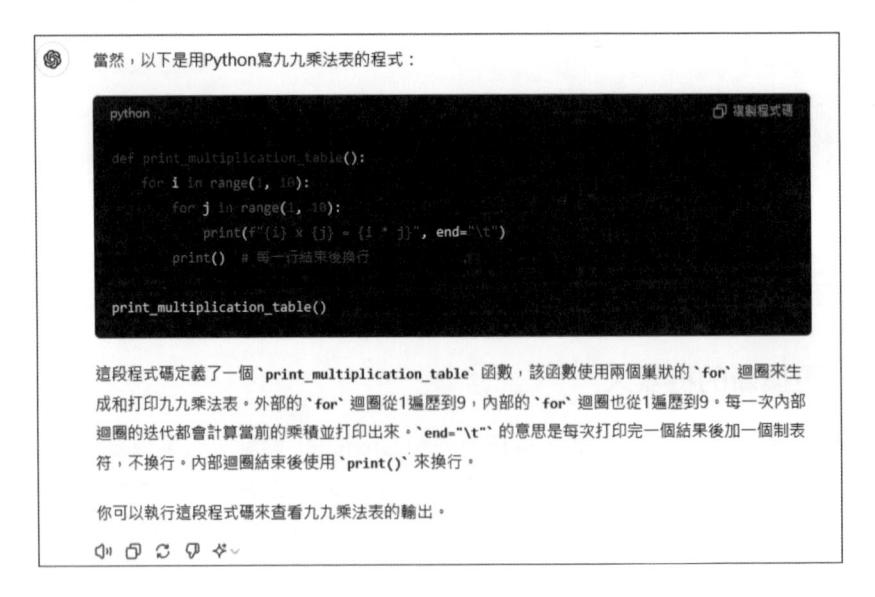

A-3-5 登出 ChatGPT

當各位要登出 ChatGPT，只要按下畫面中的「登出（如果是英文介面則是 Log out）」鈕。

422

登出後就會看到如下的畫面，只要各位再按下「登入」鈕，就可以再次登入 ChatGPT。

A-4 ChatGPT 正確使用訣竅

　　本節將談談 ChatGPT 正確使用訣竅及一些 ChatGPT 的重要特性，這將有助於各位可以更得心應手地使用 ChatGPT。當使用 ChatGPT 進行對話前，必須事先想好明確的主題和問題，才可以幫助 ChatGPT 更加精準理解你要問的重點，提供更準確的答案。尤其所輸入的問題，必須簡單、清晰、明確，避免使用難以理解或模糊的語言，才不會發生 ChatGPT 的回答內容，不是自己所期望的。

因為 ChatGPT 的設計目的是要理解和生成自然語言，因此與 ChatGPT 對話儘量使用自然的、流暢的語言，尤其是避免使用過於正式或技術性的語言。另外需要注意到，不要問與主題無關的問題，這樣有可能導致回答內容，和自己想要問的題目，有點不太相關。

有一點要強調的是，在與 ChatGPT 進行對話時，還是要保持基本的禮貌和尊重，不要使用攻擊性的語言或不當言詞，保持禮貌和尊重的提問方式，將有助於建立一個良好的對話環境。

A-4-1　能記錄對話內容

由於與 ChatGPT 進行對話時，它會記錄對話內容，因此如果你希望 ChatGPT 可以回答更準確的內容，就必須提供足夠的上下文資訊，例如問題的背景描述、角色細節及專業領域等。

A-4-2　專業問題可事先安排人物設定腳本

要輸入的問題，也可以事先設定人物的背景專業，其回答的結果，有時會是完全不一樣的重點。例如我們問 ChatGPT 如何改善便祕的診斷方向，如果沒有事先設定人物背景的專業，其回答內容可能較為一般通俗性的回答。但是如果事先設定角色為中醫師，其回答內容就可能完全不同的重點。

A-4-3　目前只回答 2021 年前

目前 ChatGPT 是使用 2021 年前所收集到的網路資料進行訓練，如果各位試著提問 ChatGPT 2022 年之後的新知，就有可能出現無法回答的情況。這種情況下可以安裝擴充功能（或稱外掛程式），來要求查詢網路上較新的資訊。例如安裝 WebChatGPT 這個 Chrome 瀏覽器的外掛，就可以幫助 ChatGPT 從 Google 搜索到即時資料內容，然後根據搜尋結果整理出最後的回答結果。

> **TIPS** 認識新版本的 ChatGPT 搜尋網頁功能
>
> ChatGPT 推出的搜尋功能，目的在解決以往模型在資訊時效性和準確性方面的不足。傳統的 ChatGPT 模型僅能基於訓練時期之前的資料進行回應，無法提供最新的資訊，這在處理涉及近期事件或動態資訊（如即時新聞、股票價格、天氣等）時存在局限性。
>
> ChatGPT 的搜尋網頁功能能夠根據使用者的查詢內容，自動判斷是否需要進行網頁搜尋。當使用者提出需要即時資訊的問題時，ChatGPT 會自動從網路上獲取最新資料，以提供準確且即時的回答。

A-4-4　善用英文及 Google 翻譯工具

　　ChatGPT 在接收到英文問題時，其回答速度及答案的完整度及正確性較好，所以如果想要以較快的方式取得較正確或內容豐富的解答，就可以考慮先以英文的方式進行提問，如果自身的英文閱讀能力夠好，就可以直接吸收英文的回答內容。就算英文程度不算好，想要充份理解 ChatGPT 的英文回答內容，只要善用 Google 翻譯工具，也可以將英文內容翻譯成中文來幫助理解，而且 Google 翻譯品質還有一定的水平。

A-4-5　熟悉重要指令

　　ChatGPT 指令相當多元，您可以要求 ChatGPT 編寫程式，也可以要求 ChatGPT 幫忙寫 README 文件，或是要求 ChatGPT 幫忙編寫履歷與自傳或是協助外國語言的學習。如果想充份了解更多有關 ChatGPT 常見指令大全，建議各位可以連上「ExplainThis」這個網站，在下列網址的網頁中，提供諸如程式開發、英語學習、寫報告…等許多類別指令，可以幫助各位更能充分發揮 ChatGPT 的強大功能。

圖片來源：https://www.explainthis.io/zh-hant/chatgpt

PART A　實戰 ChatGPT 輔助 Excel 函數與實作應用

A-4-6　充份利用其他網站的 ChatGPT 相關資源

除了上面介紹的「ChatGPT 指令大全」網站的實用資源外，由於 ChatGPT 功能強大，而且應用層面廣，現在有越來越多的網站提供 ChatGPT 不同方面的資源，包括：ChatGPT 指令、學習、功能、研究論文、技術文章、示範應用等相關資源，本節推薦幾個 ChatGPT 相關資源的網站，介紹如下：

- OpenAI 官方網站（https://openai.com/）提供 ChatGPT 的相關技術文章、示範應用、新聞發布等等。

- GitHub 是一個網上的程式碼存儲庫（Code Repository）它的主要宗旨在協助開發人員與團隊進行協作開發。GitHub 使用 Git 作為其基礎技術，使得開發人員可以更好地掌握代碼版本控制，更容易地協作開發。OpenAI 官方的開放原始程式碼和相關資源（https://github.com/openai）。

- arXiv.org（https://arxiv.org/）提供 ChatGPT 相關的學術研究論文和技術報告。

- Google Scholar（https://scholar.google.com/）提供 ChatGPT 相關的學術研究論文和技術報告的搜尋引擎。

- Towards Data Science（https://towardsdatascience.com/）提供有關 ChatGPT 的技術文章和教學文件。

- 數位時代（https://www.bnext.com.tw/）提供有關 ChatGPT 的技術文章和示範應用。

A-5　ChatGPT 能給予 Excel 使用者什麼協助

Excel 是一個功能強大且廣泛使用的電子試算表軟體，它提供了各種函數和工具，用於資料分析、計算和處理。然而，對於 Excel 的使用者來說，熟悉和使用各種領域的函數可能會帶來一些挑戰。幸運的是，擁有 ChatGPT 這樣的人工智慧幫手，可以為 Excel 函數的使用者提供有用的協助和支援。

A-5-1　查詢 Excel 函數語法

在本小節中，我們將探討 ChatGPT 如何幫助用戶更佳地使用 Excel 函數。首先，我們將介紹一些常用的查詢函數語法，讓使用者能夠準確地使用這些函數。

😊 提示詞

> 請問 Excel 的函數有哪些類別

😊 ChatGPT 回答

Excel 中的函數根據用途被分為多個類別，以下是主要的函數類別：

1. **數學與三角函數**
   - 常見函數：`SUM`（求和）、`ROUND`（四捨五入）、`SIN`（正弦）、`COS`（餘弦）

2. **統計函數**
   - 常見函數：`AVERAGE`（平均值）、`MEDIAN`（中位數）、`COUNT`（計數）、`STDEV`（標準差）

3. **邏輯函數**
   - 常見函數：`IF`（條件判斷）、`AND`（與）、`OR`（或）、`NOT`（非）

4. **查詢與參照函數**
   - 常見函數：`VLOOKUP`（垂直查找）、`HLOOKUP`（水平查找）、`INDEX`（索引）、`MATCH`（匹配）

5. **日期與時間函數**
   - 常見函數：`TODAY`（當前日期）、`NOW`（當前日期與時間）、`DATE`（建立日期）、`YEAR`（提取年份）

6. **文本函數**
   - 常見函數：`CONCAT`（合併文本）、`LEFT`（取左邊字符）、`RIGHT`（取右邊字符）、`LEN`（計算字串長度）

7. **財務函數**
   - 常見函數：`PMT`（貸款支付額）、`NPV`（淨現值）、`FV`（未來值）、`IRR`（內部收益率）

8. **資料庫函數**
   - 常見函數：`DSUM`（資料庫求和）、`DCOUNT`（資料庫計數）、`DGET`（資料庫單一值查詢）

9. **資訊函數**
   - 常見函數：`ISNUMBER`（判斷是否為數字）、`ISBLANK`（判斷是否為空白）、`ERROR.TYPE`（返回錯誤類型）

10. **工程函數**
    - 常見函數：`CONVERT`（單位轉換）、`BESSELI`（貝塞爾函數）、`COMPLEX`（複數創建）

每個函數類別根據不同的需求可以幫助用戶在數據處理、分析及計算中更加方便。

PART A　實戰 ChatGPT 輔助 Excel 函數與實作應用

提示詞

Excel DCOUNT 函數語法是什麼

ChatGPT 回答

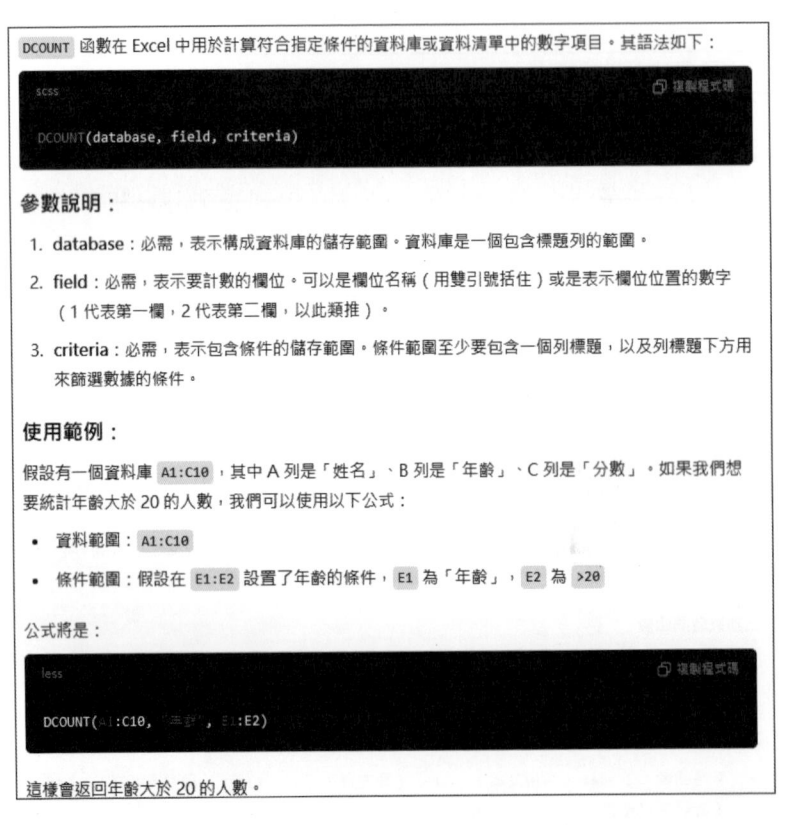

DCOUNT 函數在 Excel 中用於計算符合指定條件的資料庫或資料清單中的數字項目。其語法如下：

```scss
DCOUNT(database, field, criteria)
```

參數說明：

1. `database`：必需，表示構成資料庫的儲存範圍。資料庫是一個包含標題列的範圍。
2. `field`：必需，表示要計數的欄位。可以是欄位名稱（用雙引號括住）或是表示欄位位置的數字（1 代表第一欄，2 代表第二欄，以此類推）。
3. `criteria`：必需，表示包含條件的儲存範圍。條件範圍至少要包含一個列標題，以及列標題下方用來篩選數據的條件。

使用範例：

假設有一個資料庫 `A1:C10`，其中 A 列是「姓名」、B 列是「年齡」、C 列是「分數」。如果我們想要統計年齡大於 20 的人數，我們可以使用以下公式：

- 資料範圍：`A1:C10`
- 條件範圍：假設在 `E1:E2` 設置了年齡的條件，`E1` 為「年齡」，`E2` 為 `>20`

公式將是：

```less
DCOUNT(A1:C10, "年齡", E1:E2)
```

這樣會返回年齡大於 20 的人數。

A-5-2　給定任務直接提供 Excel 函數的建議

在使用 Excel 時，您可能會遇到各種任務和挑戰，需要相應的函數來解決。接下來，我們將談論 ChatGPT 如何根據使用者提供的任務或需求，直接提供相關函數的建議，讓使用者能夠更迅速地找到解決方案。

提示詞

我如何在 Excel 計算應收帳款科目的平均及排名

A-5 ChatGPT 能給予 Excel 使用者什麼協助

ChatGPT 回答

在 Excel 中，你可以使用不同的函數來計算應收帳款科目的平均值和排名。以下是具體步驟：

1. 計算應收帳款的平均值

假設你的應收帳款數據在 `B2:B11` 範圍內，對應的客戶或科目名稱在 `A2:A11`。

步驟：

- 使用 `AVERAGE` 函數來計算這些數據的平均值。

  公式如下：

  ```scss
  =AVERAGE(B2:B11)
  ```

  這樣會計算範圍 `B2:B11` 的應收帳款數據的平均值。

2. 計算應收帳款的排名

假設你想要對每個應收帳款科目進行排名，可以使用 `RANK` 函數。它可以按照遞增或遞減的順序對數據進行排名。

步驟：

- 在空白欄位中輸入以下公式來計算每個應收帳款的排名。假設排名放在 `C2` 並向下複製公式：

  ```swift
  =RANK(B2, $B$2:$B$11, 0)
  ```

- 這裡：
  - `B2` 是當前的應收帳款值。
  - `$B$2:$B$11` 是整個應收帳款數據範圍。
  - `0` 表示按照降序排名（即數字越大排名越高）。如果要按照升序排名，將 `0` 改為 `1`。

這樣你就能得到應收帳款的排名，並且可以看到每個科目或客戶的相對位置。

示例：

客戶	應收帳款	排名
客戶A	5000	3
客戶B	8000	1
客戶C	7000	2
客戶D	2000	5
客戶E	3000	4

- 平均值：可以使用 `=AVERAGE(B2:B6)`。
- 排名：每個客戶的排名可以根據其應收帳款值進行計算。

提示：

- 如果數據中有重複值，`RANK` 函數會給這些重複項相同的排名。

A-5-3 查詢 Excel 函數特殊色彩的代碼

在 Excel 中，使用特定的色彩可以幫助我們更好地視覺化資料，讓報表更加易讀且具有吸引力。但是有時候，我們可能需要使用一些特殊的色彩，例如公司的品牌色或特定的配色方案。在這種情況下，我們可能需要查詢這些特殊色彩的代碼。我們還將研究 Excel 函數中特殊色彩的代碼，並解釋如何使用 ChatGPT 查詢這些色彩的 RGB 代碼和十六進位代碼。例如：

提示詞

> 我如何從哪一個 Excel 函數來設定特殊色彩對應的 RGB 代碼和十六進位代碼是什麼

ChatGPT 回答

在 Excel 中，內建的函數並無直接提供將 RGB 或十六進位碼轉換成顏色的功能，但可以透過 VBA（Visual Basic for Applications）來實現。

這是一些基本步驟來使用 VBA 設定特定儲存格的 RGB 顏色：

1. 使用 VBA 設定 RGB 顏色：

你可以透過 VBA 程式碼將儲存格的背景顏色設為特定的 RGB 值。

1. 按下 `Alt + F11` 開啟 VBA 編輯器。
2. 點擊 `Insert` -> `Module` 新增一個模組。
3. 在模組內貼上以下程式碼：

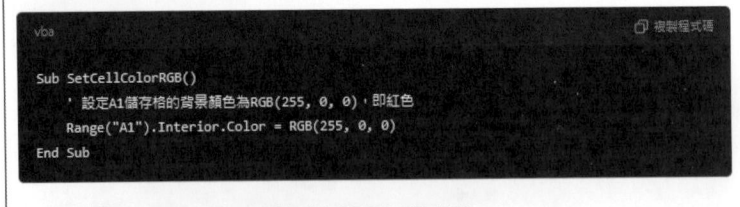

```vba
Sub SetCellColorRGB()
    ' 設定A1儲存格的背景顏色為RGB(255, 0, 0)，即紅色
    Range("A1").Interior.Color = RGB(255, 0, 0)
End Sub
```

4. 按下 `F5` 執行這個程式碼，A1 儲存格的背景顏色會變成紅色。

2. 使用 VBA 設定十六進位碼顏色：

如果你有十六進位顏色碼，也可以透過 VBA 設定：

1. 在同一個模組中新增以下程式碼來處理十六進位顏色碼轉換：

```vba
Sub SetCellColorHex()
    ' 設定A1儲存格的背景顏色為十六進位碼 #FF5733（橙色）
    Range("A1").Interior.Color = Application.WorksheetFunction.Hex2Dec("&HFF5733")
End Sub
```

↓

這樣，你可以輕鬆地根據 RGB 或十六進位碼設定儲存格的顏色。

A-5-4 取得 Excel 函數網路學習資源

最後，我們將提供網路學習資源或素材取得管道的查詢，這些資源可以讓使用者深入學習和掌握 Excel 函數的更多應用技巧。

😊 提示詞

能否提供有關 Excel 函數入門或應用的學習資源

😊 ChatGPT 回答

幾個適合入門學習和應用的資源：

1. Microsoft 官方資源

- **Excel 教學網站**：這是 Microsoft 官方提供的學習資源，涵蓋了從基礎到進階的各種函數和功能操作。Excel 課程和培訓
- **Excel 函數文件**：詳細解釋每個 Excel 函數的用法及範例，Excel 函數列表

2. YouTube 教學影片

- **Excel is Fun**：這個 YouTube 頻道涵蓋了 Excel 的基礎知識和進階操作，適合初學者和有經驗的用戶。
- **Leila Gharani**：專業的 Excel 教師，她的頻道內容包括許多實用的範例和技巧，適合初學者到進階用戶。

3. 免費線上課程

- **Coursera – Excel Skills for Business**：這是由 Macquarie University 提供的 Excel 課程，適合初學者並涵蓋實際應用場景。
- **edX – Analyzing and Visualizing Data with Excel**：這門課程由 Microsoft 提供，重點在於數據分析和視覺化，適合有基礎的學習者。

4. Excel 社群論壇

- **MrExcel Forum**：這個論壇提供多樣的 Excel 問題討論和解答，許多資深用戶會解決具體的問題。
- **Reddit: Excel**：活躍的 Excel 愛好者社群，適合提出問題、交流想法和獲得範例。

5. Excel 書籍

- 《Excel Formulas and Functions for Dummies》：這本書是針對初學者而寫，包含了基本函數的使用和實際範例。
- 《Microsoft Excel Data Analysis and Business Modeling》：適合中級到進階的使用者，涵蓋數據分析和建模技術。

A-5-5　尋求練習 Excel 特定函數的合適資料集

要熟練掌握 Excel 各種函數技能，練習是必不可少的。然而，要找到適合練習的資料集可能並不容易，特別是對於初學者來說。ChatGPT 將為您提供相關的資源和建議，幫助您找到適合的資料集。透過本小節的學習，您將學會如何尋找和選擇最適合的練習資料集，進而提高您活用 Excel 函數的技能。

😊 提示詞

> 我想練習 Excel VLOOKUP 函數的使用，可否實際提供一個具備多種資料欄位的資料集範本，方便我在 Excel 練習 VLOOKUP 函數的功能

😊 ChatGPT 回答

這裡提供一個範例資料集，讓你可以在 Excel 中練習使用 VLOOKUP 函數。

資料集範例：員工資料

員工編號	員工姓名	部門	職位	年資	年齡
101	王小明	行銷部	專員	3	25
102	李美麗	人資部	經理	8	35
103	陳志豪	資訊部	工程師	5	28
104	張淑芬	財務部	專員	2	23
105	林建國	行銷部	經理	10	40
106	周大偉	資訊部	工程師	7	30
107	何雅婷	財務部	經理	6	32

VLOOKUP 函數練習範例

假設你想查詢員工的「職位」，可以使用 VLOOKUP 函數。例子：

1. **查詢職位：**
   - 在某個儲存格中輸入員工編號，例如輸入 `103` 在 `A10`。
   - 然後使用以下公式來查詢這個員工的職位：

```excel
=VLOOKUP(A10, A2:E8, 4, FALSE)
```

解釋：

- `A10`：要查找的員工編號。
- `A2:E8`：包含資料的範圍。
- `4`：表示職位在範圍內的第 4 列。
- `FALSE`：表示精確查找。

2. 查詢年資：

- 假如你想要查詢年資，可以將公式改為：

```excel
=VLOOKUP(A10, A2:E8, 5, FALSE)
```

你可以透過這樣的方式，靈活使用 VLOOKUP 函數來查詢不同欄位的資料。

這個範例資料集可以幫助你在 Excel 中練習 VLOOKUP，並理解如何根據不同資料欄位進行查詢。如果你有更多特定的查詢需求，隨時告訴我，我可以提供更進階的範例。

A-6 利用 ChatGPT 輕鬆學習函數提示技巧

在 Excel 中，函數是一種強大的工具，可幫助我們進行資料處理和分析。然而，對於初學者來說，了解和使用各種函數可能是一個挑戰。這就是為什麼 ChatGPT 能成為您的好幫手，為您提供查詢函數的技巧和使用範例。

本節將引導您進一步了解不同類別的 Excel 函數，例如：「財務」、「日期及時間」、「統計」、「查閱及參照」、「文字」等類別的函數。底下我們將針對會計、生管、財務、人資、行政、總務等職場應用領域，示範如何透過 ChatGPT 進行提示詞下達指令來取得協助。

PART A　實戰 ChatGPT 輔助 Excel 函數與實作應用

A-6-1 「財務」類別的提示技巧與使用範例

在財務領域，Excel 的函數提供了許多有用的工具，用於處理財務資料和進行相關計算。本節將以財務函數類別示範相應的提示技巧和使用範例，讓您能夠輕鬆應對財務資料分析的挑戰。

提示詞

請以實例示範 Excel 函數中財務類別中的 ISOWEEKNUM 函數的用法

ChatGPT 回答

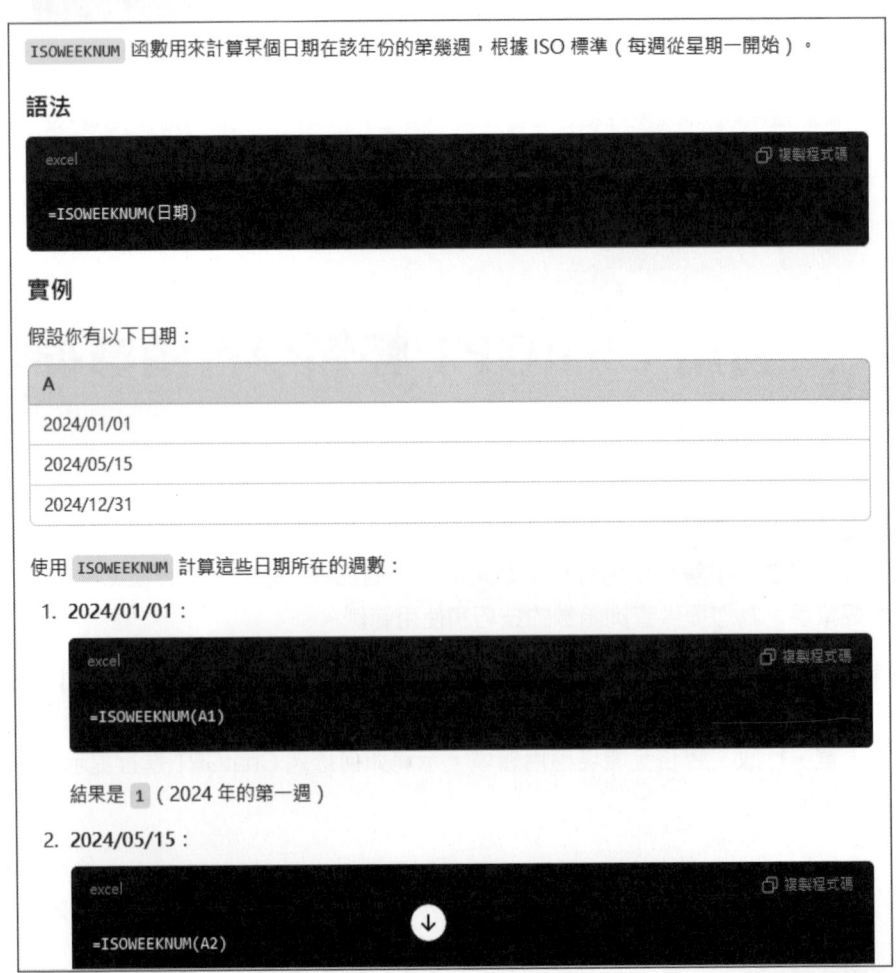

`ISOWEEKNUM` 函數用來計算某個日期在該年份的第幾週，根據 ISO 標準（每週從星期一開始）。

語法

```excel
=ISOWEEKNUM(日期)
```

實例

假設你有以下日期：

A
2024/01/01
2024/05/15
2024/12/31

使用 `ISOWEEKNUM` 計算這些日期所在的週數：

1. 2024/01/01：

```excel
=ISOWEEKNUM(A1)
```

結果是 `1`（2024 年的第一週）

2. 2024/05/15：

```excel
=ISOWEEKNUM(A2)
```

434

A-6-2 「日期及時間」類別的提示技巧與使用範例

　　日期和時間在 Excel 中的處理是常見的任務，並且有專門的函數來處理這些資料類型。本節將以日期及時間函數類別示範相應的提示技巧和使用範例，讓您能夠更好地操作和分析日期和時間資料。

😊 提示詞

> 請以實例示範 Excel 函數中日期及時間類別中的 ISOWEEKNUM 函數的用法

😊 ChatGPT 回答

`ISOWEEKNUM` 函數是 Excel 中的日期及時間函數，根據 ISO 標準（週一作為每週的第一天）來計算某個日期在該年的第幾週。

語法

```excel
ISOWEEKNUM(日期)
```

- 日期：你想要查詢的日期。

實例示範

假設你在 Excel 中有以下日期數據：

A
2023/01/01
2023/05/15
2023/12/31

你可以使用 `ISOWEEKNUM` 函數來計算每個日期在當年中的週數：

1. 查詢 2023/01/01 的週數
   - 在 `B1` 儲存格中輸入：

   ```excel
   =ISOWEEKNUM(A1)
   ```

   結果：52（因為 2023/01/01 是 2022 年的第 52 週）

A-6-3 「統計」類別的提示技巧與使用範例

統計函數在 Excel 中扮演著重要的角色，它們能夠幫助我們分析資料集、計算平均值、標準差、最大值、最小值等統計量。本節將以「統計」類別示範相應的提示技巧和使用範例，讓您能夠輕鬆進行資料分析和統計計算。

提示詞

請以實例示範 Excel 函數中統計類別中的 NORM.S.DIST 函數的用法

ChatGPT 回答

`NORM.S.DIST` 函數是 Excel 中的一個統計函數，用來計算標準正態分佈（平均值為 0，標準差為 1）的機率密度函數值或累積分佈函數值。

語法

```excel
NORM.S.DIST(z, cumulative)
```

- `z`：要計算的 z 值（標準分數）。
- `cumulative`：`TRUE` 計算累積分佈函數，`FALSE` 計算機率密度函數。

實例示範

假設你有一個 z 值為 `1.5`，想計算這個 z 值的標準正態分佈。

1. 計算累積分佈函數
   - 在 Excel 中輸入公式：

   ```excel
   =NORM.S.DIST(1.5, TRUE)
   ```

   結果：`0.9332`（表示 z 值小於或等於 1.5 的機率約為 93.32%）

2. 計算機率密度函數
   - 在 Excel 中輸入公式：

   ```excel
   =NORM.S.DIST(1.5, FALSE)
   ```

   結果：`0.12952`（表示 z 值為 1.5 的對應密度值約為 0.1295）

A-6-4 「查閱及參照」類別的提示技巧與使用範例

查閱及參照函數在 Excel 中可以幫助我們在資料集中快速查找和檢索訊息。本節將介紹這些函數的使用方法，本節將以「查閱及參照」類別示範相應的提示技巧和使用範例，讓您能夠利用它們查詢資料、建立關聯和進行引用，提高您的資料處理效率。

😊 提示詞

請以實例示範 Excel 函數中查閱及參照類別中的 XMATCH 函數的用法

😊 ChatGPT 回答

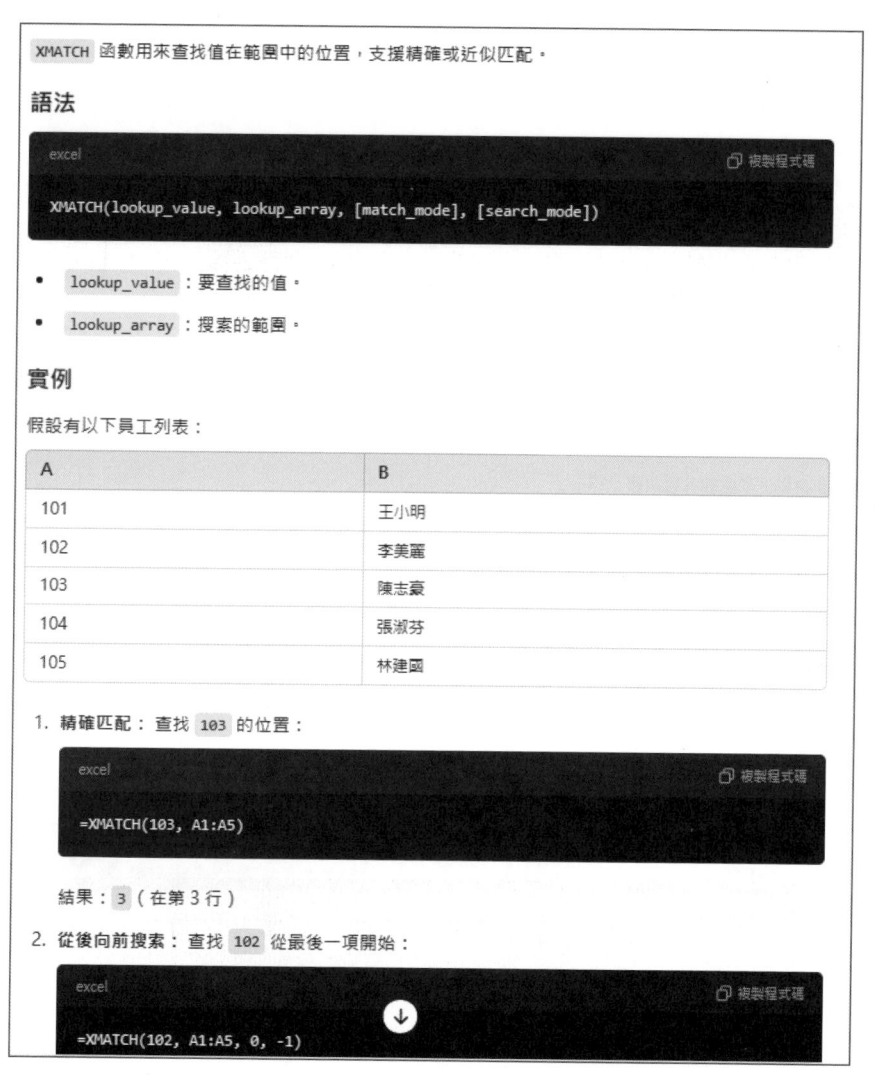

`XMATCH` 函數用來查找值在範圍中的位置，支援精確或近似匹配。

語法

```excel
XMATCH(lookup_value, lookup_array, [match_mode], [search_mode])
```

- `lookup_value`：要查找的值。
- `lookup_array`：搜索的範圍。

實例

假設有以下員工列表：

A	B
101	王小明
102	李美麗
103	陳志豪
104	張淑芬
105	林建國

1. **精確匹配**：查找 `103` 的位置：

```excel
=XMATCH(103, A1:A5)
```

結果：`3`（在第 3 行）

2. **從後向前搜索**：查找 `102` 從最後一項開始：

```excel
=XMATCH(102, A1:A5, 0, -1)
```

437

PART A　實戰 ChatGPT 輔助 Excel 函數與實作應用

A-6-5 「文字」類別的提示技巧與使用範例

Excel 中的文字函數可用於處理文字資料，如拆分文字、合併文字、提取子字串等。本節將以「文字」類別示範相應的提示技巧和使用範例，讓您能夠應用這些函數來處理和操作文字資料。

😊 提示詞

> 請以實例示範 Excel 函數中文字類別中的 TEXTJOIN 函數的用法

😊 ChatGPT 回答

TEXTJOIN 函數用來將多個單元格的內容合併為一個字串，並允許指定分隔符。

語法

```excel
TEXTJOIN(delimiter, ignore_empty, text1, [text2], ...)
```

- `delimiter`：合併時使用的分隔符（如逗號、空格等）。
- `ignore_empty`：是否忽略空白單元格（`TRUE` 忽略，`FALSE` 不忽略）。
- `text1, text2, ...`：要合併的文字或範圍。

實例

假設你有以下學生姓名和成績：

A	B	C	D
學生姓名	科目1	科目2	科目3
王小明	85	90	88

你想要將王小明的成績合併為一個字串，並用逗號分隔。

合併數據並用逗號分隔

1. 在某個儲存格中輸入：

```excel
=TEXTJOIN(",", TRUE, B2:D2)
```

結果：85,90,88

A-7 實戰 ChatGPT 函數提示的應用案例

在前面的學習中，我們已經了解如何使用 ChatGPT 查詢不同類別的 Excel 函數。現在，我們將探索一些實際應用案例，示範如何運用這些函數來解決真實的問題。這些案例將幫助您更好地理解函數的應用場景，並提供具體的解決方案。

A-7-1 首字大寫及全部大寫提示範例

在處理文字資料時，我們經常需要對文字進行格式調整，例如將文字的首字母轉為大寫或將整個文字轉為大寫。本節將示範如何使用函數來實現這些格式轉換，讓您的文字資料更加規範和易於閱讀。

💬 提示詞

將工作表的 A 欄「姓名」於 B 欄以首字大寫的方式表示，另外該工作表的 C 欄「國籍縮寫」於 D 欄將「國籍縮寫大寫」以大寫的方式表示

💬 ChatGPT 回答

若您想在Excel中將工作表中的姓名（A欄）以首字大寫的方式表示在B欄，以及將國籍縮寫（C欄）以大寫的方式表示在D欄，可以使用以下公式：

在B欄（姓名首字大寫）使用以下公式：

```scss
=PROPER(A2)
```

在D欄（國籍縮寫大寫）使用以下公式：

```scss
=UPPER(C2)
```

請根據您的實際情況進行以下更改：

1. 將「A2」替換為目標儲存格的姓名欄位。
2. 將「C2」替換為目標儲存格的國籍縮寫欄位。

這兩個公式分別使用 PROPER 函數和 UPPER 函數。PROPER 函數將姓名首字母轉換為大寫，並將其他字母轉換為小寫。UPPER 函數將國籍縮寫中的所有字母轉換為大寫。

請確保您在目標儲存格中應用這些公式，並根據需要將它們拖曳或複製到其他相應的儲存格中。

A-7-2　資料查閱提示範例

在處理大型資料集時，快速查找和檢索特定資料是非常重要的。本節將介紹一些查閱函數，並透過實際案例示範如何使用這些函數來查找和檢索您需要的資料，節省時間並提高工作效率。

提示詞

生成 Excel 函數公式，A 欄是產品編號；B 欄是產品名稱；C 欄是售價；D 欄是銷售量。我想在 F3 欄輸入產品編號，可以在 G3 欄輸出對應 D 欄的銷售量

ChatGPT 回答

您可以使用 VLOOKUP 函數來實現這個功能。以下是 Excel 函數公式：

```php
=VLOOKUP(F3, A:C, 4, FALSE)
```

這個公式會在 A:C 範圍中搜索 F3 單元格的值（產品編號），並返回相對應的第 4 列（銷售量）的值。VLOOKUP 函數的最後一個參數設置為 FALSE，這意味著只有在找到完全匹配的產品編號時才返回結果。

請將上述公式輸入到 G3 單元格中，即可在該單元格顯示對應的銷售量。確保 A 欄至少包含產品編號，D 欄至少包含銷售量，並且 F3 單元格中輸入的產品編號存在於 A 欄中。

A-7-3 個資保護提示範例

隨著個人資訊的重要性日益突出，保護個人資料變得至關重要。本節將探討一些函數，用於處理和保護個人資訊。我們將介紹如何對資料進行隱藏，以確保個人資料的安全性。

😊 提示詞

A 欄是姓名；B 欄是電話，請提供 Excel 函數公式可以將 A 欄進行個資保護，如果姓名是兩個字以上，請保留第一個字及最後一個字，中間以 " * " 取代。如果姓名是兩個字，請將第二個字以 " * " 取代。另外 B 欄行動電話的後 6 個字，請以半形字體 "*" 取代

😊 ChatGPT 回答

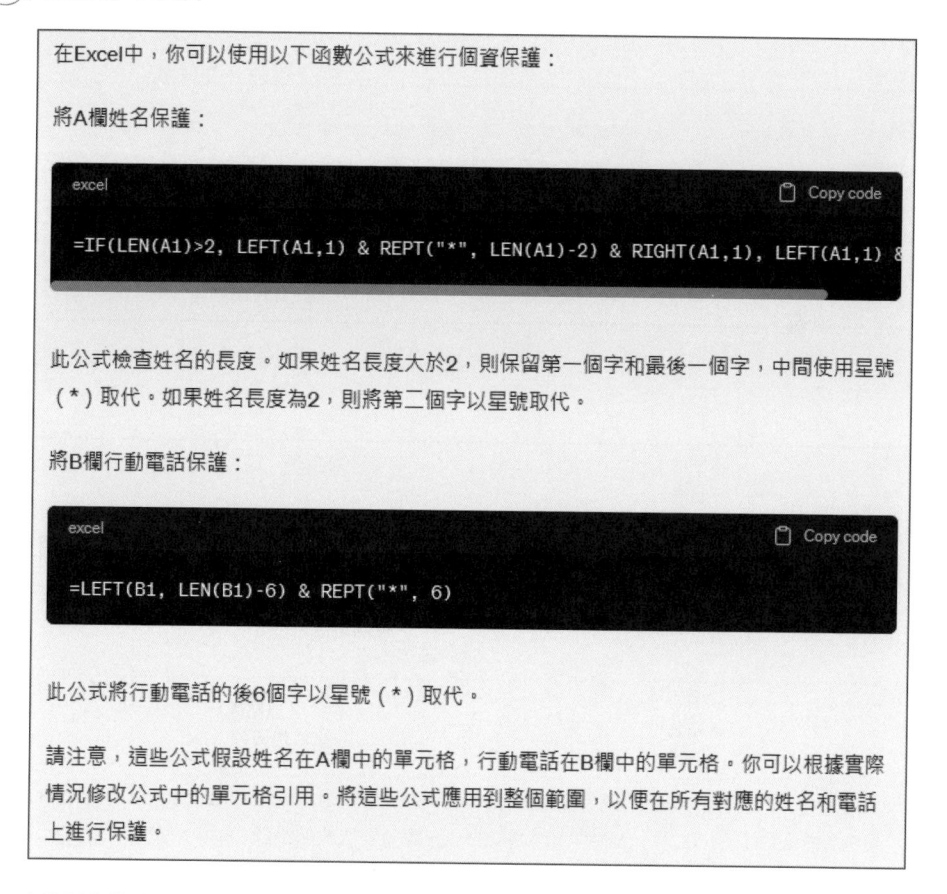

在Excel中，你可以使用以下函數公式來進行個資保護：

將A欄姓名保護：

```excel
=IF(LEN(A1)>2, LEFT(A1,1) & REPT("*", LEN(A1)-2) & RIGHT(A1,1), LEFT(A1,1) &
```

此公式檢查姓名的長度。如果姓名長度大於2，則保留第一個字和最後一個字，中間使用星號（＊）取代。如果姓名長度為2，則將第二個字以星號取代。

將B欄行動電話保護：

```excel
=LEFT(B1, LEN(B1)-6) & REPT("*", 6)
```

此公式將行動電話的後6個字以星號（＊）取代。

請注意，這些公式假設姓名在A欄中的單元格，行動電話在B欄中的單元格。你可以根據實際情況修改公式中的單元格引用。將這些公式應用到整個範圍，以便在所有對應的姓名和電話上進行保護。

透過這些實戰案例的學習，您將更深入地掌握如何運用 ChatGPT 以及 Excel 函數來解決實際問題，提升您的資料處理能力和效率。

NOTES